# 근현대 전쟁사

찰스 톤젠드 외 지음  강창부 옮김

## HISTORY

## OF

## MODERN

## WAR

한울
아카데미

군사력의 한계에 대한 이해는 우리의 미래에 지극히 중요하며,
그것은 신중한 역사적 분석을 통해서만 달성될 수 있다.

## 제2부 현대 전쟁의 요소들

　전쟁이나 군사문제를 전문적으로 연구하다 보면 끊임없이 달려드는 세 가지의 치명적인 유혹과 어김없이 마주하게 된다. 그 첫째는 전쟁을 전쟁이라는 틀 내에서만, 군사문제를 군사적 맥락에서만 바라보게 만드는 '은둔의 유혹'이다. 이러한 은둔은 연구자에게 더없이 안락한 도피처를 제공하나, 군사적 논리에만 매몰되어 전술적으로는 성공했지만 전략적으로는 실패하는 전쟁의 역사를 만들었던 전례(前例)를 되풀이하게 하는 치명적인 독성을 가지고 있다.

　다음으로 '가지치기의 유혹'과 맞닥뜨린다. 이것은 내가 속한 시대, 내 앞에 펼쳐지고 있는 현상에만 함몰되어 전쟁이나 군사문제를 역사적 진화나 '맥락'의 과정 속에서 고찰하려는 수고로운 시도를 과감히 생략하게 만든다. 드러난 현상에만 집중하면 현상의 기원, 맥락, 함의 등은 자연스럽게 가지치기의 대상이 되고 만다. 이 과정에서 '역사는 현재나 미래를 비추는 거울'이라는 외침은 그 성대(聲帶)를 잃어버리고 만다.

　마지막으로 '외눈 뜨기의 유혹'이다. 보고 싶은 것, 듣고 싶은 소리를 더 크게 보고 듣기를 자연적으로 반복하는 인간의 본성을 깊숙이 파고드는 이 유혹은 외눈으로 현상을 보게 한다. 실패보다는 성공, 단점보다는 장점, 한계보다는 가능성에 대한 이야기의 달콤함에 눈과 귀를 여는 이것은, 균형 있는 분석과 평가뿐만 아니라 궁극적으로는 진정한 교훈의 도출도 어렵게 한다. 예를 들어, 자군(自軍)의 역할과 입지를 극대화할 수 있는 논리를 끊임없이 좇는 자군 중심주의는 이 유혹에 넘어진 결과에 다름 아니다.

　『근현대 전쟁사』는 이러한 유혹들로부터의 자유를 보여준다. 우선 근현

대의 전쟁을 그것을 낳고 수행하며 그로부터 영향을 받는 '사회'를 통해 바라
보고 있다. 전쟁이 어떻게 근현대 사회를 형성해왔으며 근현대 사회는 어떻
게 전쟁을 형성해왔는지가 치밀하게 추적되고 있다. 그뿐만 아니라 근현대
전쟁이라는 '구성물'을 기술, 개인과 사회의 전투경험, 해전, 항공전, 여성, 반
전운동 등과 같은 '구성요소'의 관점에서 다양하게 관찰함으로써 근현대 전
쟁의 실체를 더 심도 있게 이해하도록 돕고 있다.

아울러 현대 전쟁의 형성과 진화과정을 추적하는 제1부의 10개 장(章)이
여실히 보여주듯이, 『근현대 전쟁사』에서는 근현대 전쟁이 역사적 과정과
시대적 맥락 속에서 포괄적으로 고찰되고 있다. 그런가 하면, 제각각 탁월한
권위를 인정받는 지은이들이 총 18개 장을 통해 실패와 성공, 단점과 장점,
가능성과 한계 사이에서 어느 한쪽으로 쏠림 없이 균형 있게 이어가고 있는
분석은 차라리 현란하기까지 하다. 첨단 군사기술과 군사력이 미래를 준비
하는 가장 지혜로운 해법인 것처럼 여겨졌던 20세기 말의 담론구조를 깨뜨
리고 군사력의 한계에 대한 진지한 이해가 미래를 준비하는 데 지극히 중요
함을 강조하는 부분은 그러한 균형성의 절정을 보여준다.

『근현대 전쟁사』는 최근 전 세계적으로 지대한 관심의 대상이 되고 있는
테러리즘과 그보다 넓은 개념인 현대 '비정규전', 또는 '4세대 전쟁'을 이해하
는 데도 매우 유용하다. 이 책은 우리에게 최근의 현상들을 앞서 언급한 세
가지 유혹에서 벗어나 바라볼 것을 요구하고 있다. 그러면 역사는 그러한 현
상들의 성격, 진화과정, 나아가 향방까지도 이해할 수 있도록 친절한 길라잡
이가 되어줄 것임을 강조하고 있다. 21세기를 여는 시점에서 지은이들은 테
러리스트 집단의 성장과 핵확산, 그로 말미암은 저강도 분쟁의 일상화에 진
지한 주의를 기울일 것을 촉구하며, '군사혁신'의 첨단기술과 군사력은 이에
대한 해법으로서 가장 덜 효과적일 것임을 예견하고 있다.

이 책을 국문으로 옮기는 과정은 그야말로 시간과의 싸움이자 중도 포기
를 강력히 권유하는 내 속의 또 다른 나 자신과의 처절한 싸움이었다. 지은

이들이 언급하고 있는 역사적 사건, 인물, 기술적 발전 등의 범위는 실로 방대한 것이었고, 이는 옮긴이의 번역 의지를 뿌리부터 뒤흔들기에 충분했다. 또한 번역과정은 역사학적 전문지식뿐 아니라 군사학이나 국제 정치 등에 대한 높은 수준의 식견을 요구했다. 이 역시 옮긴이의 도전의식을 자극하기에 충분했다. 그리하여 『근현대 전쟁사』에서 발견될지도 모르는 모든 오류는 전적으로 옮긴이의 몫이며, 앞서 언급한 싸움이 더 철두철미해야 했음을 깨우처주는 것이다.

내가 남에게 베푼 것은 모래 위에 새기고 남이 내게 베푼 것은 돌판에 새기라고 했던가! 내 가슴의 돌판에 새겨야 할 이름들이 많다. 먼저 이 책이 탄생하기까지의 전 과정을 헌신적으로 이끌어준 한울엠플러스(주)의 김종수 사장을 비롯한 모든 관계자들, 특히 윤순현 과장과 배유진 대리를 가슴에 새기고자 한다. 공군사관학교 군사학과의 동료 교수들과 군사전략학 전공 생도들도 이 책의 탄생에 관심과 응원을 아끼지 않았다.

자식들 잘되는 것을 당신의 존재 이유 그 자체인 것처럼 구십 평생을 살아오신 어머님, 고경선 여사는 생각할 때마다 아픈 이름이다. 언제나 남편의, 그리고 아빠의 앞모습보다는 책상에 앉은 뒷모습을 보는 데 더 익숙해져 살고 있는 사랑하는 아내와 두 아들의 이름도 큼지막하게 새겨야겠다. 그들의 사랑과 이해, 진솔한 격려가 없었다면 이 책은 구상조차 되지 못했을 것이다.

2016년 1월 강창부

이 책은 현대[1] 전쟁의 발전을 폭넓은 문화적 틀 안에 위치시키는 것을 목적으로 한다. 이 책은 군사사(軍事史)에 뿌리를 두지만 전쟁사 이상의 것이다. 인류만큼이나 폭력적 분쟁은 오랜 역사를 지니고 있지만 현대 전쟁은 본질적으로 다르다. 그것은 16~18세기에 발생하여 군사력의 변형을 가져왔던, 유럽 국가들의 구조에 발생했던 획기적 변화에서 유래된다. 이러한 '군사혁명(military revolution)'은 전 세계적 규모에서 두 가지 결과를 낳았다. 첫째, 그것은 유럽이 동양으로부터의 침공과 정복에 취약해지는 상황을 영원히 종식시켰다. 1683년 빈(Wien)에서 오스만 제국의 공성군이 격파당한 것은 이러한 해방을 상징적으로 보여주는 것이었다. 둘째, 그것은 서유럽이 전 세계를 지배하게 되는 과정을 개시했다. 근대화되던 국가들과 전통적 국가들 간의 군사력 불균형이 증대되어 19세기에는 후자 국가들 중 소수만이 유럽인들의 통치에 저항할 수 있었다. 경제적·사회적·정치적 근대화의 복잡한 과정은 '국민의 무장(nation in arms)'과 궁극적으로는 20세기 '총력전(total war)' 현상을 유발했다.

현대 전쟁은 비단 군사적 기량이나 군사기술에 의해 창조된 것이 아니었

---

1   이 책에서 지은이들이 '모던(modern)'이라는 표현을 통해 지칭하는 시기는 중세와 현대 간에 위치하는 '근대'에 국한되지 않는다. 오히려 '근대'와 '현대'를 통칭하는 의미에서 이 표현을 쓰고 있다. 옮긴이는 지은이들이 20~21세기의 현대 전쟁을 역사적 '맥락'과 '연속성'의 입장에서 조명하고 있음에 주목하여 '모던'이라는 표현을 포괄 시기와 의미가 확장된 '현대'로 옮긴다. 다만 글의 내용상 중세 이후의 '근대' 시기를 의미하는 것이 명확한 경우에는 '근대'로 옮긴다.

다. 그것은 삶의 모든 측면을 동원하게 되었다. 이에 따라 전쟁을 연구하는 역사가는 커다란 캔버스 위에서 일하고 있다. 주로 전략과 전술에 관심을 가지던 전통적 군사사는 전쟁과 사회의 관계에 대한 더 폭넓고 깊이 있는 연구로 진화되었다. 이 책에 글을 쓴 이들은 전쟁의 발전에 대한 역사적 설명과 그 주요 요소에 대한 테마식 분석을 제공함으로써, 이러한 복잡한 관계를 명료히 하는 데 도움이 되는 다양한 해석을 모아내고자 했다. 현대 전쟁의 사회적 영향, 그리고 국제법과 조직으로 그것의 파괴성을 제한하려는 노력의 발전과 더불어 기술의 영향과 전투의 경험이 다뤄졌다.

이 책의 초판이 발간된 이래 그 속에서 언급되었던 일부 경향이 더 극적으로 분명해졌다. 군사력을 이용해 대학살이나 다른 재앙적 형태의 정치적 파국에 대항할 수 있는 효과적인 방식을 찾고자 하는 국제 공동체의 시도는 '인도주의적 전쟁'과 같은 것이 있을 수 있는지에 대한 물음을 제기했다. 일부 국가의 붕괴는 군사력의 '사유화'를 가져왔으며, 이는 현대 전쟁 자체가 쓸모없어져 버린 것은 아닌지를 묻게 했다. 9/11 공격이 가장 극명하게 시사해주었던 테러리즘의 성장에 대해 효과적인 군사 대응책을 찾고자 하는 시도는 이 문제가 가지는 엄청난 함의를 분명히 보여주었다. 2003년 이라크를 신속하게 점령하고 난 뒤 미국이 맞닥뜨렸던 암울한 상황은 기술의 효과성에 대해 일부 군사 사상가들이 가졌던 자신감에 물음을 던지고 있지만, 이는 군사적 승리가 저항에 직면했던 이전의 경험들 ─ 예를 들면 1870~1871년 프랑스에서 있었던 '인민전쟁(people's war)' 동안 독일의 침공군이 경험했던 바와 같은 ─ 에 부합되는 것이다. 엄밀히 말하자면 현대 전쟁의 영향이 그토록 심대해지게 만든 것은 전쟁의 사회적 복잡성이다. 군사력의 한계에 대한 이해는 우리의 미래에 지극히 중요하며, 그것은 신중한 역사적 분석을 통해서만 달성될 수 있다. 그것이 바로 이 책이 제공하고자 하는 바이다.

2004년 12월 찰스 톤젠드(Charles Townshend)

# 제1부
# 현대 전쟁의 진화

## 제1장

# 서문
## 현대 전쟁의 형성

───────────────────────────── 찰스 톤젠드 Charles Townshend

"머스킷은 보병을 만들었고, 보병은 민주주의자를 만들었다." 풀러(J. F. C. Fuller) 장군의 책 『전쟁의 수행(The Conduct of War)』에서 나오는 이 표현보다 현대 전쟁과 현대 사회가 공생적으로 연계되어 있음을 더 함축성 있게 표현한 것을 찾기란 쉽지 않다. 표준화되고 경제적인 보병이 개별적이고 고비용적인 기사(騎士)에 대해 거둔 승리 ─ 한 마디로 말하면, 보통 사람들이 귀족에 대해 거둔 승리 ─ 는 현대화에 결정적 전기(轉機)였다. 그 시대의 많은 장교들이 그랬듯이 '보니(Boney)' 풀러도 전반적으로 근대성을 찬미하는 자가 아니었으며, 민주주의에 대해서는 특히 그랬다. 그와 마찬가지로 군사 엘리트의 전통적 덕목을 갈망하고 있던 이들에게 근대성이 형성시킨 대중의 군대(mass army)는 경멸의 대상은 아니라 할지라도 의심의 대상이 되기에는 충분했다. 그러나 이미 발생한 심대한 변화에 대한 그들의 인식만큼은 충분히 정확한 것이었다.

현대 전쟁은 세 가지 종류의 특징적 변화, 즉 행정적·기술적·이데올로기적 변화의 산물이다. 이러한 변화는 거스를 수 없는 것처럼 보이기는 하지만, 그 모두가 분명히 '진보적'인 것 같지는 않다. 그것들이 같은 속도로 발전한 것도 아니었다. 예를 들어 군사기술은 현대 전쟁의 가장 눈에 띄면서도 실로 두려운 상징물인 기관총, 로켓, 원자폭탄을 만들어냈다. 무기체계의 위력과 정교함은 매우 급격히 개선되었다. 그러나 17세기에 효율적인 소화기(firearms)가 전반적으로 채택되어 19세기 중반에 후장식 총과 무연(無煙) 추진제가 생산될 때까지 변화의 속도는 느렸다. 기술보다는 기량(그리고 전문 직업주의, 훈련, 전술)의 개선이 가장 실질적인 결과를 낳았다. 나중에는 그러한 균형이 변화했다.

기술적 변화는 과학지식의 정도와 과학과 제조술의 한계에 의해서만 지배를 받는 독립적인 과정처럼 보일 수 있다. 그러나 군사조직은 다른 사회집단보다 보수적인 경향을 보여주었다. 군인들은 결코 기술 발전을 선도하지 않았으며, 새로운 무기를 환영하지 않는 편이었다. 전통이 전투부대의 단결심을 강화하는 데 늘 중시되었으며, 이는 화석화(fossilization)로 이어질 수 있다. 그리하여 이러한 경향 – 이는 사실 젊은 대공(大公)과 귀족 들로 하여금 고위 지휘관의 자리에 앉지 못하게 했던 전문 직업화(professionalization)에 의해 강화된 것이었다 – 은 하급 장교들보다는 고급 장교들 사이에서 훨씬 더 오래 지속될 수 있다. 새로운 기술을 받아들이는 데 실패했던 두드러진 예는 많다. 아마도 16세기 초에 가장 발전된 해군 포를 보유할 수 있었지만 적선(敵船)에 충격을 가하고 병력을 승선시키는 전통적인 전술을 선호하여 이를 거부했던 제국기 중국 해군보다 더 재앙적인 예는 없을 것이다.

그렇게 된 데는 정신적 보수주의뿐 아니라 중국 해군이 수행해야 했던 기능에도 원인이 있었다. 그들의 실제 상대는 자신들과 유사한 전투함대가 아니라 일본의 해적 무리였다. 분명 기술은 사회적·정치적 상황을 만드는 창조자일 뿐 아니라 그 창조물이기도 하다. 무기의 발전이 느렸던 국면 동안 유럽에서는 다른 심대한 변화가 발생하고 있었다. 흔히 '근대국가의 대두'라 불리는 이러한 과정은 행정적·경제적·사회적 발전의 혼합물이었다. (제2장에서

존 차일즈가 지적하듯이) 상비군과 군사적 전문 직업주의의 성장과 같은 변화 중 일부는 전례가 없던 일이 아니었다. 16세기의 변화가 보여주었던 참신성은 군주와 신민 간에 존재하는 불규칙한 패턴의 군사적 의무로 유연한 형태를 취했던 중세의 변화무쌍한 군사제도와는 대조되는 것이었다. 잉글랜드에서는 찰스 1세(Charles I)와 의회 간 협상의 예측할 수 없는 결과로부터 신형군(New Model Army)을 정규적으로 구성하게 되는 상황으로의 전이과정이 그러한 변화를 예시한다. 그 이후로는 반(反)군사적인 태도의 사치를 허용해주던 잉글랜드조차 상비군을 보유하지 않은 적이 결코 없었다.

게다가 유럽에서는 몇몇 국가가 동시적으로 경쟁국가로 등장하고 있었다. 그들의 경쟁은 군사혁신(revolution in military affairs: RMA)에 강력한 자극제가 되었으며, 그들 간의 빈번한 전쟁은 이러한 실험을 시험하고 정교하게 만들었다. 그 결과는 '군사혁명'이었다. 그러나 이 개념은 로버츠(Michael Roberts)가 아돌푸스(Gustavus Adolphus) 치하의 스웨덴에 대한 선구적 연구를 수행했던 1950년대에 가서 등장했다. 로버츠는 16세기 중반부터 17세기 중반 사이에 이루어진 일단(一團)의 상호 연관된 발전이 전쟁의 성격과 그것을 수행하는 국가들을 변형시켜 놓았다고 주장했다. 보병에 의해 봉건기사가 격파된 것은 군대의 극적인 대규모화와 그들을 유지하는 데 필요한 행정적·재정적 구조의 병행적인 성장을 가져왔다. 그 과정에서 국가기관이 처음으로 확연히 근대화되었다. 사적 충성이 공역(公役, public service)으로 대체되었다.

군사혁명에 관한 가설은 처음 제기된 후 40년간은 우선 확장되었고, 그 뒤에는 주로 변화의 속도가 '혁명'이라는 개념을 의미 있게 만들어줄 정도로 충분히 급격하지는 않았다는 이유에서 도전 받았다. 분명 군대의 규모가 성장한 것과 같은, 그런 과정의 일부 중심적 요소는 애초의 가설이 제시했던 패턴을 따르지 않았을 수 있다. 현대 전쟁의 결정적인 제(諸) 요소가 한데로 수렴되는 지점을 파악하는 것은 아마도 불가능할 것이다. 화승총(matchlock)이 부싯돌식 머스킷(flintlock musket)에 의해 대체되었던 때가 그 지점일까, 아니면 소켓식 총검(socket bayonet)이 원시적인 플러그식 총검을 대체하면서[1] 결국 소화기와 과거의 백병전용 무기(*arme blanche*)를 통합시켰던 때가 그 지점일까? 그럼에도 불구하고 좀 더 장기적인 관점에서 보면 변화의 규모는 결정적이었다. 한 역사가가 영국의 재정적·군사적 제도를 그렇게 묘사했듯이, 18세기 말에 '권력의 힘줄(sinews of power)'은 영구적으로 변형되었다.

풀러가 주장했던 것처럼 전쟁의 마지막 변형은 프랑스 혁명에 의해 추진되었다. 그러한 변형은 작전적인 변화였던 만큼 적어도 인식적인 변화이기도 했다. 제러미 블랙은 18세기 전쟁과 혁명기 전쟁 간의 대조가 대부분 과장되었다고 주장한다. 누구보다도 나폴레옹 시대에 대한 가장 영향력 있는 군사적 해석을 제공하는 저술들을 남겼던 클라우제비츠(Karl von Clausewitz)가 늘 그러한 대조에 대해 반복적으로 언급했다. 그에게 그 대조의 골자는 기술적인 것도, 심지어 조직적인 것도 아닌 심리적인 것이었다. 프랑스 혁명은 남성과 여성의 마음을 바꾸어놓았던 것이다. 입법의회(Legislative Assembly)가 『위험에 처한 조국(*la patrie en danger*)』(1792)을 공표한 이후 그것을 지키고자 하는 그들의 헌신에는 어떠한 한계도 존재하지 않았다. 1793년 8월의 국민총동원령(*levée en masse*) 포고문은 결코 그 힘을 잃어버린 적이 없는 대중 동원(mass mobilization)의 이미지를 투영시켰다.

지금 이 순간부터 우리 공화국의 영토에서 적이 축출될 때까지 프랑스의 모든 인민은 군대를 위해 영구적으로 징발된다. 젊은 남성은 전선으로 나갈 것이고, 기혼

---

1   총검은 1640년경에 프랑스의 바욘(Bayonne)에서 처음 도입된 것으로 알려져 있다. 초기의 총검은 머스킷 총구에 직접 꽂아서 쓰는 플러그식이었다. 이러한 총검은 백병전에서나 돌격기병에 맞설 때 방어용 도구로 유용했지만, 사격이 불가능했고 상대가 너무 격렬하게 덤벼드는 경우에는 한 번 꽂은 총검을 빼내기 어렵다는 단점이 있었다. 1688년에 프랑스의 보방(Sébastien Le Prestre de Vauban)은 이 같은 점을 보완한 소켓식 총검을 발명했다 [1678년에 퓌세귀르 후작(marquis Puységur)이 처음 발명했다고 하는 주장도 있다]. 이는 철제 원형의 연결장치를 이용해 총구 위에 장착하는 방식이었다.

남성은 병기를 만들고 보급품을 나를 것이며, 여성은 천막과 의복을 만들고, 아동은 낡은 린넨을 잘라 붕대로 만들 것이며, 노인은 광장으로 보내져 병사들의 용기를 북돋우고 왕들에 대한 증오와 공화국의 일치를 가르치게 될 것이다.

혁명적 수사(修辭)는 결코 현실과 맞아떨어지지 않았지만, 파렛(Peter Paret)이 주장하듯이, 이러한 수사가 모든 것에 동원되었다는 사실 ― 10년 전까지만 해도 이는 생각할 수 없는 일이었다 ― 은 엄청나면서도 중요한 변화였다. 혁명기의 병사들은 전적으로 새로운 종류의 자존심을 가지고 있었으며, 그에 합당한 처우를 받았다. 전쟁 수행은 좀 더 절박해지고 야심으로 가득해졌다. 새로운 공화국 군대를 조직했던 카르노(Lazare Carnot)는 '끝장을 볼 때까지(to the bitter end)', 즉 혁명의 적들이 멸절될 때까지 수행되는 '무제한적인 전쟁(guerre à outrance)'을 요구했다. 자코뱅주의자인 생쥐스트(Louis Antoine de Saint-Just)는 "공화정에 반대하는 모든 것을 멸절시키는 데 바로 공화정이 있다"라고 말했다.

클라우제비츠가 보기에 18세기 국가들이 전쟁에 신중을 기했던 근원적인 원인은 그들의 부자연스러움(artificiality)이었다. 전투가 반드시 회피되었던 것은 아니지만 추구되지 않는 경우가 많았다. 전투 없이 전략의 우세만으로도 족했다. 지방을 점령하고 요새를 장악하는 것이 작전의 진정한 목표였다. 그 대신에 프랑스 혁명은 애국적 시민정신의 화산과도 같은 자연적인 힘을 방출시키며 군대들 간의 충돌을 전략의 중심부로 그 고유한 자리에 복원시켰다. 18세기에는 어떤 전투도 패배한 군대의 파괴를 가져오지 않았다. 그러기 위해 필요한 신속한 추격은 승리한 측에 너무나 위험한 일이 될 것이었고, 병참의 혼란과 전면적 탈영이 그들을 파멸로 이끌 것이었다. 이와는 대조적으로 프랑스의 혁명군대는 무서운 결판을 동반하는 전투를 추구했다. 전투 그 자체는 적어도 1809년 바그람 전투(Battle of Wagram)[이 전투에서 나폴레옹은 장병 약 16만 명을 작전에 투입했다. 이는 리볼리(Rivoli), 마렝고(Marengo)에는 불과 1만 6000명, 아우스터리츠(Austerlitz)에 7만 명가량을 투입했던 것과 비교되는 것이었다]까지는 그 규모에서 극적으로 변화된 게 없었다. 변화된 것은 그것의 빈도였다.

1793년 포고에 의해 개시된 대중 동원 그 자체가 군사적인 조직이나 방법의 성격을 변화시킨 것은 아니었다. 혁명군이 활용하던 새로운 전술 ─ 예를 들어 척후병과 저격수(*tirailleurs*)의 대규모적인 활용과 선형대형을 종대가 대체하는 것과 같은 ─ 은 이전의 지휘관과 이론가 들에 의해 예시된 것이었다. 군사작전에 대한 병참에서도 혁명적인 변화는 존재하지 않았다. 좀 더 완화된 기율이 장병들로 하여금 더 자유롭게 양식을 징발할 수 있도록 해주었기 때문에 이전 군대들에 비해 프랑스군은 더 유연하게 '현지 조달(live off the country)'할 수 있었다. 그러나 이러한 유연성에는 여전히 엄격한 한계가 존재했다. 무엇보다도 군수품 조달은 이동에 엄격한 제약을 가했다. 그러나 충원의 급증으로 프랑스군은 심각한 손실을 당하는 가운데서도 계속해서 진격할 수 있었다. 이는 그들의 상대에게 엄청난 압박을 가했다. 그리고 결국 전력의 증가가 요새를 무시하고 공성전에 대한 오래된 강박관념을 떨쳐버릴 수 있게 했다. 나폴레옹이 말하기를, 25만 명의 군대는 그 전력의 1/5을 쉽게 떼어낼 수 있으며, 그러고도 여전히 나라 전체를 짓밟을 수 있다고 했다. 과거의 병참적인 구속은 단숨에 유기(遺棄)되어버렸다.

바로 여기에 마틴 반 크레벨드가 말했던 것과 같이 일견 이해할 수 없는 일에 대한 설명이 존재했다. 이전에 비해 별로 발전한 게 없는 기술적 수단을 가지고 ─ 실제로 나폴레옹은 이 영역에 관해 꽤 보수적이었다 ─ "나폴레옹은 유럽 전역에 엄청난 전력을 전개시키고, 함부르크에서 시칠리아까지 뻗은 제국을 수립하며, 돌이킬 수 없을 정도로 전 세계를 뒤흔들었다". 이러한 깜짝 놀랄 만한 모험의 영향은 과장의 여지가 없다. 클라우제비츠에게 그가 '절대전쟁(absolute war)'이라 부른 것 ─ 이는 힘의 논리만을 따르면서 제약이나 제한을 동반하지 않는 전쟁을 의미한다 ─ 에 대한 기본적인 진리를 보여준 것은 나폴레옹이 설정한 목표의 규모 — 비단 군대뿐 아니라 국가 전체의 타도를 목표로 했다 — 와 결합된 그의 역동적인 전략이었다. 그는 위대한 저작 『전쟁론(On War)』의 서두에서 "만약 어느 일방이 아무 거리낌 없이 무력을 사용하는 반면 다른 일방은 자제한다면 전자가 우세해질 것이다. 이는 다른 일방으로 하여금 그를 따라하게 강제하고, 그들은 극단을 향해 서로 치닫게 될 것이다"라고 썼다.

클라우제비츠의 명성은 과도하게 부풀려졌으며 그의 인식이 현대에는 별로 적합하지 않다고 주장하는 이들이 드물지 않다. 특히 영어를 사용하는 세계에서는 더 그렇다. 그러나 전쟁에 대해 분석한 이들 중 클라우제비츠는 독보적인 존재이다. 그의 모든 사상이 보편적으로 옳았던 것은 아니지만 — 전술과 전략 면에서는 특히 그렇다 — 그의 저술은 현대 전쟁의 인적 차원에 각별한 주의를 기울인다. 사실 그는 전쟁의 '과학적' 법칙이 보편적인 타당성을 갖는다는 주장을 거부했으며, 경계를 초월하는 천재성의 힘을 강조했다. 그의 저작은 당시 주도적인 철학자였던 칸트가 "인간성이라는 비틀린 목재(the crooked timber of humanity)"[2]라고 불렀던 것에 대한 인식을 표현한다.

클라우제비츠는 절대전쟁에 대한 자신의 급진적인 시각을 그림과 동시에 그것으로부터 약간 후퇴하는 듯한 입장도 보였다. 전쟁은 정책적 도구, 즉 '다른 수단에 의한 정치적 행위의 지속' — 이는 수단은 다르지만 목적은 정치적 의미를 취할 수밖에 없다는 의미이다 — 으로서만 적절히 이해될 수 있다는 그의 유명한 주장은, 그렇기 때문에 모든 전쟁이 반드시 프랑스의 혁명전쟁 모델이 취했던 것과 같은 극단성을 보여주지는 않을 것이라 말하는 하나의 방식이었다. 제한된 정치적 목표는 여전히 제한된 전쟁을 낳을 것이었다. 절대전

---

2 칸트는 『세계 시민적 관점에서 본 보편사의 이념(Idee zur allgemeinen Geschichte in weltbürgerlicher Absicht)』(1784)에서 "인간성이라는 비뚤어진 재목에서 올곧은 일이 이룩된 적은 결코 없었다(Out of the crooked timber of humanity, no straight thing was ever made)"라고 지적한 바 있다.

쟁의 극단성은 훨씬 더 근본적인 힘, 즉 클라우제비츠가 '마찰(friction)'이라 불렀던 것에 의해서도 제지되었다. 전쟁에서 모든 것은 단순해 보인다. 그는 다음과 같이 말했다. "필요한 지식은 그리 상당해 보이지 않으며, 전략적 선택지는 매우 명백하여 고급 수학의 가장 단순한 문제가 인상적인 과학적 위엄을 지니게 된다." 그러나 "전쟁에서의 모든 것은 단순하지만, 가장 단순한 것이 어렵다. 어려움은 누적되며, 전쟁을 경험하지 않고는 상상조차 할 수 없는 일종의 마찰을 일으킴으로써 종결된다."

그럼에도 불구하고 이 모든 것의 저변에는 현대 전쟁의 요체(要諦)들이 남아 있다. 클라우제비츠는 "장애물 ─ 어떤 의미에서 보면 이것은 가능한 것에 대한 인간의 무지 속에서만 존재한다 ─ 은 일단 허물어지고 나면 다시금 쉬이 세워지지 않는다"고 말했다. 장차 모든 전쟁은 동일한 기본적 특성 ─ 즉, 대중동원, 이데올로기적 동기 부여, 가차 없는 수행 ─ 을 보이는 경향을 띨 것이었다. 전쟁은 점점 더 군사적·경제적 힘에 대해서뿐 아니라 더 근본적으로는 국가의 활력과 국민의 힘에 대한 신랄한 시험으로 보일 것이었다. 1848년 독일의 혁명 동안 프랑크푸르트 의회의 한 의원은 "존재 그 자체만으로 국민에게 정치적 독립을 누릴 자격이 주어지지는 않는다. 힘만이 다른 국가들 사이에서 그것을 주장할 수 있다"고 말했다. 프랑스 혁명 이후 국가들의 이데올로기적 토대는 민족주의였으며, 19세기의 전쟁은 주로 민족적인 분쟁이었다. 사실 19세기에는 주요(심지어는 소규모적인 것들까지도) 전쟁의 빈도와 기간이 눈에 띄게 줄어들었다. 그러나 내걸린 판돈은 컸으며, 그 결과들은 유럽의 정치적 구조를 변형시켰다.

19세기에는 전쟁에서의 진정한 기술혁명도 발생했다. 후장식 소총의 등장은 전투의 전통적 면모를 근본적으로 바꿔놓았다. 강선(腔線, rifling)[3] 자체가

---

3  총신(銃身)과 포신(砲身) 내부에 나선형으로 판 홈을 가리킨다. 탄환이 나선형 사이를 선회하면서 빠져나가기 때문에 목표물에 정확히 깊이 파고들어가 살상력을 높이는 장점이 있다.

소화기의 유효 사거리를 극적으로 증가시켰다. 그러나 미니에(Minié) 소총과 같은 초기의 전장식 소총은 사실 그 효과를 극대화하기 위해서는 더 나은 기량이 필요했다. 프로이센의 드라이제(Dreyse) 소총은 정확도가 덜 했으며, 개머리와 가느다란 공이[firing pin, 이것 때문에 붙은 별명이 그 유명한 '니들건(needle gun)'이다]는 마모되거나 파열되기 쉬웠다. 그러나 1866년 전쟁이 보여주었던 것처럼, 드라이제 소총은 초보자라 할지라도 전문적인 사수가 미니에 소총을 다루는 속도 − 분당 약 7발 − 에 비해 2배나 빠르게 사격할 수 있었다는 사실이 결정적으로 중요했다. 약 20년 내에 모제르(Mauser)나 르벨(Lebel)과 같은 수동식 노리쇠를 사용하는 연발총 − 이것은 무연화약에 의해 추진되는, 좀 더 작은 구경의 탄환을 사용한다 − 이 보병무기의 화력을 제2차 세계대전 이후까지도 꽤 안정적으로 남아 있을 수 있게 끌어올렸다. 같은 시기에 기관총은 다루기 힘든 다(多)총열 개틀링건(Gatling gun)과 프랑스의 기관총 미트라예즈(mitrailleuse)에서 1880년대 중반에는 맥심(Hiram Maxim)이 총기 자체의 반동에 의해 장전되는 메커니즘을 가진 기관총을 만드는 데까지 변화했다.

이러한 모든 변화의 최종적인 영향은 유럽 내에서도 19세기에는 확연히 드러나지 않았다. 가장 눈부신 군사적 성공이었던, 독일 통일전쟁에서 프로이센이 오스트리아와 프랑스에 대해 거둔 승리는 널리 잘못 해석되었다. 아무도 과시된 새로운 무기의 위력 − 1870년 8월 18일 생프리바(Saint-Privat)에서 샤스포(Chassepot)로 무장한 프랑스군에 대항해 진격하던 프로이센 제1근위사단(1st Guards Division)이 몰살된 바 있다 − 을 간과하지는 않았지만, 전쟁은 정교한 조직과 지휘구조를 갖춘 군대라면 여전히 결정적인 승리를 거둘 수 있음을 확인시켜주는 것처럼 보였다. 실제로, 몇 주 뒤에 프로이센 근위대는 르부르제(Le Bourget)에 대한 공격을 성공적으로 수행하면서 자신들의 밀집대형 전술을 좀 더 느슨한 배치로 대체함으로써 하워드(Michael Howard)가 '군사사상의 작은 이정표'라 불렀던 것을 만들어냈다.[4] 몰트케(Helmuth von

Moltke)는 나폴레옹 같은 스타일의 지휘관이 아니었지만 프로이센 총참모부를 육군의 필수적인 신경체계로 발전시킴으로써 단기복무 징집군의 잠재력을 변형시켰다. 그때까지는 엥겔스와 같은 급진적인 군사 비평가도 직업적이거나 장기복무를 하는 군대가 여전히 유리할 것이라는 지속되는 믿음에 동조했다. 그러나 현대 무기는 그러한 전통적 우위를 제거해버렸으며, 현대의 참모업무는 결정적인 수적(數的) 무게가 효율적으로 가해질 수 있게 해주었다. 처음으로 동원 기획이 전략의 중요한 일부라 말할 수 있었다.

몰트케 군대의 군사적 효과성 — 상대의 지휘체계에 존재하던 취약성 때문에 이는 과장되었다 — 자체가 대중전쟁(mass warfare)으로 대두되던 문제들을 숨겨버렸다. 그러나 1870~1871년 겨울에 프랑스에서 있었던 '인민전쟁'에서 좌절을 경험하면서 시련을 당했던 몰트케는 정작 그를 존경하거나 모방하는 이들보다 덜 낙관적이었다. 1887년에 그는 "내각전쟁(cabinet wars)의 시기는 지나갔다. 이제는 인민전쟁만이 남아 있을 뿐이다"라고 선언했다. 그는 "한 차례, 또는 심지어 두 차례의 전역을 통해서라도 완벽히 제압해내어 부담스러운 평화를 체결하도록 강제할 수 있는 강대국이란 하나도 없다. 한 해 뒤에 재기하여 투쟁을 재개하지 못할 나라도 없다"라고 진술했다. 그는 7년 전쟁, 심지어는 30년 전쟁의 새로운 시대를 예견했다. 1877~1878년 러시아-터키 전쟁은 앞으로 어떤 일이 벌어질지를 가르쳐주었다. 플레브나(Plevna)를 방어하면서 터키는 요새와 현대 무기를 결합해 5개월 동안이나 러시아의 침공을 제지했다. 몰트케가 '강대국'이라 칭했던 국가들에 들지 않았던 한 국가의 이와 같은 저항력은 전면적인 전쟁에서 예견되는 바를 보여주었다.

유럽인들은 그렇게 인식할 수 있었지만 미국 남북전쟁은 미래에 대한 훨씬 더 냉정한 시각을 제공했다. 몰트케는 미국의 군대 — 연합 측은 거의 50만

---

4  프랑스-프로이센 전쟁의 일환으로 1870년 9월 17~30일에 치러진 르부르제 전투(Battle of Le Bourget)를 가리킨다. 프로이센군이 1200명가량의 프랑스군을 생포하며 승리했다.

명에 달했던 반면 연방 측에 의해 양성된 병력은 그 2배를 상회했다 — 를 시골에서 서로 추격전을 벌이는 무리에 지나지 않는 것으로 평가 절하했다. 분명 그들은 유럽의 군대와는 꽤 달랐으며, 기질은 훨씬 변덕스럽고 기율도 믿을 만하지 못했다. 그러나 '반군을 격파하라'는 링컨 대통령의 분명한 요구를 충족시키는 데 실패한 것이 단지 군사적 효율성이 결여되어 있었던 점에 기인한 것은 아니었다. 분명 그랜트(Ulysses S. Grant) 이전의 연방군 장군들에게는 자신감과 에너지가 결여되어 있었다. "전쟁술은 지극히 단순하다. 그것은 적이 어느 곳에 있는지를 파악하고 가능한 한 신속하게 그들에게 도달하여 최대한 강력하게 그들을 타격한 후 계속해서 이동하는 것"이라는 그의 경구적(警句的)인 주장은 적절히 클라우제비츠식이었지만, 그조차도 1864년에 피터즈버그(Petersburg)를 방어하던 연합군이 파놓았던 것과 같은 종류의 참호는 쉽게 제압하지 못했다. 결정적인 군사적 승리에 대한 결실 없는 추구는 결국 연합군 전력의 시민적 기반을 표적으로 하는 황폐화 정책에 의해 대체되었다. 1864년 가을에 셰리든(Philip Sheridan) 장군의 지휘 아래 셰넌도어 계곡(Shenandoah Valley)에 대한 체계적인 황폐화가 이루어졌으며, 서먼(William T. Sherman)에 의해 연합 측의 중심부를 횡단하는, 실상은 테러리스트적인 6개월[5]간의 '바다로의 행군(march to the sea)'이 이에 병행되었다.

미국 남북전쟁은 소모전으로서, 북부의 주들이 산업적·기술적 우위를 점진적으로 동원함으로써 승리할 수 있었다. 그러나 그것이 주로 기술적인 투쟁이었던 것은 아니다. 연합 측은 전쟁비용이 너무 커지게 만들어야만 비로소 승리할 수 있었다. 결국 전쟁은 심리적인 경합이었다. 연방 측에 그러한 도전은 — 클라우제비츠의 표현을 빌리자면 — 절대적인 반응을 낳았다. 그러나

---

5   서먼이 이끄는 연방군은 1864년 11월 15일에 애틀란타를 떠나 12월 21일에 서배너(Savannah)를 장악하는 것으로 끝나는 전역을 수행했다. 이 과정에서 그의 군대는 군사적 표적 뿐 아니라 국가의 기간시설이나 민간의 재산까지도 무참히 파괴했다. 지은이는 본문에서 이 전역이 6개월간 지속되었다고 썼으나 '6주간'의 오기(誤記)인 것으로 판단된다.

연합 측의 경우 데이비스(Jefferson Davis) 대통령이 "우리는 생존을 위해 싸우고 있다"고 선언했지만, 남부는 근대의 국민적 결속이라는 자원을 끌어낼 수 없음이 입증되고 말았다. 그래서 이 전쟁은 유럽식 모델을 재확인시켜 주었다. 국민적 의지가 군사력의 기초였던 것이다.

19세기 말 군사 사상가들은 두려움과 득의만만함이 뒤섞인 가운데 미래를 맞았다. 당시 독일 육군 소령이었던 골츠(Colmar von der Goltz)는 자신의 책 제목(『국민의 무장(Das Volk in Waffen)』)에서 현대의 '국민의 무장'에 대한 분명한 시각을 제공했다. 1883년 초판이 발간된 이 책은 독일 — 이곳에서는 15년 동안 5판까지 발간되었다 — 과 해외 모두에서 베스트셀러가 되었다. 주된 결론은 "미래 전쟁의 도래를 불안한 기대 속에 바라본다. 모든 이들이 그것이 지금까지는 결코 선보인 적이 없는 파괴력을 가지고 수행될 것이라고 느끼고 있는 것처럼 보인다. 사느냐 죽느냐 하는 투쟁을 위해 모든 정신적 에너지가 모아지고 국민에게 존재하는 총체적인 지능이 상호 파괴를 위해 활용될 것이다"라는 것이었다. 그 세대의 많은 이들이 그랬듯이 그에게 전쟁은 '인류의 운명이요 국가들의 불가피한 숙명'이었다. 그는 그것을 이데올로기적인 것이 아니라 생물학적인 것, 즉 생존을 위한 불가피한 투쟁으로 보았다. 그는 현대 소화기의 무서운 힘에 대해 인지하고 있었지만 — 그는 서론의 짧은 문단에서 "공격자까지도 삽을 가지고 다니도록 강권받고 있다"고 썼다 — 그것이 저변에 깔려 있는 정신적인 상수(常數)까지 변화시키지는 않았다고 주장했다. '최후의 일인까지 싸우는 것'은 결코 하나의 사실이 아니라 적의 의지를 깨뜨릴 심리적 결의를 나타내는 비유적인 표현이었다. 그래서 골츠는 "무기의 효과가 놀랍고 집약적일수록 그것이 억제효과를 만들어내는 속도도 빨라지며, 그렇기 때문에 파괴의 엔진이 더 완벽해지는 것에 비례하여 전투는 일반적으로 덜 유혈적이게 된다"고 역설적인 주장을 했던 것이다.

그와 유사한 지독한 낙관주의가 프랑스의 소장학파(*jeune école*)[6]로 하여금 전투정신(fighting spirit)이 장차 전쟁에서 독일이 누리게 될 수적 우위까지도 극복할 수 있게 해준다고 믿도록 고무했다. 그들은 뒤 피크(Charles Ardant du Picq) 대령이 1860년대에 연구했던 바를 취사 선택적으로 읽음으로써 자신들의 희망을 강화시켰다. 전투 시 행동에 대한 뒤 피크의 선구적 연구는 그로 하여금 고대 전쟁과 현대 전쟁 간의 차이에 대한 주목할 만한 시각을 가질 수 있게 해주었다. 그는 "사람은 싸우기 위해서가 아니라 승리하기 위해 전투에 접어든다. 그들은 싸우는 것은 피하고 승리를 획득하기 위해 할 수 있는 모든 일을 한다"고 말했다. 사람은 자기 보존의 본능에 지배를 받기 때문에 원시인은 좀처럼 얼굴을 맞대고 싸우는 전투를 벌이지 않는다. 문명화된 사회만이 집단적 책무와 응집력 있는 조직을 부과함으로써 장기간의 전투를 만들어낸다. 그러나 여기에는 늘 한계가 존재했다. 현대 소화기는 사람들로 하여금 자신의 본능에 순응하며 백병전을 피하도록 강제했다. 무시무시하게 쏟아지는 포화에 맞서서는 최상의 단결심(*esprit de corps*)만이 도움이 될 것이었다. 뒤 피크는 이러한 상황 속에서 방어자가 가지는 강점에 대해 솔직히 인정했지만, 그의 더 젊은 후계자들은 프랑스는 열정(élan), 즉 공세 정신을 개발함으로써 전반적인 약점을 상쇄시켜야 한다고 결론지었다. 그들 중 한 명은 1906년에 "수(數)가 전능하다는 믿음이 사기를 떨어뜨리고 있다. 이는 항상 틀린 것이었으며, 다른 어떤 때보다 지금은 더 그러하다. 개인훈련과 군사교육, 무엇보다도 사기가 이러한 싸움에서 지배적인 요소이다"라고 썼다.

이해되지 못했던 것은 특정 기술들의 결합이 인간의 정신을 총체적으로 압도할 수 있다는 점이었다. 제1차 세계대전에서는 풀러가 총탄, 삽, 철조망을 일컬어 불렀던 '방어의 삼위일체(defensive trinity)'가 기동에 대한 이전의

---

6  19세기에 독특한 해군전략 개념을 제시했던 일군의 프랑스 해군 이론가들을 가리킨다. 이들은 전투함에 전투함으로 대적하고자 하는 시도를 포기하고 작지만 강력한 무장을 갖춘 부대로 대규모의 전투함 함대와 맞설 것과, 경쟁국가의 무역에 심각한 타격을 줄 수 있는 통상파괴 전력을 갖출 것을 주장했다.

모든 생각을 마비시켜버렸다. 항공기와 궤도차량[7]이 등장할 때까지 이러한 기술적 간극은 메워질 수 없었다. 그 대신에 포(artillery)가 괴물처럼 성장했다. 한때 새로운 보병무기에 의해 압도되고 참호화로 인해 비효과적이게 되었던 포는 속사(速射)가 가능한 고속야포 ─ 그중 프랑스의 75mm 포가 가장 성능이 좋았다 ─ 의 등장과, 덜 화려하기는 했지만 파괴력은 훨씬 강해진 중(重)곡사포의 발전으로 혁명화되었다. 뜻하지 않게 이를 선도한 이는 일본군이었다. 그들이 1904~1905년 전쟁에서 러시아에 거두었던 승리는 전 유럽을 충격에 빠뜨렸다. 뤼순 항(Port Arthur)을 직접적으로 공격해 그곳에 있는 러시아의 2급 요새들을 점령하려다 심각한 손실을 당한 후에 일본군은 원래 그 항구에 있는 러시아 선박들을 포격하는 데 쓸 생각이었던 28cm 연안 방어 곡사포들을 그곳에 있는 견고한 포좌(砲座)들을 파괴하는 데 사용했다. 이러한 과정은 독일군 ─ 그들의 유럽 전쟁 계획에서는 강력한 현대식 요새였던 리에쥬(Liege)를 신속히 장악해야 했다 ─ 에 의해 신중하게 학습되었으며, 1914년에 이르면 크루프(Krupp)가(家)는 다시 한 번 요새를 쓸모없게 만들고 전장 전체를 지배하게 될 포들을 생산해놓은 상태였다.

이러한 기술들의 숙명적인 결합은 1914년에 서유럽 전선 전역(全域)을 거대한 요새로 바꿔 놓았다. 마른(Marne)과 엔(Aisne)에서 있었던 대규모 '전투들'에서 절정을 이루었던 첫 몇 주간의 전역은 슐리펜(Graf von Schlieffen)이 고안했던 독일의 전쟁계획이 학술적 공상이었음을 보여주었다. 대규모 포위를 통해 적을 섬멸하는 것(*Vernichtungsstrategie*)[8]에 대한 집착은 클라우제비츠의 사상에 뿌리를 둔 것이었지만 그 수행은 클라우제비츠가 힐난했을 수 있을 만큼 극단적으로 이루어졌다. 어떤 면에서 슐리펜 계획(Schlieffen Plan)은 군사적 논리와 정치적 논리 간의 불균형, 즉 클라우제비츠가 어리석은 것

---

7 여기서는 1916년에 최초로 전장에 투입된 탱크를 가르킨다.
8 '결정적 승리를 추구하는 전략(strategy of decisive victories)'을 의미한다.

으로 치부했던 '순전히 군사적인' 사고의 우위를 보여주는 고전적인 예로 볼 수 있다(그는 전쟁은 자체의 문법은 가지고 있으나 자체적인 논리는 가지고 있지 못하다고 언급했다). 그러나 이 계획은 군사적 대결이 숙명적으로 필요하다는 믿음 — 즉, 독일 지배계급 사이에서 널리 퍼져 있던 믿음('Weltmacht oder Niedergang', 세계적 강국이 될 것인가 몰락할 것인가) — 을 표현했다는 점에서 명백히 정치적인 것이었다.

처음부터, 심지어 그 기술적 요구가 교전국들로 하여금 자신들의 경제적·사회적 자원을 전례가 없을 정도로 조직화하도록 강제하기 전부터도 전쟁을 절대전쟁이 되게 만들었던 것은 존재의 맥락에서 전쟁을 보려는 이러한 태도였다. 정부의 의도적인 행위라기보다는 대부분 애국적인 중간계급 사이에서 자발적으로 적대감이 분출된 결과였던 선전(宣傳)은 즉각적으로 적을 문명의 적으로 낙인찍었다. 노동계급의 시각은 덜 극단적이었으며, 빈번히 표현되지도 못했다. 그러나 일반적으로 1914년 전쟁의 발발은 몇 년 이전에는 거의 불가능하게 보였을 국민적 단합의식을 낳았다. 공통의 숙명에 대한 믿음이 가장자리에서 주류로 이동되었다. '전쟁 노력(war effort)'이 모든 종류의 통상적인 일상활동을 흡수하게 되었다. 다른 어떤 것만큼이나 이러한 평범한 차원도 전쟁에 뚜렷한 특징을 제공했으며, 그것을 최초의 '총력전'으로 변모시켰다.

20세기 총력전은 그 정신이 아니라 규모 면에서 프랑스의 혁명전쟁과 달랐다. 변화된 것은 전체 인민을 동원하려는 국가의 의지가 아니라 그렇게 할 수 있는 그들의 조직적 능력이었다. 어떤 면에서 보면 흔히 '군사주의 국가'로 간주되던 국가들 — 무엇보다도 독일 — 까지도 그런 규모의 전쟁을 할 준비는 놀라울 만큼 되어 있지 않았다. 대대적인 개조를 단행하고, 소모전을 위해 인력 — 이를 공급한다는 것은 확실히 현대적인 개념이었다 — 과 물자 모두를 공급하기 위한 새로운 방편을 시도해야 했던 것이 비단 영국처럼 전통적으로 준비가 되어 있지 않던 국가들만은 아니었다. 그러나 최소정부 — '야경국가

(night watchman state)' – 를 지향하는 강력한 전통을 가지고 있던 영국은 정상상태에서 국토방위법(Defence of the Realm Act: DORA)[9]이 담고 있는 것과 같은 급격하고도 모든 것을 아우르는 전시 권한으로 전환되는 속도를 생생하게 보여주었다. 20세기의 위급한 상황은 자유주의적 정치의 전통을 심각하게 시험하는 일종의 '입헌적 독재(constitutional dictatorship)'를 낳았다.

슐리펜 계획과, 나아가 전쟁 전반의 지정학을 형성했던 극단주의는 전쟁이 진행되는 내내 반복되었다. 타협 평화안은 보편적으로 거부되었다. 병사들이 수행하는 전쟁의 역량 전체가 합법적인 군사표적이 되었다. 그래서 영국군은 독일에 해상 봉쇄를 가했다. 이는 영국의 전통적인 작전양식이었지만, 지리적 우연성과 기술적 발전이 혼합되어 이번에는 과거 그 어느 때보다 파괴적이었다. 1년 내에 독일은 눈에 띄게 기아상태로 빠져들기 시작했으며, 전쟁의 마지막 겨울 동안에는 거의 75만 명에 이르는 독일인이 배고픔으로 죽어갔다. 독일의 대응은 비극적이었다. 잠수함이라는 형태의 전적으로 새로운 기술을 보유하고 있던 독일은 국제법 – 존 하텐도프가 보여주듯이 이 법은 상당 정도 영국에 의해 정의된 것이었다 – 을 위반하지 않고는 그것을 활용할 수 없었다. 미국을 전쟁으로 끌어들였던, 무제한 잠수함전을 선언하고자 하는 결정은 오랜 심사숙고 없이 내려진 것이 아니었다. 이성적인 맥락에서 보자면 이는 내려질 수 없는 결정이었다. 왜냐하면 그것의 기초가 되었던 통계적 계산은 다소 가설적(hypothetical)이었기 때문이다. 그러나 결국 우세를 점한 주장은 이성적이기보다는 본능적이었다. 독일은 패배를 피하고자 도박을 했던 것이 아니라 자신들로 하여금 평화의 조건을 주도할 수 있게 해줄 결정적 승리를 얻고자 도박을 했던 것이다.

클라우제비츠의 절대전쟁이 20세기식으로 정교화된 '총력전'은 행정적·기

---

9  1914년 8월 8일에 영국에서 통과된 법률로서, 전쟁 노력을 위해 필요한 건물이나 토지를 징발할 수 있는 것과 같은 폭넓은 권한을 정부에 부여했다.

술적·이데올로기적 힘들의 결합으로 만들어졌다. 제1차 세계대전에서 기술적 교착상태에 의해 발생했던 전략의 마비는 전에 없이 많은 인력과 전시 물자를 찾기 위한 국가조직의 대규모적인 팽창으로 응답되었다. 민족주의로 생성된 엄청난 두려움과 야심에 의해 타협 평화안은 배격되었다. 제2차 세계대전에서는 좀 더 파괴적인 기술이 훨씬 더 야심 가득한 민족주의를 위해 쓰였다. 우선 기술은 1914~1918년의 막다른 골목을 우회할 수 있도록 해주는 것처럼 보였다. 탱크와 항공기가 발전함으로써 방어전력을 혼란에 빠뜨리고 고착된 전선이 형성되는 것을 막아주는 신속한 기동이 가능해졌다. 이는 1920년대에 영국의 군사 저술가 리들 하트(B. H. Liddell Hart)가 주장했던 바와 같았으며, 1930년대에는 독일군의 전략적 기초가 되었다. 나치즘은 독일로 하여금 동부에서의 팽창과 식민화를 시도하는 거대한 프로그램 – '동부로의 돌진(*Drang nach Osten*)'은 독일의 역사적인 적들을 격파하고 그들의 안보를 영원히 보장하기 위한 것이었다 – 에 뛰어들게 했다. 그와 같은 거대한 목표는 전쟁 없이는 달성될 수 없었지만 1914년의 제1차 세계대전 같은 또 다른 전쟁은 자살행위가 될 것이었기에 해답은 전격전이었다. 결단력과 기동의 속도가 물질적 약점보다 중요해질 터였다.

1940년 프랑스의 패배 – 이는 제1차 세계대전의 경험이 놀랍게 뒤집힌 것이었다 – 는 그와 같은 기술적 불균형에 기인한 것이 아니었다. 흔히 주지되어왔듯이 전격전의 충격은 수적으로 많거나 반드시 더 성능이 좋은 탱크와 항공기 들을 보유하는 일보다는 그것들을 더 집중시켜 사용하는 일과 관련되어 있었다. 상대를 혼란에 빠뜨릴 정도로 빠른 독일군의 진격속도는 신앙행위처럼 여겨졌으며, 이는 독일군 장군들의 신경을 거의 극한지점까지 시험했다. 1941년 러시아에서만 기계화의 기술적 한계가 중요해졌다. 결국 동부전선에서는 1914~1918년 동안만큼이나 냉혹한 참호전이 복원되어 기갑부대가 강력하게 집중되어 있는 경우를 제외하고는 모든 것을 수렁에 빠뜨렸다. 지상전력은 제공권 없이는 거의 움직일 수 없었다.

그러나 동부에서의 전쟁은 무엇보다도 그 이데올로기적 극단성을 특징적으로 보여주었다. 독일 육군은 군사적 과업을 훨씬 넘어서는 일들에 투입되었다. 제6군 지휘관인 폰 라이헤나우(von Reichenau)가 1941년 10월에 자신의 장병들에게 선언했듯이, "유대인-볼셰비키 체제에 대한 전역의 기본적인 목적은 그 힘의 도구를 완전히 파괴하고 유럽의 문화영역에 대한 아시아의 영향을 근절하는 것"이었다. 그렇기 때문에 "장병들에게는 병사로서의 책무가 가지는 전통적 성격 그 이상의 과업이 있다"라고 말했다. 모든 공산당 관리를 공판 없이 죽이도록 한 히틀러의 악명 높은 '정치국원 제거명령(Commissar Order)'은 거대한 파괴 및 노예화 프로그램의 시작에 지나지 않았으며, 이는 특히 유대인, 좀 더 일반적으로는 슬라브인의 생명을 앗아갔다. '새로운 질서'를 수립하려는 이 캠페인의 기조는 무자비했다. 동부에서 하달된 독일의 작전 명령서 전반에는 '무자비하게'와 '가혹하게'라는 단어가 반복적으로 등장했다. 그 결과 침략자에 대한 민간인들의 적대감은 강화되었으며, 유격대의 저항이 격화되어 독일의 군사력이 꾸준히 소모되었다.

전투원과 비전투원 간의 구별이 잠식된 것 ─ 국제 전쟁법을 만들기 위한 더딘 전진은 상당 정도 이에 기초한 것이었다 ─ 은 20세기에 이루어졌던 가장 불행한 일 중 하나이다. 제2차 세계대전기에 기술과 이데올로기가 서로 공모하여 이러한 과정을 가속시켰다. 좀 더 효과적인 잠수함들이 식량 보급에 대한 훨씬 강력한 봉쇄를 가능하게 해주었다. 항속거리가 긴 항공기의 개발은 생산역량을 파괴할 뿐 아니라 민간인들의 사기를 무너뜨리기 위해 이루어지는 도시지역의 폭격을 가능하게 했다. 폭탄의 적재량과 크기는 꾸준히 증가하여 1945년 8월에는 핵무기로의 파괴적인 도약을 통해 그 전쟁의 가장 강력한 대규모 공격까지도 왜소해지게 만들었다. 물론 그러한 공격은 군국주의적인 상대보다는 서방의 자유 민주주의 국가들에 의해 수행되었다. 이러한 점에서 기술은 이데올로기를 지원할 뿐 아니라 그것을 전복시킬 수도 있는 것처럼 보였다. 뉘른베르크 법정(Nuremberg tribunal)에 대한 공식 보고서에서 테일러(Telford Taylor)는 "독일과 일본의 도시들이 폐허가 된 것은 보복의 결과가 아니라 의도적인 정책의 결과이며, 도시와 공장에 대한 공중폭격이 모든 국가가 수행하는, 현대 전쟁의 인정된 일부가 되었음을·증언하는 것"이라고 지적했다.

반대로 현대 전쟁의 격렬함은 매우 중대한 시기에 국제 전쟁법에 의해 악화되었다. 1914년 전역의 첫 몇 주 동안 독일군이 벨기에에서 행한 보복으로 생성된 충격의 물결은 그 전쟁을 즉각적으로 선과 악의 충돌로 변모시켰다. 잔학행위에 대한 많은 이야기가 과장되거나 심지어 날조되었지만 그것들은 작게나마 사실에 기초한 것이었다. 1870년 독일군은 독일 침공군에 맞선 프랑스의 자유사수대(*francs-tireurs*)[10]에 의해 수행되었던 '인민전쟁'이 재발하는 것을 막기 위해 민간인들을 위압하는 의도적인 정책을 취했다. 제2차 세계대전에서처럼 가혹함이 그날의 명령이었다. 1914년 8월 독일의 총참모장 몰트케는 게릴라의 저항에 대응하는 군사적 대응조치는 "이례적으로 가혹하고, 심지어 어떤 상황에서는 무고한 이들에게까지도 영향을 미치게 되는" 것이 "그러한 일의 본질"이라고 설명했다. 군사적 시각에서 그렇지 않으면 무정부 상태와 모든 제약에 대한 파괴만이 있을 뿐이었다. 명령의 대가는 적어도 5500명의 벨기에 민간인을 의도적으로 처형하고 도시 및 촌락 수십 개를 불태우는 것이었다.

낯선 땅에서 복무 중이던 독일 징집병들을 괴롭혔던 유격대 공격에 대한 두려움은 20세기 군대에는 전에 없이 낯익은 일이 될 것이었다. '인민전쟁'은 늘 현대 전쟁에 내포되어왔는데, 이제는 지배적인 것이 되었다. 20세기는 전쟁의 형태가 변형되는 것을 목도했다. 크레벨드가 쓰고 있듯이, 1945년에는 "현대 전쟁이 스스로를 없애버리고 말았다". 즉, 가용한 모든 기술을 사용하

---

10  1870~1871년 프랑스-프로이센 전쟁 초기에 활약한 프랑스의 비정규군을 가리킨다. 제2차 세계대전 동안에는 레지스탕스 운동을 지칭하는 용어로 부활되기도 했다.

는 전면적인 전쟁은 강대국들이 수행하기에는 너무나 위험한 것이 되고 말았다. 군사 조직들은 첨단기술의 한계와 이데올로기적인 동기 부여가 가지는 끈질긴 힘에 대해 마지못해 인정할 수밖에 없었다. 미국이 베트남에서 개입에 실패한 것이 전환점이 되었는데, 이는 강력한 민족적·종교적 힘의 재등장과 동시에 일어난 일이었다.

냉전이 주요 국가들의 시선을 고정시키고 있는 한 이러한 변혁은 전통적인 국제 관심사에 종속되었다. 그러나 베트남전 이전에도 아일랜드, 팔레스타인, 중국에서 게릴라 투쟁이 선행되었다. 그런가 하면 냉전은 아시아, 아프리카, 라틴 아메리카에서 분쟁의 거대한 물결을 동반했다. 1980년대에 마침내 '공산권(Communist bloc)'이 해체되기 전에도 정치적 폭력이 안정적인 서방의 자유 민주주의 국가들을 잠식했던 점은 자유주의의 간단한 승리란 없을 것이라는 점을 보여주었다. 정규 군대가 아닌 준(準)군사적 민병대나 게릴라 무리에 의해 치러지는 이른바 '총력적 인민전쟁(total people's war)'의 굉장한 잠재력이 1970년대 말과 1980년대에 레바논과 아프가니스탄에서 드러나기 시작했다. 1992년 유고슬라비아의 해체는 비전투원에 대한 사법적 보호의 마지막 흔적이 국민적 동질성을 위한 열망에 의해 일소되어버리는 전쟁을 촉발했다. 보스니아의 '인종청소(ethnic cleansing)'는 민족자결의 고상한 자유주의적 교리가 가지는 극히 살인적인 잠재력을 보여주었다.

이렇게 '고강도(high-intensity)' 전쟁은 '저강도 분쟁(low-intensity conflict)'에 길을 내어주었다. 이는 무제한적인 전쟁에서 제한적인 전쟁으로의 전이라기보다는 클라우제비츠가 전쟁의 '문법(grammar)'이라 불렀던 것이 개작(改作)된 것이었다. 고강도 전쟁은 고전적으로 클라우제비츠적인 요소들, 즉 전력의 집중(concentration of force), 공세의 정점(the culminating point), 결전(decisive battle)과 같은 것에 의존했다. 저강도 분쟁은 그 반대의 것들, 즉 유동적 진지, 분산, 인민의 '가슴과 마음'을 얻기 위한 장기간의 투쟁을 활용했다. 이러한 분쟁은 전쟁과 평화 간의 전통적 구별을 해소하며, 21세기로 전환되는 시점에는 국가 자체를 와해하는 경향을 보이고 있었다. (소말리아의 경우처럼) 군사력이 사적인 군대가 되어버린 '실패국가(failed states)'의 위험성은 과장되지 않아야 한다. 언제나 좀 더 약한 국가구조와 좀 더 강한 국가구조가 있어왔다. 그러나 그 가능한 함의에는 진지하게 주의를 기울일 필요가 있다. 테러리스트 집단의 성장과 핵확산에 대해 특히 그렇다. 저강도 분쟁은 거리 시위에서부터 공공연한 전투에 이르는, 폭력의 거의 무제한적인 스펙트럼을 포함할 수 있기 때문에 순전히 군사적인 대응이란 효과적일 수 없다. 텅 빈 전장을 달성함으로써 전쟁을 조금이라도 더 감내할 수 있는 것으로 만들기를 희망했던 미군 내의 많은 이들이 신봉했던, 이른바 '군사혁신'의 첨단기술 기법은 가장 덜 효과적일 것이다. 그러나 민간영역과 군사영역 간의 구별이 엄격하게 유지되어왔으며 정치문화가 상당 정도 그러한 구별에 의존하는 서유럽과 같은 사회에 군사력을 저강도 분쟁의 유동성에 대처할 수 있도록 근본적으로 재정의하는 일은 감내할 수 없지는 않을지라도 불편한 전망이다. 현대 전쟁의 형성에 그토록 핵심적인 역할을 했던 군사적 전문 직업주의라는 신중히 건설된 전통을 유지하는 것은 점점 더 어려워질지 모른다. '테러와의 전쟁'이 존재하게 된다면 그것은 과거의 다른 어떤 전쟁보다 총력적인 것이 될 수 있다.

## 제2장

# 군사혁명 I
## 현대 전쟁으로의 이행

―――――――――――――― 존 차일즈 John Childs

중세 말의 기술 발전은 1450~1700년에 일어난 전쟁의 모든 측면을 점진적으로 고쳐나간 새로운 무기의 등장을 가져왔다. 군사력의 규모가 그에 동반해 증가하면서 종국에는 국가의 성격과 정부에도 심대한 변화를 가져왔다. 로버츠(Michael Roberts)는 그러한 발전이 주로 1550~1650년 ― 그는 이 기간을 '군사 혁명기'라 칭했다 ― 에 발생했다고 주장했다. 파커(Geoffrey Parker)는 로버츠의 테제를 1500년부터 1800년까지의 3세기를 포괄할 수 있게 확장시켰으며, 유럽인들이 해외 제국을 획득하는 데 새로운 군사적 방법이 기여한 바에 대해 강조했다. 그러나 이 개념은 그 힘을 잃어가고 있다. 3세기에 걸친 꾸준한 과정은 '혁명'이라는 타이틀을 정당화해주지 못한다. 1690년대부터 1990년대까지 그에 필적하는 기간 ― 부싯돌식 발화장치를 사용하는 머스킷으로부터 수소폭탄으로의 발전이 있었다 ― 은 아직 '제2차 군사 혁명기'라는 영예를 얻지 못하고 있다.

근대 초 유럽의 군주들은 전쟁에 호소함에 있어 자신의 전력이 가져오기에 적합한 결과만을 달성할 수 있었다. 대부분 군대는 상대를 파괴할 수 없었으며, 열악한 통신과 보급으로 이동은 느렸고, 충원비용은 막대하여, 지휘관들로 하여금 전투에서 그들을 위험에 빠뜨리기를 꺼리게 만들었다. 전쟁은 토지를 장악하거나 지키기 위해 수행되었다. 취약한 지역은 통상적으로 성과 요새화된 마을로 보호되었으며, 공성전이 지배적인 기법이었다. 이는 장기간의 작전으로서 전역의 전체 기간을 소비하기도 했다. 오스탕드(Ostend) 공성전은 1601년부터 1604년까지 지속되었으며, 라로셸(La Rochelle)은 1627년부터 1628년까지 거의 2년에 걸쳐 저항했다. 공성전을 통한 특정 영토의 장악은 교전이라는 도박을 하는 것(투자)에 비해 나은 보상을 제공했다. 중세의 경우처럼 대부분의 전투는 포위당한 요새를 구원하기 위한 시도로부터 직접적으로 발생했다. 이에 따라 전쟁은 지갑의 깊이, 즉 소모(attrition)에 의해 결판났다. 경제적인 논쟁도 분쟁을 야기할 수 있었지만 — 1652~1654년과 1665~1667년, 1672~1674년 잉글랜드-네덜란드 간의 전쟁이 그 대표적인 예이다 — 위신과 영토를 지배하는 것에 대한 관심 — 북해 수로의 경우가 이에 해당한다 — 은 어업과 무역에 대한 마찰만큼이나 중요했다. 16세기 중반부터 국가들은 식민지 영토와 그와 관련된 경제적 이해관계의 영역을 놓고 다툼을 벌이기 시작했다. 부분적으로 중앙 아메리카에서 스페인의 헤게모니에 도전하려는 영국의 시도로 잉글랜드와 스페인은 1585년 전쟁으로 치달았다. 네덜란드는 유럽 내에서의 스페인 세력에 타격을 가하는 수단으로서 17세기 전반 동안에 포르투갈 제국을 장악했다. 네덜란드가 1693년에 인도의 퐁디셰리(Pondi-cherry)에서 프랑스군과 싸우기 시작한 반면, 17세기 말인 1688~1697년에 잉글랜드와 프랑스는 북아메리카에서 충돌했다.

  통치자들의 왕조적·영토적 야심은 근대 초 유럽에서 전쟁의 주요 원인이었으며, 필요한 자원은 그들의 토지가 제공해주었다. 특히 1337~1453년의 백년 전쟁 동안 잉글랜드와 싸우던 프랑스에서와 같이, 때로는 민족주의를 감지할 수 있었지만 그것은 늘 하나의 원인이기보다는 전쟁으로 인해 악화된 것이었다. 의례와 관습에 의해 제약을 받던 전쟁은 일반적으로 정치적 목표에 상응한 수준의 폭력을 수반했다. 변화는 16세기 초에 발생했다. 남부 유럽과 동부 유럽에서는 오래전부터 기독교도와 이슬람교도 간의 종교전쟁이 수행되어오고 있었다. 그러나 종교개혁은 로마 기독교의 하나됨을 깨뜨리고 서유럽에 교파적인 투쟁을 가져왔다. 양심을 지배하고자 하는 투쟁은 주민 전체를 개입시켰으며, 이는 국가들이 잃어버린 영혼을 재개종시키거나 멸절시키고자 안간힘을 쓰게 되면서 폭력의 수준을 상당 정도 증가시켰다. 종교적 차이가 영토의 맥락에서 표현되었으며 ― 이는 1555년 아우쿠스부르크의 종교평화안(Religious Peace of Augsburg)에 의해 공식화된 원칙이었다 ― 프로테스탄트와 가톨릭은 긴 전쟁의 세기로 빠져들었다.

스페인이 16세기와 17세기 초 동안에 교파 간 전쟁의 패턴을 규정해놓았다. 1541년까지 그들은 재정복 전역[슈말칼덴 동맹(Schmalkaldic League)에 대항한 전쟁, 1546~1547년]을 개시하기에 앞서 자신들의 유럽 영토에 프로테스탄트들이 고무시킨 반란이 퍼져나가는 것을 통제하기 위해 안간힘을 썼다. 두 번째 세대의 반란자들 ― 특히 네덜란드 ― 에 맞서는 스페인은 포위와 수비대에 의존하여 재정복하고 진압하고 점령했으며, 상대는 이러한 전략을 순식간에 모방했다. 포위전은 길고 비용이 많이 들었다. 프랑스-이탈리아 전쟁은 1494년부터 1559년까지 장기간에 걸쳐 수행되었으며, 프랑스 종교전쟁은 1562년부터 1598년까지 이어졌다. 스페인에 대한 네덜란드의 반란은 1567년부터 1648년까지 80년이 걸렸으며, 1618년부터 1648년까지의 30년 전쟁은 그렇게 이름이 붙여질 정도였고, 루이 14세(Louis XIV)의 에피소드적인 전쟁들은 1667년에 시작되어 1714년에서야 끝났다. 큰 국가들(스페인, 오스트리아, 프랑스)이나 예외적으로 부유한 국가들(네덜란드, 궁극적으로는 잉글랜드)만이 경합을 벌일 수 있었다. 1544년에서 1546년까지 헨리 8세(Henry VIII)의 프랑스 원정비용 ― 이 비용은 영국의 가톨릭 교회를 침탈하는 것으로 충당했다 ― 이 잉글랜드로 하여금 50년간 대륙의 일에 휘말리는 것을 피하도록 결심하게 만들었을 만큼 전쟁에는 많이 비용이 들었다. 1585~1604년의 잉글랜드와 스페인의 마지막 전쟁은 좀 더 경제적인 방법으로 치러졌다. 치솟는 비용은 행정과 징세의 개선을 통해 부분적으로 벌충되었으며, 교회의 부(富)에 대한 국유화가 세속 통치자의 재정적 힘을 상당 정도 강화시켰던 프로테스탄트 국가들에서는 특히 그랬다.

군사 경제학이 전략을 지배했다. 1618년부터 1721년까지 스웨덴은 폴란드와 발트 해 연안지대로 팽창해갔다. 그렇게 해서 군대를 유지하는 부담은 본국에서 정복한 영토들로 이전되었다. '전쟁이 전쟁의 비용을 지불하게' 하는 것이 장악한 영토의 경제자원을 점령군을 지원하는 용도로 전환시키는 '분담금 체계(contribution system)' 내에서 제도화되었다. 대안전략은 장기적 소모전에 개입되지 않고도 정치적 성과를 달성할 목적으로 신속하고 결정적인 전역을 개시하는 것이었다. 이러한 생각의 배경이 된 것은 1672년 네덜란드공화국과 1688년 필립스부르크(Philippsburg)에 대한 프랑스의 공격뿐 아니라 스웨덴의 아돌푸스(Gustavus Adolphus)가 1630년에 독일에 간섭했던 일이었다. '전격적 공세(blitzes)'는 거의 항상 실패했다. 1688년 잉글랜드에 대한 오랑주 공 윌리엄(William of Orange)[1]의 공격이 유일하게 성공했던 사례였다. 신속하게 평화를 확보하지 못한 교전국은 장기간의 전쟁에 휘말릴 수밖에 없었다. 당시에는 군사비용을 수출하는 전략에 의존하는 것 외에는 선택지가 거의 없었다. 1557~1607년에 스페인이 재정적으로 당혹감을 느꼈던 요인 중 하나는 그들에게는 군사 지출을 외국으로 이전시키는 능력이 없었다는 것이다. 그들이 치른 거의 모든 전역은 잃어버린 영토를 재획득하기 위한 것이었다. 전쟁은 흔히 자기 영속적이게 되었다. 스웨덴은 군대를 유지시켜줄 수 있을 정도로 큰 지역을 지배하기 위해 독일에서 지속적으로 전역을 수행했다. 프랑스가 1688~1697년의 9년 전쟁 동안 스페인령 네덜란드의 남

---

1 윌리엄은 오늘날 프랑스의 프로방스 지역에서 1163년부터 1713년까지 존재했던 오랑주 공국(La Principauté d'Orange)의 군주였다.

부지역을 확보했던 것은 장병들을 지원할 '분담금'을 차출해내는 데 매우 긴요했다. 그렇게 유지된 병사들을 어떻게 동원 해제할 것인가 하는 문제가 30년 전쟁을 장기화했으며, 뮌스터(Münster)와 오스나브뤼크(Osnabrück)에서 전권 대사들의 에너지 가운데 상당 부분을 앗아갔다.[2] 이 문제는 뉘른베르크 회의(Conference at Nuremberg, 1648~1650년)에서 자금을 확보하고, 군대에 급료를 지불하고 군대를 해산시키는 계획이 마련되고 나서야 결국 해결되었다. 또 다른 문제는 대다수 국가들이 '군사 사업가들(military enterprisers)'로부터 고용된 용병에 의존하고 있었다는 점이다. 황제군의 상당 부분을 제공했던 발렌슈타인(Albrecht von Wallenstein)이나 프로테스탄트 진영의 모병관인 만스펠트(Peter Ernst, Graf von Mansfeld)와 같은 이들이 이에 해당했다. 전쟁은 자체적인 추동력, 원리, 제도를 가지고 있는 국제 산업으로 성장했다. 정부들은 그들에 대한 통제를 재획득해야 했다.

그 해법은 1650년부터 1700년까지 광범위하게 상비군이 채택된 것이었다. 이는 1445년의 프랑스와 16세기의 스페인과 네덜란드공화국이 이미 선구적으로 행한 것이었다. 상비군은 국가로 하여금 분담금 체계의 제도화된 약탈에 맞서 영토를 지키고, 침략을 억제하며, 용병에 과도하게 의존하는 것을 피할 수 있도록 해주었다. 바이마르(Weimar), 뷔르츠부르크(Würzburg), 마인츠(Mainz)와 같은 작은 국가들도 상비군을 양성했다. 그러나 유사한 생각을 가진 국가들끼리의 동맹에 합류하거나, 같은 명분 아래 싸우는 좀 더 큰 국가들로부터 보조를 받거나 혹은 그들에게 병력을 대여함으로써 재정적인 부담을 분산시키지 않는 한, 작은 국가가 부유하고 강력한 국가 – 주로 1667~1714년 간 루이 14세 치하의 프랑스 – 에 맞서 장기간의 전쟁에서 독립적으로 경합하기란 여전히 어려웠다.

---

2  30년 전쟁의 결과로 체결된 베스트팔렌 평화조약(Peace Treaties of Westphalia)은 사실 2개의 조약으로 구성된다. 두 조약은 각국을 대표하는 전권 대사들에 의해 오스나브뤼크와 뮌스터에서 각각 체결되었다.

화약은 서기 8세기 또는 서기 9세기에 중국에서 기원되어 13세기 말경 서유럽으로 전해졌다. 최초의 대포(cannon)는 1314년경 플랑드르(Flanders)에서 선보였으며, 1321년에는 잉글랜드에서, 1326년에는 프랑스에서 각각 등장했다. 그러나 1453년의 카스티용(Castillon) 이전에 포는 전투에서 중요한 역할을 하지 않았다. 1460년경 프랑스에서는 청동으로 주조한 포가 철을 용접하여 결속시킨 낡은 포를 대체했다.[3] 그러나 잉글랜드에서는 1543년까지 철제포가 주조되었다. 1494년에 프랑스의 샤를 8세(Charles VIII)는 대포 266문을 가지고 이탈리아로 출정했으며, 1515년에 프랑수아 1세(Francis I)는 마리냐노(Marignano)에 대포 140문을 결집시켰다. 이는 1000명당 포 5문을 보유한 셈이었다. 마리냐노, 라비코카(La Bicocca, 1522년), 파비아(Pavia, 1525년)에서 있었던 전투로부터 교훈을 얻은 군주들은 전반적으로 자신들의 포를 개량했다. 튀르크군에 맞서 싸우기 위해 헝가리 및 보헤미아의 왕 페르디난트(Ferdinand)가 1544년에 양성한 군대는 공성포 60문, 야포(野砲) 80문, 포탄 20만 개, 화약 500톤을 보유했으며, 말 1000마리로 이를 수송했다. 16세기 후반기 동안에는 1000명당 적어도 1문의 비율로 대포를 확보하는 것이 필수사항으로 간주되었다. 마우리츠(Prince Maurice of Orange-Nassau)는 네덜란드의 포를 표준화된 포가(砲架) 위에서 교대로 장착 가능한 4개 구경(6파운드, 12파운드, 24파운드, 48파운드)의 포로 구분했다. 그러나 30년 전쟁까지는 이것이 거의 모방되지 않았다. 스페인은 계속해서 20개 구경으로 나누어진 50개 모델을 가지고 네덜란드와 싸웠다. 스웨덴의 아돌푸스는 포의 제조와 적용을 한층 더 개선시켰다. 그의 군대는 400명당 포 1문을 보유한 데 반해 그에 맞서는 황제군은 2000명당 1문을 보유했다. 그는 또한 기동성을 강화하기 위해 포신의 길이와 무게도 줄였다. 보병들의 포 — 그중 일부는 유명한 '가죽포

---

3  초기 포신은 철 조각을 용접하여 결속시킨 것이어서 쉽게 파열되어 버리고는 했다. 15세기 중반에 주물 방식의 청동포신이 쓰이며 이 문제는 해결되고 포가 효과적인 역할을 하게 되었다.

(leather guns)'로서, 이는 동(銅)으로 주조된 포신을 가죽과 밧줄로 강화시킨 것이었다 — 는 극히 가벼웠다(625파운드). 그러나 1632년에 구스타브가 뤼첸(Lüzen)에서 죽고 난 뒤 그가 행한 포병개혁의 많은 것이 퇴보하고 말았으며, 1690년대까지는 그리 모방되지 않았다.

포와 함께 소화기도 발전했는데, 이를 보여주는 최초의 필사 문헌은 1365년으로 거슬러 올라간다. 아쿼버스(arquebus)는 장궁에 비해 별반 나은 것이 없었지만, 1510년에서 1520년 사이에 개발된 화승식 머스킷(matchlock musket)은 총탄 1온스를 300m 이상의 거리까지 사격할 수 있는 강력한 무기였다. 소화기는 위대한 사회적 수평 교정기(social leveller)로서, 프랑스의 드 몽뤽(Blaise de Monluc)에 따르면 그것은 "우리로 하여금 서로 살인하게 만드는 악마의 발명품"이었다.

이처럼 저주받은 장치가 결코 발명되지 않았다면 … 그토록 많은 용감한 이들이 대부분 가장 보잘 것 없는 놈들과 가장 비겁한 놈들에 의해 살육당했다. 감히 그들을 가까이 마주하려고도 하지 않는 비겁자들이 멀찌감치 떨어져 빌어먹을 놈의 총탄을 가지고 그들을 죽음으로 내몬다.

어떤 이탈리아 용병대장(condottieri)은 생포된 화승총수들의 눈을 뽑고 손을 절단해버렸다. 새로운 무기는 전쟁의 사회적 기초에 이미 발생하고 있던 변화를 더욱 재촉했다. 누구나 소화기를 쏘는 법을 배워 유력자를 안장에서 떨어뜨릴 수 있었다. 효과적으로 다루려면 몇 년씩의 집중훈련을 필요로 했던 장궁과 석궁은 1550년에 이르러 제조비용이 상대적으로 저렴하고 몇 주간의 교육을 받고 나면 다룰 수 있었던 머스킷과 야포에 의해 대체되었다. 이는 군사적 변화의 요체였다. 값싸고 조악한 화약 무기들로 무장한 수많은 보병들이 배타적이고 고비용적인 기병들을 대체한 것이다. 지방별 충원, 징집, 대중의 군대(mass army)의 시대가 도래하는 조짐이 보였다. 1550년에서

1700년까지의 전투는 대개 결정적인 진격에 앞서 적을 혼란에 빠뜨리고자 하는 발사무기의 화력에 의해 결판났다.

그러나 기병(사회적 엘리트)이 지배하는 전쟁으로부터 보병(대중)이 지배하는 전쟁으로의 전이는 화약무기가 등장하기 전부터 이미 진행되고 있었다. 1188년 지조르 전투(Battle of Gisors)에서 헨리 2세가 이끄는 잉글랜드 보병들은 프랑스의 중기병들을 격파했다. 1300년에 이르면 중기병들은 말에서 내려 걸어가며 싸우지 않는 한 창병과 궁수 들에 맞서 진군할 수 없었다. 14세기 동안 보병들은 그 효과성이 더 커졌다. 1302년 쿠르트레 전투(Battle of Courtrai)에 앞서 로베르 다르투아(Robert d'Artois)는 "중기병 100명은 보병 1000명의 가치가 있다"고 선언했다. 그러나 돌격하던 그의 기병들은 가치 없는 플랑드르의 보병들에 의해 셀드(Scheldt) 강4으로 격퇴되었다. 로버트 1세(Robert the Bruce)의 창병방진(槍兵方陣)은 1314년에 배넉번(Bannockburn)에서 잉글랜드의 중기병들을 제압했다. 활은 기초무기였지만, 그것이 대규모로 배치된 결과 크레시(Crécy, 1346년), 푸아티에(Poitiers, 1356년), 아쟁쿠르(Azincourt, 1415년)에서 프랑스의 중기병들을 파괴할 수 있었다. 영국군이 발사 무기들을 활용한 집중사격과 말에서 내린 중기병들을 결합시켜 기병들을 격파할 수 있음을 보여주고 있었던 것처럼, 스위스에서는 창병방진이 더 발전했다. 1339년 라우펜(Laupen)에서 스위스의 창병방진은 부르고뉴(Bourgogne)의 기병을 격파했다. 1386년에 스위스군 1300명은 로렌(Lorraine)에서 온 기병 3000명을 패주시켰다.5 1444년에 스위스군 2000명은 황태자(Dauphin)가 이끄는 1만 4000명의 병력에 맞서 영웅적인 전투를 치렀다. 1476년에 스위스군은 그란드손(Grandson)과 뮈르텐(Murten)에서 부르고뉴의 대담공 샤를

---

4  프랑스 북부, 벨기에 서부, 네덜란드 남서부에 걸쳐 흐르는 350km에 달하는 강이다.

5  1386년에 오스트리아와 스위스 간에 있었던 젬파흐 전투(Battle of Sempach)를 의미한다. 스위스가 결정적으로 승리했으며, 레오폴트 3세(Leopold III)를 비롯하여 많은 오스트리아 귀족이 사망했다.

(Charles the Bold)을 격파했다.

소화기의 보급은 전장에서 보병들의 우위를 가속해주었지만, 소화기의 장점은 극대화하고 단점은 최소화해줄 전술대형이 필요했다. 베게티우스(Vegetius)의 『군사론(De re militari)』은 12세기 이래 기초 군사 교과서로 활용되었으며, 르네상스기 병사들은 그처럼 고대 그리스와 로마로부터 영감을 찾았다. 『전술론(Art of War)』에서 마키아벨리는 로마의 전술조직을 맹종하듯 모방했지만, 이론가와 실행자 들 대다수는 고대의 모델을 개조해서 활용했다. 이미 그리스 팰랭크스(phalanx)와 간격을 두고 늘어선 로마 군단(Roman legion)의 마니풀루스(maniples)[6]에 기초하고 있던 스위스의 대형은 미늘창(pike), 도끼창(halberd), 도끼(axe), '루체른 해머(Lucerne hammer)', '모닝스타(morning star)', 석궁이 포함된 자신들의 무기 통합목록에 소화기를 추가시켰다. 로마의 경우처럼 스위스의 보병도 철저하게 훈련되었다. 백년 전쟁이 끝난 뒤 1479~1483년에 루이 11세는 스위스의 노선에 따라 프랑스의 보병을 재조직했다. 1504년에 '피에몬테(Piemonte)대(隊)'에 의해 보충되었으며 석궁수 200명을 포함하고 있던 각 '피카르디(Picardy)대(隊)'는 곧 머스킷 사수들과 창병 800명에 의해 대체되었다. 스페인군도 스위스를 모방했다. 그라나다(Granada) 왕국을 점진적이자 체계적으로 점령해가는 동안(1492년에 완결되었다) 직업적이자 반(牛)영구적인 보병이 발전했으며, 16세기 초에 데 코르도바(Gonsalvo de Córdoba)에 의해 재조직되었다. 1536년 카를 5세(Charles V)는 당시 북이탈리아 전역에 걸쳐 주둔하고 있던 스페인 상비군을 로마 군단을 모델로 하여 날을 사용하는 무기와 소화기로 무장한 테르시오(*tercio*, 3000명)로 재구성했다. 이러한 전형은 전 유럽으로 신속하게 퍼져나갔으며, 1560년 기즈 공작 프랑수아(Duke Francois de Guise)는 프랑스 보병을 테르시오와 유사한 연

---

6 고대 로마 군단의 전술적 단위부대이다. 통상적으로 마니풀루스 1개는 전열 40에 종심 3을 곱한 120명으로 구성된다. 이전의 전술 단위부대였던 '켄투리아(Century)' 2개가 모인 것으로 이해할 수 있다.

대로 재조직했다. 보병은 기병보다 저렴하고 다재다능했기 때문에 주요한 병과가 되었다. 그들은 전투에서 싸우고 요새를 수비하며 공성전을 수행할 수 있었던 반면, 기병은 후자의 두 작전을 수행하는 동안에는 유용성이 제한되었다. 1498년 프랑스의 샤를 8세가 이탈리아를 공격했을 때 그 휘하에 있던 병사 1만 8000명 중 절반은 기병이었다. 그러나 1525년 프랑수아 1세의 침공군에서는 20%만이 말을 타고 있었다. 소화기와 포가 그 충격행위를 무력하게 하면서 말은 상대적으로 쇠퇴의 길로 빠져들었으며, 1700년까지 군대의 대부분은 보병 3/4과 기병 1/4로 구성되었다. 그러나 1643년에 로크루아(Rocroi)나 1644년에 마스턴 무어(Marston Moor)에서 그랬던 것처럼, 잘 다루어지면 기병은 여전히 전투의 결과를 결정지을 수 있었다.

스페인에 맞선 80년 전쟁의 핵심 국면(1590~1600년) 동안에 북네덜란드의 지리적 조건에 맞춰 네덜란드 보병의 조직을 개조하기 위해 마우리츠는 로마의 잘 조직된 군단에 대한 연구로 회귀했다. 로마 군단이 제국 후기에 세분되었던 것처럼 마우리츠도 테르시오를 세분했다. 10열(580명)로 구성된 테르시오는 중앙에는 창병, 측면에는 머스킷 사수가 위치했다. 머스킷 사수들은 각 열이 재장전하기 위해서 후열로 빠지기 전에 연속적으로 무기를 발사함으로써 이론상으로는 지속적인 사격을 유지할 수 있었다. 창병들이 기병들에 의한 공격으로부터 머스킷 사수들을 보호해주었다. 불행하게도 새로운 대대는 상대적으로 종심이 얇아 그 측면과 배후가 취약했다. 육군 수준에서는 체크판 모양의 전투대형을 갖춤으로써 이 문제에 대응했는데, 이는 제1선의 대대 간 공간이 제2선의 대대에 의해 채워지게 하는 것이었다. 군대의 측면은 네덜란드에서 충분히 손쉽게 찾을 수 있었던 자연 장애물들에 고정시키거나 기병들에 의해 보호되었다. 네덜란드가 썼던 방법은 높은 수준의 반복연습, 기율, 훈련으로서, 이는 장기복무 장병들로 구성된 영구적인 상비전력을 확보하기 위한 움직임에 강력한 영향을 주었다.

아돌푸스는 네덜란드의 체계를 정교화했다. 대대들은 전면(前面)을 증가시켜 6열로 싸웠으며, 속사(速射)가 가능한 보병용 총의 도움을 받아 강력한 화력을 발전시켰다. 아돌푸스는 또한 전열(前列) 사이의 간격으로 후열의 머스킷 사수들이 전진하여 사격하게 함으로써 '일제 사격법(volley firing)'을 도입했다. 이 사격법은 유럽인들의 보병전술에서 기초가 되었다. 부정확한 화승식 또는 부싯돌식 총은 동시적으로 발사되었을 때 가장 효과적이었다. 1700년에 이르러 좀 더 높은 사격률과 좀 더 나은 신뢰성을 가진 부싯돌식이 화승식을 사실상 대체했다. 그와 동시에 총검이 창을 내몰았다. 1647년에 프랑스에서 등장했던 플러그식 총검은 1689년에 소켓식 버전으로 대체되었다. 후자는 같은 해에 브란덴부르크-프러시아(Brandenburg-Prussia), 1690년에는 덴마크에 의해 채택되었다. 사격의 효율성과 속도가 증가함에 따라 머스킷 사수들로 구성되는 열의 수는 점진적으로 감소하여 대대의 전면이 더 길어졌다. 이는 대대들로 하여금 종심이 너무 얇아져 그 측면과 배후를 충분히 방어할 수 없게 만드는 결과를 초래했다. 이에 따라 각 대대는 이웃한 대대에 인접하게 되어, 얇기는 하지만 연속적인 전투선을 형성했다. 1714년에 스페인 왕위계승 전쟁이 종결기에 다다랐을 때 유럽의 보병들은 3~4열의 종심을 이루고 소켓식 총검을 장착한 부싯돌식 머스킷으로 무장한 선형대대(linear battalions)의 형태로 전투에 임했다. 그럼에도 불구하고 전투 — 이것은 결코 인기 있는 선택지가 아니었을 뿐 아니라 베게티우스 또한 거부하는 바였다 — 는 소화기들로 인해 남아 있던 몇 안 되는 매력까지도 빼앗기고 말았다. 1522년 라비코카와 1525년 파비아에서 발생했던 심각한 손실은 강력한 대포와 머스킷에 맞서 이루어지는 공세행위는 매우 위험하다는 것을 보여주었다. 포위전에는 포가 지배적인 무기였지만, 그것은 위험이 계산될 수 있고, 그럼으로써 사상(死傷)의 수준이 통제될 수 있는 전쟁의 형태였다.

화약은 요새와 포위전에 대한 과학을 변모시켰다. 대포가 발사하는 철환은 중세의 석재성벽을 순식간에 허물어버렸다. 1453년 술탄 메메트 2세(Mehmet II)가 동원한 62문의 중포(重砲)는 6주 내에 콘스탄티노플의 삼중벽(triple walls)을 허물어버렸다. 이에 대한 초기의 대응은 성벽의 앞뒤에 있는 흙으로 옹벽을 쌓고 ― 누벽(壘壁)을 두르는 것이다 ― 공격하는 포수들에게 노출되는 표적을 더 작게 하기 위해 그 높이를 낮추는 것이었다. 1501~1502년 네투노(Nettuno)에서 대(大) 안토니오(Antonio de Sangallo the Elder)는 방어용 포들이 전 방향으로 사격을 가할 수 있도록 하기 위해 성벽으로부터 돌출되어 있던 중세의 탑을 측면이 뒤로 꺾인 삼각능보(triangular bastion)로 변모시켰다. 성벽으로부터 그렇게 돌출된 부분은 적의 포들로 하여금 멀찌감치 떨어져 포격하도록 강제했을 뿐 아니라 방어군에게는 공격군을 종사(縱射)할 수 있게 해주었다. 16~17세기 동안 기하학적 디자인의 능보선(bastion trace), 즉 트라스 이탈리엔(*trace italienne*)이 점진적으로 발전되었다. 소(小) 안토니오(Antonio da Sangallo the Younger), 미셸(Michele San Michele), 장 에라드(Jean Errard de Bar-le-Duc), 파간 백작(comte de Pagan), 보방(Sébastien Le Prestre de Vauban), 그리고 그와 동시대인이었던 네덜란드의 쿠호른(Menno van Coehoorn)이 트라스 이탈리엔이 정교해지는 데 기여했다. 그들을 공격하기 위해 필요한 군대보다 훨씬 더 적은 수의 수비대가 배치되는 거대하고 복잡한 요새는 장기간의 포위전을 버틸 수 있었다. 그러나 얼마나 요새가 정교화되었든지 간에 성공적인 방어는 포위전의 고난을 견뎌내고자 하는 민간 주민들의 의지에 달려 있었다. 1691년 몽스(Mons)에서 그랬던 것처럼 그들이 그러고자 하지 않는 경우에는 값비싼 토목공사가 무용지물이었다.

새로운 요새들은 고비용적이었으며, 많은 경우 도시나 소규모 국가가 충당할 수 있는 재력의 범위를 넘어섰다. 그러나 그것들이 없으면 그들은 탐욕스러운 이웃과 약탈을 일삼는 군주들의 희생양으로 전락했다. 암스테르담에 있던 능보 22개는 그 비용이 각각 50만 플로린(florin)에 달했다. 보방은 아트(Ath)라는 마을을 요새화하기 위해 6년이라는 시간과 500만 리브르의 비용을 썼으며, 뇌프 브레이사흐(Neuf Breisach)에 새로운 요새를 건설하기 위해 루이 14세의 금고에서 400만 리브르를 지출했다. 요새화의 비용은 군주의 힘이 확대되는 데 가장 중요한 요소였다. 독립적인 도시국가로서 시에나(Siena)의 존재는 포를 사용하는 요새를 만드는 데 드는 엄청난 비용 때문에 16세기 중반 동안 치명적으로 손상당했다. 로마조차도 이 비용 때문에 절반은 끝난 요새화 계획을 포기해야만 했다. 1682~1691년에 루이 14세는 ─비록 요새를 포위하는 데 드는 비용에 비교하면 그리 상당한 게 아니었지만 ─ 요새화에 연간 850만 리브르를 소비했다. 라로셸에 있는 위그노(Huguenot)의 요새에 대해 1627~1628년에 루이 13세의 군대가 행한 포위전은 세평(世評)에 의하면 4000만 리브르를 소비했다. 요새가 당시 가장 거대하고 비용이 많이 드는 토목공학 사업이었다면, 포위전은 대규모적인 조직과 재정에 대한 가장 큰 시험이었다.

1445년에서 1624년까지 평시 프랑스군의 정원(즉, 국가에 의해 고용된 병사의 총수)은 평균 1만~2만 명에 이르렀다. 장병들은 왕가를 보호하고 국경의 요새를 수비했다. 전시 동안에는 이러한 기간요원이 최대 5만 5000명까지 확대되었다. 이는 프랑스 종교전쟁의 마지막 단계 동안 헨리 4세 아래 도달된 수준이었다. 개별적인 야전군(野戰軍)의 규모는 2만 명 이상을 넘지 않았다. 17세기 중반 또는 후반의 몇십 년 동안 프랑스군의 정원은 상당 정도 증가했다. 1629년에 평시 프랑스의 상비군은 1만 2000명 정도로 소규모 남아 있었던 것으로 보이나, 1665년에는 이 수치가 7만 2000명으로, 1669년에는 13만 1000명으로 치솟았으며, 1680년대에는 평균 15만 명가량이었다. 전시에는 이런 증가세가 훨씬 더 현저했다. 루이 13세의 전시 정원은 1636년의 경우 장병 20만 명 이상이었으며, 1618~1648년의 30년 전쟁에 프랑스가 개입하는 기간에는 내내 평균 15만 명에 달했다. 그러나 이러한 수치는 '지면상'의 수치로서, 실제 복무했던 이들의 수를 사실적으로 어림잡기 위해서는 50% 정도를 감해야 할 필요가 있다. 1667~1668년의 상속전쟁(War of Devolution) 동안 프랑스는 13만 4000명을 군에 복무시켰으며, 1672~1678년의 프랑스-네덜란드 전쟁이 끝나갈 무렵에는 연간 27만 9000명 이상이 복무했다. 그런가 하면 9년 전쟁과 1701~1714년의 스페인 왕위계승 전쟁 동안 프랑스의 정원은 절정에 달해 40만 명 이상이었다. 야전군대 또한 9년 전쟁이 한창이던 1695년까지 팽창했으며, 저지대 국가들에 배치된 프랑스군의 수는 11만 5000명에 이르렀다. 이는 감당할 수 없는 극한점에 봉착한 것이었다. 이러한 거대 야전군을 유지시켜야 할 부담은 국가경제의 균형 상실을 가져왔으며, 18세기 나머지 기간에 야전군은 평균 대략 5만 명으로 회귀했다.

이러한 패턴은 유럽의 대부분 지역에서 반복되었다. 영구적인 군사조직을 가지고 있던 몇 안 되는 국가의 야전군과 본국 전력의 총 정원은 16세기와 17세기 초반 동안 꽤 일정하게 남아 있었다. 그러나 그 뒤 상비군이 폭넓게 채택되면서 17세기 후반기의 2/3 기간에는 그 수가 엄청나게 증가했다. 그렇게 된 데는 몇 가지 이유가 있었다. 첫째, 전쟁이 점점 장기화함에 따라 더 많은 병력이 더 오랜 기간 필요했다. 둘째, 저지대 국가들과 동부 프랑스, 북부 이탈리아, 라인(Rhine) 계곡의 주요 전구(戰區) 전역에 걸쳐 포를 사용하는 요새가 확산됨에 따라 군대는 수비대과 포위군 모두를 마련해야 했다. 요새는 많은 병력을 필요로 했으며, 도시 민병대와 현지에서 규합된 조직으로 그 일정량은 맞출 수 있었지만 주된 짐은 직업적인 군대에 지워졌다. 이러한 요구는 고비용적인 기병을 좀 더 저렴한 보병으로 대체함으로써 부분적이나마 충족되었다. 셋째, 17세기 동안 국가들이 좀 더 통일되고 중앙집권화되며 지리적으로 동질화되어감 — 이는 1500년대의 종교적 분출의 토대가 되었던 동시에 그것으로부터 유래된 것이기도 했다 — 에 따라 국방의 필요성도 훨씬 절박해졌다. 이는 특히 프로테스탄트 종교개혁의 결과로 수많은 준독립적 국가가 등장했던 독일의 상황이었다. 30년 전쟁은 반복적인 침공과 약탈을 통해 트라스 이탈리엔과 영구적인 군대를 갖추고 국가를 지키는 데 자원을 투입함으로써만 영토적 안보가 달성될 수 있다는 점을 보여주었다. 1648년의 베스트팔렌 평화조약 제118조에 의해 신성 로마(Holy Roman) 제국의 모든 군주들은 '자신의 안보에 필요하다고 판단되는 만큼의 병력을 자신의 영토에 유지할 수 있게' 허용되었다. 결국 군사적인 변화가 16세기 초에 개시되었던 국가 행정의 발전을 재촉했다. 자신의 국가를 중앙집권화하고 통일하려는 유럽 통치자들의 투쟁은 개별 귀족이나 사업가는 더 이상 전투의 장에서 군주에 게 도전할 수 없음 — 프랑스 종교전쟁, 프롱드의 난(Frondes), 영국 내전은 귀족이 행한 최후의 진중한 발악이었다 — 을 의미했던 전쟁비용의 증가에 의해 도움을 받았으며, '폭력의 독점'은 왕에게로 넘어갔다. 17세기 중반과 후반 몇십 년 동안 프랑스, 덴마크, 스웨덴, 러시아, 이탈리아와 독일의 국가들[7]은 국가를 통치하는 강력한 권력을 가진 개인화된 군주정의 부상을 목도했다. 중앙집 권적 권력의 증가와 관료제에 직면해 지방의 특권과 독점권은 꾸준히 감소 했다. 이러한 과정의 주요단계 중 하나는 상비군의 등장이었다.

전·평시를 구분하지 않고 존재하는 상비군은 새로운 개념이 아니었다. 많 은 전례(前例) 중에서도 로마군이 가장 눈에 띈다. 1404~1406년에는 색슨의 후스카를스(housecarls),[8] 노르만의 파밀리아 레지스(familia regis),[9] 베네치아 의 군대가 창설되었다. 장기복무 상비군의 발전에는 두 가지 단계가 존재했 다. 첫째는 16세기 동안 발생했으며, 둘째는 1648년의 베스트팔렌 평화조약 이 30년 전쟁을 종식시킨 뒤에 발생했다. 백년 전쟁의 마지막 단계 동안 프 랑스의 샤를 7세(Charles VII)가 국가의 군대를 만든 적이 있지만, 칙령군 (*compagnies d'ordonnance*)이 상비군으로 발전한 것은 프랑수아 1세 치하에 서였다. 상비군은 국가기관을 통해 모집된 직업적인 자원병들로 구성되었 다. 프랑스와 스페인의 16세기 상비군은 전시에는 전투를 수행하고 평시에 는 점령한 영토의 요새와 성채를 수비하기 위해 만들어진 것이었다. 그래서 스페인의 테르시오는 북부 이탈리아에 있는 기지들을 수비하고, 네덜란드에

---

7  이탈리아 도시국가들과 독일의 영방국가들을 가리킨다.
8  중세 스칸디나비아나 앵글로-색슨 시기 잉글랜드에 존재했던, 왕이나 유력한 귀족의 친위 부대이다.
9  군사적인 일을 담당하는 왕의 가솔들(the King's military household)이다.

서는 반란을 도모하는 네덜란드인들과, 독일에서는 프로테스탄트에 맞서 싸웠으며, 북아프리카에서는 튀르크인들과 맞섰다. 1648년 이후 성장의 두 번째 시기는 다른 우선순위에 기초했다. 그러한 성장은 큰 국가들뿐 아니라 작은 국가들까지도 포함하면서 더 광범위하게 이루어졌다. 용병을 고용하는 관행은 점점 매력을 잃어갔으며, 전쟁은 훨씬 장기화되고 빈번해지면서 고비용적이 되었다. 수비해야 할 요새와 지켜야 할 국가가 생겨나면서 통치자에게는 직접 자신이 통치하는 주민으로 군대를 양성하고, 장병에게 급료를 지불하는 것이 더 바람직해졌다. 여전히 용병이 고용되기는 했지만 사업가, 즉 중개상은 회피되었고 개인이 직접 국가와 계약을 맺었다.

1664년에 페르디난트 선제후(Elector Ferdinand Maria of Bavaria)는 1750명으로 구성된 정예 상비군을 보유했다. 1675년에 이 수는 8000명으로 팽창했다. 30년 전쟁이 끝남에 따라 헤세-카셀(Hesse-Kassel)의 장병은 해산되었지만, 1688년에는 새로운 상비군의 수가 1만 명을 상회했다. 1652년에 율리히-베르크(Jülich-Berg) 공국에는 군대가 존재하지 않았지만 1684년에 이르면 병력 5000명을 보유하게 되었다. 1645년 이전까지만 해도 잉글랜드에는 상비군이 알려지지 않았지만, 내전은 1645년에 신형군(New Model Army) 2만 명을 낳았다. 1660~1688년의 왕정복고(Restoration) 동안 잉글랜드의 상비군은 3000명에서 2만 명 이상으로 증가했다. 브란덴부르크-프러시아는 1650년대에 군대를 건설하기 시작했으며, 1713년에는 병력이 4만 명을 상회했다. 1659년 뉘른베르크 회의 이후에 오스트리아 황제 페르디난트 3세는 보병 2만 5000명과 기병 8000명으로 오스트리아 정예 상비군을 형성했다. 1648년 이전에 상비군을 보유했던 국가 ― 프랑스, 스페인, 네덜란드공화국 ― 는 자국의 평시 정원을 증가시켰다. 이러한 군대의 대부분은 자발적인 입대나 강제 징모대(press-gang)에 의해 충원되었지만, 1620~1682년에 스웨덴은 국가를 주(canton)나 군사지구(military districts, 'Indelningsverket')로 분할하는 데 기초를 둔 부분 징병체계를 도입하고 정교화했다.

군사적·안보적 요인은 상비군이 등장하는 두 번째 국면을 부분적으로 설명해줄 수 있을 뿐이다. 국가가 중앙집권화되고 통일되면서 통치자는 과세를 통해 국부의 더 많은 부분을 차출해낼 수 있었다. 새로운 군대가 과세의 증가에 선행됨으로써 추가 세입에 대한 요구를 창출해낸 것인지 아니면 평시 상비군의 유지를 가능하게 해준 것인지는 다소 불명확하다. 그 전후 관계가 어찌 되었든지 간에 증가된 국가의 세입은 거의 전적으로 군 — 육군, 해군, 요새 — 에 소비되었다. 엄청난 전쟁비용은 스페인 왕실로 하여금 1607년, 1627년, 1647년에 법률적 파산을 선언하게 만들었으며, 저지대 국가들에 있던 왕실의 주력군대는 1570~1607년에 장병들이 50회 이상이나 급료 미지급 때문에 폭동을 일으켰을 정도로 빈번하게 무력화되었다. 교훈은 분명했다. 만약 국가가 대규모 상비군을 유지하려 한다면 국가는 신민에게 많은 세입을 짜내고 그 돈을 더욱 잘, 그리고 효율적으로 사용할 필요가 있었다. 1679~1725년에 러시아의 국가 총세입 중 육군과 해군이 먹어치운 비율은 평시 60%, 전시 95%에 달했다. 9년 전쟁과 스페인 왕위계승 전쟁 동안 잉글랜드 정부가 지출한 비용의 75%는 육군(40%)과 해군(35%)에 소비되었다. 9년 전쟁에서 프랑스는 총세입의 65%를 육군에, 9%를 해군에 소비했다. 일부 국가는 이렇게 치솟는 투입비용을 감당할 수 있는 능력을 점차 확보해갔다. 아메리카, 인도, 서인도 및 동인도 제도의 식민지로부터 막대한 부가 잉글랜드와 네덜란드공화국으로 유입되었으며, 점점 더 효율성을 확보해가던 행정조직에 의해 과세가 이루어졌다. 이런 국가에서는 재정과 금융이 매우 조직화되어 국가가 제도화된 국채로 엄청난 액수의 돈을 정기적으로 빌릴 수 있었다.

새로운 군대는 공격으로부터 그 국경을 지키기 위해서뿐 아니라 내부적으로 국가를 안전하게 만들기 위해서도 필요했다. 사회 내에서 세금 부과를 증대하는 것과 과세기반을 확충하는 것은 군대 — 더 많은 세입의 필요성을 만들어냈던 것은 원래 이들이었다 — 의 도움으로만 진압할 수 있는 봉기를 발생시켰다. 프랑스는 1662년 불로네(Boulonnais), 1664년 기엔(Guyenne), 1675년

브르타뉴(Bretagne)에서 반란에 시달렸다. 게다가 30년 전쟁 동안과 그 이후에도 등장했던, 질서 정연하고 품위 있는 사회에 대한 위협은 절대 군주들로 하여금 그들의 새로운 군대에게 반대세력을 통제하는 강력한 국내 경찰력으로 기능할 것을 요구하게 만들었다. 16세기 프랑스와 스페인의 상비군이 일반적으로 국경을 지키고 정복한 영토를 점령하는 데 쓰였던 반면, 그들을 이은 17세기 상비군은 반란을 진압하고 법과 질서를 유지하기 위해 본국 내에 주둔하는 것까지도 의도되었다.

군대가 점령군으로 기능하기보다 본국에 기지를 두고 자국 국민 사이에서 숙박하게 되면서 민간인과의 마찰을 줄이기 위해 더 나은 기율과 사병에 대한 장교의 개선된 통제가 필요했다. 종속된 영토 내에서 분담금을 걷을 동안 허용되거나 권장되기까지 했던 기율위반 행위(indiscipline)는 새로운 환경 속에서 받아들여질 수 없었다. 본국의 장병에게는 숙식과 정기적인 급료가 지불되어야 했다. 전역을 수행하는 동안 16세기와 30년 전쟁기의 군대는 약탈을 하거나 분담금을 걷는 경향이 있었다. 그러나 17세기 후반의 조직화되고 기율이 선 국가의 군사력은 보통 일부 보급물자에 대해서는 비용을 지불했다. 게다가 국가는 전시에 기본 식량과 수송을 제공하기 위해 민간 청부업자를 고용했다.

모방과 유행이 다시 한 번 중요해졌다. 1648년 이후 프랑스는 유럽에서 지배적인 정치적·군사적·경제적 세력이었다. 독일의 소(小)군주들은 자신들의 주요 도시에 작은 베르사유(Lilliputian Versailles)를 건설했으며, 심지어 잉글랜드의 찰스 2세(Charles II)도 포츠머스의 요새, 주둔지, 해군기지에 가까운 윈체스터 인근에 베르사유를 건설하기로 결정했다. 프랑스의 루이 14세가 (부분적으로) 상비군을 매개로 자신의 절대권력을 유지함에 따라 유럽의 통치자들 대부분은 그 본을 따라야 할 필요성을 느꼈다. 루이 14세의 외교정책 목표 — 개인적 영예, 네덜란드인들에 대한 증오, 합스부르크 왕가와의 경쟁 — 가 무엇이었든지 간에 네덜란드공화국과 스페인 사람들, 라인란트(Rhineland)

군주들에 의해 그는 베스트팔렌의 평화를 뒤엎고 영토를 장악하고자 하는 적으로 인식되었다. 프랑스가 1667~1668년, 1672~1678년, 1688~1697년에 전에 없는 대규모 군대로 공격했을 때 그들은 자신들의 전력을 증강해야 할 필요성을 느꼈던 국가들과 대적하게 되었다. 자력으로는 제한된 수의 병력만을 양성할 수 있었던 독일의 소국(小國)들은 반(反)프랑스 동맹 속에 몸을 숨겼지만, 그러한 동맹의 주축 ― 잉글랜드, 네덜란드공화국, 오스트리아 ― 은 1690년대에 40만 명을 상회할 정도까지 치솟았던 프랑스군과 싸우기 위해 엄청난 수의 병력을 충원하거나 고용해야만 했다.

정부는 전쟁기계나 다름없었다. 국가를 중앙집권화하고 근대화하는 것을 도왔던 행정적·관료적인 방법은 16세기에 주로 스페인에서 시작되었으며, 스웨덴에서는 1620년대와 1630년대에 독립적으로 발전했고, 그 뒤에는 르텔리에(Michel Le Tellier)와 루브와 후작(marquis de Louvois)에 의해 프랑스에서 정교화되었다. 국가가 군사력 운영을 용병대장과 군사 사업가들로부터 떠맡게 되면서 행정가들은 주로 충분한 세입을 조직하고 획득하는 데 관심을 기울이게 되었다. 1660년대 중반에 이르러서는 충원, 보급, 급료 지불, 기율, 요새화, 병사의 건강문제를 다루는 육군부(War Ministry)[10]가 파리에 등장했다. 스웨덴은 1634년에 전쟁대학(College of War)을 설립했으며, 잉글랜드는 1683년에 초보적인 육군성(War Office)을 창설했고, 1692년에는 피에몬테-사보이(Piemonte-Savoy)에도 육군부가 존재하게 되었다. 반면 표트르 대제(Peter the Great) 아래 러시아는 행정조직에 대한 실험을 끝없이 진행했다.

국가의 비대해진 군대는 무장과 장비를 필요로 했으며, 이는 섬유 및 야금(冶金) 산업을 촉진시켰다. 1700년, 보잘것없는 제조업의 기반에서 출발했던 러시아는 25년 내에 새로운 시설 40개를 만들면서 무장을 자급하게 되었다.

---

10  근대 유럽에서 설립된 'War Ministry'나 'War Office'는 그 명칭처럼 전쟁을 총괄적으로 지휘·감독하는 조직이 아니라 육군을 관할하는 조직이다.

전통적으로 서유럽의 무기 제조 중심지였던 리에주(Liège)에서는 루이 14세의 전쟁 동안 지역경제가 상당 정도 팽창했다. 잉글랜드의 머스킷 생산은 1689년에 런던을 넘어 버밍엄으로 확대되었다. 네덜란드 섬유산업은 병사 2만 명이 만들어낸 수요로 인해 상당한 지원을 받았다. 전시에 농업은 호황을 누렸는데, 이는 해군과 육군의 식량 청부업자들이 유럽 전역에서 가장 값싸고 풍부한 공급원을 물색하고 다녔기 때문이다. 저지대 국가들과 독일, 프랑스, 북부 이탈리아, 잉글랜드의 농업지역은 전쟁으로부터 상당한 이익을 거두었으며, 그 이익은 우발적인 손해나 파괴를 훨씬 능가하는 것이었다. 말에 대한 엄청난 수요는 사육산업으로 하여금 수요를 충족시킬 뿐 아니라 더 효과적이고 효율적인 품종을 생산해내도록 장려했다. 1712년에 러시아의 표트르 1세는 종마(種馬)농장을 세워 기병용 말의 보급을 개선하려 했다.

상비성(常備性, permanence)은 전문 직업주의(professionalism)를 낳았다. 귀족의 기사도적 전통과 단체정신(*esprit de corps*)이 이상적인 장교가 되기 위한 자질이 되었다. 그런가 하면 귀족은 왕정기구를 열심히 지원했으며, 장기 복무 상비군은 장교들에게 정기적인 급료와 경력구조를 제공했다. 1645년에 창설된 신형군은 잉글랜드군의 계급구조를 공식화했으며, 이는 오늘날까지도 이어지고 있다. 점진적으로 장교들은 계약된 용병으로서 자신의 지위를 국가에 고용된 자로서의 지위와 맞바꾸었다. 그러나 이 같은 진화는 1700년까지는 결코 완결되지 않았다. 잉글랜드에서 장교들은 18세기 중반에 컴벌랜드 공(Duke of Cumberland)에 의한 개혁이 있고 나서야 국가에 완전히 흡수되었다. 근대 초기의 정부에는 이런 과정을 완결시킬 수 있는 자원과 기반구조가 부족했으며, 부분적으로 장교들은 국가에 고용된 이들이었지만 그와 동시에 급료와 제도화된 부수입에 대한 대가로 국가의 군대를 운영하도록 위임받은 사적 사업가이기도 했다. 연대의 대부분은 사실상 연대장의 재산이었으며, 그는 자신의 병사들에게 군복을 조달하는 일과 많은 기타 '수당'으로부터 이득을 얻었다. 그뿐 아니라 장교직(commission)을 매각할 수 있는 권리도 누렸다. 연대는 그러한 장교들에게 상당한 이득을 가져다주는 원천으로 남았다.

장교들은 그들의 새로운 과업을 위해 교육되기 시작했다. 부용 공(duc de Bouillon)은 1606년 스당(Sedan)에 군사훈련학교(Military Training Academy)를 설립했으며, 나사우의 욘 2세(John II of Nassau)는 1617년 지겐(Siegen)에 기사학교(Kriegs und Ritterschule)[11]를 설립했고, 1618년에 헤세의 마우리츠(Maurice of Hesse)는 카셀(Kassel)에 군사대학을 세웠다. 발렌슈타인은 프리드란트(Friedland)와 길스친(Gilschin)에 군사학교를 설립했다. 프랑스에서는 리슐리외(Richelieu)가 파리의 탕플구역(Temple district)에 대학을 열었던 반면, 마자랭(Mazarin)은 4개국 대학(College of the Four Nations)[12]에서 군사교육을 제공하고자 계획했다. 브란덴부르크-프러시아의 대(大)선제후는 장교후보생들을 쾰베르크(Kölberg)의 기사대학(Knight's College)에 부속되어 있는 중대에 모아놓았다. 그러나 대학은 돈을 소비했다. 장차 장교가 될 만한 사병을 후보생으로 훈련시키는 게 더 저렴했다. 1682년 루브와 후작은 장교훈련을 위한 후보생 중대 9개를 창설했다. 프랑스, 스웨덴, 러시아, 영국 군대의 경우에는 왕실의 기병연대가 장교훈련을 위한 제대(梯隊)로서 기능했다. 장교들에 대한 훈련이 제도화되면서 기술 발간물도 증가했다. 글 대신에 삽화를 사용했던 최초의 근대적 훈련서는 나사우의 욘 2세가 스케치한 훈련기동을 헤인(Jacob de Gheyn)이 새겨놓은 『화승총, 머스킷, 창으로 하는 군사훈련(Wapenhandlingen van roers, musquetten ende spiessen)』(1607)이었다.

---

11  17세기 말에 프로이센이 유럽의 강국으로 부상하는 것을 돕기 위해 독일 귀족들에 의해 설립된 기사학교(Knight Academy) 중 하나이다. 귀족 청년들이 국가와 군에 기여할 수 있도록 자연과학, 정치술, 언어 등을 가르쳤다.
12  설립자 마자랭 추기경의 이름을 따 마자랭 대학(Collège Mazarin)이라고도 불렸다. 원칙적으로 1648년 베스트팔렌 평화조약과 1659년 피레네 조약(Treaty of Pyrenees)을 통해 새로이 프랑스의 통치하에 놓이게 된 영토(플랑드르, 아르투아, 에노, 룩셈부르크/ 알자스 및 기타 독일지역/ 루시용, 콩플랑, 세르다뉴/ 피뉴롤 및 교황령) 출신의 학생들로 구성되었다.

유럽과 유럽 내 아시아 사이에는 현저한 차이가 존재했다. 1389년 당시 오스만 튀르크의 군대는 포를 보유하고 있었으며, 1500년에 정예 보병들(janizaries)[13]은 소화기로 무장했다. 그러나 오스만 튀르크의 싸우는 방법 — 터키의 초승달(Turkish Crescent)[14] — 은 현대 전쟁의 요구보다는 제국 내의 인종적·지리적 구분을 반영한 것이었다. 튀르크군이 수행한 전쟁 방법은 15세기에는 효과적이었지만 1683년 빈 포위공격의 시점에 이르면 진부한 것이 되고 말았다. 그들은 축성술을 통달하는 데 실패했으며, 그들의 포는 질적으로 형편없고 너무 무거워서 전장에 유연하게 배치할 수 없었다. 그런가 하면 노예제와 봉건제에 의존하고 있던 그들의 군사조직은 서유럽의 전문 직업주의와 경합할 수 없었다. 그러나 1699년 이후 부분적인 개혁이 있었으며, 18세기에는 일련의 유럽 고문관들이 포병과 군사교육을 현대화하고자 시도했다. 결국 1789~1807년에 셀림 3세(Selim III) 아래에서, 썩어가던 군사제도와의 연은 끊겼으며, 유럽 노선에 따라 새로운 군대가 창설되었다.

군사적 현대화는 아프리카, 아시아, 아메리카를 향한 유럽의 팽창과 동시에 일어났다. 그러한 지역의 많은 곳에서는 폭력의 형태, 목적, 수준과 토착 전쟁(indigenous warfare)의 기간이 의례(ritual)에 의해 통제되었다. 그 주요 목적 중 하나는 노예를 획득하는 것이었다. 소화기와 대포 — 무차별적인 폭력 무기 — 는 노예를 생포하기 위해 관습적으로 일련의 개별 전투로 귀착되던 전쟁유형에는 적절하지 않았다. 살육은 주된 목적이 아니었다. 유럽인들의 전쟁은 사람이 아니라 영토를 장악하는 것과 관련되어 있었다. 적의 병사들은 더 큰 게임의 담보물일 뿐 그 자체가 목적은 아니었다. 16세기와 17세기

---

13  오스만 튀르크 술탄의 친위전력을 구성했던 정예 보병부대이다. 1383년에 술탄 무라드 1세 (Murad I)에 의해 창설되었으며, 1575년에 2만 명이었던 병력은 1591년에 4만 9000명, 1826년에는 13만 5000명까지 증가했다.

14  투란(Turan) 전술이라고도 한다. 일종의 치고 빠지는 전술로서, 적에게 타격을 가하고 난 뒤 전략적으로 퇴각하고 매복해 있다가 무질서하게 반격해오는 적을 소탕한다.

에 유럽에서 전쟁 수행을 지배하고 있던 의례는 감소했다. 1648년 이후 종교 전쟁의 세기를 특징지었던 과도한 폭력[1631년 마그데부르크(Magdeburg)에서 있었던 약탈과 같은]을 통제하기 위해, 특히 포위공격과 관련해 의례를 부활시 키고자 하는 시도가 있었다. '법학자들(jurists)' — 더 흐로트(Hugo de Groot), 주치 (Richard Zouche), 푸펜도르프(Samuel Pufendorf), 빈케르스후크(Cornelius van Bynkershoek), 데 바텔(Emerich de Vattel) — 은 국제법을 매개로 하여 전쟁 수 행을 규제하고자 했으나, 그들은 기껏해야 부분적으로만 성공할 수 있었다. 유럽 밖에서는 그처럼 유약한 행동규범조차도 적용되지 못했다. 파괴적인 무 기와 태도로 무장한 식민 개척자들은 아시아와 남아메리카의 군대들이 정비 할 수 있는 시간을 확보하기도 전에 그들을 압도해버렸다. 우세한 무기가 중 요한 요소였지만, 결정적이었던 것은 전쟁에 대한 유럽인들의 접근법이었다.

유럽인들의 에너지는 대부분 정체되어 있던 전쟁 수행의 방법과 맞닥뜨렸 다. 아메리카에서 유럽인들은 정복하고 착취하며 정착했다. 코르테스(Hernán Cortés)와 스페인 사람 500명은 1519~1521년에 멕시코에서 아스테카 제국을 장악했으며, 피사로(Francisco Pizarro)와 유럽인 168명은 1531~1533년에 페 루의 잉카인들을 격파했다. 청동기 시대는 유럽인들의 기술에 순식간에 굴 복했다. 그러나 북아메리카 — 영국은 1607년 이후 버지니아에, 1620년부터는 매 사추세츠에 정착했으며, 프랑스는 1607년에 퀘벡(Quebec)을 세웠다 — 에서는 아 메리카 원주민들이 순식간에 화약무기를 획득했다. 1675~1678년의 필립 왕 의 전쟁(King Philip's War) 동안 아메리카 원주민들과 뉴잉글랜드의 식민 개 척자들은 격전을 치르는 것이 무용하다는 점을 인식하고 게릴라 전술로 전 환했다. 이러한 효과적인 방법들로 아메리카 원주민들은 영국의 식민 정착 자들이 서부로 이동하는 것을 지연시킬 수 있었다. 그러나 북아메리카는 결 국 요새, 질병, 철도, 수적 압박에 의해 정복되고 말았다.

정복과 경제적 착취가 유럽인들의 아메리카 대륙 식민화의 원인이 되었던 반면, 수익이 되는 향신료 교역에 대한 통제는 아시아와 인도로 팽창해나간

주된 동기였다. 아시아의 해안지방에서는 상당한 폭력을 동반한 원정이 집중적으로 진행되었다. 포르투갈이 1510년에 고아(Goa)를 장악했으며, 스페인은 1560년에 필리핀 군도를 장악했다. 일단 이러한 영토에 발판을 확보하고 나면 유럽의 식민 개척자들은 요새와 수비대를 활용하는 입증된 정복전략을 도입했다. 무역거점은 트라스 이탈리엔 축성법에 따라 포를 사용하는 요새를 만들어 보호했다. 말라카(Malacca)가 1511년 이후 요새화되었으며, 마닐라는 1585년부터 그렇게 되었다. 유럽과 근동 및 중동 외에서는 고정된 요새를 발전시킨 이들이 거의 없었다. 인도에서만 강력히 방어된 도시가 혼했다. 능보를 갖춘 요새는 유럽인들의 정복을 용이하게 해주었을 뿐 아니라 인도인들이나 인도네시아인들이 식민 개척자들을 축출하는 게 극히 어려워지도록 만들었다. 왜냐하면 그들에게는 자신들의 한가운데에 자리 잡은 새로운 요새를 공격할 수 있는 기량과 경험이 결여되어 있었기 때문이다. 그러나 인도에서는 내륙지방을 향한 유럽인들의 팽창이 소화기, 대포, 충분한 인력을 보유하고 있던 무굴(Mughal) 제국에 의해 더디게 진행되었다(1526~1857년). 1740년대에 프랑스에 의해 세포이 체제(sepoy system)가 도입될 때까지 포르투갈, 프랑스, 네덜란드, 잉글랜드의 식민 개척자들은 인도에서 그다지 길을 넓힐 수 없었다.

  유럽인들의 전쟁모델 ― 폭력, 살육, 소화기, 전문조직, 능보를 갖춘 요새 ― 이 점차 전 세계로 퍼져나갔다. 주요 교역로와 풍향지대(wind belts) 밖에 위치하는 국가들 ― 일본, 조선, 중국 ― 은 가까스로 해외로부터의 영향을 차단하고 폐쇄적으로 남아 있을 수 있었다. 그러나 1700년에 이르면 유럽으로 하여금 18세기와 19세기 동안 세계의 상당 부분을 정복할 수 있게 해준 토대, 방법, 태도가 확립되었다.

# 군사혁명 II
## 18세기의 전쟁

제러미 블랙 Jeremy Black

해상에서 18세기의 전쟁은 유럽 열강에 의해 지배되었지만, 지상에서는 그들이 여러 중요한 군사국가 중 하나의 집단에 지나지 않았다. 기술적·조직적 맥락에서 보았을 때는 지상이나 해상에서의 전쟁에는 거의 변화가 없었다. 사회적 맥락에서 가장 심대한 발전은 1775~1783년의 미국 독립전쟁이었는데, 이는 잠재적으로 주요한 신생국가의 탄생을 가져온 성공적인 대중투쟁이었다. 주도적인 열강은 해상에서는 영국, 지상에서는 중국과 러시아였다. 일련의 분쟁 — 이 중에서 1756~1763년의 7년 전쟁이 가장 중요했다 — 에서 영국은 프랑스와 그의 동맹국 스페인을 격파했으며, 세계에서 가장 역동적인 해상 및 식민 국가가 되었다. 이러한 분쟁은 영국에서 무역의 중요성, 무역의 성장이 영국의 전체 상선(mercantile marine)을 증가시켜 전시에 사용할 수 있는 풍부한 선원인력을 만들고 관세를 늘어나게 해 해군을 건설하는 대규모 프로그램을 재정적으로 지원하는 데 도움을 준 정도를 반영했다.

강력한 해군은 영국을 프랑스의 침공으로부터 보호했으며 — 1692년, 1708년, 1745~1746년, 1759년의 경우에 특히 그랬다 — 제국주의적인 팽창의 기초로 기능했다. 1701~1714년 스페인 왕위계승 전쟁에서 영국은 스페인으로부터 지브롤터(Gibraltar)와 미노르카(Minorca)를, 프랑스로부터는 노바스코샤(Nova Scotia)를 정복했다. 1741년에 근대 콜롬비아의 카르타헤나(Cartagena)로 실패한 원정을 떠났던 버넌(Edward Vernon) 제독이 이끄는 영국 함대 ─ 함포 50~80문이 장착된 함선 29척으로 구성되었다 ─ 는 그때까지 유럽의 바다 밖에서 볼 수 있었던 유럽의 그 어떤 전력보다 대규모였다. 7년 전쟁 동안 영국은 프랑스로부터 캐나다, 도미니카, 그레나다, 세인트 빈센트(St. Vincent), 토바고, 세네갈을, 스페인으로부터는 플로리다(Florida)를 획득했다. 이 전쟁에서 영국은 프랑스로부터 과들루프와 마르티니크를 장악하고 불과 1년 내에 스페인으로부터는 아바나(Havana)와 마닐라를 장악함으로써 지상력과 해상력의 세계적 잠재력을 과시했다. 영국은 1750년대와 1760년대 초 인도에서 프랑스와 그 동맹국들을 격파한 ─ 이는 1761년에 프랑스의 주요기지였던 퐁디셰리를 장악하면서 절정에 이르렀다 ─ 후에 아대륙(亞大陸)에서 주요한 유럽 열강이 되었다. 그리하여 그들은 토착 통치자를 희생시켜 이득을 취하고, 그럼으로써 유럽의 다른 열강과 장차 있을 분쟁을 위해 입지를 강화할 수 있는 최상의 위치에 놓이게 되었다. 1764~1765년에 영국동인도회사(British East India Company)는 벵골과 비하르(Bihar)를 획득했으며, 이는 그들로 하여금 갠지스 강 하류유역의 주요한 영토세력이 되게 만들었다. 1764년 북사르(Buxar)에서 거둔 승리가 특히 중요했다. 1790~1792년의 제3차 마이소르 전쟁(the Third Mysore War)에서 마이소르의 티푸 술탄(Tipu Sultan)을 격파한 것은 남부 인도에서 작으나마 이익을 얻게 해주었다. 그러나 1799년의 다른 분쟁에서 거둔 승리는 그 지역의 대부분을 장악할 수 있게 해주었다.

미국 독립전쟁은 영국에 많은 중요한 손실을 야기했으며, 여기에는 식민지 13개,[1] 플로리다, 미시시피의 루이지애나 동부, 토바고, 미노르카, 세네갈

---

1  1607~1733년에 북아메리카의 대서양 해안지역에 수립된 영국의 식민지들로서, 합세하여

이 포함되었다. 그러나 영국은 캐나다와 인도와 카리브 해의 소유지는 보존했다. 게다가 영국은 이 분쟁으로부터 여전히 유럽의 주도적인, 그래서 세계적인 해군강국으로 등장했으며, 전후에 피트(William Pitt) 내각이 해군에 상당한 비용을 지출하고 1787년에 연방(United Provinces, 네덜란드)[2]과 동맹을 결성하고, 프랑스가 꾸준히 허약해지면서 그러한 힘은 강조되었다. 해군의 힘은 해외에서 얻은 이익으로 보강되었다. 1787년 시에라리온과 1788년 호주에서는 식민(植民)이 이루어졌으며, 영국이 태평양에 주둔하는 일도 증가했다. 이렇게 하여 프랑스 혁명전쟁이 발발하기 전에, 1783~1815년이라는 기간의 두드러진 특징이 될 다른 유럽 국가에 의한 식민지의 광범위한 획득을 위한 길이 마련되었다. 이 기간에 영국은 실론, 모리셔스, 세이셸 제도(the Seychelles), 케이프 식민지(Cape Colony), 트리니다드, 토바고, 세인트루시아, 가이아나를 획득했다.

1789년에 이르면 영국은 미국 독립전쟁의 좌절로부터 회복된 상태였으며, 분명 가장 강력한 유럽의 해상 및 식민 국가로 자리매김하고 있었다. 그렇기 때문에 그들은 나폴레옹기 프랑스에 저항할 수 있었다. 장기적 맥락에서 보았을 때 가장 특징적이고 중요한 것은 영국의 국제사(國際史)가 갖는 이러한 면모였다. 식민지와 해상에서 거둔 이와 같은 성공이 영국의 사회, 경제, 대중문화에 준 수많은 영향은 차치하고서라도, 제국은 신의 가호에 대한 증거와 사명과 목적 — 이는 다음 세기 전반을 통해 쉽게 연출되는 테마였다 — 에 대한 지침으로서 영향을 주었을 뿐 아니라 대륙에도 영향을 주었다. 최근에 '나폴레옹식 유럽 통합'이라 일컬어진 것이 대부분 영국의 반대로 인해 실패했다.

---

1776년에 독립을 선언했다.

2 1581년에 네덜란드의 일부 지역(7개 지방)이 스페인의 통치로부터 분리되며 만들어진 국가로서 1795년까지 존재했다. 공식적으로는 '7개 연합 네덜란드공화국(Republic of the Seven United Netherlands(Republiek der Zeven Verenigde Nederlanden)' 또는 '네덜란드연합공화국'이라고 불렸다.

해군력 덕분에 영국은 주요한 무역국가가 되었으며, 이로써 프랑스에 맞서는 측에 재정적 지원을 할 수 있는 가장 좋은 처지에 있었다. 그 정치적·문화적·사회적 결과는 결정적이었다. 유럽 사회의 특징적인 면모는 그것이 많은 경쟁 국가들 사이에서 분열되어 있다는 것이었으며, 이는 산업화, 도시화, 대중교육, 대중정치가 확산되어가며 지속될 것이었다.

영국 해군의 힘이 18세기 전쟁의 결정적 면모이며 유럽인들의 기술적·조직적 성취에 대한 가장 명백한 표현이라 하더라도 비유럽인들을 단지 유럽인들의 제국주의에 대응하는 이들로 보는 것은 실수일 것이다. 실제로 아시아의 상당 지역에서 유럽인들은 여전히 권력정치의 주변적 존재에 지나지 않았다. 동아시아, 남동 아시아 대륙, 페르시아, 중앙 아시아의 경우에 특히 그랬다.

아시아에서 주도적인 군사강국은 중국이었다. 중국의 군사적 힘은 경제 성장과 1650년 1억 명에서 1800년 3억 명으로 증가한 인구, 유능한 황제들이 통할하는 잘 조직된 정부에 기초했다. 1662~1722년 강희제의 중국은 1683년에 대만을 정복하고, 1690~1697년의 치열한 전투 끝에 몽골도 정복했다. 그곳에서는 1730년대에 서몽골의 이리(Ili)와 새로운 전투가 있었으며, 이리는 1735년에 항복했다. 티베트에 대한 1718~1720년의 군사 개입은 중국의 종주권이 확립되는 결과를 가져왔다. 이는 1750년에 발생한 봉기로 인해 도전을 받았지만, 봉기는 진압되고 보호령이 수립되었다. 1750년대에 이리에서 발생한 봉기 또한 진압되었으며, 토착 부족들 사이에서 발생한 천연두는 멀리 발하슈 호수까지 중국의 통제가 가해질 수 있게 도왔다. 1758년에 중국은 카슈가르를 점령했으며, 동부 투르키스탄의 점령지들은 신장(新疆)지방으로 조직되었다. 1766~1769년 버마에 대한 원정은 덜 성공적이었지만, 1792년에 중국군은 카트만두로 진군해 들어갔으며, 네팔의 구르카족(Gurkhas)은 제국의 권위를 인정하도록 강요당했다.

당시의 다른 전쟁들이 그랬듯이 중국의 전역들에도 공통된 군사적 테마가 깔려 있었다. 그것은 상대적으로 조직화된 정착 농업사회와 유목 또는 반(半)유목인들 간의 투쟁이었다. 전자의 농업은 좀 더 많은 인구를 먹여 살렸으며, 그럼으로써 상당한 규모의 군사력을 보유하고 과세를 통해 발전된 국가구조를 유지할 수 있게 해주는 자원을 제공했다. 반면에 유목 또는 반유목인들은 일반적으로 목축농업에 의존했으며, 인구수도 더 적었고, 그들의 정부구조도 덜 발전되어 있었다. 그래서 그들은 견줄 수 있을 만큼의 군사적 전문화 ─ 특히 요새화와 공성술 분야에서 ─ 를 발전시키지 못하는 경향이 있었다. 정착 농업사회의 잉여 농산물과 과세기반(課稅基盤)은 병참의 메커니즘이 발전하여 상비적인 전문 군사 부대들을 지원할 수 있게 해주었던 반면, 일반적으로 유목인들에게는 그러한 부대가 결여되어 있었고, 병참체계도 훨씬 덜 조직화되어 있었다. 전쟁에서 그들은 많은 경우 상대방을 급습하는 데 의존했다.

상당 부분 지형과 기후라는 요소에 기반을 둔 이와 같은 조직적 차이는 전쟁 방법상 차이와 연관되어 있는 것이었다. 유목 및 반유목인들은 기동성을 활용하고 보통 기병에 의존했던 반면, 그들의 상대는 수(數), 보병, 요새화를 더 강조했다. 아마조니아(Amazonia), 오스트랄라시아, 캘리포니아, 태평양, 북동 시베리아와 같은 특정 지역에서는 소화기 사용 면에서도 차이가 존재했는데, 토착민은 화약무기를 쓰지 않았다. 그러나 아시아의 상당 지역과 북아메리카에서는 점점 더 소화기가 널리 보급되어 양측이 그것으로 무장했다. 아메리카 원주민들은 강력한 적으로서의 위용을 과시했다. 전투에서 그들은 상대를 선택하여 그 개인을 특별히 조준했다. 아메리카 원주민들은 유럽의 정규군이나 식민 개척자들에 비해 무기로 조준사격을 하는 훈련이 잘되어 있을 가능성이 컸다. 그들은 움직이는 동물에 속사(速射)를 가했던 경험이 수년에 이르며, 서로 다른 여러 위치에서 총을 쏠 수 있었다. 그러나 일반적으로 포는 좀 더 발전된 사회의 전력에 의해서만 배치되었으며, 그것을 생산하는 것은 그 기간에 정교한 산업적 기반과 노동력의 전문적 활용을 필요로 했다.

앞서 개관된 충돌은 광범위하게 이루어졌다. 그것은 캄차카(Kamchatka)와 북동 시베리아를 정복하고자 하는 러시아의 시도에서, 페르시아의 나디르 샤(Nadir Shah)와 훗날 아프가니스탄인들의 북부 인도를 향한 침공에서, 터키인들과 베두인족 아랍인(Bedouin Arabs)들 간, 러시아인들과 코사크인(Cossacks)들 및 크리미언 타타르인(Crimean Tartars)들 간에 있었던 투쟁에서, 동인도 제도에서 있었던 부기인(Bugis)들의 해상습격에서 살펴볼 수 있다. 기번(Edward Gibbon)은 『로마 제국의 성쇠(The Decline and Fall of the Roman Empire)』(1776~1788)에서 "이제는 대포와 요새가 타타르의 말들에 맞서는 난공불락의 방벽이 되었다"고 주장했다. 실제로 그는 그것들이 유럽으로 하여금 중앙 아시아의 '야만'인에 의한 파괴적 침공에 노출되게 만들었던 순환적 과정을 깨뜨린 세계적 군사력의 변화를 이끈 것으로 보았다. 화약은 보병에게 기병에 대한 이점을 제공했으며, 이는 단순히 군사적인 변화가 아니라 정치적·경제적 힘에서 발생한 좀 더 폭넓은 변화를 반영하고 지속시키며 발전시키는 것이었다. 화약무기는 1450년부터 1520년경까지 전장에서 효과를 발휘했던 적이 있지만, 18세기에는 이것이 아시아에서 점점 더 분명해졌다. 플라시(Plassey)와 북사르에서 1757년에 영국군이 인도군에 대해 거둔 승리는 벵골에서 그들의 힘을 확고히 해주었다. 영국군은 그와 같은 무기를 능숙하게 사용함으로써 현저한 수적 열세를 극복할 수 있었다. 인도의 통치자들, 특히 마라타족(Marathas)과 마이소르의 통치자들은 유럽인이 지휘하던 전력이 사용하는 전술과 무기를 서둘러 채택했다.

그와 유사하게 유럽 내에서는, 1746년 컬로든(Culloden)에서 영국 정부가 자코바이트주의자[3]들의 스코티시 하이랜더스(Scottish Highlanders)를 격파하는 과정에서, 집중된 화력을 가졌으며 기강이 잘 선 보병과 그들을 지원하는

---

3 잉글랜드, 스코틀랜드, 아일랜드의 왕좌에 로마 가톨릭을 종교로 하는 스튜어트(Stuart) 왕가의 제임스 2세(James II)와 그 상속자들을 복좌시키려 했던 정치운동의 추종세력이다. '제임스(James)'의 라틴어식 표현이었던 '자코부스(Jacobus)'에서 그 이름이 유래되었다.

포를 쓰는 군대가 공격 시 충격력을 이용하는 데 의존하던 기동성 있는 전력에 승리를 거두는 모습을 볼 수 있었다. 자코바이트주의자들이 의존했던 '하이랜드식 돌격(Highland Charge)'[4]은 심각한 사상을 야기했다. 조지 2세(George II)의 차남인 컴벌랜드 공(Duke of Cumberland)이 지휘하던 영국의 포병과 보병은 수적으로 이미 열세인 채로 진격하고 있던 하이랜더스에게 타격을 가해 영국의 전선에 도달한 이가 거의 없게 만들었을 뿐더러, 도달한 이들도 총검에 의해 격퇴당하게 했다. 자코바이트주의자들로부터 어떤 방해사격도 없었기 때문에 전반적인 사격률은 증가된 반면, 왕의 부대가 전열의 왼쪽 앞 측면에 위치했던 점은 컬로든이 훨씬 더 처참한 살육장이 되게 만들었다. 스탠호프(George Stanhope) 중령은 자신의 동생에게 하이랜더스는 "손에 칼을 들고 가장 사납게 공격했지만" "전례가 없을 정도의 가장 격렬한 측면사격이 가해졌고 … 나는 결코 그처럼 끔찍한 살육을 본 적이 없다"고 말했다. 군사력으로서 자코바이트주의자들의 존재는 분쇄되고 말았으며, 1688년 오랑주 공 윌리엄(William of Orange)의 잉글랜드 침공과 함께 시작되었던 영국 왕위 계승 전쟁도 종결을 맞게 되었다.

그러나 많은 지상전의 자율성을 무시하는 게 그렇듯이 화력의 역할을 강조하는 것도 오류가 될 것이다. 단지 상비군과 화력전술에 기초한 업적의 크기라는 맥락에서만 생각하는 것보다는 서로 다른 맥락, 압력, 기회를 탐구하는 것이 더 가치 있는 일이다. 환경에 대한 적응의 역할이 결정적으로 중요하다. 유럽의 군대는 아프리카, 더 일반적으로는 열대지역에서 제한적인 영향을 주는 데 그쳤으며, 영국군이 인도에서 성공적일 수 있었던 것은 상당 부분 인도의 영국 군대가 주로 토착민 병사들로 구성되어 있었기 때문이다. 1782년에 그 수는 10만 명을 상회했다. 그와 마찬가지로, 1746~1757년의 제

---

4  스코티시 하이랜더스가 전장에서 썼던 충격전술이다. 적에게 전속력으로 돌진하여 근접거리 내에서 머스킷으로 사격하고 검으로 살육하는 방식으로 이루어졌다.

3차 자바 왕위계승 전쟁과 1750년 말의 반텐(Banten)에 대한 작전에서 확실히 볼 수 있듯이, 네덜란드인들은 자바의 연안지역 밖에서 작전을 성공적으로 수행할 수 있는 능력이 제한됨에도 불구하고 지역의 병사들을 사용했다.

바다에서의 입장은 달랐다. 그곳에서는 유럽인들이 원거리 해군력을 사실상 독점했다. 특히 아라비아 해와 동아프리카 연안지역에서 오만의 경우와 같이 다른 해군강국도 있었지만, 그 누구도 유럽인들에 대적할 수는 없었다. 엄청난 자원과 강력한 정부구조, 해군의 지역적 능력에도 불구하고 중국은 15세기 초에 보여주었던 원거리 해군활동을 지속하지 못했다. 그와 마찬가지로 일본도 조선도 해군의 활약에 대한 이전의 에피소드를 반복하지는 못했다. 터키의 해군력은 흑해와 지중해에서 중요했지만, 에게 해에서는 1770년 키오스(Chios)와 체스메(Chesmé)에서 벌어진 전투에서 러시아군에 패해 전함 23척을 손실당했으며, 흑해에서는 1788년 드네프르(Dnieper)와 1790년 텐드라(Tendra)에서 있던 전투에서 패배했다. 터키군은 드네프르와 텐드라에서 벌어진 두 교전에서 전함 12척을 잃었지만 러시아군의 전함은 고작 한 척만 손실되었다. 북아프리카 국가들, 즉 모로코, 알제리, 튀니지의 해군전력은 특히 사략(私掠)을 위한 전력으로서, 상업적인 습격에는 적절했지만 함대 간 교전에는 부적절했다.

기강이 선 보병의 화력과 선형대형보다 기병에 의존했던 터키군의 중요하고도 예외적인 사례를 빼면, 유럽 내에서는 국가 간의 무기체계와 전술의 기본적 유사성이 지상전의 결정적인 요소였다. 물론 차이는 존재했으며, 그것이 성공을 가져다주기도 했다. 1745년에 상대 군 선형대형의 일부에 압도적인 전력을 집중시키기 위해 프로이센의 프리드리히 대왕(Frederick the Great)이 발전시켰던 사선대형 공격이 그 가장 명백한 예이다. 프리드리히는 대형의 한쪽 끝을 강화시켜 그것으로서 공격하는 반면, 좀 더 약한 쪽의 노출은 최소화할 수 있는 일련의 방법을 고안해냈다. 이 전술은 복잡한 기동을 신속하게 수행하는 데 의존했으며, 이를 위해서는 훈련상태가 우수하고 기강이 잘 선 병사들이 필수적이었다. 이 전술은 1757년의 로이텐(Leuthen)에서 오스트리아군을 격파하는 데 사용되었다. 산등성이로 엄폐되어 있어 유리했던 프리드리히가 오스트리아군의 좌익을 우회하는 동안 기만공격은 오스트리아군으로 하여금 우익을 강화하기 위해 예비대를 전용하게 했다. 오스트리아군은 사선공격을 받아 산산이 격파되고 말았다.

그럼에도 불구하고 세계적인 규모로 존재하는 무기 및 전술의 차이라 할 만한 것은 존재하지 않았다. 그러나 이것이 압도적 승리를 불가능하게 만든 것은 아니었다. 이는 1709년에 표트르 대제(Peter the Great)가 폴타바(Poltava)에서 카를 12세(Charles XII)를 처참히 격파하고 이듬해에는 러시아군이 발트 해 동부에 있던 스웨덴의 영토를 제압한 예를 통해 확인할 수 있다. 견고한 러시아의 진지를 공격하면서 수적으로 더 많은 러시아의 보병과 포병에게 노출되었던 스웨덴군은 끔찍한 사상을 당했다. 그러나 이러한 승리는 일반적으로 전술이나 무기의 차이 때문이 아니라 병력 수, 좀 더 경험 있고 동기가 잘 부여된 병사들, 장군들의 더 나은 지휘 통솔력, 특히 예비병력의 가용성 및 운용, 지형, 그리고 전투의 기회요소 때문이었다. 새로운 무기가 발전되었다. 17세기 말의 총검과 부싯돌식 머스킷, 18세기의 대포에 쓰인 각도 조절나사(elevating screw)[5] 등이 그것이었다. 이 무기들은 순식간에 전파되었다. 유럽 군대 대부분이 성공적인 발명이나 개량을 발 빠르게 도입한 것은 잠재적 상대에 대한 기술적 우세의 중요성이 널리 인정되었음을 시사한다. 전술적 혁신도 마찬가지였다. 모든 우위는 일시적인 것이었다.

일반적으로 프리드리히 대왕의 군대는 1660~1792년 시기에 정점에 달한 전쟁을 대변하는 것으로 간주된다. 그러나 이는 잘못된 인식인데, 특히 이런 인식이 다운(Daun)이 이끄는 오스트리아군과 색스(Saxe) 휘하의 프랑스군,

---

5  대포를 원하는 각도에 맞게 조절하고, 포격 시에는 포를 원하는 각도에 단단히 고정시키는 역할을 하는 나사이다.

루만체프(Rumyantsev)가 이끄는 러시아군과 같은, 당시의 군대를 무시해버리기 때문이다. 게다가 프리드리히의 전술은 중동부 유럽의 특수한 환경, 특히 보헤미아와 실레지아(Silesia)의 개활지에 가장 적합했다. 그것의 한계는 1792년부터 시작되는 프랑스 혁명전쟁에서 오스트리아령 네덜란드6와 동부 프랑스의 밀폐되고 삼림이 우거진 지역에서 개방대형(open order)을 이뤄 싸우는 병력에 직면해 드러날 것이었다.

그 전쟁 이전에 유럽 군대가 사용하던 전술은 조밀하고도 얇은 선형대형의 보병을 배치하는 데 초점을 두었다. 이는 화력을 극대화하기 위해 고안된 것이었다. 1743년 데팅겐(Dettingen)에서 프랑스군의 전열은 영국군에 '거의 반시간 동안이나 끔찍한 사격을 가한 후' 퇴각했다. 병사들은 개별적으로 조준사격을 하기보다는 총검을 장착한 부싯돌식 머스킷으로 일제사격을 가했다. 총검에도 불구하고 전장에서의 백병전은 비교적 드물었으며, 사상의 대부분은 사격 때문에 발생했다. 머스킷의 정확성이 제한되어 있었기 때문에 훈련은 신속한 사격과 그를 위한 반복훈련, 기율을 강조했다. 머스킷 사격은 보통 근접한 거리에서 가해졌다.

보병의 측면에는 기병부대가 배치되었으나 화력은 더 중요해지고 기병의 비용은 증가한 결과, 이 세기 동안 기병의 비율은 감소했다. 기병은 전장에서 주로 기병에 맞서는 데 사용되었다. 보병은 측면과 배후가 취약했지만, 건재한 보병에 대해 기병이 진격하는 일은 흔치 않았다. 데팅겐에서 프랑스 기병은 영국의 보병을 공격했지만 그들의 화력에 의해 괴멸되고 말았다. "그들은 각자 손에는 피스톨(pistols)을 들고 허리춤에는 날이 넓은 칼을 찬 채 우리에게 달려들었다. 피스톨을 발사하고 난 뒤 그들은 그것을 우리의 머리를 향해 냅다 던졌으며, 말에 박차를 가하며 손에 칼을 들고 덤벼들었다. 우리는 그들

---

6  오스트리아의 합스부르크 왕가가 통치하던 남부 네덜란드(지금의 벨기에)를 의미한다. 1714년부터 1797년까지 존재했다.

의 격렬한 돌격을 버틸 수 없었으며, 그들은 우리의 대열을 깨고 돌파했다. 그러나 우리 병사들은 곧바로 전열을 정비하고 대형을 전환하여 ⋯ 우리의 배후에 있던 연대의 도움을 받아 둘 사이에 끼어 있던 프랑스의 기병들을 상당수 죽였다." 1704년 블레넘(Blenheim)에서 영국군이 프랑스군에 거둔 승리와 1757년 로스바흐(Rossbach)에서 프로이센군이 프랑스군에 거둔 승리와 같이 일부 전투에서는 기병이 결정적인 역할을 수행했지만 과거에 비해 그 중요성은 덜했다.

건재한 보병은 포에 더 취약했다. 이는 특히 그들이 채택하고 있던 조밀하고 정적(靜的)인 대형 때문이었다. 이 세기 동안 전장에서 포의 사용은 상당 정도 증가했으며, 애초 포의 대규모 사용을 선호하지 않았던 프리드리히도 7년 전쟁이 끝날 무렵에는 대규모의 포대를 운용하고 있었다. 대포는 기동성이 개선되고 표준화되었다. 1750년대 오스트리아군과 1760년대부터 그리보발(Gribeauval) 아래 프랑스군이 이 분야에서 주도적인 역할을 수행했다. 다른 기술적 발전은 지체되었다. 잠수함은 미국인 부시넬(David Bushnell)이 뉴욕 항에서 이글(HMS *Eagle*)함을 격침시키려 했으나 성공을 거두지 못했던 1776년에 처음 사용되었지만 후속 발전은 없었으며, 기구와 로켓에 대한 실험은 1790년대까지 기다려야 했다.

그럼에도 불구하고 유럽이 가진 군사력의 기저를 이루고 있는 경제력에 주목할 필요가 있다. 툴라(Tula)에 있던 러시아의 주요 국영 군수공장은 1737년에서 1778년까지 연평균 1만 4000여 정에 달하는 머스킷을 생산해냈다. 1760년대에 프랑스는 샤를빌(Charleville)과 생테티엔(Saint-Étienne)에서 연간 2만 3000정을 생산해냈다. 전함 건조에는 해군물자의 거래체계 전반이 동원되었으며, 포츠머스, 브레스트(Brest), 카디스(Cadiz), 세인트피터즈버그(St. Petersburg)와 같은 해군 조선소들이 당시 주도적인 경제단위의 일원이 되었다. 이러한 자원 동원력은 사회의 성격을 반영했다. 현금경제와 불완전 고용, 사회적 엘리트에 대해서는 아닐지라도 국민 대다수에게 상당한 권위를 갖고 있던 정부가 결합되면서 전쟁을 위해 대규모 인력을 동원할 수 있는 맥락이 조성되었다. 이는 (비록 사회적으로는 불평등하기는 했지만) 동부 유럽의 보편적 징집체계로부터 영국에서 수병을 강제 징모하는 등의 방법으로 전시에 병력을 양성하는 데 이르기까지 다양한 형태를 취했다. 그러나 공통된 요소는 필요시 국민 대다수가 국가를 위해 봉사하게 될 것이며, 그것도 국민은 영향력을 행사할 수 없고 전쟁의 목적이나 방법에 대한 그들의 관점은 고려되지 않는 조건에서라는 가정이었다. 폭동은 희소했으며, 그것이 발생했을 때 ― 1758년 뷔르템베르크(Württemberg) 군에서 발생했던 것과 같이 ― 는 매우 심각한 신뢰의 붕괴에 따른 산물이었다. 탈영이 훨씬 더 흔했다. 이는 많은 경우 절망적인 상황에 대한 위험한 항의였다.

병사나 수병의 시각에 대한 관심의 결여가 통치자, 장군, 제독 들이 병사들의 상황이나 그들이 당하는 사상(私傷)에 관심이 없었다는 것을 의미하지는 않는다. 그들은 형편없는 음식과 숙박시설이 몸을 쇠약하게 만드는 질병을 야기할 수 있음을 잘 알고 있었으며, 숙련된 장병은 대체하기 어렵다는 것도 알고 있었다. 이는 전투의 위험을 무릅쓰는 데 신중하게 만들었다. 하지만 이에 대해 과장하지 않는 게 중요하다. 1744년에 저지대 국가들에서 프랑스의 진군을 중지시키고자 시도하고 있던 영국군 사령관 웨이드(Wade) 원수는 "본인이 생각하건대 만약 같은 전선에서 그들과 교전할 수 있는 기회를 잡을 수 있다면 우리는 전투를 거부하지 말아야 할 것입니다. 그러나 불리한 입장에서 그들을 공격하는 것은 분별없는 행동이 될 것입니다. 이는 전투에서의 패배가 국가의 손실을 동반할 것이기 때문입니다"라고 보고했다. 실제로 패배의 위험은 상당했지만 그것이 당시 장군들이 승리를 추구하는 것을 막지는 않았다. 그래서 저지대 국가들에서는 1745~1747년에 주요한 전투들이 치러졌다. 퐁트누아(Fontenoy), 로쿠(Raucoux), 라우펠트(Lauffeld)에서 벌어진 전투에 대한 승리의 공은 모두 아우구스투스 2세(Augustus II)의 가장 나이 많은 서자였던 색스 원수7의 왕성한 지휘 통솔에 돌아갔다.

해전도 반드시 결정적이지 않았던 것은 아니다. 해상에서도 화력을 극대화하기 위해 선형전술이 채택되었다. 전함은 전방사격을 할 수 없기 때문에 상대 선박의 평행선에 현측사격을 가하도록 배치되었다. 목재선박의 기본적인 탄성은 그것을 포격으로 격침시키기 어렵게 만들었지만(포격으로 탄약고가 폭발하는 경우에는 침몰할 수도 있었다), 단거리 함포사격은 삭구와 돛대를 파괴함으로써 선박을 효과적으로 불능화할 수 있었다. 그럼에도 불구하고 선박의 격침을 동반하지 않는 전투도 격하게 치러질 수 있었을 뿐 아니라 그 영향도 결정적일 수 있었다. 예를 들어 덴마크 함대와 스웨덴 함대 간에 치러진 1715년 뤼겐 전투(Battle of Rügen)는 덴마크군이 독일에 위치한 스웨덴의 마지막 기지인 슈트랄준트(Stralsund)로 향하는 보급선을 차단할 수 있게 해 주었다. 영국군은 1759년 포르토노보(Porto Novo) 인근에서 수행한 작전으로 인도 해상을 지배할 수 있게 되었는데, 이는 프랑스군의 피해복구 능력이 결여되어 있었기 때문이다.

분명 당시의 지휘 통솔에는 본질적으로 신중을 기하게 만드는 아무것도 존재하지 않았다. 그때의 풍조는 지상에서나 해상에서나 할 것 없이 지휘에서의 용맹함, 대범함, 공세적 기상을 장려하는 것이었다. 지휘의 행정적 측면이 상당히 중요하다는 점은 인지되었지만, 그것이 전쟁의 문화를 결정짓지는 않았다. 이는 왕에 의한 국내 통치의 성격이 그들이 중요하다고 알고 있던 재정적 이슈에 의해 결정되지는 않았던 것과 같은 것이다. 프랑스 혁명전쟁 이전의 전쟁은 그 결과에서 대부분 결정적이지 못했으며 그 방법도 제한적이었다는, 널리 퍼져 있지만 대부분 그릇된 관점이 존재한다. 이는 혁명전쟁의 가정된 성격과 대조된다. 그러나 1758~1760년 러시아의 발트 해 동부 점령이나 영국군의 캐나다 점령이 어떻게 결정적이지 않은 것으로 보일 수

---

7  드 색스(Maurice de Saxe, 1696~1750년) 원수를 가리킨다. 그는 작센의 아우구스투스 2세가 인정한 혼외자녀 8명 중 첫째였다. 아우구스투스 2세의 혼외자녀가 무려 300여 명에 이른다는 주장도 있다.

있는지를 이해하기란 어렵다. 결정성(decisiveness)을 평가하는 것은 어려운 일이다. 한 전투의 결정적인 결과가 자동적으로 전쟁 자체에 관한 결정성을 상징하지는 않는다. 오늘날 전쟁의 결정성은 더 이상 조직화된 군사적 저항이 불가능할 정도로 적 군사력을 약화시키거나 파괴하는 것을 의미한다. 이는 어느 일방이 군사조직의 대부분을 투입했던 전투에서 패배하거나, 승리한 측이 (많은 경우 일시적인 것에 지나지 않는) 적의 취약성을 충분히 이용할 수 있는 가용자원을 가지고 있을 때에만 달성될 수 있다. 18세기에 이와 같은 상황이 발생하기는 했지만 그것은 예외적이었다. 탈진, 정치적 변화, 또는 전략적 균형의 점진적 악화가 전쟁이 종결에 이르는 좀 더 흔한 이유였으며, 유럽에서 발생했던 스페인, 오스트리아, 폴란드의 왕위계승 전쟁과 7년 전쟁의 경우 분명 그랬다.

그러나 예를 들어 7년 전쟁기 영국-프랑스의 경우처럼 결정적인 전쟁은 발생했다. 전투에서의 승리는 타협 평화안을 이끄는 정치적 환경을 낳는 데 결정적일 수 있었다. 그것은 평화의 한도를 설정하는 데 결정적이었다. 전쟁은 결코 제한되지 않았다. 사상률은 매우 높을 수 있었다. 1704년의 블레넘 전투에서는 10만 8000명의 전투원 중 포로를 제외하고도 3만 명 이상이 사상을 당했다. 1709년 말플라케 전투(Battle of Malplaquet)에서는 영국-네덜란드-독일 전력의 1/4이 사상을 당했다. 50~80야드의 근접거리에서 밀집한 병사들의 전열이 주고받는 사격, 전장에서 포의 사용(예를 들어 그런 대형에 가해지는 산탄포격), 칼이나 창에 의존해 벌어지는 기병 간 교전과 같은 모든 것이 높은 사상을 낳았다. 기병대 기수였던 브라운(Philip Brown)은 데팅겐 전투에 대해 말하며 "우박처럼 포탄들이 날아다녔다"고 했고, 퐁트누아 전투에 대해서는 "나는 어느 누구도 감당할 수 없는 9시간에 걸친 포격 동안 나의 생명과 사지를 보호해주고 보존해준 신을 찬미하고 숭배한다. … 포대들은 우리의 전면과 양 측면에 지속적으로 포격을 가했다"고 썼다. 일반적으로는 포로에 대한 처우가 개선되었지만 병사들은 보통 상대와 민간인들을 잔인하게 다루었다. 그럼에도 1747년 프랑스군이 네덜란드군의 요새 베르헌옵좀(Bergen-op-Zoom)을 급습했을 때처럼 요새에 대한 급습은 때때로 방어군에 대한 살육을 수반했다. 일반적으로 정규군이 비정규군과 싸울 때나, 동유럽에서와 같이 종교적·종족적 차이가 증오를 증대시킨 경우에는 전쟁이 더 잔인해졌다.

전쟁은 민간 주민들에게도 상당한 영향을 주었다. 게릴라전을 포함하는 분쟁[예를 들어 1700년대에 스페인, 헝가리, 티롤(Tirol)에서 있었던 것과 같은]은 차지하고서라도 군사적 요구(특히 인력과 돈에 대한)가 가하는 부담은 유럽인들을 강하게 압박했다. 그러나 이러한 요구가 사회체제에 도전을 가하지는 않았다. 당시의 군사력 팽창은 불평등주의(inegalitarianism)와 상속의 원칙을 기반으로 조직된 사회의 사회적 현실에 도전을 가하지 않는 방식으로 발전되었다. 군대의 대규모화는 귀족들에게 더 많은 기회를 제공해주었다. 그들은 그들이 본디 지휘하는 직위에 적합하다는 가정과 통상적으로 그렇게 해왔다는 사실 모두로부터 혜택을 받았다. 그렇기 때문에 군대는 사회의 '밖'에 존재하는 전력이 아니라, 오히려 사회 통제와 영향력의 패턴, 그것에 응집력을 제공해주는 믿음을 반영하는 것이었다. 덜 강압적인 방법으로 기율과 군사적 응집력의 유지 사이에서 복잡한 균형을 이루는 데 군사력은 또한 사회를 반영했다. 병력 충원의 제약은 통상적인 사회가치를 반영했다.

혁명 이전의 전쟁에서 중요한 또 하나의 측면은 그 다양성이었다. 표준적인 이미지는 잘못된 것일 수 있다. 혁명전쟁이 발발하기 수십 년 전에 있었던 프리드리히의 고전적인 전투와 더불어 러시아와 오스만 튀르크, 오스트리아와 오스만 튀르크의 전쟁이 있었을 뿐 아니라 ─ 나폴레옹에게 영향을 주었던, 1768~1769년 프랑스의 코르시카 정복처럼 ─ 유럽 내에서 비정규 전력에 대한 분쟁의 경험도 있었고, 유럽 밖에서의 전쟁도 있었다. 미국 독립전쟁은 영국, 프랑스, 스페인의 지상 및 해상 전력에 의한 작전들을 포함했다.

미국 독립전쟁은 유럽의 식민 국가와 유럽인들의 혈통을 가진 신민들 간에 치러진, 대양을 횡단해 치러지는 분쟁의 최초 사례였으며, 주요 혁명전쟁의 첫 사례이자 시민의 무장에 대한 인식이 결정적인 역할을 수행했던 독립 투쟁이었다. 새로운 국가의 수립은 새로운 군대의 창설을 수반했다. 지휘관 중 다수는 사회의 부유한 계층 출신이었지만, 아메리카 지휘부의 사회적 범위는 유럽 군대의 그것에 비해 훨씬 더 광범위했다. 그러나 이 전쟁의 참신성을 과장해서는 안 된다. 그것은 기본적으로 7년 전쟁에서 싸웠던 이들에게 낯익은 조건 위에서 치러졌다. 전투에 대한 아메리카인들의 대응은 유럽 전쟁에서처럼 머스킷 사수의 전열을 활용하는 것이었다. 이는 대륙군의 지휘관이었던 워싱턴(George Washington)이 주장했던 방책이었다. 리(Charles Lee) 소장이 주장한 비정규전, 특히 전투를 회피하는 것에 초점을 두는 대안전략을 워싱턴은 채택하지 않았다. 그러나 아메리카인들의 전술은 영국군에게 주요한 문제를 야기할 수 있었다. 1776년 롱아일랜드 전투(Battle of Long Island)에서 영국군 포병인 콩그리브(William Congreve) 대위는 다음과 같이 썼다.

나는 적이 수가 많으며 6파운드 포의 지원을 받고 있는 것을 알게 되었다. 포도탄으로 맹렬한 공격을 가함으로써 그들의 포는 금세 격퇴되었지만, 나무와 큰 바윗돌로 엄폐되어 있던 소총수들은 개활지에 있던 우리에 비해 상당히 유리한 처지에 있었다. … 근위대의 경보병들이 시간에 맞추어 도착하지 않았다면 우리는 고립되었을 것이라고 나는 믿는다.

진지전에서 미국군은 격파당하기도 했는데, 1777년에 롱아일랜드와 브랜디와인(Brandywine)에서는 측면을 공격당했고, 1776년에는 포트워싱턴(Fort Washington)에서, 1780년에는 찰스턴(Charleston)에서 거점을 함락당했다. 그러나 좀 더 기동성이 있는 미국 부대는 치명적 효과를 낳으며 작전을 수행했다. 1777년 9월 베미스(Bemis) 고원에서 모건(Daniel Morgan)이 이끄는 소총수들은 영국군 장교들을 저격하는 데 집중했다. 영국군 사령관 버고인(John Burgoyne) 장군은 훗날 다음과 같이 썼다.

적은 그 군대에 강선소총으로 무장한 저격병을 상당수 보유하고 있었다. 교전 중에 그들은 작은 분대를 이루어 측면에서 출몰했고, 자신들의 안전을 도모하거나 위치를 바꾸는 데 매우 전문적이었다. 이 교전에서 많은 이들은 자신들의 전선 후방에 있는 큰 나무들 틈에 숨었으며, 우리 전선의 전역(全域)에서 단 1분의 틈도 없이 계속 가해지는 사격 속에 장교들이 총알 한 방에 의해 죽어갔다.

1789년 이전의 전쟁이 보여주었던 다양성은 혁명전쟁 또는 나폴레옹 전쟁과 대조되는 바를 제시하기 위해 당시 전쟁을 단순하게 설명하려는 모든 시도에 의문을 제기한다. 혁명 이전의 전쟁에 대한 고려는 정부자원의 군사적 중요성에 대해서도 암시해준다. 프랑스는 코르시카를 정복하기 위해 1769년 초에 2만 4000명이던 대규모 군대를 보급이 불충분한 섬에 전개시키는 데 필요한 군수적 노력을 시작했다. 그들의 침공은 패배하기도 했지만 다시금 공격으로 전환되어 계획된 군사적 결과를 얻을 수 있도록 체계적으로 진행되었다. 도로 건설은 그러한 전체 과정을 보여주었다. 프랑스군은 통상적인 권한의 범위를 확대시킬 뿐 아니라 직접적인 군사적 목적 — 병력, 좀 더 결정적으로는 포, 마차에 실은 보급물자의 이동 — 에도 기여할 수 있는 도로를 만드는 공학기술과 인력을 보유하고 있었다. 전쟁에서 국가가 수행하는 역할의 증대가 이전 시기의 반(半)독립적인 군사 사업가들을 점진적으로 대체해가면서 곧 명백해졌다. 프로이센과 스웨덴에서 이루어진 충원은 사회 전반에 영향을 주었던 의무 병역제의 초기 형태 사례를 제공해준다. 이는 빈곤한 국가의 경우에 특히 필요했다. 좀 더 부유한 국가들은 병역을 살 수 있는 자금을 조성하는 데 집중할 수 있었다.

중앙집권적으로 통제되는 자원과 힘이 멀리까지 적용되었다. 그 어떤 것도 새롭지 않았지만, 7년 전쟁과 미국 독립전쟁에서 분명히 드러난 두 가지 모두의 규모 증가는 왜 1560~1660년과 1792~1815년의 군사혁명을 침체, 비결정성, 보수주의로 점철된 과도기의 맥락에서 생각하는 게 도움이 되지 않는지를 설명해준다. 분명 16세기 초에 화약무기가 장거리 군함과 전장에 배치되었을 때부터 19세기에 압도적인 조직적·기술적 변화가 발생할 때까지의 기간에는 혁명 또는 혁명들에 대해 생각하지 않는 편이 유용할 수 있다. 그러나 이것이 그동안의 전쟁이 정적(靜的)이었음을 의미하지는 않는다. 혁명전 18세기에 한해서 말하자면 당시 육군이나 함대는 주요한 목적을 위해 경합을 벌일 수 있는 능력을 갖추고 있었다. 북아메리카의 운명은 결정되었으며, 서유럽에서 프랑스의 헤게모니는 저항에 직면했고, 유럽의 많은 지역에서 터키인들은 축출되었으며, 중국인들은 비중국인들에 대한 권력을 상당정도 확장시켰다. 다른 곳에서 전쟁은 두라니(Durrani) 치하의 아프가니스탄이나 알라웅파야(Alaungpaya) 치하의 버마, 구르카 왕조의 네팔과 같은 국가의 탄생과 무굴 왕조 아래 인도와 같은 국가의 몰락을 가져왔다. 전쟁은 당시 역사와 사람들의 경험에서 중심에 있었으며, 결코 하찮은 것이 아니었다.

# 국민의 무장 Ⅰ

### 프랑스의 전쟁들

───────────────────────── 앨런 포러스트 Alan Forrest

    1789년에 자유와 평등의 사상에 기초한 새로운 시민적 질서의 전망을 갖게 했던 혁명은 프랑스로 하여금 1792년에 20여 년간의 해외 전쟁에 착수하게 만들었다. 이 전쟁은 1802년 아미앵(Amiens)에서 실질적인 정전안이 체결되고서야 중단되었다. 1790년대 초의 장황한 정치적 움직임들이 분쟁을 불가피하게 만들었다고 볼 수도 있지만, 1792년 4월 20일 황제 ― '보헤미아와 헝가리의 왕' ― 에게 전쟁을 선언하는 데 주도적인 역할을 한 것은 프랑스인들이었다. 프랑스의 약점으로 인식되었던 것을 활용하는 데 적극적이었던 프로이센이 7월에 오스트리아에 합세했으며, 7월 11일에는 조국(*la patrie*)이 위험에 처해 있다고(*en danger*) 공식적으로 선언했다. 1793년 봄에 프랑스는 지상에서는 스페인, 해상에서는 영국과도 맞서게 되었다. 프랑스가 심각한 내부적 분열에 직면하고 방데(Vendée)와 브르타뉴에서 발생한 반(反)혁명적 움직임에 의해 혼란스러운 상태일 때 제1차 대불(對佛)동맹(the First Coalition)이 결성되었다. 민족적 생존이 혁명의 최우선이 되었다.

    북부와 동부에서 초기 전역은 프랑스군에 불리하게 전개되었는데, 이는 롱위(Longwy)와 베르됭(Verdun)과 같이 벨기에의 국경 주위에 위치한 프랑스의 요새도시 — 이곳은 순식간에 오스트리아군과 프로이센군에게 넘어갔다 — 에서뿐 아니라 파리와 기타 도시에서도 침공에 대한 공포를 자아냈다. 그러나 프랑스 혁명군은 사기를 금세 회복했으며, 마인츠와 프랑크푸르트를 장악하기 위해 라인 강 중부를 횡단했다. 아울러 발미(Valmy)에서는 북부 프랑스를 침략하고 파리를 공격하려 위협 중이던 프로이센군을 좌절시켰으며, 몽스 인근의 예마페스(Jemappes)에서 있었던 공공연한 전투에서는 오스트리아군을 격파했다. 군사적 맥락에서는 이 사건이 훨씬 더 중요하다. 1793년도 다시 한 번 암울하게 시작되었다. 해외에서 프랑스 군대는 당혹스러운 일련의 패배를 당했으며, 발미 전투와 예마페스 전투의 영웅이자 전직 각료였던 뒤무리에(Dumouriez)가 연합군 진영으로 넘어가 혁명적 명분을 공공연하게 비난함으로써 자신감에도 심각한 타격을 입었다. 프랑스에서도 군대는 3월 방데에서 발생한 봉기 때문에 새로운 위협에 직면했으며, 이로써 전쟁의 각별히 민감한 순간에 국경에서 병력과 물자를 이동시켜야 했다. 그러나 이는 일시적인 차질이었음이 입증되었다. 1794년 여름에 공화국의 군대는 다시 한 번 프랑스의 영토를 침공군으로부터 해방시켰으며, 전쟁이 방향을 바꾸어 스페인 국경과 북부 쪽에서 이루어지게 했다. 튀로(Turreau)의 지옥부대(*colonnes infernales*)[1]에 의한 공포를 경험하고 난 뒤 방데에서는 국민공회(Convention)가 유화적인 화해노선을 모색하며 1795년 2월에는 라조나에(La Jaunaye)에서 오슈(Lazare Hoche)와 샤레트(Charette) 간의 휴전을 이끌어냈다. 프랑스군은 플뢰뤼스(Fleurus)에서 오스트리아군에 유명한 승리를 거둔 후 다시 한 번 벨기에로 진격해 들어갈 수 있게 되었으며, 1795년 봄에 연합군은 강화(講和)했다. 바즐(Basle)조약의 조항에 입각하여 프로이센군은 전쟁에

---

1   1793~1796년 방데 전쟁(War in Vendée)에서 튀로가 이끌었던 부대이다. 왕을 추종하는 지역 주민을 멸절하기 위해 부대 12개가 창설되었다. 1794년 1/4분기에만 주민 1만 6000~4만 명이 죽임을 당한 것으로 알려졌다.

서 이탈했으며, 이는 대불동맹을 종식시키고 프랑스로 하여금 네덜란드에게 자신들의 요구조건을 부과하고 벨기에를 병합할 수 있는 자유를 주었다.

평화조약으로 전투가 짧은 휴식기를 갖게 되는 데 그쳤다 하더라도 제1차 대불동맹의 패배와 함께 전쟁의 첫 국면은 사실상 종결되었다. 다시 한 번 경쟁국들의 탈진과 내부적 분열을 활용하면서 적대행위를 시작한 것은 프랑스였다. 이번에는 프로이센이 무력화되어 영국과 오스트리아만이 주요 행위자로 남았다. 그러나 전쟁의 이 국면과 그 이전 국면 간에 진정으로 차별화되었던 것은 이번에는 장악한 것을 확고히 하고 독일과 이탈리아에서 추가적인 거점을 확보하기 위해 프랑스군이 공세를 취했다는 점이었다. 1795년 6월에 키브롱(Quiberon) 반도에 군대를 상륙시키고 브르타뉴에서 발생한 왕당파의 반란을 지원하고자 하는 영국군의 불행한 시도가 있었음에도 불구하고 어떤 의미로도 조국은 위험에 처해 있지 않았다. 전역은 순식간에 프랑스의 전통적인 적들에 대한 정복전쟁으로 발전되었으며, 그 전쟁의 주된 목표는 영토를 병합하고 보급물자, 식량, 전리품을 획득하는 것이었다. 총재정부(Directory)는 원래의 혁명적 수사(修辭)에 거의 관심을 보이지 않았으며, 추가적인 정복을 수행하고 동쪽에 일련의 방어적 완충국가를 만듦으로써 군사적으로 획득한 것을 지키고자 했다. 프랑스군이 모국으로부터 멀어져 감에 따라 장군들은 점점 더 독립적인 힘을 만끽했다. 특히 이탈리아에서 나폴레옹은 그와 같은 새로운 권한을 마음껏 누렸다. 그는 본국에서 총재정부가 인기가 없는 것을 이용했으며, 1797년 10월에는 파리와 최소한의 논의만을 거친 채 오스트리아에 캄포포르미오 조약(Treaty of Campo Formio)을 부과했다. 이듬해 2월 프랑스의 장병들은 로마에 있었다. 5월에 나폴레옹은 이집트를 향해 떠났으며, 그 길에 몰타(Malta)를 점령했다. 이집트 전역이 그의 성공을 중단시켜버린 것처럼 보일 수도 있지만 — 그는 군의 상당 부분을 북아프리카에 남겨두도록 강요받았다 — 나폴레옹은 피라미드 전투(Battle of the Pyramids)에서 승리를 거두고 이집트에서 상당한 문화적·과학적 업적을 쌓을 수 있었다. 프랑스의 제국주의적 열망은 한계를 모르는 것처럼 보였다.

브뤼메르(Brumaire) 18일 – 이는 나폴레옹이 총재정부를 타도하고 권력을 쥘 수 있게 해준 1799년의 군사 쿠데타이다 – 이후에 전쟁은 누그러지지 않고 계속되었다. 프랑스는 또 다른 유럽 동맹, 이번에는 영국, 러시아, 터키의 동맹에 맞섰다. 오스트리아와의 교전행위가 재개되는 데는 오래 걸리지 않았으며, 이는 순식간에 마렝고에서 프랑스의 대승으로 이어졌다. 실제로 경제 전체가 점점 더 전쟁기계의 효율적인 가동에 의존하게 되었다. 평화를 갈망하던 이들 – 프랑스군 내에는 가족에게로 돌아가기를, 자신들이 노출되어 있던 전쟁이 끝나기를 꿈꾸던 이들이 많았다 – 은 점점 더 좌절을 맛보게 되었다. 1802년 3월 마침내 평화안에 서명이 이루어졌지만 그것은 불과 14개월 동안만 지속되었으며, 그동안 프랑스는 이미 다음 전역 준비에 박차를 가하고 있었다. 1804년 나폴레옹은 세습황제가 되었다. 1805년 5월 그는 밀라노에서 이탈리아의 왕으로서 두 번째 대관식을 가졌다. 11월에 그는 빈(Vienna)에 입성했으며, 그 이듬해에는 베를린에 있었다. 실제로 1805년에서 1807년까지의 기간은 그의 군사적 영예가 최고조에 달했음을 보여주었다. 나폴레옹은 울름(Ulm)에서 오스트리아군에게, 아우스터리츠에서 러시아군과 오스트리아군에게 패배를 안겨주었으며, 이 두 사건 모두 1805년에 발생했다. 1806년에 그는 신성 로마 제국을 해체시킨 뒤 예나(Jena)와 아우어슈타트(Auerstadt)에서도 프로이센군을 굴복시켰다. 1807년에 프리드란트에서 그가 러시아군에 대해 달성한 승리는 틸지트(Tilsit)에서 프랑스와 러시아 간에 동맹이 체결되게 만들었다. 1807년에 이르면 혁명의 '위대한 국가(*Grande Nation*)'는 유럽의 절반에 걸친 프랑스의 헤게모니 도구로 변형되어 있었다. 프랑스 자체가 130개의 현(縣, departments)으로 구성되었다. 그리고 1790년대의 다양한 자매 공화국들은 온전한 왕국이나 공국(公國)이 되었다. 이들은 대부분 나폴레옹의 동생들이 지배하거나 황제의 전면적인 통제를 받았다. 이는 프랑스의 국고를 별반 소비하지 않으면서 이루어졌다. 프로이센과 폴란드에서의 전역이 실제로 정부에게 돈을 만들어주었을 정도로 군대는 현지 조달했으며, 자유롭게 약탈을 일삼았다. 트라팔가르(Trafalgar)에서 해군이 승리를 거두면서 프랑스의 함대를 파괴했던 영국만이 패배하지 않은 채 남아 있었다.

그러나 1807년 이후 조류는 바뀌기 시작했다. 나폴레옹의 대륙 봉쇄령은 영국의 교역에 대해 그가 기대했던 효과를 가져올 수 없는 무기임이 입증되었다. 그의 군대는 이베리아(Iberia) 반도에서 점점 더 궁지에 빠지고 말았으며, 그곳에서 그들은 들판에서 벌어지는 전쟁뿐 아니라 무자비한 게릴라전에 직면했다. 1809년 오스트리아에서의 주요 공세는 에슬링(Essling)에서 나폴레옹을 당혹하게 만들었다. 그는 임기응변으로 바그람에서 승리했지만, 그것은 끔찍한 대가를 치르고 얻은 것이었다. 나폴레옹이 추진하는 해외정책의 상당한 기반이 되었던 프랑스-러시아 동맹은 1810년에 와해되었다. 1812년 6월 나폴레옹은 불운의 러시아 전역을 개시했다. 스페인 국경을 안정시키지도 못한 채 대군 60만여 명을 파견한 것이다. 그것은 완전한 재앙이었다. 러시아군은 전투의 기회를 전혀 제공하지 않으면서 프랑스군을 러시아로 점점 더 깊숙이 끌어들였다. 국경으로부터 400마일 떨어진 스몰렌스크(Smolensk)에 도착했을 때 위대한 군대(*Grande Armée*)는 추위와 열병, 탈진 때문에 심각한 손상을 입은 상태였다. 나머지 병력이 모스크바에 입성했지만 화재와 고립될지도 모른다는 두려움은 그들을 퇴각하게 만들었다. 러시아군은 싸울 필요가 없었다. 코사크 기병들은 낙오자들을 베어 죽이고 프랑스 전력을 괴롭혔을 뿐, 나머지는 눈과 얼음이 했다. 녹초가 된 장병 6만여 명만이 베레지나(Beresina) 강을 넘었으며, 그곳에서 '위대한 군대'는 사실상 파괴되었다. 기회를 발견하게 되면서 대불동맹이 재결성되었다. 나폴레옹의 패배를 확실히 하기 위해 처음에는 프로이센이, 다음에는 오스트리아가 러시아와 전력을 합류시켰다. 이에 대응하여 나폴레옹은 새로운 군대를 양성해야 했고, 그 상당수는 프랑스 자체에서 충원했다. 1813년 10월 16~19일에 라이프치히에서 그는 엄청난 역경에 직면했다. 32만 명에 이르는, 즉 2배나 많은 연합군이 그를 압도했고 이어진 전투에서 프랑스군은 참패했다. 뮈라(Joachim Murat)는 강화협상을 시작했다. 기나긴 유럽 전쟁이 마침내 종결되었다.

그러나 이것을 어떤 의미에서든지 '혁명전쟁', 즉 각별히 혁명이라는 맥락의 산물이라고 말할 수 있을까? 당대인들의 주장에 따르면, 왕과 황제로 이루어진 유럽은 혁명적 국민국가, 1792년에는 공화주의적 국민국가와 공존할 수 없었기 때문에 전쟁은 자연적인 발전이었다. 프랑스와 인접한 이웃국가들은 혁명에 대한 반감을 비밀로 하지 않았다. 특히 오스트리아 황제는 프랑스에서 온 귀족과 왕당파 망명자(émigrés)들에게 은신처를 제공했다. 그들은 프랑스를 침공하여 왕과 자신들의 권위를 복원할 날을 기다리며 토리노(Torino), 코블렌츠(Koblenz), 라인 강 인근의 여러 공국에서 궁정생활을 했다. 필니츠(Pillnitz) 선언과 브런즈윅 성명서(Brunswick Manifesto)는 유럽 군주제가 품고 있는 꿈에 대해 공공연하게 말했으며, 해외 통치자들과 프랑스의 왕가 사이에 체결된 조약과 비밀거래에 대한 소문이 떠돌았다. 공포는 신속하게 확산되어 의회까지 도달했으며, 브리소(Brissot)는 혁명은 팽창되든지 아니면 격파당하든지 해야 한다고 열렬히 주장했다. 침공의 위기와 귀족들의 반동 가능성에 두려움을 느낀 파리 대중은 분노했고 이는 여론 급진화에 도움을 주었다. 1792년 1월 18일에 지롱드파 의원(Girondin deputy)인 베르니오(Vergniaud)는 전쟁이 불가피함을 선언했다. "우리의 혁명은 왕관을 두른 유럽의 모든 이들에게 가장 심각한 경보를 확산시켰다. 그것은 그들을 떠받치고 있는 전제정치가 어떻게 파괴될 수 있는지 보여주었다. 전제군주들은 우리의 헌법을 혐오하는데, 이는 그것이 사람들을 자유롭게 하기 때문이며, 또한 그들이 노예 위에 군림하려 하기 때문이다." 로베스피에르(Robespierre)가 성급한 군사주의에 대해 경고했음에도 불구하고, 당시 많은 역사가들은 베르니오처럼 이데올로기적 맥락에서 전쟁을 파악했다. 조국은 위험에 처해 있었다. 생존을 원한다면 프랑스인들은 싸워야 했으며, 전반적인 정치질서가 그들의 노력에 달려 있었다. 이러한 의미에서 혁명전쟁은 본질적으로 18

세기의 전통적인 군주 간 분쟁과는 달랐다. 어느 한 측이 승리를 거둘 경우, 이제 그 적의 제도를 파괴하려 할 것이었기 때문이다. 프랑스인들은 오스트리아인들과 프로이센인들에게 자유주의적 헌정을 부과하고, 그들은 반대로 프랑스 왕좌에 부르봉 왕가를 복위시킬 것이었다. 전쟁에 임한 것은 프랑스 인민 전체였으며, 이는 자신의 자유와 가치가 공격받게 되었을 때 그것을 지키기 위해 국민이 무장한 것이었다. 이러한 과정에서 혁명은 협소하게는 민족주의적인 것이 되었으며, 사는 곳을 막론하고 모든 자유로운 사람을 대변한다던 보편적인 주장은 방기되고, 자유는 프랑스인들의 특권이라고 주장되었다. 이는 뒤부아-크랑세(Dubois-Crancé)와 같은 혁명 지도자의 관점이다. 그는 이제 모든 시민이 군인이며, 모든 군인은 시민이라고 주장했다. 이에 대해 19세기에 클라우제비츠(Karl von Clausewitz)는 "전쟁은 다시 한 번 인민의 일이 되었다. 그것은 3000만을 헤아리는 인민의 일이 되었다. 그들 각자는 자신을 국가의 시민으로 간주했다"고 설파한 바 있다.

그러나 다른 이들은 혁명전쟁에 대한 이와 같이 매우 당파주의적인 시각에 의문을 제기하게 되었다. 결국 혁명정치에 대한 언어는 매우 수사적(修辭的)인 것이었다. 그것은 개인적 희생을 찬양하고 프랑스를 해방시키기 위해 전투에서 죽은 바라(Joseph Bara)[2]나 비알라(Joseph Agricol Viala)[3]와 같은 소년 희생자들 중에서 영웅을 만들어냈다. 또한 그 전쟁은 해방전쟁이며, 군주정의 암흑이 만들어낸 힘에 대항하는 십자군 전쟁이라고 주장했다. 그리고 혁명주의자들은 늘 자신의 선전을 믿도록 유혹받았다. 그러나 상대는 그 선

---

2  혁명기 프랑스군의 병사로서, 입대하기에는 너무 어린 나이였음에도 불구하고 방데의 반란자들에 맞서는 부대에 자진 합류하여 싸우다 죽었다. 로베스피에르는 바라의 죽음을 선전에 활용했는데, 그는 죽음을 무릅쓰고 구체제를 거부한 인물로 설정되었다.
3  프랑스 혁명군의 아동영웅이다. 국민방위군에 합류해 있었으며, 1793년 7월에 마르세유에서 진군한 반란군이 뒤랑스(Durance) 강을 넘지 못하게 하는 과정에서 총탄을 맞고 사망한 것으로 전해진다.

전을 믿을 아무런 이유가 없었다. 보수적·반동적 저술가들은 혁명주의자들의 주장에 경멸을 쏟아부었으며, 유럽의 황제와 왕 들은 자신들의 정치적 의제를 유지시켰다. 만약 그들이 프랑스에 맞서 싸운다면, 분명 그들이 새로운 급진적 명분을 위해 그럴 리는 만무했다. 18세기 통치자들의 인식은 일관된 것이었다. 그들은 전쟁을 외교의 연장(延長)으로 ─ 승리함으로써 자신들의 이점을 최대한 활용할 수 있을 것처럼 보이는 순간에 꺼내는 카드로서 ─ 간주했다. 그리고 전쟁을 선언한 프랑스의 동기도 그리 다르지 않았다. 1792년에 각 진영은 다른 진영이 심각히 약화된 것으로 간주했다. 프랑스인들은 자신들의 명분이 제공하는 정신적 힘을 기대했으며, 오스트리아인들은 프랑스군의 열악한 상황과 그들의 장교단이 고갈되었다는 사실에 기대를 가졌다. 그들은 가정되어왔던 것보다도 훨씬 더 재래적인 이유들 때문에 전쟁으로 치달았다.

혁명전쟁의 기원이 이데올로기적이기보다는 전술적인 것이었다면, 그것은 어떤 방식으로 수행되었을까? 혁명군대가 구체제(*ancien régime*)의 연대에서는 찾아볼 수 없는 열정과 헌신의 힘을 이끌어냈음은 의심의 여지가 없는 사실이다. 또 그들이 정치연설과 공화주의적 슬로건에 자극을 받았음도 마찬가지이다. 특히 자코뱅파의 공화정 동안에 혁명군대는 공공연히 공화주의자의 제복을 입고, 정치적 축가를 부르며 반(反)왕당파 전투를 위한 부름에 부응하여 모였다. 국민공회의 자코뱅파 의원들이 임무를 부여받아 군대로 파견되어 장병들의 군사적 여망에 정치적 헌신을 추가했다. 육군성 장관으로서 부초트(Jean Baptiste Bouchotte)[4]는 장병들에게 당시 가장 급진적인 정치적 의견을 읽도록 격려했으며, 공적 비용을 들여 군대에 신문을 배포했다. 심지어 마라(Jean Paul Marat)[5]와 에베르(Jacques René Hébert)[6]의 신문이 북부

---

4  1793년 4월부터 1년간 육군성 장관에 재임했다.
5  프랑스 혁명기의 급진적인 저널리스트이자 정치인으로 유명하다.
6  프랑스 혁명기에 매우 급진적인 신문인 ≪페르 뒤셴(*Le Père Duchesne*)≫을 창간했던 저널리스트이다. 그를 추종하는 세력을 '에베르파'라고 불렀다.

및 동부에 있는 주둔지로 발송되었다. 육군성은 에베르의 ≪페르 뒤셴≫ 180만 부가량을 장병 교육용으로 구입했다. 병사들은 인근 마을에서 열리는 정치클럽에 참가하도록 권장되었으며, 일부 부대는 자체적인 클럽, 특히 군내에 군사적 클럽을 만들기도 했다. 그들은 프랑스공화국의 시민이었으며, 공적 영역에 접근할 자격을 갖춘 이들이었다. 실제로 그들은 공공선(公共善)을 위해 스스로를 기꺼이 희생하며, 다른 이의 자유를 보장하기 위해 자신의 자유에 가해지는 제약을 받아들이고자 했다. 혁명주의자들이 그리 주장했듯이 이러한 사실은 프랑스 병사들을 독재자들의 군대를 구성하고 있던 총알받이(cannon fodder)와는 사뭇 다른 특권적 시민으로 만들어줄 것이었다.

　이 같은 시각이 전적으로 선전에 지나지 않았던 것은 아니다. 1790년대에는 이데올로기가 매우 중시되던 기간이 있었다. 당시 장교들은 그들의 기술적 전문성뿐 아니라 상당 정도 이데올로기적 헌신에 따라 선발되었으며, 병사들은 '위험에 처한 조국'을 구하기 위해 싸우고 있었다. 자코뱅파의 공화정이 한창일 때에 장교계급에 대한 의심은 여전히 강했으며, 고위계급에 임명된 이들은 파리의 정치적 감시 대상이었다. 정부는 의심할 만한 이유가 있었다. 구체제에서는 귀족 자제들만이 육군 장교가 될 자격을 부여받았으며, 이는 대부분 장교단이 그들이 지휘하는 병사들과는 폐쇄적으로 고립되어 있는 것처럼 보이는 결과를 야기했다. 혁명보다는 왕에게 충성했던 프랑스 장교의 1/3 이상이 1791년까지 사임하거나 이민을 갔다. 가장 잘 알려진 장군들 중 일부 ― 그중에는 라파예트(Lafayette)와 뒤무리에 같은 이도 포함되어 있었다 ― 는 적에게 탈주해버렸다. 그도 그럴 것이 혁명주의자들에게 필요한 이들은 왕의 사람들보다는 혁명과 국가에 헌신하는, 자신들이 믿을 수 있는 장교들이었다. 아울러 1792년부터 군이 전쟁에 뛰어들면서 혁명주의자들에게는 상당수의 장교들이 시급히 필요해졌다. 어쩔 수 없이 혁명주의자들은 일선 연대에 있는 부사관들 ― 이들은 전술에 대한 모종의 지식을 보유하고 일정 정도의 전투경험이 있는, 그들이 보유한 유일한 인물들이었다 ― 중에서 장교를 선발했다. 부사관들도 자신들이 생명을 책임지고 있던, 부대 내 병사들에 대해 다른 방식으로 책임을 질 수 있게 양성되었다. 1794년에는 사병들이 부사관을 선출했다. 자코뱅파는 사병들이 자신들이 신뢰하는, 기량과 품성을 가진 리더를 선발해주리라 믿었다. 프랑스 혁명은 그 정치적 이상과 양립할 수 있는 군을 보유해야 할 필요가 있었다.

그러나 이런 생각은 기술적 우수함에 대한 열망과 승리를 향한 갈증에 의해 압도되고 말았다. 군내에서 민주적인 개혁이 이루어지던 시기는 국내 정치가 여전히 특정의 낙관주의에 의해 고무되던 시기와 일치했다. 그러나 공포정치 아래에서 이와 같은 이상은 두려움과 순응의 필요성에 의해 누그러졌다. 군사재판은 신속하고 가혹했다. 장교들은 정치적 감시의 대상이었으며, 졸속 군사재판은 걸핏하면 이들을 반역자로 몰아갔다. 1794년에는 북부군(Armée du Nord)[7]에서만 해도 지휘관 3명이 단두대에서 목숨을 잃었다. 사병들은 약탈, 부당이득 취득, 적군으로의 탈영과 같은 범죄를 저지를 시 가혹한 처벌을 받았으며, 특별 군사법정이 캠프에서 혁명재판을 실시했다. 그러나 1794년 로베스피에르의 몰락과 함께 혁명의 이데올로기적인 강도는 상당 정도 상실되었다. 테르미도르파(Thermidorians)는 선동과 군중의 폭력을 두려워했다. 특히 파리의 치안은 엄격하게 유지되었다. 좀 더 제한적인 헌법을 가지고 있던 총재정부는 정치질서를 확립하고 좌우의 스펙트럼 모두로부터 제기되는 반대를 억누르는 데 집중했다. 정치인들은 일상적인 행정과 전문적인 공무조직의 형성에 더 관심을 나타냈다. 군내에서는 이러한 목적이 동질적인 전문 직업주의로 반영되었다. 그에 따라 능력과 군사적 기량은 보상받고, 정치적 관점은 덜 중요한 것으로 간주되었다. 총재정부는 이데올로

---

7  역사가 오래된 일부 프랑스 육군부대를 지칭하던 명칭으로서, 1792~1795년 제1차 대불동맹에 맞서 싸웠던 프랑스 혁명군대의 일부 부대에 처음 붙여졌다. 1808~1814년 반도 전쟁(Peninsular War), 1815년 나폴레옹의 백일천하(Hundred Days), 1870~1871년 프랑스-프로이센 전쟁에서도 이 명칭이 사용되었다.

기보다는 성공에 더 관심이 있었고, 이전에 자코뱅파였던 이들이 국내 선동에서 손을 떼고 군에서 자신들의 새로운 경력을 만들어갈 정도였다. 그들은 군에서 박해를 받지 않고 계속 프랑스를 위해 봉사할 수 있었다. 장군들도 자신들이 차츰 정치적 간섭에서 벗어나 독자적인 전략 판단을 행할 수 있어야 한다고 요구했다. 1796년에 이르면 군대 내 정치 인민위원들(political commissaires)은 철수하고 있었다.

달리 말하자면, 브뤼메르 18일의 나폴레옹 쿠데타로 총재정부가 타도당하기 훨씬 전에 가치는 실용주의에 의해 무너져 버린 것이다. 이 쿠데타는 그러한 과정의 연속으로 간주되는 게 가장 적절할 것이다. 나폴레옹의 군사적 꿈은 분명 이데올로기가 아니라 영예에 대한 갈증과 전 대륙에 자신의 제국을 세우고자 하는 열망에 의해 지배되었다. 그러나 그는 한시도 혁명기의 특징이었던 업적주의적 원칙(meritocratic principles)을 부인하지 않았다. 그의 경력도 혁명에 의해 가능했던 것이며, 그의 신속한 진급은 총재였던 바라스(Paul Barras)의 후원에 힘입은 것이었다. 오슈, 오제로(Augereau), 기타 사람들에게 그랬듯이, 젊고 열정적인 그에게 주어진 지휘권은 연공서열을 고려하지 않은 것이었다. 코르시카의 궁색한 귀족가문의 자제였던 그는 구체제에서는 그러한 신분상승을 열망해본 적이 결코 없었다. 그가 경력을 쌓는 데 도움을 주었던 것은 혁명, 사망과 이민에 의한 장교들의 유출이었으며, 그는 결코 이를 부인하려 하지 않았다. 제1통령과 1804년 이후의 황제로서 그는 끊임없이 재능과 국가에 대한 봉사를 격려했다. 그는 레지옹 도뇌르(Légion d'honneur)와 같은 훈장이나 정치권력을 제공함으로써 그 두 가지를 고무시켰다. 군이 두 가지 모두의 우선적인 수혜자가 되었다. 1802~1814년에 레지옹 도뇌르 수훈자 3만 8000명 중 4000명은 군인이었다. 그와 유사하게 나폴레옹기 엘리트의 최정점에 우뚝 서 있던 프랑스의 원수(元帥)들도 군에서 배출된 이들이었다. 베르제롱(Louis Bergeron)이 보여주었듯이, 그들은 사회적 배경을 망라하고 공적에 기초하여 선발되었다. 일부는 귀족이었고 일부는 행정가의 자제였던 반면, 소수는 실로 대중적인 사회계급 출신이었다. 네 (Michel Ney)는 배럴통 제작업자의 아들이었으며, 뮈라는 여인숙 주인의 아들이었고, 오제로는 가내하인의 아들이었으며, 르페브르(Lefebvre)는 육군 부사관의 아들이었다. 새로운 제국의 엘리트 내에 이런 이들이 존재한다는 것은 중요한 메시지를 전해주었다. 그것은 출셋길이 열리게 해주는 것은 공역, 특히 군복무라는 점을 강조하여, 나폴레옹으로 하여금 모든 병사는 자신의 배낭에 원수의 지휘봉을 넣고 다닌다는 신화를 영속시킬 수 있게 해주었다. 그것은 또한 ─ 린(John Lynn)의 말을 빌리자면 ─ 공화주의적 가치를 추구하는 군대에서 명예를 추구하는 군대로의 변형을 완성시켰다.

물론 이는 매우 핵심적인 물음을 제기한다. 혁명군대는 당시 다른 군대와 얼마나 구별되는 동기의 가치를 추구했을까? 혁명주의자들은 자신들의 병사들이 강한 신념을 바탕으로 싸우며, 부르봉 왕조 아래 매수되거나 징모되어 입대한 이들과는 달리 전투에 자원했다고 주장했다. 어느 정도 이는 사실이었다. 1791년에 규합된 자원병들은 군대의 부름에 열성적으로 반응했으며, 심지어 일부 부서는 국가를 위해 복무하고자 갈망하는 이들을 해고하기는커녕 별도의 대대를 만들 수 있게 해달라고 요청하기까지 했다. 그러나 입법의회가 두 번째 호소문을 발표했던 1792년의 반응은 훨씬 덜 고무적이었다. 많은 시골지역에서 할당된 수를 충족하지 못했으며, 일부 마을은 겁약한 이들을 고무시키기 위해 특별 장려금을 지불하기도 했다. 1792년에는 농번기가 한창일 때 농촌 소년들이 징발되었다. 전쟁은 다가오고 있었고, 입대의 현실은 절박해지고 있었다. 무엇보다도 애국심에 자극을 받아 이루어진 자원의 대다수가 이미 한 해 전에 끝나버린 상태였다. 그 후로도 프랑스 혁명은 계속해서 그 병사들이 자원병인 척했지만 이는 명목상으로만 그랬다. 1793년 대징집 ─ 봄의 '30만 징집령(levée des 300,000)', 가을의 '국민총동원령' ─ 은 지역 공동체가 충족시켜야 하는 지역별 할당제를 적용함으로써 달성되었다. 그들은 누가 입대할 것인지를 결정하기 위해 점점 더 제비뽑기를 이용하게 되었으며, 지명받은 이들 — '나쁜 수(mauvais numéro)'를 뽑은 이들 — 은 대부분 마지못해 병사가 되었다. 다음 대규모 징집이 있던 1799년에는 정부가 연중 징집제를 도입함으로써 자원병주의로부터 한 발 더 후퇴했다. 주르당법(Loi Jourdan)[8]의 조항에 다르면 병역연령의 모든 젊은 남성은 신체검사를 받고 군이 필요로 하는 경우 언제든지 입대할 준비를 해야 했다. 전역에 필요한 병력을 찾는 나폴레옹의 방법은 징집제 — 이는 군의 필요에 따라 약화되기도 하고 강화되기도 했다 — 를 사용하는 것이었다.

당시 기준으로 보았을 때 연관된 수는 엄청났다. 1794년에 혁명주의자들은 병력 75만의 군대를 창설하려 했으며, 장군들은 자신들의 휘하에 얼마나 많은 병력이 있는지를 결코 확실하게 말할 수 없었지만, 적어도 짧은 기간이나마 그 수가 약 70만 명에 달하기도 했다. 이는 정규군 18만 2000명과 왕실 군대로 구성되어 있었으며 전시에는 민병대원 7만 2000명가량에 의해 보강되었던 루이 16세 치하의 왕의 군대와 비교되는 것이었다. 군대가 거의 계속해서 야전에 나가 있던 총재정부 동안에 육군성은 1795년 10월 11일과 31일의 포고령에 의해 설정된 목표 — 일선 보병 32만 3000명, 경보병 9만 7000명, 기병 5만 9000명, 포병 2만 9000명, 공병 2만 명 — 를 충족시키기 위해 노력했다. 1799년에 들어서는 그 수가 23만 명가량으로 하락하고 탈영이 만연함에 따라 다시금 징집이 필요하다고 판단되는 기준까지 이르렀다. 물론 나폴레옹은 훨씬 더 많은 수요를 제기했다. 그는 1800~1814년에 프랑스 총인구의 7%가량에 해당하는 200만 명 이상을 소집했다. 이는 대규모 동원연습이었으며, 징집을 꺼리는 이들을 징용하고 농촌 공동체가 탈영자를 숨겨주지 못하도록 단속하고 제지하는 데 엄청나게 투자하는 것을 포함했다. 이 같은 조치는 대부분 성공적이었으며, 1812년 나폴레옹이 모스크바 전역을 위해 그의 '위대

---

8    이 법은 혁명기 프랑스에 징집제를 제도화한 법률로서, 20~25세의 미혼이거나 자녀가 없는 모든 남성에게 병역을 의무화했다. 성직자, 전쟁 노력에 필수적인 산업 노동자, 일부 그랑제꼴(Grandes Écoles)의 학생 등은 면제되었다.

한 군대'를 소집할 수 있었던 것은 군대가 인기가 있어서가 아니라 제국의 행정체계가 성공적이었음을 반영하는 것이었다. 특히 군인이 되는 전통이 존재하지 않았으며 농장이 신체가 건장한 이들의 노동력을 매우 필요로 했던 많은 농촌지역의 경우, 병역연령의 젊은 남성은 그들의 공동체 내에서 먹을 것과 일거리를 보장받았다. 이러한 지역 – 마시프상트랄(Massif Central)[9]과 피레네 산맥 기슭의 작은 산들(Pyrenean foothills)이 가장 두드러졌다 – 에서 신병 충원은 환영받지 못하는 국가의 침범행위로 널리 인식되었다. 헌병의 방문, 시장(市長)에 대한 일상적 처벌, 반항하는 부모들의 집에 장병들 숙박 시키기 등은 모두가 그러한 충원과정의 필수불가결한 일부였다.

새로운 종류의 군대를 만들어내는 것은 구체제로부터 물려받은 일선 군대(line army)[10]를 상당 정도 재구조화하지 않고는 어려웠다. 급진적인 개혁이 필요하다는 주장이 폭넓게 받아들여졌다. 귀족이 지휘하며, 프랑스의 전통 있는 지방에서 양성된 일선 연대는 전술과 무기 사용 면에서는 전문적으로 훈련되어 있을 수 있었지만, 동기 부여가 빈약했고 국가적 명분에 대한 헌신도 거의 없었다. 일부 장병들은 망명하는 장교를 따라가 버리기도 했다. 어떤 이들은 1789년 탈영해서 파리 군중에 합세하기도 했다. 1790년에 눈에 띄는 특징은 급료와 기율에 관련된 심각한 폭동이다. 그중 가장 타격이 심했던 것은 8월에 낭시(Nancy)에서 3개 연대 – 1개 스위스 용병대도 포함되었다 – 가 귀족 장교들을 겨냥해 일으킨 무장폭동이었다. 군은 이 폭동을 진압하면서 거의 내전 상태까지 이르렀다. 새로운 자원병 부대가 양성되면서 상황은 종잡을 수 없는 지경이 되고 말았다. 일선의 장병과 자원병 들이 가진 가치는 상이했으며, 서로 다른 비율로 급료가 지급되었고, 각각 서로를 공공연히 경멸했다. 1793년 초에 이르면 정치적 해법이, 그것도 조속히 필요하다는 점이

---

9  프랑스 중남부에 있는, 산과 고원으로 이루어진 고지대이다.
10  야전에서 직접 전투를 수행하는 부대를 가르킨다.

명백해졌는데 이는 군대가 이미 전투에 임하고 있었고 혼란은 위협적이었기 때문이다. 뒤브와-크랑세가 채택하고 로베스피에르가 지원했던 해법은 합병(*embrigadement*)이었다. 이를 통해 낡은 연대는 해체되고 새로운 부대가 창설되어 동일한 장교와 기율 아래 젊은 자원병과 일선의 베테랑 들이 함께 복무하게 될 것이었고, 연대는 포기될 것이었다. 새로운 부대, 또는 반(半)여단(*demi-brigades*)은 자원병 대대 2개와 정규군 대대 1개를 결합시켰으며, 높은 수준의 기동성을 약속해주었다.

그 결과 적어도 지면(紙面)상으로는 보병 반여단 196개 ― 각 반여단에는 포병중대 1개와 경포병·공병·기병 부대가 배속되었다 ―로 구성된 군이 탄생했다. 혁명주의자들은 이 군은 새로운 종류의 군으로서, 예비전력을 활용할 수 있을 뿐 아니라 전투에서 수 ― 대규모성(*masse*) ― 의 힘을 이용할 수 있다고 주장했다. 제국기 동안 나폴레옹이 의존했던 1790년대의 군은 보병과 포병이 특히 강력했으며, 속도와 기동성의 이점을 강조했다. 보병의 역할이 매우 중요했는데, 그들은 횡대나 종대로 배치되어 기습적으로 적에게 일격을 가할 수 있었다. 보병은 1790년대 내내 전투의 주요한 짐을 지게 될 것이었다. 그와는 대조적으로 기병에게는 18세기 동안 그들이 수행했던 것에 비해 덜한 역할이 할당되었다. 이는 기병은 훈련시키는 데 비용이 많이 들고 귀족장교의 유출이 다른 어떤 연대보다 기병연대에 심대한 영향을 주었기 때문이다. 그러나 혁명은 기병을 무시하지 않았다. 혁명 초기에 기병이 이룬 성과는 전반적으로 어중간했지만 1796년에 나폴레옹은 이탈리아에서, 오슈는 상브르-에-뫼즈(Sambre-et-Meuse)에서 말을 척후활동에 쓰고 있었다. 그러나 더 중요했던 이들은 덜 봉건적이고 새로운 질서에 훨씬 헌신하는 것으로 간주되었던 포병병과였다. 1790년대 동안 포의 수는 2배가 되었으며, 최초로 기마포(horse artillery)가 쓰였다. 또 다른 혁신은 별도의 공병대대가 만들어진 것이었다. 구체제에서 공병은 장교들밖에 없었지만, 이제 군은 별도의 공병 및 지뢰병(sappers and miners) 부대를 보유하게 되었다. 이러한 변화는 흔히 시사되는 것보다는 덜 혁명적이었지만, 군대에 좀 더 큰 기동의 자유를 제공했다. 그러나 군대는 당시 병참상의 제약 때문에 제한을 받았다. 특히 포병이 사용하던 포는 여전히 매우 제한적인 사거리를 가지고 있었고, 보급은 독립적인 군 청부업자의 수중에 있었으며, 그들의 효율성은 야전에서 식량 공급의 대부분을 맡고 있던 수레, 말, 노새에 의해 제한되었다.

젊고, 대부분 신출내기 신병으로 구성되어 있는 대중의 군대에는 좀 더 규모가 작고 노련한 18세기 군대와는 다소 다른 배치가 필요했다. 하지만 다시 한 번 이러한 변화의 정도는 과장되기 쉽다. 군이 활용할 수 있는 병력 공급원이 증가했음에도 불구하고 야전에 배치된 군대의 규모가 극적으로 증가하지는 않았으며, 초기의 많은 전역에서 선보인 전술은 18세기 군사교범으로부터 직접 도출된 것이었다. 그토록 많은 병사를 예비전력으로서 보유하고 있었다는 사실은 전투에서 사망한 이들을 대체할 새로운 인력이 언제나 가용했음을 의미했지만, 1790년대 동안 각 교전에 참가했던 병력의 총합은 실제로는 7년 전쟁 동안에 비해 적었다. 그리고 병사는 구체제에 비해 훈련된 정도가 덜했기 때문에 그 중요성이 덜했으며, 격전은 더 흔하게 생명의 손실로 빠져들 수 있었던 반면 그에 대한 염려는 덜했다. 그러나 대중의 군대(*armée de masse*)를 진정으로 사용한 이는 혁명기 장군들이 아니라 나폴레옹이었다. 어떤 단일 전투에 개입되는 프랑스 병사의 평균적인 수는 1793~1794년의 5만 명가량에서 제국의 절정기에는 8만 명 이상으로 크게 치솟았다. 이는 당연히 프랑스의 적들로 하여금 제압당하지 않기 위해 그 본을 따르도록 강요했다. 나폴레옹 전쟁 동안 그 결과는 대규모 전투와 심각한 사상이었으며, 군대는 상대를 파괴하기 위한 목적으로 신속한 공격을 감행했다. 이전에는 기동과 자신들이 보유한 자원을 보존하는 데 관심을 보였던 장군들이 이제는 의도적으로 적과 교전하려 했다.

전술적·전략적 사안에서 혁명은, 특히 보병전술에서는 기베르(Guibert), 포의 배치에서는 그리보발(Gribeauval)이 쌓아놓은 18세기의 업적에 의존했다. 혁명기 동안에는 전쟁술을 변화시켜놓을 수 있을 만한 주요한 기술적 진보가 거의 존재하지 않았기 때문에 이는 불가피했다. 실제로 프랑스군에게 가장 심각한 문제 중 하나는 병사들이 스스로를 방어하기에 충분한 무기를 찾는 것이었다. 특히 쓸 수 있는 소화기가 너무 적었으며, 그중 많은 수는 상태가 형편없었다. 총검과, 심지어 위기시의 미늘창 ─ 즉, 공화주의자들의 신화에 등장하는 백병전용 무기(arme blanche)[11] ─ 에 대한 강조는 전략적 기획보다는 필요성의 결과였다. 혁명주의자들이 영구적인 유산을 남긴 부분은 군사조직 분야였다. 많은 사람들이 군에서 복무하게 됨에 따라 그들은 협력과 참모업무의 개선이 효율성에 필수적임을 인식하게 되었다. 참모장교는 이제 야전에서 결정을 내릴 수 있는 고도로 훈련된 전문군인이 되어 있었으며, 대부분의 군대에는 상설 총참모부가 설치되었다. 그리고 개별 대대는 군대가 효과적으로 재편성되고 분산되기 위해 필요한 정도의 통합을 달성해낼 수 없다는 점이 인식되었다. 그래서 혁명주의자들은 자신들의 대대를 서로 다른 군사적 기량과 보병, 기병, 포병, 공병을 한데 모은, 훨씬 큰 부대 ─ 여단, 사단, 군단 ─ 로 통합했다. 이를 통해 그들은 광범위한 지역에서 보급물자를 차출하고 야전에서 최적의 유연성을 달성하고자 했다. 그 결과 그들은 전술을 신속하게 변화시켜 보병을 척후병으로 사용하여 적과 교전하고 그들을 기동성 있는 밀집종대로 재조직해서는 공격을 바짝 밀어붙일 수 있었다. 혁명기나 제국기나 할 것 없이 대부분의 전투는 두 보병전력 간의 교전으로서 시작되었으며, 그들은 보통 선형대형으로 진격하고 방어했다. 그러나 프랑스군은 전장의 한 지역에 많은 수의 병력을 집중시킬 수 있도록 종대로 재편성함으로써 신속하게 돌파하는 법을 배우게 되었다. 횡대와 종대의 신속한 상호 교체는 나폴레옹기 전반에 걸쳐 프랑스군의 핵심적인 면모로 남았으며, 종대는 적 전력에게 위협 또는 타격을 가하거나 측면에서 기습공격을 가할

---

11 화약이나 기타 폭발물질을 사용하지 않은 무기를 통칭한다.

때 사용되었다.

　'위대한 군대'가 거둔 성공의 상당 부분은 신속하고 결정적인 공격의 이점을 이해하고 전투현장에서 과감하게 임기응변할 줄 알았던 천재적 지휘관 나폴레옹에 기인한 것이었다. 그는 병사들에게 말하는 법과 동기를 부여하는 법을 알고 있었다. 웰링턴(A. W. Wellington)이 언급했듯이 전투에서 그의 존재는 4만 명의 차이를 만들어냈다. 물론 나폴레옹은 총사령관일 뿐 아니라 국가의 수반이기도 했다. 프랑스군은 때때로 상대에게 타격을 주었던 지휘의 분열이라는 문제를 결코 경험하지 않았다. 그는 1805~1807년 동안 '위대한 군대'를 손수 지휘했으며, 그가 각 전역의 세세한 사항에 대해 통달했던 정도는 인상적이었다. 기본적으로 나폴레옹은 전술을 혁신한 인물은 아니었다. 그의 성공은 수행의 속도와 훌륭한 조율에 있었다. 자신의 전력이 적에 수적으로 압도당했을 때, 그는 주도권을 장악하고 적군의 중심부를 타격함으로써 적군을 작은 단위부대로 나눈 뒤 측면에서 공격을 가하려 했다. 수적 우위를 누리게 될 때는 병참선에 대한 기동술(*manoeuvre sur les derrières*)[12]의 사용을 선호했다. 그의 최전선 전력이 적의 시선을 딴 데로 돌리는 동안 나머지 전력은 우회로를 활용하여 적의 병참선을 차단하고 배후에서 그들을 공격했다. 이러한 전술의 변종이 나폴레옹에 의해 거의 서른 차례나 사용되었으며, 울름, 예나, 마렝고에서 특히 그랬다. 비판자들은 그가 너무 직관적이고 충동적이어서 전역에 대한 분명한 계획이 없었으며 ― 코널리(Owen Connelly)의 말을 빌리자면 ― "우연히 영예를 얻게 된" 것이라 주장했다. 그러나 이는 상대방의 실수를 이용하기 위해 자신의 계획을 급격히 바꾸는 영감 있는 리더십으로 전투의 흐름을 바꿔놓을 수 있었던 그의 능력을 과소평가하는 것이다. 더 심각한 것은 나폴레옹이 모든 의사결정을 자신의 수중에 집중시킴으로써 최측근 지휘관들과 권한을 공유하거나 그들이 주도권을 가질 수

---

12　적군의 배후 병참선을 차단하기 위한 우회 기동술을 의미한다.

있도록 격려하는 데 실패했다는 비난이다. 베르티에르(Berthier) 원수의 말을 빌리자면 "황제에게는 조언도, 전역계획도 필요하지 않았으며", 그의 명령을 정밀하게 수행하는 것만이 필요했다. 그가 부재중일 때 ─ 전쟁의 대부분 기간에 그는 '위대한 군대'와 함께 머물렀으며, 다른 전역, 특히 반도에서 펼쳐지는 전역은 다른 이에게 맡겼다 ─ 보통 지휘부의 자질은 어중간했으며, 이러한 사실이 전쟁을 연합군에게 유리하게 바꾸는 데 도움을 주었다.

그러나 다른 설명도 존재한다. 시간이 경과하면서 유럽의 여타 국가들은 프랑스군이 만든 군사적 혁신에 대응하기 시작했다. 혁명군이나 나폴레옹의 군대나 할 것 없이 클라우제비츠식 절대전쟁의 모델에는 들어맞지 않았다 할지라도 프랑스를 상대하는 이들에게는 프랑스군이 상당한 이점을 누리고 있음이 명백했다. 젊은이로 구성된 그들의 대중의 군대는 혁명주의적 선전과 '위대한 국가'라는 이상에 반응을 보였으며, 그들은 자신들의 명분에 대해 러시아나 오스트리아 제국의 병사들이 그랬던 것보다 더 커다란 열성을 보였다. 그들은 또한 자유인 ─ 이들은 프랑스 혁명이 이룬 사회적·정치적 개혁의 수혜자들이었다 ─ 으로서 싸우고 있었으며, 이 사실은 유럽의 나머지 지역에서도 퇴색되지 않았다. 심지어 1795년 이후 프랑스군이 직업군화(化)하고 제국기에는 외국병사에 대한 활용이 증가했음에도 불구하고 그들의 열정은 유지되었으며, 그것은 당시 유럽의 다른 군대로서는 따라잡을 수 없는 것이었다. 예를 들어 오스트리아군은 고비용적이었으며 매우 관료주의적이었다. 그들은 연로한 장군들에 의해 지휘되었으며, 그들의 전술은 프랑스군에 의해 순식간에 압도당하고 말았다. 그리고 그들은 1870년까지 지나치게 형식적이고 과도하게 신중한 1769년의 일반 규정(*General-Reglement*)에 따라 작전을 수행하고 있었다. 프로이센군도 프리드리히 2세(Frederick the Great)가 부과한 규정들 때문에 경직되어 보였다. 전투 교리와 전술은 대부분 프리드리히 시기의 것이었으며, 새로운 왕 프리드리히 빌헬름 2세(Frederick William II)[13]가 군에 별로 관심이 없었기 때문에 변화를 위한 위로부터의 압력도 존재하지 않았다. 고위 지휘관들은 프리드리히 대왕 아래 있을 때의 영예로운 시기만을 회고하며 개혁에 반대했고, 점점 군내에서는 노인정치가 형성되어 갔다. 1806년에 프로이센 육군 장군 142명 중 60명이 60세 이상이었으며, 13 명은 70세 이상, 4명은 80세 이상이었다. 일반 병사의 절반 이상 — 1790년대 에 약 20만 명 — 이 복무국에 대한 애국적 헌신이 결여된 외국용병이었다. 러 시아 육군의 경우에도 장교와 병사 간에는 메울 수 없는 간극이 존재했다. 장교는 지방 젠트리나 외국인 중에서 충원되었으며, 러시아 장교 중 다수는 그들이 황제의 측근이었기 때문에 임명된, 훈련되지 않은 젊은 귀족이었다. 반면에 병사들은 자신들에게 할당된 양을 채우기 위해 지방당국에 의해 선 발·징집된 농노였다. 그들은 건장하고 대부분 용감했지만, 자신들의 명분에 대해서는 거의 헌신하지 않았다. 복종과 기율은 빈번하게 이루어지는 잔인 한 태형(笞刑)에 의해 확보되었다.

혁명군대와 나폴레옹 군대를 경험했으며 자신들에게 닥친 군사적 재앙의 현실로 인해 각성하게 된 개혁가들이 유럽의 궁정에서 기반을 넓혀가기 시 작했다. 그들은 의미 있는 군사개혁이 사회적·정치적 골격에 대한 폭넓은 개 혁을 통해서만 달성될 수 있음을 차츰 인식하게 되었다. 영국의 예는 군사적 기계가 경제 투자와 산업 성장을 통해 얼마나 혜택을 볼 수 있는가를 보여주 었으며, 프랑스의 조직적·전술적 변화는 그들의 사회에서 사회적 유동성이 더 증가되어야 할 필요성을 드러냈다. 오스트리아에서 카를 대공(Archduke Charles)은 1805~1809년에 육군의 전투성과를 개선하기 위한 일련의 개혁을 단행했다. 그는 총참모부를 재조직하고, 부적격 장교를 해임했으며, 포를 집 중시키고, 타격을 가하는 역할에 기병을 사용했다. 이러한 개혁은 오스트리 아군을 회복하는 데 도움을 주었지만, 전통적으로 그렇게 해왔던 것처럼 오

---

13 프리드리히 빌헬름 2세는 프리드리히 2세('프리드리히 대왕')의 조카로서 선왕인 프리드리 히 2세의 뒤를 이어 1786년부터 1797년까지 프로이센을 통치했다. 프리드리히 2세는 자녀 가 없었다.

스트리아 육군은 프랑스 모델의 대중의 군대(mass army)이기보다는 왕조적 야심의 도구로 남았다. 프로이센도 대등한 조건에서 프랑스군에 대적하기 위해 점진적인 개혁 ─ 특히 사단의 도입 ─ 을 시도했지만, 1806년 참패 이후에는 주요한 사회적·조직적 변화만이 개혁을 달성할 수 있는 열쇠임이 명백해졌다. 샤른호르스트(Scharnhorst)와 군재조직위원회(Military Reorganization Commission)에 의해 자극을 받은 프로이센 육군은 중대 지휘관보다는 국가에 권한을 부여하는 것으로 재조직되었으며, 늙은 장교는 해임하거나 강제 퇴역시켰고, 행정적인 결정권은 중앙집권적인 신생 육군성에 양도되었다. 경력이 재능에 따라 열렸으며, 더 이상 진급은 연공서열에 따라 허가되지 않았다. 그리고 1813년부터는 일반 참모장교가 각 장군에게 배속되어 프로이센의 새 지휘구조의 기초를 다졌다. 이로써 얻을 수 있는 이점은 라이프치히에서 명백해질 것이었다. 러시아군도 아우스터리츠, 아일라우(Eylau), 프리드란트에서 당한 패배로 자만심에 타격을 입어 1808년 이후 보병과 포병 모두에 대한 광범위한 개혁에 착수했다. 그러한 개혁은 쿠투조프(Mikhail Illario-novich Kutuzov)의 카리스마적인 리더십과 변덕스러운 날씨와 결합되어 1812년 '위대한 군대'를 러시아에서 파괴하는 데 기여했다.

스페인에서 나폴레옹은 다른 종류의 저항에 직면했다. 그것은 게릴라 전사들의 소모적이고 치명적인 공격으로서, 이는 프랑스의 군대와 행정가들이 극복할 준비를 하지 못한 형태의 전쟁이었다. 물론 그것이 전부는 아니었다. 프랑스군은 영국과 스페인의 정규 병력과도 대적했지만, '스페인의 궤양(Spa-nish ulcer)' ─ 나폴레옹의 제국적 야망은 이로부터 결코 완전히 회복되지 못했다 ─ 을 만들어냈던 것은 게릴라 전투, 즉 일반 스페인 사람들의 결연한 저항이었다. 스페인에서 나폴레옹은 가장 기민한 부하들을 보유하는 축복을 누리지 못했으며, 그의 원수(元帥)들이 채택한 대(對)반란조치는 지역민의 충성을 유지시키기에는 너무 잔혹하고 무차별적이었다. 수셰(Suchet)가 아라공(Ara-gon)에서 모종의 일시적인 성공을 거두었지만, 그것은 힘에 기초한 것이었으며 머지않아 아라공 사람들의 저항이 재개되었다. 나폴레옹이 짧은 기간이나마 스페인에서의 작전을 직접 책임졌던 1808~1809년 겨울에 그는 스페인 사람들을 진압하고 무어 경(Lord John Moore) 휘하의 영국 원정군을 몰아냈다. 그러나 다시 한 번 이는 장기간의 소모적 분쟁에서 짧은 휴식에 불과했다는 것이 입증되었으며, 그 속에서 게릴라들은 환영받지 못하는 외국 침공자에 맞서는 스페인 국민의 정신에서 중요한 역할을 맡게 되었다. 이러한 전쟁에서 승리하려면 나폴레옹의 군대는 국민적 저항을 분쇄하고 적대적인 주민들에게 외국의 통치를 부과해야 했다. 게릴라들은 대중적 지지를 누렸으며, 보급체계를 혼란에 빠뜨림으로써 스페인에서 프랑스 전력이 높은 질병률에 시달리게 하는 데 기여했다. 그뿐만 아니라 하루에 무려 100명가량에 이르는 낙오병들도 처치하면서 프랑스군의 사기를 꺾어놓았다. 결국 승리를 확보한 것은 게릴라 전사들과 영국 및 스페인 정규군이었다. 1813년 비토리아(Vitoria)에서 웰링턴의 승리는 프랑스의 스페인 지배를 제거하고 스페인에 파견된 나폴레옹 군대를 처참한 상태로 몰아넣었다. 프랑스가 이베리아 반도 전쟁에서 치른 대가는 컸다. 약 30억 프랑과 무려 30만 명의 생명이 소비되었다. 이는 나폴레옹의 잘못된 계산의 대가였다. 솟구치는 야망과 영국에 최종 승리를 확보하고자 한 결의는 그로 하여금 자신의 군사적 역량을 과장하게 이끌었다. 그는 하나의 전선, 특히 자신이 현장에서 전역을 책임질 수 있을 때는 잘 싸웠다. 그러나 2개의 전선 ― 모스크바와 이베리아 반도 ― 을 여는 것은 극히 중대한 오류로서, 이는 그의 군을 탈진시켰으며 라이프치히에서 패배를 당하고 난 뒤 직접적으로 그의 몰락을 가져왔다.

## 제5장

# 국민의 무장 II
## 19세기

데이비드 프렌치 David French

프랑스 혁명 이전에 군역은 소수 프랑스 남성의 쓰라린 운명이었다. 그러나 1794년 이후 그것은 적어도 이론상으로는 신체 건강한 모든 남성 시민의 의무가 되었다. 혁명은 시민의 시민권과 그들의 군사적 책임 간의 분명한 연관성을 확립했다. 시민은 국가가 그들에게 보장하는 정치적 권리와 자유에 대한 답례로서 조국을 지키기 위해 싸우고 필요하다면 죽어야 할 의무를 지게 되었다. 그러나 이제 군에서 복무하는 것이 모든 시민의 의무라면, 각 개인은 사병이라는 천한 계급에서 장군이라는 탁월한 지위로 상승할 수 있는 기회도 갖게 된 것이었다. 여태까지는 대개 귀족과 젠트리의 전유물이었던 장교단 입단의 기회가 유능하고 용기 있는 평민에게도 개방되었다. 그 결과는 1794년과 1812년 간 프랑스 군대가 달성했던 믿기 힘든 일련의 승리였다.

나폴레옹 전쟁을 치르면서 프랑스의 적들은 스스로를 구하려면 부득이 프랑스의 본을 따라야 한다는 점을 발견했지만 그들은 마지못해 그렇게 했다. '국민의 무장'은 군주들로 하여금 자신의 신민을 시민으로 변형시킬 것을 요구했으며, 그것은 프랑스 급진주의의 확산으로 인해 자신의 왕좌가 흔들리는 것을 경험했던 왕들에게는 특히 입맛에 맞지 않는 혁명적인 교리였다. 그러므로 워털루 전투(Battle of Waterloo) 이후 유럽 대륙의 통치 군주들이 프랑스 혁명과 나폴레옹 전쟁을 차단하고 부와 지위, 출생에 기초한 정치적·사회적 질서를 재확립하는 공통적인 관심사 두 가지를 공유했다는 점은 놀라운 일이 아니었다. 그들은 유럽의 평화를 어지럽히고 자신들의 재정을 파산하게 만들 수 있다는 두려움 때문에 모험적인 해외정책을 피하려 했다. 그들은 프랑스 혁명 규모의 군사적 효과성이 사회의 급진적인 변형을 요구한다면 그 대가는 치를 가치가 없다고 믿었다. 이는 1815년 이후 유럽 군대 대부분이 신속하게 18세기의 패턴으로 회귀했음을 의미했다. 그들은 귀족과 젠트리 출신의 장교로 구성되었다. 사병은 장기복무 직업 병사들이었다. 장교들이 민간인과 너무 긴밀한 관계가 되어 그들이 자유와 평등이라는 위험한 교리에 물드는 일이 생기지 않도록 하기 위해 그들은 광범위한 공동체로부터 격리되었다. 유럽의 통치 군주들에게는 정치적 충성심이 군사적 효과성보다 더 중요했다.

유럽 대륙에서 징집제는 주요 열강 군대의 토대로 남았다. 대륙 전역에 걸쳐 획일적인 복무기간은 존재하지 않았지만, 대부분의 정부가 불과 2년 복무로는 충분하지 않다는 데 동의했다. 군은 그 기간만으로는 장병들이 위험한 정치적 인식에 휘둘리지 않도록 충분히 군사적 기율을 주입할 수 없었다. 러시아에서는 ─ 비록 나중에 15년으로 감소되기는 했지만 ─ 농민을 25년간 징집했다. 프랑스에서는 군복무 6년을 요구했으며, 그 뒤에는 예비군 6년을 추가로 복무시켰다. 그러나 1824년에 정부는 예비군을 폐지하고 정규군 복무를 8년으로 증가시켰다. 다민족으로 이루어진 오스트리아 제국에서는 1845년에 8년으로 표준화될 때까지 제국의 서로 다른 지역들 간에 복무기간이 다양했다. 그리고 그들의 정치적 신뢰성을 보호하기 위해 한 국적의 장병이 제국의 다른 지역에 있는 수비대로 보내지도록 상당한 주의를 기울였다. 유럽 전역에 걸쳐 부유한 이들은 대체할 사람을 구입함으로써 직접 복무를 피할 수 있었다. 재정의 부족은 국가가 모든 적격의 시민을 군으로 소집하는 것이 드문 일이었음을 의미했다.

1815년 이후 군주들은 자신들의 의지에 복종하며 자유주의의 부식력(corrosive force)에 대한 평형력으로 기능할 군대를 창설하려 했다. 1848년에서 1849년까지의 사건들이 보여주었듯이 그들은 성공했다. 프로이센의 군대는 그 왕의 본을 따랐다. 베를린에서 발생한 혁명을 잠시 묵인하기는 했지만 새로운 명령을 받았을 때 그들은 혁명을 분쇄하기 위해 베를린으로 역(逆)행군했으며, 질서와 기율을 가져다주는 이들로서 중간계급으로부터 찬사를 받았다. 다음해에 그들은 작센과 바덴(Baden)에서 반(反)혁명의 선봉으로 기능했다. 헝가리, 이탈리아, 빈의 일부 부대를 제외하고 오스트리아군도 황제에 대한 충성심을 유지했으며, 반혁명의 효과적인 도구로 기능했다. 1848년에서 1852년까지 프랑스의 심히 혼란스러운 정치상황 속에서도 육군은 기존의 권위를 지원했다.

19세기 초 가장 존경받는 군사 사상가가 스위스의 군인 조미니(Antoine de Jomini)였다는 점은 우연이 아니었다. 조미니는 『전쟁술 요강(Précis de l'art de la guerre)』(1837~1838)에서 보수적 성향의 불안해 하는 지도자들에게 나폴레옹에 의해 실행되었던 전쟁술이 프리드리히 대왕(Frederick the Great)에 의해 실행되었던 것과 실제로는 거의 다르지 않다는 점을 재확인시켜 주었다. 나폴레옹과 프리드리히 대왕은 자신들의 천재성에 힘입어 성공을 거두었다. 두 사람은 적의 병참선과 측면 및 배후를 위협함으로써 적의 허를 찌르는 데 관심이 있었다. 이들은 결정적 지점에 우세한 수의 병력을 포진시킴으로써 전쟁에서 승리했다. 나폴레옹이 달성한 승리는 그가 동시대인들보다 영구적이며 '과학적'인 군사원칙을 명확히 인식하고 있었기 때문이지, 그가 혁명으로 프랑스 사회에서 해방된 위험한 힘들을 동원했기 때문은 아니다. 그래서 조미니는 그 혁명적이고도 정치적인 기원으로부터 1794년부터 1815년까지 프랑스군에 의해 실행되었던 전쟁술을 추출해내려고 시도했다. 그는 전쟁이란 군주와 군대에 의해 수행되며 어떤 정치적·사회적 함의와도 격리되어 있는 거대한 체스게임이라는 것을 암시함으로써 유럽 전제 군주들에게 위안을 주었다.

1914년까지 조미니는 나폴레옹 전쟁에 대한 유명하며 영향력 있는 해석자로 남았다. 그는 국가가 결정적인 승리를 달성하기 위해 압도적인 힘을 공격적으로 사용해야 할 필요성을 강조했는데, 제1차 세계대전 전야의 모든 거대 열강의 전쟁계획에는 이러한 강조가 깔려 있었다. 그러나 1870년대에 이르러 거의 조미니와 동급으로 상당한 영향력을 낳게 될 두 번째 이론가가 등장했다. 그는 프로이센의 군인이자 철학자인 클라우제비츠(Karl von Clausewitz)였다. 프로이센군은 1806년 나폴레옹에게 참담한 패배를 당한 후 프랑스식 군사조직을 모방하는 데 유럽의 다른 어떤 열강보다 적극적이었다. 그러나 전쟁이 종결된 직후 프로이센의 귀족들은 장교단에 대한 자신들의 지배를 재확립하기 시작했다. 1819년에는 주민들의 군사적인 잠재력을 동원하기 위해 고안되었던 독립적인 향토예비군(Landwehr)이 정규군에 예속됨으로써 그 혁명적 잠재력이 손상되고 말았다. 향토예비군을 옹호했던 개혁가들은 잊히고 말았으며, 충원도 거의 되지 않았고 조직 자체도 방치되었다. 그럼에도 불구하고 그것은 부르주아지의 자유주의적 희망의 초석 중 하나이자 프로이센 사회에서 직업적인 장교단의 영향력에 맞서는 방벽으로 남았다. 정규 장교단은 프로이센 귀족에게 점점 더 지배당하게 되었고, 1815년 이후 세대에 들어서는 두 조직 간의 간극이 넓어졌다. 전자의 자유주의는 후자의 반동적 태도와 불편하게 합석했다.

1815년 이후 유럽 열강 중에서는 프로이센만이 유일하게 정규군에서 단기 복무를 유지했다. 모든 징집병은 현역으로 2년을 복무하고 예비군으로 전환되도록 요구받았다. 1859년부터 비스마르크 재상과 국방장관 룬(Albrecht von Roon)의 지원을 등에 업은 프로이센의 왕 빌헬름 1세(Wilhelm I)가 프로이센에서 주요한 헌정적 위기를 촉발시키기는 했지만, 그 상대들과 달리 프로이센군은 군사적 효율성과 정치적 신뢰성의 필요가 균형을 맞추게 해준 일련의 군사개혁을 단행했다. 그 결과 1866년에 두 열강이 서로 맞서 전쟁으로 치달았을 무렵 프로이센의 인구가 오스트리아의 절반에 불과했음에도, 오스트리아군 32만 명과 비교했을 때 프로이센군은 24만 5000명을 동원할 수 있었다. 게다가 동원 시작은 오스트리아군이 먼저였지만 동원 속도에서는 프로이센군이 앞섰다. 그들의 성공 비결은 프로이센 육군이 평시에 군단과 사단으로 구분되어 있었다는 사실이다. 각각은 지역적 기반 위에 조직되었으며, 모든 무장과 지원 서비스를 자급했다. 그렇다 하더라도 프로이센 전력을 동원하고 그들을 전장에 집중시키는 일에는 상당한 혼란이 수반되었다. 1866년 7월 3일 쾨니히그라츠(Königgrätz, Sadowa)의 결정적인 전투에서 프로이센이 승리를 거둘 수 있었던 것은, 프로이센의 우월한 조직뿐 아니라 프로이센 보병이 오스트리아군의 전장식 총에 비해 사격하기가 수월했던 후장식 '니들건'으로 무장하고 있어 우위를 점하고 있었던 데도 기인한다.

새로이 수립된 북독일연방(North German Confederation)을 구성하는 모든 국가들은 1866년 이후 프로이센의 군사체제를 채택했다. 전체 독일인들은 3년간(훈련된 병사들의 순환주기를 증가시키기 위해 1893년에는 2년으로 줄어들었다) 현역으로 복무한 뒤 4년간 예비역으로, 그 뒤에는 5년간 향토예비군에서 복무해야 할 책임이 있었다. 이때 대체복무 가능성은 없었다. 향토예비군은 더 이상 중간계급으로 이루어진 민병대가 아니었다. 그들은 본국을 방어하는 군이자 정규군의 예비대였다. 프로이센 의회 내의 자유주의적 야당은 1860년대에 그러한 개혁에 맞서 싸웠으나 그들의 저항은 무너지고 말았다. 새로운 육군이 야당이 가장 원하던 것, 즉 통일된 독일을 그들에게 제공했던 것이다. 새로운 독일 제국의 육군은 정규군을 거친 대규모 예비역의 지원을 받았으며, 철도를 이용해 전장으로 수송되는 단기복무 징집병을 규합했다. 그 전체는 공통 교리에 대한 공통 훈련을 받아 어떤 위기에 처하든지 예측 가능한 방식으로 대응할 수 있었던 정예 참모장교에 의해 조직되었다.

쾨니히그라츠에서 오스트리아의 장기복무 직업육군이 프로이센의 단기복무 징집병에 순식간에 격파된 뒤에도 군사적인 현상(現狀)을 지키고자 하던 사람들은 프로이센 체제의 우월성에 대해 확신하지 못했다. 1870년 프랑스의 몰락은 추가적 논쟁의 여지를 남겨놓지 않았다. 직업군을 옹호하는 이들의 주장과는 대조적으로 1870년에 프로이센의 징집병은 행군, 사격, 전투에서 그들의 상대를 능가할 수 있음을 입증해냈다. 1866년에 그랬던 것처럼 1870년에도 프로이센군은 더 신속한 동원에 힘입어 승리했다. 프랑스의 직업육군은 그 전쟁을 개시하는 충돌에서 3 대 2로 수적 열세였다. 양측 모두 심각한 사상을 당했던 — 프랑스-독일 국경에서의 희생이 컸다 — 일련의 전투 후에 프랑스군은 퇴각할 수밖에 없었다. 8월 18일 그라벨로트 전투(Battle of Gravelotte) 뒤에 바젠(François Achille Bazaine) 원수가 이끄는 프랑스 육군 전체는 메츠(Metz) 요새로 퇴각했다. 나폴레옹 3세(Napoleon III)가 병력 10만 명을 이끌고 그들을 구하기 위해 진군했지만 프로이센군은 그를 벨기에 국경과 뫼즈(Meuse) 강 사이로 몰아넣어 버렸다. 9월 1일 스당 전투에서 프랑스 황제는 치욕적인 항복을 강요당했다. 이러한 재앙은 파리에서 혁명과 제3공화정 수립을 촉발시켰다. 국방공화정부(Republican Government of National Defence)[1]가 신규 병력 50만 명가량을 신속하게 양성해냈지만 그들의 훈련상태는 조악했고 무장은 형편없었다. 그들의 애국적 열정만으로는 잘 훈련된 프로이센군에 필적할 수 없었다. 1871년 5월에 새로운 공화정은 프랑크푸르트 조약(Treaty of Frankfurt)의 치욕적인 조항들에 동의하는 것 외에는 선택지가 없었다.

　프랑스-프로이센 전쟁은 유럽 대륙에서 소규모 장기복무 직업군대의 종말을 보여주었다. 1871년 이후 유럽 대륙에서는 프로이센 체제 — 준비된 대규

---

1　프랑스 제3공화정의 첫 정부로서, 나폴레옹 3세가 프로이센군에 생포된 후인 1870년 9월에 형성되어 1871년 2월까지 존재했다. 트로슈(Louis Jules Trochu)가 이끌었다.

모 예비전력이 지원하고 고도로 훈련된 엘리트 일반 참모 장교들이 단기복무 현역 징집병들을 통제하는 체제 — 가 모든 주요 군대의 모델이 되었다. 그 이후 유럽 각국은 전쟁 발발에 맞춰 최대한 신속하게 가장 큰 규모의 군을 동원할 수 있게 해줄 군사체제를 발전시키는 데 관심을 가졌다. 각국은 자신들의 안보가 궁극적으로는 군사력의 규모와 그것이 야전에 배치될 수 있는 속도에 달려 있다고 믿었다.

그러나 유럽 각국은 프로이센 모델을 자신들의 고유한 지역적 상황에 적합한 방식으로 채택하는 데 주의를 기울였다. 러시아에서는 크림 전쟁 후 1860년대에 군사개혁이 시작되었다. 프랑스-프로이센 전쟁이 그것에 추가로 자극을 제공했지만, 유럽의 모든 전제 군주국 중 가장 독재적이었던 러시아에서는 정치적 불안을 조장할 수 있다는 두려움 때문에 '국민의 무장'이라는 이상은 심도 깊게 추진될 수 없었다. 1874년에 육군장관 밀류틴(Dmitry Milyutin)의 주도 아래 현역으로 장기복무하는 기존 체계가 현역 6년, 예비역 9년 복무로 대체되었다. 이론적으로는 모든 사회계급의 남성이 징집될 수 있었지만, 부유하고 좋은 교육을 받은 이들에게는 대체할 사람을 제공하거나 좀 더 단기간 복무하는 게 허용되었다. 차르 정부가 동원과정을 가속하기 위해 군단과 예비부대를 창설한 것은 1877~1878년 러시아-터키 전쟁 이후의 일이었다. 과거에는 옥살이를 하는 것과 흡사했던 군복무를 애국적 의무와 닮게 만드는 방향으로 몇몇 작은 발걸음이 내딛어졌다. 그러나 1914년에 이르기까지 러시아는 시민들에게 시민적 권리 부여를 거부함으로써 러시아에서 '국민의 무장'은 수적 맥락에서만 이루어졌다.

오스트리아-헝가리에서는 그 자체가 1866년 패배의 산물이었던 신생 이중 왕정이 연간 충원되는 신병 무리를 두 부류로 나누기로 결정했다. 그들은 한편으로는 돈이 부족해서, 또 한편으로는 민족주의적 저항을 조장할 수도 있다는 점을 두려워해서 그렇게 했다. 한 부류는 현역 3년, 예비역 7년, 향토예비군 2년을 복무한 데 반해, 다른 부류는 정규 복무는 완전히 피하고 향토예비군에서 12년을 복무했다. 게다가 민족적 특수성에 대한 양보조치로서 왕정을 이루는 오스트리아와 헝가리는 각각 자체적으로 향토예비군을 통제했다. 육군이 정치적 신뢰보다 군사적 효율의 필요성을 우선시하는 결심을 내리게 된 것은 보스니아-헤르체고비나를 위한 전쟁에서 기존의 동원계획이 너무 느리게 가동됨을 보여준 후였다. 그 이후 그들은 연대 대부분을 신병 충원구역에 주둔시켰다.

나폴레옹 3세가 프랑스-프로이센 전쟁 직전에 보편적 병역을 슬그머니 제도화하려 했을 때 프랑스인들은 저항했다. 1868년에 입법부는 매년 충원되는 병사 무리를 두 집단으로 나누는 데 동의했다. 첫 번째는 정규 육군에서 5년을 복무하고 두 번째는 불과 5개월만 복무하는 것이었다. 그러나 그들은 너무 늦게 행동하고 말았으며, 1870년에 민족적인 치욕을 당하고 나서야 (제3공화정 들어와) 프로이센 체제의 변종을 채택했다. 프랑스인들은 자신들의 육군을 지역에 기반을 둔 군단으로 나누어 신속하게 동원할 수 있도록 함으로써 프로이센의 본을 따랐다. 그러나 그들은 각 징집병이 현역으로 복무해야 하는 기간에는 동의할 수 없었다. 좌파는 정규군에서 단기복무를 선호했다. 사회주의적 정치가이자 작가였던 조레스(Jean Jaurès)는 1793년 국민총동원령에서 영감을 얻어 장기복무 직업군이 제3공화정의 민주적 토대에 위험을 가할 수 있다고 경고했다. 그는 유사한 수준의 무력이 군과 국민을 서로 싸우게 만들기보다는 통합하는 데 도움을 줄 수 있다고 주장했다. 평시 프랑스는 훈련 기간요원에 불과한 소규모 군대를 유지시켜야 했다. 징집병들은 그곳을 짧게 거친 뒤 심각한 국가적 위기가 발생했을 때는 동원 준비가 되어 있는 예비역에서 자리를 잡아야 했다. 보통 때라면 그러한 군이 프랑스의 이웃국가에 심각한 위협을 가하지 않을 것이지만, 전시에는 국가를 지키는 가공할 만한 방어물이 될 것이었다. 조레스주의자들은 남성이 정규군에서 너무 오래 복무할 시, 그 결과는 군사화된 시민사회일 것이라고 주장했다. 그러나 우파 – 보수주의적 직업 군인들과 우익 정파 – 는 정규 복무기간이 너무 짧으면 징집병들을 효과적인 군인으로 만들어줄 군사훈련 기간이 충분하지 않을 것이라고 주장했다. 현대적인 무기, 특히 사거리가 긴 소총과 기관총, 강선포(rifled artillery)의 발전은 전장에 광범위한 화력집중 지대(fire-swept zone)를 형성시킬 것이었다. 훈련상태가 조악한 시민병들은 방어물 뒤에서나 싸울 수 있었다. 장기간 훈련을 경험한 장병들만이 그들의 생존을 위해 필요한 산개대형으로 싸울 수 있을 것이었다. 그러한 주장은 국회가 모든 징집병은 예비역으로 넘어가기 전 3년간 현역으로 복무하도록 공포한 1913년에 마침내 정리되었다.

이탈리아의 군사개혁은 세 가지 사항, 즉 재정적 부족, '국민의 무장'이 갖고 있는 혁명적 측면을 권장하지 않는 통일 이탈리아 정부의 태도, 프로이센의 성공 비결이 무엇이었는지 명확히 알지 못했다는 점에 의해 지배되었다. 좌파는 프로이센의 성공이 보편적 군복무의 효과성에 기인한 것이라고 파악했으며, 군부는 총참모부의 효과성을 지적했고, 보수주의자들은 국가에 대한 복종의 중요성을 강조했다. 그 결과 이탈리아의 군사조직은 말로는 '국민의 무장'이라는 이상에 동의를 표시하면서도 현실에서는 그와 동떨어지게 되었다. 1870년대 초에 세 부류의 징집병이 도입되었는데, 첫째는 현역으로 3년 복무하고 예비역으로 전환하는 이들, 둘째는 예비역으로 복무하지만 9년 복무하는 이들, 셋째는 모종의 기초훈련만 받는 이들이었다. 이탈리아의 극심한 지역주의를 해소하는 데 도움을 주기 위해 이탈리아 육군은 12개 군단으로 나눠졌다. 그러나 프로이센 육군과는 달리 그들은 각각 단일한 지역에 기초하지 않고 이탈리아의 모든 지역에서 신병을 충원했다. 이는 전시에 신속한 동원을 돕는 정책이 될 수는 없었다.

유럽의 모든 강대국 중에서 영국만이 1871년 이후 징집제를 채택하는 데 실패했다. 그들이 그렇게 하는 것을 꺼린 것은 부분적으로는 정치적인 이유로, 또 부분적으로는 군사적 필요성 때문이었다. 1916년까지 자유주의의 힘은 너무나 강력하여 영국의 어떤 정부도 시민들에게 군복을 입도록 강제할 수 없었다. 그러나 그와 마찬가지로 중요한 점은 영국 육군이 유럽의 이웃하는 군대와 싸우기 위해서가 아니라 전 세계적인 제국을 수비하기 위해 존재했다는 사실이다. 이는 프로이센 모델의 단기복무를 비현실적이게 만들었다. 새로이 훈련된 징집병들은 멀리 떨어진 제국의 초소에서 복무하는 게 익숙해지는 시간을 확보하기도 전에 동원 해제의 시간을 맞을 것이었다. 그러나 영국군도 프로이센에 배워야 할 교훈이 몇 가지 있음을 발견했다. 글래드스턴(William Gladstone) 정부의 육군장관 카드웰(Edward Cardwell)은 1868년부터 1874년까지 정규 및 예비 전력을 변모시켰다. 그는 정규군에서 복무하는 기간을 단축시켰으며, 정규 육군을 위한 예비대를 창설했고, 정규 육군부대를 민병대나 의용군 예비부대와 연계시킴으로써 지역화된 충원구역을 확립했다.

19세기의 마지막 25년간 유럽에 등장한 대규모 징집군대는 외부의 침략으로부터 국가를 보존하는 명시적 기능을 가지고 있었지만 부차적인 목적에도 기여했다. 그들은 1914년 이전 40년 동안 군사주의와 호전적 민족주의의 결합체가 유럽의 많은 사회에 스며들게 하는 수단 중 하나였다. 방위비 규모와 그것의 증가에 대한 간략한 분석은 국가가 자신의 군사력을 점점 중요시하게 되었음을 보여주는 증거를 제공한다. 1874년과 1896년 간 방위비가 독일에서는 79%, 러시아에서는 75%, 영국에서는 47%, 프랑스에서는 43% 증가했다. 국가적인 의식행사 시 군주들은 어디서나 민간 프록코트를 벗어버리고 그들이 가장 선호하던 근위병 연대의 군복을 입고 대중과 함께 가두행진을 실시했다. 왕가의 구성원들은 군사교육을 받았으며, 왕자들은 육군과 해군에서 고위직을 점했다. 영국의 캠브리지 공(Duke of Cambridge)이나 러시아의 니콜라스 대공(Grand Duke Nicholas)처럼 눈에 띄는 몇몇 예외가 있기는 했지만, 왕실은 군의 전문적인 효율성을 증진하기 위해서가 아니라 자신들의 존재를 정당화하고자 자신들과 군 사이의 관련성을 사용했다.

1891년 독일 황제가 "제국을 하나가 되게 만든 것은 의회의 과반수나 그들의 결정이 아니라 병사들과 육군이다. 육군에게 나의 신뢰를 보낸다"라고 주장할 수 있었던 것은 독일 육군이 받고 있던 존경의 수준이 매우 높았음을 알려준다. 프랑스-프로이센 전쟁은 독일 육군이 중간계급 자유주의자들 사이에서 인정받을 수 있게 해주었는데, 이는 그들이 이전에는 결코 누려본 적이 없는 것이었다. 그 이후 육군은 독일의 다른 어떤 곳보다도 명망 있는 기관이 되었다. 군에 대한 과장된 숭배라는 의미의 군사주의가 다른 곳에서는 생소할 만큼 독일의 중간계급 사이에서 확산되었다. 빌헬름기 독일에서는 예비전력의 장교 임관장을 가지고 있는 것이 사회적 적합성에 대한 징표였다. 많은 독일인들은 군복을 입은 사람이 내린 명령이라면 기꺼이 받아들일 태세가 되어 있었다. 이는 1906년 쾨페닉(köpenick)이라는 작은 마을에서 명백히 드러났다. 그곳에서 한 전과자가 병사 무리를 징발하여 마을의 회계 담당자와 시장을 체포하고 시청에서 현금을 탈취하여 종적을 감춰버렸다. 이런 일이 가능했던 것은 그가 명망 있는 제1보병 근위대 장교의 군복을 입고 있었기 때문이다.

19세기 말 군사주의는 우스꽝스러운 측면뿐 아니라 염려되는 면도 갖고 있었다. 그것들 중 가장 불길한 것은 전쟁이 국가 간 관계에서 매우 중요한 면모로 간주되었던 방식이다. 골츠(Colmar von der Goltz)와 같은 저술가에 따르면 전쟁은 국가가 사무를 처리하는 방식이었다. 베스트셀러 저자인 베른하르디(Friedrich von Bernhardi) 장군은 그것이 기독교적 가치라고 했다. 독일 통일전쟁 동안 프로이센의 전략을 총괄했던 총참모장 몰트케(Helmuth von Moltke)는 항구적 평화에 대한 생각을 어리석은 꿈이라고 맹렬히 비난하고, 전쟁은 정신의 고결성과 극기, 용기, 자기 희생의 정신을 발전시킨다고 주장했다. 그러나 이런 인식이 순전히 독일적인 현상은 아니었다. 영국의 유명 정기 간행물 ≪19세기(Nineteenth Century)≫가 1914년 직전 "민족 간 이슈가 심리(審理)될 수 있고, 또 그렇게 될 유일한 법정은 신의 법정, 즉 전쟁이다"라고 주장했다는 점을 기억할 필요가 있다.

징집군대가 '민족을 위한 학교'로서 기능을 수행하는 데 보편적으로 성공한 것은 아니었다. 실제로 몇몇 군대는 민족을 통합하는 상징물로서 기능하기는커녕 기존의 사회적·정치적 분열을 반영하고 증폭시키는 데 기여했다. 부르주아지의 숫자와 자신감이 점증하고 사회주의자들이 노조와 대중적 정당을 만들어가고 있을 때 유럽 전역의 군대는 토지 젠트리와 귀족이라는 협소한 사회적 스펙트럼에서 초급장교 대다수와 거의 모든 고급장교를 계속 충원했다. 프랑스 남성 대부분이 생각한 육군은 국외적으로는 독일에 국가적 응징을 가하는 도구였고, 국내적으로는 도덕적 쇄신의 도구였다. 그러나 그들은 육군이 각 징집병 세대에 주입시키려 했던 도덕적·정치적 가치에는 동의할 수 없었다. 좌파 공화주의자 대부분이 가톨릭의 보수적인 제3공화정 장교단을 심각하게 의심했다. 그와는 대조적으로 보수적인 정규 장교들은 자신들이 프랑스의 국가적 이해관계를 지키는 공평 무사한 존재라고 믿었다. 일반적인 프랑스 남성 대다수가 자국 육군에 품고 있던 신뢰는 1890년대의 두 차례 스캔들로 산산조각나고 말았다. 1891년에 정치적 야망을 갖고 있던 젊은 장군 불랑제(Georges Boulanger)가 반(反)정부 음모를 꾸민 혐의로 부재 중 유죄판결을 받고 총으로 자결했다. 3년 뒤에는 군사법원이 유대인 장교 드레퓌스(Alfred Dreyfus)에 대해 이른바 독일을 위해 간첩행위를 했다는 이유로 유죄를 평결했다. 이는 가장 조악한 증거에 기초한 것이었다. '드레퓌스 사건(L'Affaire Dreyfus)'은 제3공화정의 분열을 조장하는 가장 유명한 쟁점(cause célèbre)이 되었다. 이 사건은 드레퓌스에 대한 육군의 처우가 프랑스 민족주의에서 가장 신성한 교의(敎義)인 인권을 침해했다고 믿는 사회주의자, 급진주의자, 육군 고위장교 — 이들은 반유대주의자, 왕정주의자, 가톨릭교도, 민간인 들은 프랑스가 국가적 독립을 위해 의존하던 기관인 육군의 내부 운영에 대해 의의를 제기할 권리가 없다고 주장했다 — 들을 대립하게 만들었다. 1900년 이후 문제가 되었던 것은 프랑스의 독립이 아니라 육군의 독립성이었다. 이에 신임 육군장관 앙드레(André) 장군은 장교들에 대한 비밀파일을 분별해서 사용하고, 정치적 관점이나 종교적 신념을 갖고 있는 자들은 공화정에 동의하지 않음을 시사한다고 격하함으로써 장교단을 공화주의화하려 했다.

독일에서도 육군이 누리던 위신은 군사예산에 관한 정부와 제국의회 간의 다툼을 막지 못했다. 그러나 1888년에 이르러 육군은 한때 그들에게 행사되었던 의회의 사소한 통제로부터도 해방되었으며, 국민과 육군 사이에는 점점 더 넓은 간극이 생기기 시작했다. 독일이 차츰 산업화되어가고 제국의회가 훨씬 많은 수의 사회민주당 의원들을 포함하게 되면서 육군의 입헌적 입지는 황제와 그의 보수주의적 지지자들과 좌파 간 투쟁의 초석이 되었다. 육군장관은 육군에 대한 권한을 거의 갖지 못했고, 그 권한에 대한 통제는 황제와 그의 자체적인 군사내각, 총참모부의 수중으로 넘어갔다. 육군과 시민사회 간의 반목 증가는 장교를 충원하기 위해 융커(Junker)계급 밖으로 눈을 돌리기를 꺼리는 육군의 태도 때문에 더욱 가속되었다. 유대인, 농민, 사회주의자 들의 장교 임관은 금지되었다. 이러한 사회적 배타성은 1894년 프랑스-러시아 연합으로 형성된 양국 동맹(Dual Alliance)의 위협에 맞서기 위해 독일이 규모가 더 큰 육군을 보유해야 했던 필요성에 역행하는 것이었다. 또한 육군과 국민의 분열은 충원병들을 시골지역에서 찾으려 하는 육군의 강력한 선호 — 이는 시골지역 사람들이 사회주의에 전염되었을 가능성이 덜하다는 근거 아래 이루어졌다 — 에 의해서도 확대되었다. 실제로 1905년 러시아 혁명 이후에 충원병들이 도심지 대(對)반군활동 교리를 발전시키기 시작했을 정도로 육군은 사회주의 감염을 염려했다.

프랑스와 마찬가지로 이탈리아도 육군을 애국적 가치의 구현체이자, 국내 질서의 방어자이며, 국민의 교사(教師)로서 묘사하려 했다. 그러나 이탈리아는 가난한 나라였으며, 장교들은 교사로서 기능하는 것을 좋아하지 않았고, 그와 같은 정책의 영향은 계속되는 자금 부족 때문에 감퇴하고 말았다. 이것은 이탈리아가 매해 병역을 수행할 수 있는 남성의 일부만 소집할 수 있었다는 의미이다. 1880년에 이르러 대륙의 각 주요 국가는 주민 200만 명당 1개 군단을 보유하고 있었다. 그러한 기초에 따르자면 이탈리아는 16개 군단을 보유하고 있어야 했다. 그러나 그들에게는 10개 군단뿐이었다. 지역 차이가 상존했으며, 1907년에 왕은 이탈리아인들은 여전히 "교육되어야 하고 기율, 복종, 정돈의 습관과 애국심을 배워야 한다"고 개탄했다.

역설적이게도 — 차르 체제의 특성을 고려해볼 때 — 러시아의 장교단은 사회적 구성의 맥락에서 보았을 때 유럽의 어떤 주요 군대보다 민주적이었다. 제1차 세계대전 이전 10년 동안 대령계급 미만 장교의 40%가 농민이나 하층 중간계급에서 충원되었다. 그러나 보병에 집중되어 있던 비(非)귀족 '현대화주의자'들과 야전군 고위계급을 계속해서 지배하고 있던 이들 간의 갈등이 장교단 내에서 발전되었다. 그들의 경쟁관계는 제1차 세계대전 초기 전역에서 러시아 육군의 작전 수행을 상당히 방해했다.

심지어 수적 맥락에서도 19세기 말의 유럽 군대가 '국민의 무장'을 실질적으로 달성해냈는지는 논쟁의 여지가 있다. 적격인 인력 모두를 징집할 수 있었던 정부는 어디에도 없었다. 1913년에 새로운 병역법이 통과됨에 따라 병역연령 남성의 80%를 징집하기 시작했던 프랑스는 이례적이었다. 그러나 문자 그대로의 보편적 병역이 이행되기를 원했던 장군은 거의 없었다. 장군들은 그렇게 되면 자신들이 실제 전쟁의 격렬함을 버틸 수 없는, 절반 정도만 훈련되어 있고 무장상태도 조악한 무리를 만들어내는 데 성공할 수 있게 될 뿐이라는 점을 두려워했다. 러시아에서는 육군이 징집된 농민들에게 그들이 시민으로서 책임을 갖고 있다는 것을 강조할 수 없었다. 이는 그들과 그들 가족은 많은 시민권을 거부당하고 있었기 때문이다. 징집제는 다민족으로 구성된 오스트리아-헝가리 육군의 민족적·언어적 장애물을 깨뜨리는 데 기여하지 못했다. 징집군대가 산업화 과정을 지원했다는 주장은 어느 정도 사실이다. 해마다 군대는 새로운 무리의 젊은 농민과 공장 노동자 들을 차출해 갔으며, 징집병들은 현역으로 있는 동안 자본주의 체제의 세 가지 측면, 즉 조직화, 복종, 낮은 임금의 적용에 적응해야 했다. 그러나 그것은 결코 군대의 공공연한 목적이 아니었으며, 여러 보수적인 장군들 ─ 특히 독일과 프랑스에서 ─ 은 군사훈련에 시간을 쓰는 것이 더 적절하다는 이유로 사병들을 사회주의로부터 떼어놓기 위한 시민교육에 시간을 소비하는 데 반대했다.

독일 통일전쟁은 유럽에 다른 유산들을 남겼다. 몰트케가 클라우제비츠의 사후 걸작『전쟁론』이 다른 어떤 책보다 자신의 군사적 관점을 형성하는 데 크게 기여했다고 고백했을 때, 그는 클라우제비츠의 몇몇 사상이 광범위하게 확산될 것이라 확신했다. 클라우제비츠는 책을 좋아하는 현학자가 아니었다. 그는 프랑스 혁명과 나폴레옹에 대항하는 전쟁 내내 전투에 임했으며, 그의 책은 그의 경험이 증류된 것이었다. 그는 전쟁의 근본적 본질뿐 아니라 전쟁과 정책 간 관계, 군인과 민간 지도자 사이의 관계, 전략의 기능, 전투의 본질에 대해서도 고찰했다. 무엇보다도 그는 전쟁이 국가정책의 합리적 도구임을 강조했다. 그러나 몰트케의 세대는 클라우제비츠를 조미니의 사상이라는 왜곡된 프리즘을 통해 읽었으며,『전쟁론』에서 그러한 사상에 대한 긴밀한 공감을 발견했다고 생각했다. 전략은 전쟁의 목적을 달성하기 위해 전투를 사용하는 것이었으며, 최상의 전략은 모든 곳, 무엇보다도 결정적 지점에서 강력해지는 것이었다. 전쟁에서의 승리는 적 영토의 한 부분을 점령하는 것이 아니라 그 군대를 파괴함으로써 달성되었다. 몰트케와 많은 동시대인들이 간과했던 것은 전쟁이란 정책의 도구이며, 전쟁은 정치적 목적에 종속되어야 한다는 클라우제비츠의 주장이었다. 그들에게 전쟁은 인류의 불가피한 운명에 지나지 않는 것이며, 그것을 가능한 한 효율적으로 수행하는 것이 자신들의 일이었다.

1870년 이후 군사적 효율성은 이동의 신속성과 동일하게 여겨졌다. 프로이센이 신속하게 승리할 수 있었던 것은 프로이센 육군이 독일의 철도체계를 사용했다는 점에 기인한 것으로 돌려졌다. 독일 통일전쟁은 장차 주요 전쟁에서의 승리는 병력을 가장 빠르게 동원하고 그들을 최첨단 군사기술로 무장시키는 국가에게 돌아갈 것임을 알려주는 것처럼 보였다. 산업혁명은 군사적 병참을 혁명적으로 변화시켰으며, 산업주의의 시작점인 영국이 또한 병력을 수송하기 위해 1830년에 철도 사용을 실험하는 첫 국가가 되었던 것은 이에 부합했다. 그러나 다른 국가도 순식간에 그 본을 따랐다. 1835년에 프로이센 육군은 철도를 이용해 병력을 이동시킬 수 있는 가능성에 대해 고찰했으며, 4년 뒤 그들은 포츠담(Potsdam)에서 베를린으로 병력 8000명을 수송하는 첫 번째 실험을 수행했다. 오스트리아-프로이센 전쟁과 프랑스-프로이센 전쟁은 병력을 전쟁에 먼저 배치시킬 수 있는 능력 때문에 프로이센군이 얻은 이점을 선명히 보여주었다. 그러나 철도가 전략적 기동을 혁신시켰음에도 불구하고 제2차 세계대전 동안 내연기관이 폭넓게 도입될 때까지 전술적 기동은 그와 비슷하게 혁신되지 못했다. 철도의 끝머리를 넘어서면 프로이센군은 나폴레옹 1세와 싸울 때 선조들이 그랬던 것과 상당 정도 동일한 방식으로 자급했다. 그들은 현지 조달했다. 그것은 독일 육군이 1914년 프랑스와 벨기에에서 있던 초기 전역 동안 너무나 고통스럽게 다시 배우게 될 교훈이었다.

그러나 유럽의 총참모부는 독일의 전쟁으로부터 분명 잘못된 교훈을 얻고 말았다. 그들은 그것이 장차 유럽에서 발생할 전쟁은 신속히 종결될 것이라는 점을 알려준다고 결론지었다. 이러한 오류는 대서양 너머 미국 남북전쟁의 예를 살펴볼 수 있는 통찰력을 가진 이들이라면 인지할 수 있는 것이었다. 1861년에 시작된 전쟁에서 북부는 장기간에 걸친 소모전의 비용을 더 잘 감당할 수 있었기 때문에 승리했다. 북부는 더 많은 병력을 가지고 있었고, 그렇기 때문에 각 진영이 상대의 수도를 위협하는 동안 북부 버지니아에서 발생했던 일련의 격렬한 전투가 요구하는 인적 비용을 지불할 수 있었다. 북부의 거대한 산업경제는 급성장하는 육군에 필요한 군수물품을 공급해줄 수 있었고, 연합 측 주(州)들의 경제를 봉쇄하고 서서히 질식시킨 함대를 창설할 수 있었다. 그리고 마지막으로 1863~1864년에 링컨 대통령은 그러한 우위를 효과적으로 활용할 수 있는 능력을 갖춘 그랜트(Ulysses S. Grant) 장군과 서먼(William T. Sherman) 장군을 발굴해냈다. 1863년 7월 연방군은 펜실베이니아의 게티즈버그에서 연합 측의 결정적 공세를 격파했다. 그러는 동안 서부에서는 그랜트가 빅스버그(Vicksburg)의 주요 요새를 점령하고 연합을 반으로 쪼개놓았다. 1864~1865년에 그랜트는 연합 측 수도인 리치먼드(Richmond)를 공격하는 연방 측 병력을 지휘했으며, 연합 측 군대의 상당수를 장악했다. 그럼으로써 서먼은 채터누가(Chattanooga)로부터 애틀란타로, 그 뒤에는 바다로 진군할 수 있었다. 나중에는 소탕을 위한 기동 차원에서 북부로 방향을 바꿨으며, 그러는 동안에 그의 병력은 의도적으로 연합 측을 완전히 파괴했다. 마지막 남은 연합 측 군대가 1865년 4월에 항복했다. 이 전쟁은 교전국들이 첫 전투결과를 최종 결과로 받아들이려 하지 않는 경우에 그들이 어떻게 그들이 가진 모든 국가적 자원을 동원하도록 강제당하게 되는지에 대해서 많은 교훈을 제공해줬어야 했다. 마찬가지 방식으로 연합 측을 향한 서먼의 진군은 군인에게나 민간인에게나 할 것 없이 총력전의 총체적인 끔찍함을 가르쳐줬다. 그러나 유럽의 논객 대다수가 몰트케를 따랐으며, 이 전쟁은 그들이 처한 상황과는 관련이 없는 것이라고 치부해버렸다. 그들은 교전국들이 준비되어 있지 않았고 군인들이 직업적으로 무능했기 때문에 전쟁이 장기화된 것이라고 믿었다.

소수의 관찰자만이 장차 대규모 전쟁은 군대 간 분쟁이 아니라 국가적 의지와 자원에 대한 시험이 될 것임을 예견했다. 1898년에 폴란드의 은행가이자 철도 관리인인 블로흐(Jan Bloch)는 5권짜리 연구서『기술적·경제적·정치적 측면에서 본 전쟁의 미래(The Future of War in its Technical, Economic, and Political Aspects)』를 출간했다. 그는 그러한 전쟁은 궁극적으로 교전국 중 하나가 본국에서 기근이나 혁명이 발생함으로써 붕괴되어야만 끝날 것이라고 주장했다. 그에게 동의했던 소수의 군인 중 알려진 사람은 영국의 제국총독 키치너 경(Lord Horatio Kitchener)이었다. 키치너는 위대한 포스터에 등장하는 인물[2]에 불과한 존재가 아니라, 나중에 로이드조지(David Lloyd George)가 주장하듯이, 1914년에 유럽 국가 간 분쟁이 간단한 일이기는커녕 오랜 소모전으로 전락하고 말 것임을 인식했던, 예지력 있는 전략가였다.

효과적인 군대에는 유능한 장교가 지휘하는 제대로 훈련된 병사들 그 이상이 필요했다. 그것은 가장 현대적인 무기와 수송체계도 필요로 했다. 에드워드 시대에 유럽이 경험했던 종류의 군비 경쟁은 자율적인 현상이 아니었다. 그것은 제1차 세계대전 전야의 유럽 사회가 점점 더 호전적이 되어가고 있었다는 사실을 반영한다. 프랑스-프로이센 전쟁이 국경에서 있던 전투들의 결과에 의해 결판났었다는 사실은 총참모부의 모든 참모가 명심했던, 그 전쟁의 가장 중요한 교훈 중 하나로 남았다. 결국 그들은 각각 평시에 전쟁을 준비해야 할 최우선적인 필요성을 그들의 정치 지도자들과 그들을 통해 대중 전체에게 설득하려 안간힘을 썼다. 그들은 독일의 전사연맹(*Krieger-bund*)과 방위연맹(*Wehrverein*), 프랑스의 3년 복무를 위한 연맹(*Ligue pour la service des trois ans*)과 같은 우익 압력집단의 지원을 받았다. 그들의 사상은 값싼 맹목적 애국주의 노선을 추구하는 언론과 다윈과 니체와 같은 저술가들이 피력했던 사상의 대중화와 결합하면서 확산되었다. 그것들 모두는 전쟁이 세상의 자연적 질서의 일부라는 인식을 증진시키는 데 도움을 주었다.

1871년부터 1914년까지 거의 전 기간에 프랑스와 독일은 경쟁국보다 우월한 상비군과 더 많은 예비전력을 보유하기 위해 서로 경쟁했다. 자유주의적인 영국에서조차도 노스클리프 경(Lord Northcliffe)이 개척한 '황색언론'은 해군연맹(Navy League)과 국민병역연맹(National Service League)의 정책들을 장려했다. 그들은 현란한 말로, 만약 영국이 해군에 더 많은 돈을 들이지 않고, 본국 방어를 위해 징집제를 채택하지 않는다면 강대국으로서의 나날은 오래가지 못할 것이라고 주장했다. 이러한 각 조직은 정치를 초월한 것처럼,

---

2   키치너 경은 제1차 세계대전기 영국에서 사용된 유명한 모병 포스터에 등장했던 상징적 인물이다.

단순한 정당정치보다는 국가적 이해관계를 상위에 두고자 하는 것처럼 주장했다. 그러나 사실 그들은 의회 민주주의를 혐오했고, 국가의 젊은이들을 군사화하려 했으며, 나라가 전쟁에 패배했을 경우 불어닥칠 재앙을 강조하며 노동계급에 호소했다. 그들은 애국적인 자기 희생과 기율만이 조국을 도덕적·정치적 부패로부터 구해낼 수 있다고 주장했다. 1912년에 퇴역장군 베른하르디(Friedrich von Bernhardi)는 『독일과 장차 전쟁(Germany and the Next War)』이라는 베스트셀러를 발간했는데, 그 책에서 독일인들은 다가오는 전쟁을 위해 각성하고 태세를 갖춰야 한다고 했다. 프랑스에서는 1911년의 아가디르(Agadir) 위기[3] 이후 광신적 애국주의의 물결이 몰아쳤는데, 이는 서적과 신문, 우익 정치인 들로부터 자양분을 공급받은 것이었다. 그러한 생각의 흐름은 3년병역법(Three-Year Service Law) 도입에 대한 1913년의 의회 내 논쟁 동안 훨씬 더 두드러졌다.

군비 경쟁이 필연적으로 전쟁을 이끌어낸 것은 아니었다. 1884년 이후 20년 동안 영국, 프랑스, 러시아는 해군 경쟁에 임했지만 결코 격투를 벌이지는 않았으며, 그러한 경쟁은 1904년 영불협상(Anglo-French Entente)과 1907년 영러협정에 의해 평화적으로 종식되었다. 19세기 말에 발생했던 모든 전쟁이 군비 경쟁에 의해 유발된 것도 아니었다. 1877년 러시아-터키 전쟁, 1894년 중일전쟁, 1898년 스페인-미국 전쟁, 1881년과 1899~1902년 두 차례에 걸친 보어 전쟁(Boer War)은 상대방이 너무 신속하게 무장하는 것에 대한 두려움이 아니라 영토적 야심과 다른 국가의 이데올로기에 대한 반감, 정치적 불화가 결합함으로써 유발된 것이었다.

그러나 에드워드 시대의 군비 경쟁이 1914년 이전 10년간 국제적 긴장이

---

3  1911년 모로코에서 술탄에 대한 반란이 발생했을 때 프랑스는 상당한 전력을 전개했다. 이에 대응하여 독일도 모로코에 주둔하던 독일 기업인들의 신변 보호를 구실로 포함(砲艦) 판더(SMS *Panther*)호를 모로코 남부의 아가디르에 파견했다. 이로 인해 촉발된 국제적 긴장을 '제2차 모로코 위기'라고도 한다.

고조되는 데 아무런 역할도 하지 않았다고 주장하는 것도 마찬가지로 잘못된 것이다. 그것은 전쟁은 불가피하다는 믿음에 기여했다. 보조(步調)는 세계의 세력균형을 자신들에게 유리하게 변화시키려 시도했던 독일에 의해 정해졌다. 독일 해군의 팽창은 영국의 대응을 촉발시켰으며, 1906년 이후 양국은 누가 드레드노트(dreadnought) 전함으로 구성된 더 큰 규모의 함대를 만들 수 있는지 확인하기 위해 경쟁했다. 그러나 1904~1905년 만주에서 일본에게 당했던 패배로부터 회복 중이던 러시아는 1912년 독일 군대를 왜소해 보이게 만들 군대를 창설할 것처럼 위협했다. 이로써 독일은 보조를 맞추기 위해 자국 군대에 점점 더 많은 비용을 소비하게 되었으며, 이는 또 프랑스의 3년병역법을 촉진시켰다.

이에 반하는 의견들이 존재했으며, 보편적으로 군대가 인기가 있었던 것도 아니었다. 1896년 아두와 전투(Battle of Adowa)에서 아비시니아의 황제 메넬리크(Menelik)에게 치욕적인 패배를 당한 후 이탈리아는 반(反)군사주의, 농민봉기, 사회주의, 이탈리아 의회와 왕실 모두를 흔들어버린 공화주의의 물결에 시달렸다. 징집병들도 기꺼이 현역에 합류한 것은 아니었다. 이탈리아와 러시아의 많은 젊은이들이 의무적으로 군사훈련을 경험하기보다 미국으로 이주해버렸다. 점증하는 방위비용은 유럽 국가 대부분에서 1914년 이전 수십 년 동안 활발한 평화운동의 성장세가 목격되었던 이유이다. 영국과 미국에서 일부 자유주의자들은 국제적 중재와 자유무역의 성장이 언젠가는 전쟁을 쓸모없게 만들 것이라고 낙관했다. 사회주의자들은 군대와 군사주의에 대해 가장 활발하게 비판했던 이들에 속했다. 독일에서는 사회민주당이 점점 더 많은 표를 이끌어냈으며, 1912년에는 제국의회에서 최대 정당이 되었다.

그러나 그 어느 곳보다 합스부르크 군대의 고위 장교들 사이에서 다음의 거대한 국제적 위기는 전쟁에 의해서만 해소될 수 있다는 확신이 결연하게 유지되었다. 1906년 이래 총참모장을 역임하던 호첸도르프(Conrad von Hotzendorf)는 1907년 이탈리아 공격에 메시나(Messina)에서 발생한 지진을 이용하고자 했다. 그때는 그가 단념할 수밖에 없었지만 7년 뒤 세르비아의 테러리스트에 의해 제위(帝位) 계승자가 암살되고 난 뒤에는 비극적이게도 그를 단념시킬 수 있는 사람이 아무도 없었다. 근동에서 자신들의 야망을 실현하는 데 오스트리아-헝가리가 극히 중요하다는 것을 확신하고 있던 독일의 정치적·군사적 지도자들은 단기간의 제한적인 전쟁을 통해 세르비아를 처벌하려는 결의에 차 있던 오스트리아에 전적인 지지를 보냈다. 그러나 그들은 발칸의 피보호국을 지키고자 하는 러시아의 결의를 오산하고 말았으며, 1914년 7월 30일 러시아의 동원 결정은 세계대전을 불러온 연쇄반응의 개시였다. 그러한 사슬의 첫 고리는 독일 정부가 러시아, 오스트리아와 선린관계를 계속 유지함으로써 프랑스를 고립시킨다는 비스마르크의 계획을 포기했던 1890년에 만들어졌다. 그렇게 되자 독일 총참모부는 전쟁은 불가피하다는, 그들에게는 피할 수 없는 결론을 도출했다. 이로써 독일은 프랑스와 러시아가 동맹이 되었을 때 양면 전쟁이라는, 악몽과도 같은 전망에 직면했다. 독일은 유럽 쪽 러시아의 방대한 공간이 러시아에 대한 신속한 승리를 불가능하게 만들 것이라고 확신했기 때문에 프랑스를 먼저 격파한 다음 러시아로 방향을 돌리기로 계획했다. 1891~1906년에 총참모장을 역임했던 슐리펜(Graf von Schlieffen)은 프랑스-독일 국경 부근에 있는 프랑스의 강력한 요새들에 직면해 몰트케의 전략적 유산을 활용했으며, 중립국 벨기에를 관통해 진군함으로써 그들을 우회하기로 결심했다. 프랑스를 6주 내에 섬멸하고 그 뒤에는 러시아군을 처치하기 위해 동쪽으로 육군의 방향을 돌리기로 한 것이다. 1914년 8월 3일 독일은 프랑스에 전쟁을 선언했고, 이틀 뒤에는 표면상으로는 벨기에의 중립성을 지키기 위해, 하지만 실제로는 독일이 러시아와 프랑스를 분쇄하거나 서유럽에 대한 패권을 확보하지 못하게 하기 위해, 그리고 세력균형이 영국에 반하는 쪽으로 기울어지지 않게 하기 위해 영국이 독일에 전쟁을 선언했다.

국가들이 군비 경쟁에 사로잡혀 있었기 때문에 1914년에 유럽이 전쟁으로 치달았던 것은 아니다. 그러나 훨씬 더 막강한 육군과 해군을 창설하려는 경쟁은 그들 각각이 이웃을 두려워하도록 조장함으로써 전쟁이 발생할 확률을 더 높였고, 일단 전쟁이 시작되면 그것이 끔찍하게도 파괴적인 것이 될 수밖에 없도록 만들었다. 유럽 전역에 산업화가 확산된 덕택에 무기들은 1914년 이전 반세기 동안 알아볼 수 없을 만큼 발전했으며, 그런 과정에서 이것들은 전장을 변형시켰다. 무연화약을 사용하며 수동식 노리쇠를 갖춘 연발총, 속사포, 기관총은 1815년의 전술과, 더 나아가서는 군복이 100년 뒤에는 자살 행위와 같은 것이 될 것임을 의미했다. 19세기 전반기의 밝은 색상 군복은 회색과 갈색의 칙칙한 위장복으로 대체되었지만, 무기들의 사거리와 증대되는 치사성은 전술가들을 풀 수 없을 것처럼 보이는 문제에 직면하게 했다. 밀집대형을 갖춰 진격하는 보병은 전멸당할 것이었다. 그런가 하면 그들이 개방대형으로 기동하면 장교들이 통제할 수 없을 정도로 분산되고 말 것이었다. 점차 화력이 더 강력해지면서 훨씬 많은 수가 땅 밑으로 숨게 되고 진격은 중지될 것이었다.

1904~1905년 만주에서 일본군이 거둔 성공은 높은 사기가 유일한 해법임을 보여주는 듯했다. 장병들의 사기가 충분하면 보병은 성공적인 착검돌격(bayonet charge)으로 절정에 도달할 수 있었다. 유럽 군대 대부분이 도출했던 교훈은 승리는 병사들이 죽음을 경멸하기까지 극기심에 충만한 측에 돌아갈 것이라는 점이었다. 1905년 영국의 한 군사 저술가는 "전적으로 승리의 기회는 나머지 사람들이 살 수 있는 기회를 획득하기 위해 희생되어야 하는 이들의 자기 희생이 충만한 진영에게 돌아갈 것"이라고 썼다. 그의 말은 1914년의 세대에게 가슴 쓰린 묘비명으로 쓰였을 수 있다.

## 제6장

# 제국주의 전쟁
## 7년 전쟁에서 제1차 세계대전까지

———————————————————— 더글러스 포치 Douglas Porch

제국주의는 중대한 역사적 논쟁의 주제임이 입증되었다. 홉슨(J. A. Hob-son)에 의해 대중화되었으며 레닌에 의해 그의 팸플릿 『제국주의, 자본주의의 최고 단계(Imperialism, Highest Stage of Capitalism)』에서 마르크시즘 교리의 지위까지 격상되었던, 제국주의에 대한 해석 틀의 상당 부분 - 실제로는 대부분 - 은 1899~1902년의 보어 전쟁 후 폐기되기에 이르렀다. 그 뒤 부지런한 연구 덕택에 역사가들은 좀 더 실용적인 기질을 가진 식민지 시대 군인들이 첫째, 무역은 깃발을 따라가는 것이 아니며,[1] 둘째, 유럽에서는 제국주의적 팽창의 상업적 활용이나 그것의 정치적 이점에 대한 관심이 거의 존재하지 않는다는 점을 직관적으로 알고 있었다는 결론에 도달했다. 실제로 제국주의는 런던, 파리, 베를린, 상트페테르부르크, 또는 심지어 워싱턴으로부터의 상업적이거나 정치적인 압력의 결과로서가 아니라 주로 주변부(per-

---

[1] 제국주의적(군사적) 팽창과 상업적 이해의 증대가 반드시 비례하지는 않는다는 점을 의미한다.

iphery)의 사람들 – 그들 중 다수는 군인이었다 – 이 많은 경우 명령도 없이, 심지어는 명령에 맞서면서까지 제국의 경계를 팽창하도록 압력을 가했기 때문에 전개되었다. 그러므로 제국주의는 기본적으로 군사적 현상이었으며, 그래서 제국주의적 팽창의 역동성 – 제국주의 전쟁 – 을 이해하는 것이 중요해진다.

그 가장 초기부터 제국주의 전쟁은 위험하고 어려운 사업으로 간주되었다. 아메리카에서는 유럽인들이 거의 처음부터 내륙으로 진군해 들어갔음에도 불구하고, 그들의 정복은 군사적 우위 자체만큼이나 – 그 이상은 아니라고 할지라도 – 질병이라는 전위대에 의해 손쉬워졌다. 그렇다 하더라도 아메리카 원주민들의 적대감은 몬트리올과 같은 국경의 전초기지가 불안정하게나마 계속 존재했음을 의미했다. 동양과 아프리카에서 유럽인들은 바다에 구속되었는데, 그들은 미약한 생명선을 본국에 밀착시키며 연안의 '공장'으로부터 향신료, 금, 노예를 수출하는 데 만족했다. 세 가지 일이 18세기와 19세기 동안 이를 변화시켰다. 그것은 아프리카와 아시아의 정치적 불안정, 더 넓은 세계에서 펼쳐진 유럽인들 간의 경쟁관계, 애국심과 개인적 야심에 이끌려 모국을 위해 더 광대한 영토를 주장하기에 혈안이 되어 있던 장교와 관료들이었다. 그 결과 제국의 병사들은 코르테스(Hernán Cortés)가 베라크루스(Veracruz)에서 자신의 배로 포격을 가했던 순간부터 직면했던 종류의 작전적 도전에 맞닥뜨렸다. 제한적인 기술수단을 가지고 있던 상대적 소수의 유럽인들이 어떻게 접근할 수 없는 나라를 횡단하고 수적으로 우세한 적을 정복하며 새로운 제국에 평화를 가져올 수 있었을까? 그러한 도전은 여전히 어려운 것으로 남았지만, 시간이 지나면서 유럽의 병사들은 해결해야 할 기술적 문제에 지나지 않는 것으로 제국주의적 정복을 간주하게 될 만큼 그것에 통달하게 되었다. 예를 들어 1808년에서 1813년까지 스페인에서 있었던 유럽의 가장 격렬한 싸움을 지휘했으며 워털루의 격전에서 유럽의 운명을 그의 손에 쥐락펴락했던 웰링턴(A. W. Wellington)은 그의 경력 말기에 마라타

(Mahrattan) 군대에 승리를 거두었던 1803년 아사유 전투(Battle of Assaye)를 "전에 없이 많은 이들에게 가장 유혈적인 것"이었으며 자신이 여태까지 싸우는 동안 달성했던 "최고의 일"이라고 주장했다. 그러나 19세기로 전환되는 시점에 영국 콜웰(C. E. Callwell) 대령의 고전『작은 전쟁(Small Wars)』이나, 그보다는 덜 알려진 프랑스 디테(A. Ditte) 중령의『식민지에서 벌어지는 전쟁에 대한 관찰(Observations sur les guerres dans les colonies)』은 식민 전쟁에 대해 매우 규범적인 접근법을 채택할 수 있었다.

무슨 일이 발생했던 것일까? 모든 전쟁이 그렇듯이 유럽의 팽창은 유럽인들의 군대와 토착전력 간의 경쟁에 불을 붙였다. 이 과정에서 각각은 새로운 적과 상황이 가하는 도전에 대응하고자 시도했으며, 19세기가 진행되는 동안 유럽인들은 그러한 경쟁에서 확실히 승리했다. 그러나 이는 자동적인 과정이 아니라 상당한 시행착오를 포함하는 것이었다. 유럽인들의 적응성 있는 대응은 특히 몇몇 지역에서 더 명확히 드러났으며, 19세기가 종반으로 치달으면서 점진적으로 가속되었다. 이 장에서는 세 가지 일을 할 것이다. 첫째, 유럽 외에서 발생한 전쟁의 상황이 유럽의 군사체계에 가한 문제와, 어떻게 유럽, 그리고 결국에는 미국 병사들이 그것에 적응했는지의 문제를 고찰할 것이다. 전쟁은 상호작용적인 과정이기 때문에 유럽인들의 적응은 부분적으로는 그러한 침공에 대한 토착민들의 대응에 의해 결정되었다. 그러므로 우리는 왜 대부분의 경우에 토착사회는 성공적인 저항을 조직화하는 데 실패했는지에 대해서도 물어야 한다. 마지막으로 이 장에서는 제국의 군사적 성공이 사실상 불가피하고 중단될 수 없는 것처럼 보였음에도 불구하고 실상은 그것이 군사적으로나 정치적으로나 불안정한 토대 위에 세워진 것이었음을 주장할 것이다. 1914년 이전 제국주의적 정복의 미약한 성공은 세계대전이 치러지면서, 또한 그 후에는 더욱 더 명백해질 것이었다.

본국에서는 무관심, 심지어는 적대감이 제국주의적 팽창에 가해진 첫 제약요소가 되었는데, 이는 멀리서 이루어지는 정복의 혜택이 유럽인들에게는 분명히 드러나 보이지 않았기 때문이다. 콜베르(Jean Baptiste Colbert)가 사망한 이후 대륙국가인 프랑스는 결코 제국에 대한 지속적인 관심을 불러 모을 수 없었다. 이것이 그들이 7년 전쟁에서 그 제국을 영국에 빼앗긴 주요한 이유였다. 1840년대에 이루어졌던 뷔고(Bugeaud)의 아랍 원정 동안 프랑스 식민 병사들의 잔혹함은 악명을 떨쳤으며, 이는 정부를 공격할 수 있게 해줄 이슈를 갈망하던 정치적 반대파에 의해 활용되었다. 1885년 프랑스가 중국의 전력에 군사적 좌절을 당한 뒤 "페리 통킨(Ferry Tonkin!)"을 외치는 소리에 시달려 사임하게 되었을 때 페리(Jules Ferry)가 발견했듯이, 멀리 떨어진 곳에서의 전쟁을 지지하던 정치인은 정치적 위험을 감수해야 했다. 글래드스턴(William Gladstone)은 1884~1885년 하르툼(Khartoum)에서 고든(Charles 'Chinese' Gordon)이 당한 역경으로 인해 심각한 곤혹함에 처해졌던 반면, 보어 전쟁 동안 키치너 경(Lord Kitchener)의 행동 — 특히 보어족 민간인들을 '수용소'에 집결시킴으로써 그곳에서 그들 중 수천 명이 질병으로 사망하게 만든 것 — 은 영국 내에서 반전의 목소리가 커지게 만들었다. 1885년 베를린 회의(Berlin Congress)[2] 이후 독일의 제국주의는 너무나 논쟁적인 것이 되어 비스마르크로 하여금 식민지 관련 예산이 정부를 공격하는 구실로 기능하게 될지도 모른다는 두려움에 그것을 외무성 예산으로 위장하게 만들었다.

자칫 잘못하면 반대의 입장으로 전환되어버릴 수 있었던 이런 대중적 무관심은 제국주의적 팽창에 몇 가지 제약을 가했는데, 그중 가장 명백한 제약은 정부가 고비용적인 제국주의적 원정의 실행을 주저했다는 점이다. 고비용과 유럽인들로 구성된 수비대에 광범위하게 의존해야 할 필요성을 억제하

---

2    '베를린 컨퍼런스(Berlin Conference)'로 표현하는 경우가 많다. 1884년 11월부터 1885년 2월까지 베를린에서 비스마르크의 주재로 열렸으며 독일, 영국, 프랑스, 러시아, 미국, 스페인, 포르투갈, 벨기에, 네덜란드, 덴마크, 스웨덴, 오스트리아-헝가리 제국, 터키 등의 대표가 참석했다. 콩고 분지를 둘러싼 열강 사이의 이해 갈등을 중심으로 진행되었으며, 서양 열강이 아프리카 식민지 분할을 공식화하는 계기가 되었다.

고자 프랑스군과 영국군은 많은 수의 토착전력을 충원했다. 이는 제국주의 시대가 끝날 때까지 지속된 전통이었다. 1840년대 프랑스에 의한 알제리 점령은 다수의 현지 군 연대에 의해 수행되었다. 그러나 그렇다 하더라도 척후병이나 토착민 기병과 같은 지역 충원 부대나, 주아브병(zouaves), 외인군단 (Foreign Legion), 아프리카 사냥꾼 연대(*chasseurs d'Afrique*)와 같이 식민지에서 복무하기 위해 특별히 재단된 유럽인 부대가 창설되었다. 1870년 제3공화정이 수립되면서 징집병들을 아프리카와 아시아에서 벌어지는 전쟁에 투입하는 것에 반대하는 목소리는 프랑스의 식민지를 정복하고 그곳의 치안을 유지하기 위한 별도의 식민 육군(*armée coloniale*)이 창설되고 아프리카 육군 (*armée d'Afrique*)이 여기에 추가되어 북아프리카를 점령하게 만들었다. 대규모 상비군에 대한 영국인들의 전통적인 혐오는 식민지에까지 확장되었는데, 그곳에서는 18세기에 충성스러운 아메리카 및 헤세(Hesse) 용병이 북아프리카에서 영국군 연대를 보강했는가 하면, 인도는 영국동인도회사가 급료를 지불하는 세포이에 의해 유지되었다. 19세기에 제국주의적 팽창은 주로 — 독점적이지는 않았다 — 1857년 폭동 후 형성된 인도 육군의 영역이었다. 1899~1902년 보어 전쟁처럼 위기 시에는 거기에 식민지 의용군이 합류했다. 독일의 식민지는 기껏해야 경찰력에 지나지 않는 전력에 의해 유지되었다. 기본적으로 대륙으로의 팽창을 추진하면서 러시아와 미국은 정복의 도구로서 자신들의 정규 군대에 의존했다. 그러나 미국 육군 전반에 대한 지지의 결여와, 특히 인디언 전쟁에 대한 반대는 미국 육군이 대부분의 외국인 이민자들 사이에서 충원을 하는 소규모 군대로 남아 있게 했다.

　제국주의적 정복에 가해진 두 번째 제약은 유럽인들이 그들의 장기(長技)가 될 수 있는 것, 즉 기술을 항상 임시 변통할 수는 없었다는 점이다. 19세기 중반까지 이 부문에서 코르테스가 그랬던 것보다 결코 유리하지 않았던 유럽인들은 자체적인 머스킷과 포를 생산할 수 있던 동양의 토착인 적에 비해 대부분 균등하거나 심지어는 불리하기까지 했다. 18세기에 영국인들은 북아메리카에서 프랑스 또는 아메리카 상대에 비해 아무런 질적·기술적 이점도 누리지 못했다. 인도에서는 토착민 반대세력이 소화기로 무장한 영국군에 맞서 종종 이기기도 했다. 알제리의 프랑스군은 1830년대에 사거리가 짧은 자신들의 머스킷이 사거리가 긴 아랍의 장총에 대해 미미한 방어책을 제공해줄 뿐이라는 점을 발견했다. 소화기의 우위는 러시아가 캅카스(Kavkaz)를 침공하는 데 결코 결정적인 요소가 되지 못했다.

1860년대에 기술과 더불어 유럽의 조직적 역량이 제국주의적 침공자들에게 이점을 가져다주기 시작하면서 상황이 변했다. 그러나 변화는 급작스러운 것이 아니었으며, 실제로 조직과 기술은 많은 경우 상반되는 결과를 낳았다. 적어도 표면적으로는 1860년대 후장식 소총과 1880년대 기관총의 도입이 식민지 전투의 방정식을 변화시켰다. 벨록(Hilaire Belloc)은 "어쨌든 우리는 맥심 기관총을 보유하고 있고 그들은 그렇지 못하다"고 썼지만, 진실은 화력이 유럽인들에게 중요하기는 하지만 결코 결정적이지는 않은 이점을 제공했다는 것이다. 토착인들에게 현대식 소총을 팔려는 '죽음의 상인'은 부족하지 않았다. 19세기 동안 1600만 정 이상의 소화기가 아프리카인들에 의해 수입된 것으로 산정된다. 소요(騷擾)가 거의 진정되지 않는 아프리카 제국 내의 상황에 존재하던 혼돈을 결정적으로 종식시키고자 열망했던 식민지 관료들은 지역 통치자의 입지를 손상시키는 수단으로서 족장이나 왕좌를 주장하는 이들에게 무기를 공급했다. 유럽인들 간의 경쟁은 또한 토착인들의 저항을 무장시켜주는 역할을 수행했다. 1891년 영국이 이탈리아의 에티오피아에 대한 보호권 주장을 지원해준 뒤에 프랑스령 소말리아 총독은 메넬리크(Menelik) 황제에게 소총 10만 정과 탄약 200만 톤을 '선물'로 공급했다. '비통한 패배자'의 범주로 안전하게 분류할 수 있을지는 모르지만 1876년 리틀빅혼 전투(Battle of Little Bighorn)의 생존자들은 시팅 불(Sitting Bull)이 야지(野地)에서 윈체스터 연발총으로 사격을 가해왔던 반면, 대응할 수 있는 자신들의 능력은 스프링필드(Springfield) 소총 한 방에 잠잠해지고 말았다고 토로했다.

이 같은 불평은 1885년 통킨에서 프랑스 병사들이 1874년식 단발 그라스(Gras) 소총에 대해 제기했던 불평과 동일했다. 프랑스인들은 1892년의 다호메이족(Dahomian)이나 1895년의 마다가스카르 사람들이나 할 것 없이 현대식 소총 — 비록 그것들이 형편없이 사용되기는 했지만 — 을 보유하고 있음을 발견했다. 에티오피아인들도 소총이 없는 가운데 아두와 전투를 치르지는 않았다. 보어인들이 사용하던 모제르 소총의 정확성은 영국군으로 하여금 1899~1902년 보어 전쟁에서 전술을 변경하게 만드는 원인이 되었다.

기관총의 등장은 유럽인들의 화력에 방어적 상황에서의 이점을 제공했다. 러시아인들과 미국인들이 맨 처음 중앙 아시아와 서방에서의 무장 원정에 기관총을 무기목록에 추가한 것으로 보인다. 그러나 제국주의 전쟁에서 그것의 전반적인 사용은 기술적·전술적 요소 모두에 의해 지연되었다. 미트라예즈와 개틀링건과 같은 초기 버전은 무겁고 신뢰할 수 없었다. 대부분의 지휘관들은 결정적인 순간에 걸려서 작동되지 않는 무기는 위험하다는 —커스터(George Custer)는 이 때문에 리틀빅혼을 향해 출발하면서 자신의 개틀링건을 버려두고 떠났다 — 점을 깨달았다. 첼름스퍼드(Chelmsford)는 1879년 줄루족(Zulus)에게 그것을 사용했지만, 아프리카인들은 개틀링건을 피해 작전을 수행하고 측면에서 공격하는 법을 배우고 말았다. 이산들와나(Isandhlwana)에서도 화력이 그를 구해주지는 못했다. 초기의 일반적 통념은 또한 그러한 무기를 보병이나 기병 부대에 분배하기보다는 포병에 할당하여 포대에서 쓰게 했다.

좀 더 가볍고 신뢰성 있는 맥심 기관총이 1890년대 식민지 전장에서 등장하기 시작해 북서부 국경에서 영국군에 의해 사용되었으며, 1893년 마타벨레 전쟁(Battle of Matabele)에서 가장 큰 효과를 달성했다. 이 전쟁에서 특허회사(Chartered Company)[3]의 경찰과 의용군 들은 간단히 자신들의 마차를 세

---

3  영국남아프리카회사(British South African Company)를 의미한다. 1889년 로즈(Cecil Rhodes)
   에 의해 창립되었다.

위둔 채 무모한 용기를 가지고 달려드는 아프리카인들을 살육해버렸다. 그러나 맥심 기관총은 적어도 두 가지 이유 때문에 결코 전투를 승리로 이끄는 주체가 되지 못했다. 첫째, 그것은 적들이 분산되어 싸우거나 적들을 식별할 수 없는 산악이나 정글에서 벌어지는 전쟁에는 그다지 적합하지 못했다. 너무 깊숙이 들어가면 그것은 고립되고 그 사수들은 제압당할 수 있었다. 둘째, 그것은 전역의 결과를 결정짓기에는 극소수로 유지되었다. 옴두르만(Omdurman)에서 영국군이 보유한 맥심 기관총은 불과 6정이었다. 1908년 4월 모로코 동부 메나바(Menabba)에서 있었던 모로코인들의 공격에서 프랑스군이 발견했던 것처럼 – 모래가 기관총의 기계장치를 틀어막아 버렸다 – 맥심총은 기계적인 문제로부터도 자유롭지 못했다. 보어 전쟁 동안 트란스발(Transvaal) 정부는 병력을 맥심총 다수로 무장시켰다. 그들은 맥심총을 저렴하고 효율적인, 일종의 경포(輕砲)로 간주했던 반면, 영국군은 맥심총을 자신들의 '유격대(flying columns)'에 포함시켰다. 그러나 기관총 집중 운용의 가치와 그것들이 방어뿐 아니라 공세 시에도 전술적으로 사용될 수 있음을 보여준 것은 1904~1905년의 러일전쟁이었다. 그렇다 하더라도 기관총은 족히 제1차 세계대전까지는 군대의 장비목록에서 비교적 희소한 항목으로 남았다.

포는 침공자에게 이점을 제공해줄 수 있었지만 늘 그랬던 것은 아니다. 러시아군이 공격했을 때 중앙 아시아의 요새가 그랬던 것처럼, 웰링턴은 대부분 원시적이었던 인도의 요새를 공격하는 데 포가 각별히 유용하다는 것을 발견했다. 납득하기 어렵게도 방어자들이 그들의 외벽을 폭파시켜버려 프랑스군이 그 균열을 이용해 급습할 수 있게 해주고 말았지만, 1837년 콩스탕틴(Constantine)을 급습하는 데는 상당수의 공성포가 필요했다. 그러나 전투는 결코 유럽인들의 우세한 화력을 기초로 결판나지는 않았다. 비록 이질적이고 괴상하게 조직되어 있기는 했지만 마라타군과 시크(Sikh)군에게는 포가 잘 공급되어 있었으며, 포병에게 유럽의 최신 기량을 훈련시키기 위해 유럽인 교관을 고용하고 있었다. 1857년에 인도에서 봉기를 일으켰던 이들은 자신들을 위해 포를 적절히 다루지 못함으로써 결국 영국군으로 하여금 좀 더 신뢰할 수 있는 백인 장병에 의해서만 포가 운용될 수 있음을 확실히 보여주게 만들었다. 전역 말기에 가서야 그 효과성을 입증하기 시작했지만, 중국인들도 1885년 통킨에서 프랑스군에게 포를 사용했다. 프랑스와 러시아의 고문관들은 아두와에서 메넬리크 황제의 산악포를 다루는 이들을 감독했던 것으로 전해졌다. 소화기가 그랬듯이 토착전력에게는 포탄이 충분치 못했다.

식민 전장의 원거리성은 포로 하여금 골칫거리가 되게 만들었는데, 이는 좀 더 중량급 종류가 쓰였던 18세기와 19세기 초에 특히 그랬다. 기동성을 위해 포가(砲架)의 무게를 감소시키면 불과 몇 발만 쏘고 나서 포가의 목재가 찢어지고 말았다. 포가가 견고하게 설계되면 기동성이 문제였다. 인도에서 웰링턴이 이끄는 군대가 쓰던 18파운드 포 1개를 끄는 데는 수소 40마리와 암코끼리 1마리가 필요했다. 뷔고는 알제리에서 자신의 '유격대'가 운반할 수 있게 허락된 포를 2대로 한정시켰다. 이는 그것이 크고 무거웠기 때문이기도 했지만, 특히 그가 포의 방어적 화력과 정비례하여 장병들의 공세정신이 감소됨을 발견했기 때문이다. 1840년대부터는 노새나 낙타의 등에 얹어 운반하고 신속히 조립할 수 있는 경(輕)'산악포'를 쓸 수 있었다. 그러나 통킨처럼 짐을 나르는 동물이 희소한 지역에서는 겁이 많고 신뢰할 수 없는 짐꾼 40명이 이러한 포들을 대나무로 된 틀에 묶어 운반했다. 카르포(Louis Carpeaux)라는 한 부대원은 "얼마 되지 않아 대나무들이 찢어지고 짐꾼들이 넘어져 조각과 함께 벼랑이나 소(小)협곡으로 굴러갔다"고 쓰면서, 성공하기 위해서는 기동성과 기습을 필요로 하는 대형이 이러한 작은 포들 때문에 움직이게 못하게 되었음을 불평했다. 포는 요새, 성벽으로 둘러싸인 마을, 또는 방어용 울타리가 처진 지역에 대해 유용하게 쓰일 수 있었다. 그러나 뉴질랜드에서 마오리족의 마을(pahs)을 습격했던 영국군이 그랬던 것처럼, 통킨에서 프랑스군은 정면공격에서 심각한 사상을 당한 뒤에야 다이너마이트나, 그보다 훨씬 더 낫게는 퇴각선(line of retreat)을 향한 기동이 황급한 철수를 이끌어내기에 충분하다는 점을 발견했다. 어쨌든 적이 방어진지에서 싸우기를 선택하면 그것은 거의 위안거리가 되었다. 그것이 영국의 병사들, 특히 우거진 정글에서 싸우고 있던 그들이 가장 두려워했던 매복이나 기습공격의 위협을 경감시켜주었기 때문이다.

19세기의 마지막 4반세기에 호치키스(Hotchkiss)와 같은 소포가 원정군의 장비목록에 포함되었다. 크뢰조(Creusot) 75mm 포와 같은 좀 더 큰 포는 보어 전쟁의 첫 몇 달 동안 그랬던 것처럼 전장이 그리 멀리 떨어져 있지 않고 적이 방어적으로 싸우는 것을 선호하는 경우에 특히 광범위하게 사용될 수 있었다. 그러나 적, 특히 분산된 비정규 전력에 대한 포의 효과는 물리적이기보다는 심리적인 것이었다. 프랑스군은 포탄이 야자 숲 속이나 요새화된 촌락(ksour)의 성벽 뒤로 몸을 숨기려 했던 모로코인들에게는 효과가 거의 없음을 발견했다. 그러나 포탄과 그것이 전역에 가하는 충격의 적절한 배합을 예견하는 것은 언제나 어려웠다. 인도에서 폭동을 일으켰던 이들이나 1882년에 텔-엘-케비르(Tel-el-Kebir)에서 이집트 장병들이 그랬던 것처럼, 적이 어쩔 수 없이 유럽인들의 방법을 복제하고자 시도하는 경우에는 화력이 승리의 한 요소가 될 수 있었다. 1898년에 옴두르만에서나 1908년과 1912년에 모로코에서 그랬던 것처럼 그들이 '성전(Holy War)'에 대한 반응으로 집결해 있는 경우에는 훨씬 나았다. 그러나 1803년 아사유, 1836년 알제리의 식캇(Sikkat) 강, 또는 1844년 이슬리(Isly)와 같은 격전지에서 유럽인들은 압도적으로 승리했다. 그 정연한 교전에서 유럽인들의 승리를 확실하게 만들어주었던 것은 화력보다는 우세한 전술과 기율이었다. 1896년에 아두와에서 훈련상태도 형편없고 지휘상태는 더 엉망이던 이탈리아 전력이 그랬던 것처럼 이와 같은 요소가 결여되어 있을 때는 재앙과도 같은 결과가 초래될 수 있었다. 그러나 화력, 전술, 기율에서 유럽인들의 우위는 지리와 적에 의해 무효화될 수 있었다.

콜웰이 관찰했듯이, 제국주의 전쟁에서는 전술이 유럽인들을 유리하게 해주는 반면, 전략은 저항을 유리하게 만들어 경우에 따라서는 그것이 전쟁의 속도를 통제할 수 있다. 제국 군대가 취할 수 있는 작전적 해법은 그들이 달성하고자 희망했던 것에 의해 결정되었다. 요새나 진지가 영토를 방어하기 위해 건설되었다. 그러나 그것들이 결코 그 자체로 유용하지는 못했는데, 이는 그것들이 전력을 소규모로 분산되게 만들어 적들이 그러한 방어자들을 자유롭게 우회하거나 선택에 따라서는 그들을 괴롭힐 수도 있게 했기 때문이다. 캅카스 습격자들로부터 평원을 보호하기 위해 러시아군이 수행했던 것이나 알제리에 대한 모로코의 침입을 중단시키기 위해 세기 전환기에 프랑스군이 수드-오라네(Sud-Oranais)에서 그랬던 것처럼, 그와 같은 진지는 일종의 방벽(barrier)이나 '방어선(Lines)' 접근법으로 확대될 수 있었다. 그러나 그것들 사이에 습격자들이 침입하거나 진지와 진지를 느리게 오가는 보급 수송대를 매복하는 경우에는 그런 요새들이 확전을 불러올 수도 있었다. 심지어 고정된 지점 사이를 순찰하기 위해 기동성 있는 부대가 조직되었을 때도 대담성과 속도에서 그것이 결코 적을 따라잡지는 못했다. 그래서 1903년과 1906년 동안 수드-오라네의 지휘관이었으며 나중에는 모로코 총감이 된 리요테(Hubert Lyautey)와 같은 제국주의자에게 해법은 앞으로 돌진하거나 '집단책임'에 대한 정당화를 이용해 오아시스 또는 마을을 처벌하는 것, 억제를 위한 몸짓으로서 그것을 점령하는 것이었다. 이는 정복과 점령, 추가적인 정복이 그 뒤를 따르는 악순환을 초래했다. 이는 1902년에 오런(Oran) 준(準)사단(sub-division)의 지휘관인 오코노르 장군[4]이 프랑스군 내에서 통용되던 '습격에는 보복습격으로 대응한다'는 전술적 접근법에 대해 비판하면서 인지했던 바와 같았다. 그는 "이러한 접근법은 결코 죄 있는 자를 잡을 수 없으며, 가차 없이 더 많은 영토에 대한 점령으로 이어지는 보복전쟁으로 우리를 끌어들인다"고 주장했다. "일단 정복이 이루어지면 그 나라를 점령해야만" 하며,

---

4    오코노르(Fernand O'Connor) 준장을 가르킨다. 레지옹 도뇌르 수훈자이다.

제1부 현대 전쟁의 진화

이는 더 많은 진지를 확보하기 위한 "엄청난 액수의 돈을 소비하게" 만들고, 또 수많은 장병들을 집어삼키며 기동적인 작전에 쓸 수 있는 병력을 남겨놓지 않았다.

전문가들은 제국주의 전쟁의 목표가 무역 보호이든, 영토 보호이든, 또는 지역의 강력한 통치자나 부족을 징벌하기 위한 것이든, 공세적인 행동은 토착의 적을 굴복시키는 최상의 방법을 제공한다는 데 동의했다. 콜웰은 "클리브[5]의 시절로부터 오늘날에 이르기까지 승리는 수적인 힘보다는 활력과 맹렬함에 의해 달성되었다"고 주장했다. 이러한 접근법의 주요한 한 가지 이점은 정치적인 것으로서, 본국 정부는 분쟁을 장기화하는 신중한 전략보다는 '한 방(one blow)'에 의존하는 접근법에 호의적인 결과를 열망한다는 것이었다. 그러나 보통 멀리 떨어져 있고 하나같이 우호적이지 않은 나라에서 이는 말처럼 쉬운 일이 아니었다. 짐을 나르는 동물은 말할 것도 없고 멀리 떨어진 지역의 보급물자를 모으는 일은 시간이 오래 걸리는 고된 일로서 원정비용을 증가시켜 정치적으로뿐만 아니라 군사적으로도 반대를 불러왔다. 1868년 아비시니아에서 영국군과 1895년 마다가스카르에서 프랑스군이 그랬던 것처럼, 작전적 관점에서 보았을 때 너무 규모가 큰 원정은 해안에 도착했을 무렵 이미 자급할 수 있는 모든 능력을 소진시켜 내륙으로의 진입 가능성을 훨씬 더 약화시킬 수 있었다. 내륙지역으로의 공격이 시작되었을 때 보급품 수송행렬은 달팽이가 기어가듯이 대형의 진군속도를 감소시켜 취약한 표적을 제공하고 말았다. 이는 적대적인 공격으로부터 보급품 수송행렬을 방어하기 위해 과도하게 많은 병력과 포를 사용하도록 강제함으로써 원정의 공세적인 기세를 제한했다. 이러한 이유 때문에 식민 원정은 보통 '자연에 대한 전역(campaign against nature)'으로 범주화되었다. 상황이 이와 같은 관계로

---

5  벵골에서 영국동인도회사의 군사적·정치적 우위를 확립했던 클리브(Robert Clive) 소장을 의미한다. '인도의 클리브(Clive of India)'로도 알려졌다.

자신의 병참문제를 해결할 때까지는 어느 식민 지휘관도 성공에 대한 희망을 가질 수 없었다.

기술과 조직적 능력의 결합으로 유럽인들에게 이점을 제공했던 전환점은 1860년대와 1870년대에 도래했다. 웰링턴이나 뷔고와 같은 혁신적인 지휘관들은 늘 산업화 이전에 갖출 수 있었던 능력의 한계 내에서 원정을 효율적으로 조직화했던 데 반해, 결정적인 발전이 1868년 아비시니아 원정과 함께 도래했다. 이 원정에서 영국군은 내부로의 진군을 지원하기 위해 완선(完線) 철도를 도입했다. 그러나 1873~1874년의 아샨티(Ashanti) 원정 동안 처음으로 기술과 조직의 결합을 달성해냈던 인물은 울슬리 장군(Sir Garnet Wolseley)이었다. 분명 울슬리는 스나이더(Snider) 소총과 7파운드 포 덕분에 전투에서 아샨티를 격파했다. 그러나 그 전투는 전역의 성공에서 거의 부수적인 것에 지나지 않았으며, 그 전역은 행정적 기획의 승리였다. 1892년 다호메이(Dahomey)에서 도즈(Nigel Dodds)와 같은 성공적인 지휘관은 원정의 규모를 2000명가량으로 줄이고, 도로와 중간 기착지, 운임, 짐을 나르는 동물, 통조림 식량, 식수, 장병들을 위한 퀴닌(quinine)을 제공하는 데 세심한 주의를 기울임으로써 울슬리를 모방하고자 했다. 그 모든 것들은 최대한 많은 수의 소총이 전선에서 활용되고 전역이 신속히 종결되도록 해줄 것으로 기대되었다.

확실히 이러한 교훈은 불균등하게 적용되었는데, 이는 아샨티 전역이 기술적인 조직화에 의해 달성된 경이로운 결과였다는 것이 입증되었음에도 불구하고, 그 성공은 정복전역이 아니라 처벌적 원정에 의존한 것이었다는 데 이유가 있었다. 아샨티의 '수도'를 파괴하고 난 뒤 울슬리는 신속하게 자신의 군대를 철수시켰기 때문에 전역은 아무런 전략적 결과를 거두지 못했다. 샤밀(Shamil)이 매우 중요한 협로나 전략적 촌락을 지키기 위해 많은 병력을 집중시킬 수 있었던 캅카스에서와 같이, 더 영구적인 결과를 추구하던 다른 지휘관들은 대규모 원정에 의존하도록 강요받았다. 중앙 아시아에서 러시아의 원정은 기본적으로 요새화된 마을을 포위하기 위해 사막으로 보내진 것들이었으며, 사실상 작은 군대를 필요로 했다. 프랑스군은 1884~1885년에 인도 차이나에서 지역 저항세력인 흑기단(Black Flag)과 연합한 중국군과 싸우기 위해 상당한 규모의 군대가 필요했다. 병참이 그와 같은 모든 작전의 아킬레스건으로 남았다. 그러나 인도에서 웰링턴, 알제리에서 뷔고, 또는 제로니모(Geronimo)에 맞선 1883년 시에라리온 전역 동안의 크룩(Crook) 장군과 같이 성공적인 지휘관은 적군이 소규모이거나 분할되어 있을 때 거세한 수송아지, 낙타, 노새와 같은 짐을 나르는 동물이나, 아프리카와 인도차이나에서는 짐꾼 - 이들은 위협을 가함으로써만 충원할 수 있었고, 기회가 생기면 그대로 달아나 버렸다 - 을 활용함으로써 자신들의 수송행렬을 축소시켰다. 인도차이나에서 프랑스군, 다호메이에서 도즈, 나일 강에서 키치너 경이 그랬던 것처럼 가능하면 지휘관들은 강가를 따라 진군함으로써 병참에 대한 의존을 감소시켰다. 그러나 적이 쉽게 도달할 수 없는 곳에 위치할 수도 있어 도로가 건설되어야 했다. 북아프리카에서 아샨티 전역 때 울슬리는 거듭해서 그렇게 할 수밖에 없었다. 그러나 마다가스카르에 대한 1895년 침공 동안 뒤셴(Charles Duchesne) 장군이 그랬던 것처럼 조직화에 과도하게 집착할 수도 있었다. 침공로를 건설하기 위해 동원된 전력 중 수천 명이 열병으로 쓰러져 그는 실패의 고수가 되고 말았다.

기술과 조직화는 창의적인 작전적 해법의 부속물이었을 뿐 그 대용물은 아니었다. 인도에 도착하자마자 웰링턴은 그곳에서의 영국 원정이 '군대가 아니라 사람을 이동시키는 일'과 흡사함을 발견했다. 이것은 2만 명에 육박하는 군병력이 시골지역을 느린 속도로 걸어 화창한 날에는 하루 평균 10마일 정도를 움직이지만, 3일에 하루 꼴로 휴식을 필요로 하고, 먹을 것과 사료를 찾아다녀야 할 수밖에 없었기 때문이다. 웰링턴은 마이소르에서 드훈디아(Dhoondiah)에 맞서는 전역을 수행하는 데 자신의 전력을 4개 군대로 나누었으며, 이는 그의 상대를 혼란에 빠뜨리고 영국군으로 하여금 하루 26마일까지 행군하여 기습을 달성할 수 있게 해주었다. 웰링턴의 경험은 다른 곳에서도 반복되어 프랑스군, 영국군, 미국군이 가벼운 대형이나 '유격'대로 전환되었다. 오슈(Lazare Hoche)는 방데에서, 뷔고는 알제리에서, 영국군은 버마 및 로디지아(Rhodesia)에서 보어인들에 대항했고, 미국군은 서부에서 그것을 사용했다. 그러나 콜웰은 유격대가 문제점이 없지는 않다고 경고했다. 그들은 여전히 상당한 군수적 지원을 필요로 하며, 이는 그들의 진군을 더디게 만들 수 있었다. 유격대는 '수도' 또는 적의 군대와 같은 목표에 대해서는 가장 잘 운용될 수 있었지만, '집중하고 있는(converging)' 다른 부대와는 협력하기 어려울 수 있었다. 전환(reversal)과, 심지어 성공적인 작전 후의 철수도 대가가 클 수 있었다. 아메리카 혁명에 대해 에발트(Hessian Johann Ewald)는 "만약 당신이 이 사람들을 뚫고 퇴각해야 하는 경우, 분명 그들은 당신을 끊임없이 둘러쌀 수 있었다"고 기억했다. 프랑스군도 1835년 알제리의 막타(Macta) 습지에서, 그다음 해에는 콩스탄틴에서 동일한 것을 발견했으며, 영국군은 1844년 아프가니스탄에서 그랬다. 캅카스에서 샤밀은 러시아군이 계곡을 이리저리 헤매며 버려진 마을을 차례로 약탈하게 내버려두다가 기지로 돌아오려고 하는 그들을 완벽하게 처치해내는 데 전문가가 되었다. 1839년에 동부 캅카스의 악헐고(Akhulgo)에서 러시아가 '승리'를 거둔 뒤에도 그렇게 했다. 그러나 샤밀의 가장 위대한 승리는 보론초프(Vorontsov) 왕자의 유격대가 기지를 향해 체첸의 삼림을 관통해 철수했던 1845년에 도래했다. 러시아군은 한 주에 고작 30마일을 움직일 수 있었으며, 그 과정에서 짐과 부상당한 이들을 포기했고, 샤밀의 매복으로 병사 4000명과 장군 3명을 포함한 장교 200명을 잃었다.

콜웰이 명백히 선호했던 것은 기병으로 이루어진 소규모 원정이었다. 그는 "가장 훌륭한 위업은 기병에 의해서만 달성될 수 있다. … 미개인들, 아시아인들, 그러한 특성을 가진 상대는 기병에 상당한 두려움을 가지고 있다"고 믿었다. 콜웰의 칭송 – '기병에 의해서만' – 에도 불구하고 그가 인정했듯이, 기병이 천편일률적인 성공의 공식이 되지는 못했다. 식민 전쟁을 수행하는 지휘관들의 딜레마는 기동과 화력 간의 올바른 균형을 달성하는 것이었다. 대규모 군대는 병참 자체의 무게 때문에 결국 무너질 수 있었다. 다른 한편으로 멕시코에서 프랑스군이, 리틀빅혼에서 커스터가, 이산들와나에서 첼름스퍼드가, 1883년 나일 강에서 파샤(Hicks Pasha)가 발견했던 것처럼, 기동을 위해 방어적인 화력을 희생시킨다는 것은 지휘관들에게 위험으로부터 자유로운 결정이 아니었다. 유럽에서와 같이 보병의 지원을 받지 못한 기병은 취약했으며, 그것이 침공자 대부분이 그런 간극을 채우기 위해 모종의 기마보병을 발전시킨 이유였다. 그러나 보병은 기동성 있는 작전, 특히 산악지형에서 중요한 역할을 유지했다. 기동작전의 요점 중 하나는 적이 지쳐서 포기할 때까지 계속 도망 다니도록 만듦으로써 적을 소진시키는 것이었다. 그러나 기동성이 극대화되었을 때조차도 ─ 오히려 그것이 극대화되었을 때 ─ 이러한 전역은 백인 장병들에게 끔찍한 희생을 가했으며, 행군 중 ─ 특히 보병에게 ─ 낙오율은 상당히 높을 수 있었다. 멕시코 또는 신출귀몰하는 흑기단에 맞서 뷔고의 휘하에서, 그리고 인도차이나에서 전역을 수행했던 프랑스 병사들의 설명은 탈진에 대한 장황한 이야기처럼 읽힌다. 프랑스군만이 그랬던 것도 아니었다. 피로는 서부에서 미국 군대가 가진 효율성을 잠식했으며, 이는 커스터가 패배했던 요인 중 하나이기도 했다.

　제국주의 전쟁에서는 극적인 재앙뿐 아니라 극적인 승리도 비교적 희소하게 발생했다. 이는 적을 격파하는 것이 아니라 그들을 어쨌든 싸우게 만드는 것이 문제였다는 단순한 이유 때문이다. 콜웰이 공세적인 행동과 극적인 전투에 대해 충고한 것은 그것이 유럽인들의 정신적 우위를 보여주는 최상의 방법이라고 믿었기 때문이다. 이는 응집력이 있는 체계 ─ 수도, 왕, 상비군, 종교적 유대 ─ 와 권위를 보여주는 모종의 상징, 또는 정통성을 갖춘 적에 대해 가장 잘 가동되었는데, 그것들이 일단 전복되고 나면 추가 저항은 어려워졌다. 그러나 콜웰은 이것이 성공을 위한 일률적인 공식이 될 수는 없음을 인정했다. 중앙집권적인 정치 또는 군사체계를 갖추거나 알제(Algiers)나 카불

(Kabul)과 같은 도시의 장악에 가치를 부여하기에는 토착사회가 너무 원시적이었기 때문이다. 아울러 주권자를 격파하는 것은 저항을 다수의 소(小)족장들에게로 분산시켜 그것을 일일이 처리해야 하게 되는 것에 지나지 않았기 때문이다. 희소하지만 훨씬 더 성가신 셋째 범주에는 침공자들이 추구하는 결정적 승리를 거부하기 위한 방법으로서 비교적 응집력 있는 저항운동을 진행해왔던 지도자들이 해당한다. 1836년에 식캇 강에서 뷔고에게 패배를 당한 후의 압둘카데르(Abd el-Kader), 캅카스에서의 샤밀, 서아프리카에서의 사모리(Touré Samori), 보어족의 여러 지휘관들이 그랬다. 콜웰은 "작은 전쟁에서 게릴라 작전은 투쟁의 특정 국면에서 거의 일률적으로 나타나는 면모"라고 썼다.

게릴라전은 군사적·정치적 이유 때문에 정규군에게 가장 두려운 형태의 작전이었다. 앞서 지적한 바와 같이 군사적 관점에서 보았을 때 정규군, 심지어 식민지에서 상당한 경험을 가진 이들까지도 게릴라전에 대한 준비가 되어 있지 못했다. 신출귀몰한 적은 전쟁의 전략적인 속도를 통제하고, 그 나라의 깊숙한 곳으로 철수해버리며, 침공자들이 누릴 기술과 화력의 이점을 무효화해버릴 수 있었다. 이에 대처하기 위해 유럽의 지휘관들은 그들의 군사체계를 상당 정도 재정비할 필요가 있었다. 이는 결코 쉬운 일이 아니었다. 그에 대적하기 위해 군수체계를 갖춘 경량화된, 기동성 있는 전력을 주창했던 장교들은 괴짜로 간주되었다. 그들의 혁신은 출발단계도 넘지 못했다. 신뢰할 수 있는 정보망은 비정규전의 필수요소(*sine qua non*)로서, 전통적 유형의 지휘관들이 가동하기를 혐오했던 분야였다. 이러한 문제들의 일부 — 이를테면 활동력, 기동성, 군수, 비용과 같은 — 는 부분적·대안적으로는 유럽인들을 위해 지역적으로 충원된 병사들에 의해 해결될 수 있었다. 영국군과 프랑스군은 식민지 병사 2명에 유럽인 한 명이라는 공식을 발전시켰다. 그러나 식민지 소집병은 자동적인 해법이 되지 못했으며, 많은 식민 장교가 그들을 가장 잘 활용하는 법에 대해 썼다. 만약 한 지휘관이 코사크인, 모로코 현지병

(goums), 또는 단순히 잉여무기로 무장한 부족군대와 같은 비정규적 소집병을 운용하는 경우, 그는 그들이 가치 있기보다는 성가신 존재임을 발견했다. 문제의 일부는 전쟁에 대한 서로 다른 문화적 접근법에 있었다. 토착민 소집병은 대부분 정면공격과 영토 또는 요새 장악에 대한 유럽인들의 선호를 이해하지 못했다. 그들에게 전투는 개인적 용맹에 대한 연습이자, '적 때리기 결투(counting coup)'[6] ─ 즉, 건드릴 수 있을 만큼 적에게 충분히 접근하는 것 ─ 와 같은 연습에서 위험을 감수하는 것이었다. 그들은 전장의 전역에 군집하여 먼지를 일으키며 유럽 병사들의 사선(射線) 내로 침입했으며, 순식간에 유럽 병사들은 적과 우군을 구별할 수 없게 되고 끔찍한 기습을 당했다. 예를 들어 1881년의 보우 아마마(Bou Amama) 봉기 동안 프랑스군은 아랍의 기병들이 ─ 프랑스군은 이들이 프랑스가 조직한 현지인 병력의 일부라고 생각했다 ─ 제지를 받지 않고 접근할 수 있도록 허용되는 바람에 첼라라(Chellala)에서 병사 72명과 호송대 대부분을 잃었다. 아메리카 원주민들과 아프리카인들은 사람 자체를 죽이기보다는 노예, 가축, 또는 몇몇 경우에는 의식에 희생물로 쓸 포로를 생포하기 위해 전투로 치달았다. 유럽의 지휘관들에게 이런 사실은 전장 안에서나 밖에서나 할 것 없이 토착민 소집병을 통제하기가 어려웠다는 의미이다. 그들은 제국주의를 악평할 수도 있었다. 몽칼름[7]이 방지하려 했음에도 1757년에 윌리엄 헨리 요새(Fort William Henry)가 함락된 뒤 아메리카 원주민 동맹에 의해 영국-미국 포로가 학살된 사건은 영국인들이 전쟁범죄의 책임을 물어 프랑스군을 맹렬히 비난하게 만들었다. 서부 수단에서 발생한 파괴의 상당 부분은 프랑스군이 부족 소집병들, 즉 기율이 형편없는 '세네

---

6  북아메리카의 평원 인디언(Plain Indians) 사이에서 통용되었던, 적에 맞섰을 때 용맹성을 견주는 방식이었다. 맨손이나 활, 가격용 막대(coup stick) 등으로 적을 가격했을 때 가장 영예로운 행위로 간주되었다.

7  1754~1763년의 7년 전쟁 동안에 북아메리카에서 프랑스군을 지휘했던 몽칼름(Louis-Joseph de Montcalm)을 가리킨다.

갈인'이나 '수단인'에게 심각하게 의존했기 때문이다. 그들은 노획물과 여성 노예를 낚아채기 위해 곧잘 사선(射線)을 포기하고 이탈해버렸다. 실제로 토착 비정규 전력을 무장시켜 다른 부족에 대항하도록 하는 관행은 프랑스가 아프리카에서 팽창해가는 데 있어 가장 큰 스캔들과 1898년의 파괴적이고도 결국은 반란적인 불레-샤누완(Voulet-Chanoine) 원정을 야기했다.

그럼에도 불구하고 식민지에서 충원한 병사들이 없었다면 프랑스군과 영국군은 그들의 제국을 점령하지도 수비하지도 못했을 것이라고 말하는 것은 과장이 아니다. 아메리카의 서부에서 원주민들은 정찰대로서의 기본적인 임무를 수행했다. 1872~1873년에 애리조나에서 크룩 장군이 아파치족 정찰대를 운용했던 것과 커스터의 패배 이후 마일스(Miles)가 시팅 불을 따라다니며 괴롭히기 위해 크로족(Crows)을 이용했던 것이 성공과 실패 간의 차이를 만들었다. 크룩은 "인민들이 그들에게 등을 돌리게 하는 것보다 그들을 깨뜨리는 데 좋은 방법은 없다"고 썼다. 그는 "그것은 비단 인디언들로 그들을 생포하는 문제에 지나지 않는 게 아니라 훨씬 광범위하고 영구적인 목적 — 즉, 그들의 해체 — 을 가진 문제이다"라고 진술했다. 그러나 크룩의 성공적인 경험을 모방할 수 있었던 이는 별로 없었다. 유럽 장교들과 같이 아메리카 장교들도 원주민 소집병들에게 유럽 기준의 훈련과 기율을 따르도록 강제했고 하나같이 엇갈린 결과를 얻었다. 이 연대의 일부는 훌륭했지만, 유럽 연대를 모델로 삼아 유색인으로 구성된 연대를 만들어냈던 지휘관들은 부대에 충원이 고갈되거나, 기동작전에서 유럽 병사들보다 우위에 있었던 그들의 야성과 자발성, 복원력이 상실되고 말았음을 발견할 수 있었다. 이런 장병들로부터 최선을 이끌어내기 위해서는 휘하 병사들의 언어와 관습을 이해하며, 전역을 수행하면서 비참함이라는 개념에 새로운 의미를 제공하는 생활수준을 기꺼이 견뎌내고자 하는 의지가 있는 장교단이 필요했다.

제국주의 전쟁, 특히 비정규전은 매우 비결정적이기 때문에 최상의 지휘관조차도 적을 굴복시키기 위해 경제적인 전쟁에 의존했다. 울슬리 장군은

"수도를 갖고 있지 않은 미개민족에 대한 전쟁을 기획하는 데 우리의 첫째 목표는, 그들이 가장 소중하게 여기며 파괴하거나 박탈해버리면 전쟁을 가장 신속하게 종결짓도록 해줄 대상을 장악하는 것이어야 한다"고 충고했다. 사막지역에서는 우물을 통제하는 진영이 대부분 전쟁을 통제할 수 있었다. 웰링턴은 먹을 것과 작물을 태워버렸으며, 티푸(Tipu) 제국의 잔해들 가운데서 싸우던 반군에게 먹을 것을 공급하는 상인은 교수형에 처할 것이라고 위협했다. 콜웰은 인도에서 영국군이 가진 비장의 카드는 그들이 항상 영국의 통치에 도전하는 촌락을 식별하여 파괴시켜버릴 수 있었던 것이라고 말했다. 알제리에서 뷔고는 약탈(razzia) 또는 습격을 전략적인 개념으로 격상시켰다. 그의 장병들은 알제리인들은 먹지 못하면 싸우지 못한다는 이론에 입각하여 작물을 파괴하고 가축을 끌어모으며 촌락을 불태워버렸다. 동부 캅카스에서 러시아군은 삼림을 체계적으로 벌목하고 반군이 사용할 수 있는 방목지를 없애버렸다. 서부 캅카스에서는 단순한 추방과 결합된 초토화가 체르케스크 족(Cherkes)의 이주를 강제했으며, 그 뒤에는 충성스러운 식민(植民) 주민이 그 지역에 재정착했다. 러시아의 스코벨레프(M. D. Skobelev) 장군이 아시아에서 고수한 원칙은 "우리가 그들을 더 격하게 타격하면 할수록 그들은 그 후로 더 오랜 기간 얌전히 남아 있게 될 것"이라는 점이었다. 이는 셔먼(William T. Sherman)이나 셰리든(Philip Sheridan)이나 할 것 없이 반란을 일으킨 남부 국가들에 대해서뿐 아니라 원주민들과도 싸우면서 신봉했던 철학이었다. 1868년 셔먼에 의하면, 아메리카 원주민들의 소란은 "그들의 우두머리는 … 목을 매달고, 그들의 조랑말은 죽이며, 그들의 재산을 파괴하여 그들을 매우 가난해지게 만듦"으로써만 멈춰질 것이었다. 크룩 장군과 테리(Terry) 장군은 1876~1877년 겨울에 수족(Sioux)에게 정확히 이러한 접근법을 적용했다. 예를 들어 크레이지 우먼 포크(Crazy Woman Fork)[8]에서는 대규모 수족 정착지

---

8  미국 와이오밍(Wyoming) 주의 파우더 강 유역에 위치한 지역이다.

가 영하의 날씨 가운데 파괴되었다. 1901~1902년 필리핀에서 해병은 사마르(Samar) 섬을 평정하기 위해 가혹한 조치에 의존했다. 키치너 경은 보어족 반군에게 유사한 정책을 적용했으며, 독일인들은 서남 아프리카에서 헤레로족(Herero)의 반란에 대해, 그리고 일부 프랑스 지휘관들은 모로코에서 그와 같이 했다.

이러한 유형의 경제전은 현지에서나 본국에서나 할 것 없이 어려움을 야기했다. 식민지에서 그것은 20세기가 끝날 때까지 서양의 병사들을 괴롭혔던 딜레마 — 적으로부터 우군을 어떻게 구별해내는가 하는 것 — 가 두각을 나타내게 하는 데 기여했다. 유럽인들의 통치에 대한 저항은 결코 절대적이지 않았지만, 정치적·종교적·지역적·종족적·부족적·가족적 충성심이 모두 그 나름의 역할을 하는 매우 복잡한 대응을 포함했다. 서양의 관점에서 보았을 때 가장 안전한 해법은 달리 증명되지 않는 한 모든 원주민을 적으로 처우하는 것밖에 없었다. 그러나 뷔고와 같이 그런 방법을 실행에 옮겼던 이들조차도 그 방법은 많은 피를 흘리게 하고 점령당한 사람들이 식민 통치와 화해하는 것을 매우 어렵게 만든다는 점을 인정했다. 그보다 더 큰 문제는 그 방법이 실패를 야기할 수 있다는 것이었다. 헤세인인 에발트는 아메리카 혁명 때 충성파로부터 반도(叛徒)를 구별해낼 수 있는 능력이 자신에게는 없다는 것을 발견했다. 그러나 그는 어쨌든 '적국의 한가운데서 친구를 만들고' '지역민에 대한 보복'을 피하도록 권장했다. 죄를 범한 자들이 아니라 이들과 근접한 토착민들에게 보복이 가해지는 편이었기 때문에 토착민들은 식민 병사들이 모습을 드러내자마자 도주해버렸으며, 이로써 유럽인들은 자연스럽게 전쟁이란 유기된 마을을 의미하는 것이라는 결론에 도달하게 되었다.

민감한 일부 지휘관들은 '반체제적인 것'과 순응하는 것을 구분하는 선은 몇 차례 넘어설 수도 있는 훌륭한 것이라는 점을 깨달았다. 토착민들은 획일적으로 침공자들에게 적대적이지 않을 수 있는데, 그것이 울슬리와 같은 식민군 지휘관들이 다음처럼 격렬한 공세적 행동을 주창했던 이유이다. "비정규 군대 속에는 항상 갈팡질팡하는 이들이 포함되어 있다. … 심지어 전장에서조차도 상대방 군대의 상당 비율은 일반적으로 방관자에 불과한 이들로 구성되어 있다. … 공세적 행위는 무기를 드는 데 주저하는 이들로 하여금 집에 머물게 만들고, 그럼으로써 적의 전투력을 감소시키는 효과를 갖고 있다." 실제로 전장에서의 압도적인 승리는 ─ 비록 그 동산(動産)들이 덜 위험에 처해 있던, 전장으로부터 좀 더 떨어진 곳에 살던 이들은 대부분 계속 싸우도록 압력을 가하지만 ─ 침공자들과 근접한 거리에서 살아가는 이들로 하여금 계속 저항하는 것을 단념하게 만들 수 있었다. 원주민들은 어느 순간 침공자들과 거래했다가 다음에는 그들을 공격한다거나, 그 두 가지를 동시에 행하면서도 모순이라고 생각하지 않았다. 이는 프랑스군이 멕시코와 통킨과 모로코에서, 아메리카 군대가 필리핀에서 발견했던 바와 같았다. 아메리카 서부에서 적용되었던 평정(平定)체계가 실제로는 전사들에 의한 지속적 반란을 지원해주었다. 그들은 습격을 하러 나가면서 여성과 아동을 인디언국(Indian Bureau)의 안전한 보호 아래 맡길 수 있었다. 그들은 압력을 받으면 인디언 보호구역으로 슬그머니 되돌아가기만 하면 되었고, 그곳에서는 군대가 무고한 이들 사이에서 죄가 있는 자들을 구별해낼 수 없었다. 이러한 방식으로, 이른바 '평정된' 원주민들의 집합소인 인디언 보호구역은 아메리카 원주민들의 봉기의 온상이 되었다. 많은 식민군 지휘관들은 ─ 웰링턴과 리요테, 그리고 어느 정도는 러시아군까지도 ─ 반란을 진정시키고 유럽인들의 통치를 수용하도록 만들기 위한 방법으로서 엘리트를 끌어들이는 것을 선호했다.

거친 방법이 식민지에서 문제를 일으키는 경우 그것은 또한 '인도주의자들을 충격에 빠뜨리고는' 했으며, 이는 경제전의 두 번째 문제점이었다. 뷔고와 같은 식민 군인들은 대부분 까다로운 국내 여론을 조롱하고는 했지만, 사실 유럽인들의 적응력 있는 대응은 식민지에서 이루어지는 일들만큼이나 ─ 그보다 더하지는 않다 하더라도 ─ 점점 더 본국의 태도에 좌우되었다. 알제리 전역 초기에 무슬림 주민들에 대한 알제리 병사들의 잔혹성은 프랑스에서 항의를 촉발시켰다. 퀘이커교도(Quakers)가 주를 이루는 '인도주의자들'이 아메리카 원주민들에게 사용된 군사적 방법을 비판했으며, 육군과 인디언국 요원 간의 갈등이 서부의 민군관계에서 영속적인 면모가 되었다. 프랑스의 갈리에니(Joseph Gallieni) 장군과 리요테 장군은 토착민으로 하여금 치안, 교역, 번영의 혜택을 누리기 위해 프랑스에 합세하도록 고무하는 '기름 얼룩 (tache d'huile)' 또는 '유점(油點, oil spot)' 평정법을 발전시켰다. 그러나 이러한 방법들의 이점은 엇갈렸다. 이는 부분적으로 이미 언급한 이유들 때문이었지만, 또한 하나의 정책적 사안으로서 토착산물의 가격이 인위적으로 부풀려진 시장을 만들어냄으로써 그들이 기존의 교역패턴을 교란하고 강력한 지역의 경제적 이해관계를 소원해지게 만드는 데 성공했기 때문이기도 했다. 20세기 초 수드-오라네에서 리요테가 적용했던 '평화적 침투' 정책은 1908년에 동부 모로코에서 프랑스군이 직면했던 반란에 적지 않게 기여했다. 지상에서의 성공이 결여되어 있었던 점을 고려할 때, 혹자는 '평화적 침투'에 대한 리요테의 열렬한 옹호는 그것이 정책으로서 성공했기 때문이 아니라 프랑스의 제국주의적 팽창 전반, 특히 모로코를 정복하는 것에 대한 국내의 지지를 확보하기 위해서 행해진 것이라고 결론 내릴 수 있었다.

지금까지 우리는 유럽인들의 적응문제에 대해 논의했다. 유럽인들의 침공에 대해 토착민들이 충분히 대응하지 못한 것에 대해서는 어떻게 설명할 수 있을까? 한 가지 이유는 무장에서의 기술혁명이 적어도 두 가지 방식으로 비유럽인들에게 불리하게 작용했다는 점이다. 머스킷의 '중급' 기술과는 달리 나중의 발전은 그들에게 여분의 부품과 탄약을 만들 수 있는 능력이 결여되어 있음을 의미했다. 이는 그들로 하여금 점점 더 유럽인 공급자들에게 의존하게끔 만들었다. 그것은 그들을 채무상태로 몰고 갔으며 역설적이게도 저항하려고 시도하고 있던 바로 그 유럽인들의 품으로 그들을 밀어넣고 말았던, 전반적인 현대화 추세의 일부였다. 유럽인들의 영향력이 가한 침해는 특히 이집트, 튀니스, 모로코에서 사회적·정치적 해체를 자극했다. 다른 곳에서는 사적으로 무기상에게 접근할 수 있어 무장을 잘 갖춘 소규모 족장들이 중앙의 권위에 도전했다. 전장에서는 원시적인 병참체계와 외부적 공급에 대한 의존이 결합되어 늘 절박한 탄약 부족 사태를 낳았다.

두 번째 문제는 대부분의 경우에 토착전력은 자신들이 유리하게 사용할 수 있는 방법을 발전시키기보다는 단순히 현대적인 무기를 낯익은 전술체계 내로 통합시키는 데 그치고 말았다는 점이다. 제국주의 전쟁의 역설 중 한 가지는 줄루족, 다호메이족, 또는 아샨티 제국이 아프리카에서 그처럼 강력해지게 만들어주고 마다가스카르에 대한 호바족(Hova)의 지배를 보장해주었던 (상대적인) 정치적·군사적 정교화가 그들 모두를 유럽인들의 정복에 취약해지게 만들고 말았다는 점이다. 그런 사회의 대부분에서 군대와 전쟁은 매우 정밀한 사회적·종교적 구조에 얽매어 있었다. 예를 들어 아샨티의 군대처럼 다호메이의 군대는 아크(arc)대형으로 전투에 임했는데, 아크에서 각 병사들의 위치는 그들의 족장이 얼마나 중요한지에 의해 결정되었다. 이를 변화시키는 것은 사회적인 혁명을 필요로 하는 것이었다. 게다가 그들은 노예 획득을 위한 습격이나 전쟁 종결 시 패배한 부족이 멸절되는 것이 아니라 제국으로 통합되는 단기간 전역을 위해 만들어진 군대였다. 가차 없는 유럽의 침공자들에 맞서 유혈전투나 일련의 전투를 치른다는 전망은 이러한 제국들에 감당할 수 없는 압박을 가했다. 아모아투(Amoatu)에서 아샨티가, 도그바(Dog-ba)에서 다호메이족이 그랬던 것처럼, 토착인들의 저항이 기습을 달성할 수 있을 때조차 그들은 결코 그것으로 이득을 얻을 수 없었다. 패배는 해체를 불러왔다. 이는 약 2주 치의 배급을 갖고 다니던 봉건적 소집병들로 구성된 군대에 먹을 것이 고갈되고, 때로는 유럽인들의 방조 아래 먼 가족 구성원들이 왕좌에 대한 경쟁적인 주장을 제기하며, 무장을 잘 갖춘 소(小)족장들이 독립을 선언하고, 신민들이 반란을 일으키면서 발생하는 일이었다. 실제로 유럽인들의 군대보다는 그러한 사건들의 결합이 응집력 있는 주민들의 저항을 좌절시키는 데 더 많이 기여했다.

인도에서 유럽화 모델에 입각하여 군대를 만드는 과정은 7년 전쟁 동안 클리브와 뒤플렉스(Joseph François Dupleix)에 의해 창설되었던 세포이 부대를 모방하는 것으로 시작되었다. 유럽인들이나 혼혈 용병의 지휘 아래 있던 이런 부대의 다수가 인도에서는 존경받을 만한 수준의 능력을 보여주었다. 그러나 유럽인들 상대, 심지어 상당 정도 자신들의 지역에서 충원된 부대에 의존하고 있던 상대에 대해서도 그들은 불리했던 것 같다. 이것은 인도의 강력한 통치자들이 현대적인 군대를 받아들이기 위해 자신들의 반(半)봉건적인 사회구조를 변화시키기를 꺼렸기 때문이다. 그러므로 외관적으로는 현대화되어 있었지만 인도의 군대는 응집력 있는 장교단과 그들을 지원해줄 수 있는 행정적 구조가 결여되어 있었다. 예를 들어 일부 시크교 사령관이나 고관들이 영국군에 의해 새로운 군대가 격파되도록 적극 공모했을 만큼 거슬리는 정치적 힘이 되고 말았다는 점이 더 심각한 문제였다.

다른 곳에서는 일부 사회의 원시성 그 자체 — 그것이 그들로 하여금 집요한 군사적 저항을 가능하게 해주었을 수도 있다 — 가 결국 그들의 저항을 실패로 이끌었다. 침공자들에게 한결같이 적대적이었던 사회는 거의 없었으며, 그들에게는 생존을 위한 전쟁에 대한 의식도 없었다. 지리, 계급, 부족, 씨족, 또는 가계의 경쟁관계에 의해 분열되어 있던 그들은 공통 문화에 의한 결속이 약했으며, 자기 이익에 대한 공유된 의식에 기초한 통일된 대응이 가능해진 경우에도 첫 군사적 대패를 당한 이후까지 결코 살아남아 있을 수 없었다. 웰링턴과 같이 정치감각이 뛰어났던 지휘관은 그러한 차이를 활용하고 엘리트 토착민들을 제국의 체계로 끌어들이며, 식민지로서의 새로운 현실에 기꺼이 굴복하고자 하는 이들의 예를 제시함으로써 열성적으로 싸우려 했던 이들의 사기를 저하시킬 수 있었다.

성공적인 저항을 보여주는 예는 거의 없으며, 이는 상당 정도 지역적 상황의 우발성과 연관되어 있다. 아메리카 혁명주의자들은 강력한 프랑스의 개입이 반군에게는 지지를 보내고, 영국군에게는 지지부진한 전쟁을 계속하는 것은 더 이상 그들에게 이득이 될 수 없음을 설득하는 데 도움을 주었기 때문에 결국 승리할 수 있었다. 아프가니스탄이 예외가 될 수는 있지만, 다른 반제국주의적 저항운동은 그러한 게임이 애쓴 만큼 보람이 없다는 것을 침공자들에게 설득시키는 데 그다지 성공적이지 못했다. 단일한 적과 제국주의적 전진에 저항하는 통일된 음모를 만들어내려고 하는 전통적 심성을 가진 프랑스 장교들에게는 일관된 운동의 수장이 아니라 하나의 상징으로서 기능했을지 몰라도, 압둘카데르는 강력한 리더였던 것 같다. 샤밀은 서부 캅카스의 부족을 통합하는 데 일시적으로 성공하기도 했다. 그러나 군사적으로 패배하고, 과격하게 독립주의적인 심성을 가지고 있던 산지 거주자들이 샤밀의 권위에 무한정 굴복하는 것을 꺼리면서 동맹을 유지하는 그의 능력은 점진적으로 잠식되었다. 게다가 그의 '초심자(Murid)' 신앙[9]이 통합 이데올로기로서 기능하기는 했지만, 결국 그러한 신앙은 덜 광적인 무슬림 추종자들을 짜증나게 하고, 서부 캅카스의 체르케스크족과 같은 다른 산지 거주민들로 하여금 그와 공통된 명분을 만들지 못하게 했다. 사모리도 거의 10년간 생존한, 주목할 만한 제국을 통일시킬 수 있었다. 이는 사모리가 수확물을 모아야 할 필요성과 유럽인들의 침해에 따른 압력에 부응하기 위해 국경을 옮길 수 있도록 해줄 사회조직을 발전시켰을 뿐 아니라 프랑스군에 맞서 초토화와 매복전술을 채택함으로써 가능해졌던 것이다. 그러나 그의 정치적·군사적 기량이 놀랄 만한 것이었다면, 그의 건재는 그가 가진 천재적 리더십보다는 프랑스가 침공을 주저했던 것, 그리고 상대에 대한 프랑스의 과소평가와 직접적으로 연관된 군사적 과오에 기인한 것이었다.

에티오피아의 저항은 절반은 성공적이었던 기술에 대한 적응, 적의 무능,

---

9  이슬람의 신비주의(Mysticism)인 수피(Sufi)신앙에서는 지도자를 종장(宗長, shaykh)으로, 추종자는 초심자로 불렀다. 수피신앙은 금욕생활을 강조했으며, 교리의 체계를 통한 지식 위주의 신학에 반대하여 어떻게 하면 신에게 더 가까이 접근할 수 있고, 또 종교적 진리를 체험할 수 있는가 하는 문제에 주안점을 두었다.

행운에 상당 정도 기인한 것이었다. 현대적인 무기의 유입은 1885년 에티오피아군으로 하여금 전통적인 팰랭크스 공격을 포기하고 화력과 포위를 통해 접근하는 느슨한 대형을 취하게 만들었다. 그럼에도 불구하고 아두와에서 에티오피아군이 성공적으로 저항할 수 있었던 것은 메넬리크의 봉건적 소집 병들이 현대 전술에 통달했기 때문이 아니라 이탈리아의 바라티에리(Oreste Baratieri) 장군이 이례적으로 무능했기 때문이다. 그는 부하 장교들에 의해, 그리고 그의 후임자를 파견했던 크리스피(Francesco Crispi) 수상의 날카로운 질책에 자극을 받아 섣부른 공격을 하고 말았다. 그는 에티오피아 병사들이 변변치 않은 배급을 불가피하게 소비하고 흩어지게 될 수밖에 없기 전까지 며칠을 기다리기보다는 1만 5000명에 이르는 병력을 3개 부대로 분리해 전진하게끔 명령했고 10만 명에 달하는 에티오피아인들에 의해 조금씩 압도당하게 만들고 말았다. 보어인들의 저항은 식민 통치에 대한 저항은 성공하지 못한다는 법칙에 집요한 도전을 가했다. 그러나 좀 더 면밀히 고찰해보면, 그것은 보어군의 주력이 패배하고 보어인들 대부분이 중립상태로 물러선 뒤에도 결연하게 싸웠던 광적인 소수에 관한 ― 아메리카 원주민들이나 알제리인들이 그랬던 것처럼 ― 공통적인 패턴을 따랐다. 실제로 블룸폰테인(Bloemfontein)이 함락되고 난 뒤 국가의 붕괴를 피하기 위해 보어인들이 취한 전략은 헌신에 미온적인 자들은 버리고 영국군이 결국에는 포기할 것이라는 희망 아래 강성 분자들만으로 계속해서 싸우는 것이었다.

서양 군대에게 제국주의적 정복의 시대는 성공적인 것이었지만, 그 업적은 적어도 세 가지 이유 때문에 1918년 이후 시기에는 결국 종말을 고하게 될 것이었다. 1914년 이전 시대의 토착민들의 저항은 공통의 이데올로기나 자기 이익에 대한 의식이 결여되어 있었기 때문에 분열되고 말았다. 이는 제국의 행정, 교육체계의 확산, 심지어 유럽 군대에서 복무했던 경험으로부터도 이전에는 눈에 띄게 결여되어 있던 민족주의가 대두되면서 변화하기 시작했다. 여기에 혹자는 마르크스주의 이데올로기가 덧입혀졌다는 점을 추가할 수 있었다. 몇몇 경우에 그것은 반(反)식민 저항을 위한 분석 틀을 제공했으며, 마오쩌둥의 저술에서는 수많은 현대의 저항운동을 지도해줄 혁명의 청사진을 발견할 수 있게 해주었다.

둘째, 유럽인들은 특히 그렇게 대두되던 민족주의에 대응할 수 있는 처지에 놓여 있지 못했다. 그것이 최고로 부흥했을 때에도 결코 인기를 얻지 못했던 제국주의는 서양의 문화적·도덕적 우위가 두 차례 세계대전으로 심각하게 흔들리면서 훨씬 더 불신의 대상이 되어버린 것처럼 보였다. 몇몇 식민지 독립운동의 마르크스주의적인 성격은 냉전의 맥락에서 서양이 그것에 대응하는 것을 더 뒤죽박죽이 되게 만들었으며, 일관된 대응을 만들어내거나, 늘 성공적인 식민 작전의 기초가 되어왔던 정치적 양보를 생성해낼 수 있는 능력에 심각한 부담을 가했다. 마지막으로, 언제나 '현실'의 전쟁과는 매우 다른 일시적인 문제로 간주되어왔던 제국주의 전쟁을 군대들은 계속해서 연구의 대상으로 간주하지 않았다. 두 차례의 세계대전은 식민지에서 전문적으로 복무했던 장교단을 상당 정도 파괴하고 말았으며, '저강도 분쟁'을 치르기 위해 필요한 특화된 지식과 공동의 기억도 그들과 함께 사라지고 말았다. 제국주의적 정복의 초기 시대에 그랬던 것처럼, 서양의 군대는 비재래식 분쟁이 가하는 도전에 적응하는 데 더디다는 점이 드러날 것이었다.

## 제7장

# 총력전 I
## 제1차 세계대전

존 번 John Bourne

제1차 세계대전은 진정 '대전(大戰, the Great War)'이었다. 그 기원은 복잡했다. 그 규모는 방대했다. 그 수행은 집약적이었다. 그것이 군사작전에 끼친 영향은 혁명적이었다. 그 인적·물적 비용은 엄청났다. 그리고 그 결과는 심대했다.

그 전쟁은 국제적인 분쟁이었다. 결과적으로 32개 국가가 가담했다. 이들 중 28개 국가가 연합 및 제휴국(Allied and Associated Powers)[1]을 구성했으며, 그 주요 교전국은 대영 제국, 프랑스, 이탈리아, 러시아, 세르비아, 미합중국이었다. 그들과 대적했던 이들은 동맹국(Central Powers)이었다. 오스트리아-헝가리 이중 제국, 불가리아, 독일, 오스만 제국이 이에 해당했다.

전쟁은 민족주의가 서로 경합하고 민족 간에 오래된 경쟁관계가 지속되고 있던 발칸 조종석(Balkan cockpit)[2]에서 시작되었다. 그것이 그곳에서 억제될

---

1   통상적으로 '연합국'으로 지칭된다. 그러나 사실 미국은 1917년에 '외국과의 직접적인 충돌(foreign entanglement)'을 피하기 위해 영국이나 프랑스의 공식적인 동맹국이 아니라 '제휴국(Associated Power)'으로 참전했다.

수 있으리라는 희망은 헛된 것으로 드러나고 말았다. 전쟁은 신속하게 확대되었다. 오스트리아-헝가리는 1914년 7월 28일 세르비아에 전쟁을 선언했다. 독일은 8월 1일에 러시아에 전쟁을 선언했고 8월 3일에는 프랑스에 전쟁을 선언하고 벨기에를 침공했으며 8월 4일에는 프랑스를 침공했다. 독일이 벨기에의 중립성을 침해한 것은 같은 날 저녁 영국이 프랑스와 러시아 편에 서서 전쟁에 뛰어들 수 있는 구실을 제공했다. 8월 6일에는 오스트리아-헝가리가 러시아에 전쟁을 선언했다. 엿새 후에는 프랑스와 영국이 오스트리아-헝가리에 전쟁을 선언했다.

이러한 사건들의 저변에 깔려 있는 원인은 집중적으로 연구되고 논쟁되어 왔다. 현대 학자들은 과거의 경우보다 전쟁 발발의 책임에 대해 비난을 가하는 데 덜한 관심을 보이고 있다. 그 대신 그들은 전쟁을 위한 숙명적인 결정을 내렸던 유럽의 지배 엘리트들 – 특히 독일 제국의 그들 – 이 가졌던 두려움과 야심을 이해하고자 했다.

두려움이 야심보다 더 중요했다. 전쟁 발발에 개입했던 열강들 중에는 세르비아만이 명백히 팽창주의적인 의제를 가지고 있었다. 프랑스는 1870~1871년 프랑스-프로이센 전쟁에서 패배한 결과 독일에게 빼앗겼던 알자스(Alsace)와 로렌을 회복하고자 했다. 그러나 이는 획득보다 회복의 시도로 간주되었다. 그렇지 않은 경우에는 방어적인 고려(考慮)가 가장 중요했다. 1914년에 전쟁의 길로 접어들었던 국가들은 자신들이 가지고 있던 것을 보존할 수 있기를 희망했다. 여기에는 그들의 영토적 온전성뿐 아니라 외교적 동맹과 위신까지도 포함되었다. 이러한 방어적 관심은 유럽의 정치가들로 하여금 자신들의 두려움에 대해 숙고하며 사건들의 폭정에 굴복하게 만들었다.

오스트리아인들은 세르비아 민족주의와 범(汎)슬라브주의(Pan-slavism)가

---

2  발칸지역은 통상적으로 유럽의 '조종석'으로 일컬어져 왔다. 발칸의 정세 변화는 지정학적인 맥락에서 유럽 전체의 정세 변화를 '조종'하는 것과도 같은 중요성을 가지고 있었다.

가하는 위협에 맞서지 않았을 경우 자신들의 다민족적인 제국의 생존에 대해 두려워했다. 독일인들은 자신들의 가장 가깝고 유일하게 신뢰할 수 있는 동맹국인 오스트리아가 약화되거나 치욕을 당하게 방치되었을 경우 자신들에게 발생할 수 있는 결과를 두려워했다. 러시아인들은 오스트리아가 세르비아를 격파하고 그들에게 모욕을 주도록 내버려 두었을 때 슬라브인들의 보호자로서 자신들의 위신과 권위에 가해질 수 있는 위협을 두려워했다. 프랑스인들은 이웃한 독일의 우세한 인구수, 경제자원, 군사적 힘을 두려워했다. 독일의 힘이 가하는 위협에 대한 프랑스의 주요 방어책은 러시아와 동맹을 맺는 것이었다. 이는 방어에 필수적이었다. 영국인들은 적성(敵性)국가, 특히 대규모의 현대식 해군을 보유한 적성국가에 의해 저지대 국가들이 점령되는 것을 두려워했다. 그러나 무엇보다도 영국은 자신들이 프랑스와 러시아 — 이들은 영국의 주요한 제국주의적 경쟁국으로서, 지난 10년 동안 영국은 이들과 열심히 선린관계를 신장시켜오고 있었다 — 를 지지하지 않았을 경우 영국 제국의 장기적 안보에 미칠 영향을 두려워했다.

모든 정부는 자신들의 국민을 두려워했다. 일부 정치가는 전쟁이 반체제 인사 무리를 숙청하고 애국적 가치로의 회귀를 고무시키면서 사회적 규율의 역할을 해줄 것이라는 믿음 아래 이를 환영했다. 다른 이들은 전쟁이 사회적 용해제로서, 그것이 닿는 모든 것을 용해시키고 변형시키게 될 것을 두려워했다.

팽창의 과정은 1914년 8월에 끝나지 않았다. 다른 주요 교전국들은 시간을 갖고 사건의 경과를 지켜보았다. 1882년의 삼국동맹(Triple Alliance) 이후 외교적으로는 독일과 오스트리아 진영에 있던 이탈리아가 8월 3일에 중립을 선언했다. 이후 몇 달 동안 이탈리아는 프랑스와 영국으로부터 격렬한 구애를 받았다. 1915년 5월 23일에 이탈리아 정부는 연합국의 유혹에 굴복하여 트렌티노(Trentino)에서의 영토적 확장을 좇아 오스트리아-헝가리에 전쟁을 선언했다. 1915년 10월 7일에는 불가리아가 세르비아를 침공하여 그 호전적인 국가의 운명을 결정지었다. 세르비아는 압도당하고 말았다. 콘스탄티노플로 향하는 길이 삼국 동맹국들에게 열렸다. 루마니아는 어느 진영으로 합류할지 어물쩍거리고 있다가 1916년 8월에 결국 연합국을 선택했다. 이는 러시아의 1916년 6~9월 '브루실로프 공세(Brusilov Offensive)'가 성공한 데 고무된 것이었다. 그것은 치명적인 오산이었다. 독일의 대응은 신속하고 결정적이었다. 루마니아는 침공한 2개의 독일군(German Armies)에 의해 순식간에 압도당했으며, 루마니아의 풍족한 밀과 석유는 향후 두 해 동안 독일이 전쟁을 지속하는 데 큰 도움이 되었다. 루마니아는 러시아와 더불어 전쟁에서 패배를 경험하는 또 다른 연합국이 되었다.

그러나 유럽의 분쟁을 세계대전으로 전환시키는 데 근본적인 역할을 한 것은 영국의 참전이었다. 영국은 세계에서 가장 강력한 제국주의 국가였다. 영국인들은 범세계적인 이해관계와 딜레마를 가지고 있었다. 또한 그들은 범세계적인 친구들을 보유하고 있었다. 독일은 영국뿐 아니라 호주, 캐나다, 뉴질랜드, 남아프리카공화국 등의 자치령과 영국의 가장 거대한 제국주의적 소유물이었던 인도와도 전쟁을 벌이고 있는 자신을 발견했다. 인도를 방어하는 것에 대한 관심은 1914년 11월에 영국인들이 오스만 제국과의 충돌에 빠져들게 하는 데 기여했으며, 이는 중동에서 주요한 전쟁을 야기했다. 아마도 무엇보다 중요했던 것은 영국과 미국의 긴밀한 정치적·경제적·문화적 유대였다. 그것이 미국으로 하여금 결국 전쟁에 뛰어들게 보장하지는 못했다 하더라도 참전을 가능하게 했음은 분명하다. 1917년 4월 6일 독일에 대한 미국의 선전포고는 미국의 역사뿐 아니라 유럽과 세계의 역사에서도 이정표였으며, 500년간 이어져온 유럽의 지배를 종식시키고 '아메리카의 세기(the American century)'를 선도(先導)하는 것이었다.

이 분쟁의 지리적 규모는 그것이 하나의 전쟁이 아니라 다수의 전쟁이었음을 의미했다. 프랑스와 벨기에에 형성된 서부전선에서는 프랑스와 동맹국인 영국이 — 1917년경부터는 미국군이 이들을 보강했다 — 독일에 맞서 잔혹한 소모전으로 빠져들었다. 이곳에서 벌어지는 전쟁의 특징으로 꼽을 수 있는 것은 점점 더 정교하고 복잡해져 가는 참호체계와 야전요새였다. 두꺼운 철조망 벨트와 견고한 토치카, 교차되며 호를 그리는 기관총 포화, 속사 야포 및 중포의 집중은 기동을 사실상 불가능하게 만들었다. 사상자는 엄청났다.

서부에서 전쟁의 첫 국면은 1914년 11월까지 이어졌다. 이 기간에 프랑스군의 좌측을 도는 포위기동으로써 프랑스를 격파하려는 독일의 시도가 목격되었다. 초기에는 이 계획이 성공을 거두었다. 벨기에와 북부 프랑스를 통한 독일군의 진군은 극적이었다. 로렌에서 공세를 취함으로써 대응했던 프랑스군은 거의 재앙과도 같은 국가적 패배를 당했다. 프랑스는 총사령관 조프르(Joseph Joffre) 장군의 담력에 의해 구원되었다. 그는 지성뿐 아니라 자신이 가졌던 계획의 잔해로부터 스스로 벗어나 독일군의 우익(右翼)에 대해 역사적 반격 — 이는 '마른 전투의 기적(miracle of the Marne)'이라 불린다 — 을 명령할 수 있는 강한 품성도 보유하고 있었다. 독일군은 퇴각하여 참호를 팔 수밖에 없었다. 돌파구를 마련하기 위한 독일군의 마지막 시도는 11월 플랑드르의 작은 시장마을 이프르(Ypres)의 인근에서 프랑스군과 영국군에 의해 중단되었다. 1914년 크리스마스에 이르면 참호선은 벨기에 연안에서 스위스 국경까지 뻗어 있었다.

1914년의 사건들이 독일의 승리를 초래하지는 않았지만, 그것들은 독일군이 매우 강력한 위치에 서 있을 수 있게 해주었다. 독일군은 전략적 주도권을 장악했다. 그들은 전술적으로 유리한 지점들로 자유로이 퇴각할 수 있었으며, 독일의 군사공학이 가진 모든 기술과 독창성을 이용해 그곳들을 강화시킬 수 있었다. 프랑스에게는 엄청난 손실이 가해졌다. 프랑스군에 발생한 사상 중 2/3는 1914년에 발생한 것이었다. 여기에는 장교단의 1/10도 포함되었다. 독일의 병력은 북부 프랑스의 넓은 지역을 점령했으며, 거기에는 프랑스가 가진 산업적 역량의 상당 부분과 광물자원도 포함되었다.

이러한 현실이 서부에서 진행되던 전쟁의 두 번째 국면을 지배했다. 이 국면은 1914년 11월부터 1918년 3월까지 이어졌다. 이 시기의 특징은 독일군을 프랑스와 벨기에의 영토로부터 축출하고자 하는 프랑스군과 동맹 영국군의 성공적이지 못한 시도이다. 이 기간에 독일군은 주로 방어태세를 취했다. 그러나 그들은 1915년 4월 22일~5월 25일의 제2차 이프르 전투(the Second Battle of Ypres)와 1916년 2월 21일~12월 18일의 베르됭 전투(Battle of Verdun) 동안에는 적의 계획을 무너뜨릴 수 있는 위험한 역량을 보여주었다.

프랑스군은 독일군 전선에 세 차례의 주요한 공격을 감행했다. 그들은 1915년 봄에 아르투아(Artois)에서, 1915년 가을에 샹파뉴(Champagne)에서, 1917년 봄에 엔에서 공격['니벨 공세(Nivelle Offensive)']을 감행했다. 이 공격의 특징은 전투의 강도와 성과의 부재였다. 획득한 땅은 거의 없었다. 전략적 중요성을 가진 진지가 장악된 것도 없었다. 반면에 사상은 심각했다. 니벨 공세의 실패로 프랑스군의 사기는 심각하게 붕괴되었다. 1917년 나머지 기간의 상당 부분 동안 주요한 공세행위는 불가능했다.

영국군의 상황도 별반 나은 게 없었다. 그들의 군대는 폭동을 피해가기는 했지만, 독일군 전선을 깨뜨리는 데는 더 근접하지 못했다. 1916년 7월 1일~11월 19일의 솜 전투(Battle of the Somme)와 1917년 7월 31일~11월 12일의 제3차 이프르 전투 동안 영국군은 엄청난 대가를 치르면서 독일군에 상당한 손실을 가했지만 독일군의 전선은 유지되었고 전쟁의 종결은 요원해 보였다.

서부에서의 마지막 국면은 1918년 3월 21일부터 11월 11일까지 지속되었다. 이 기간에 독일은 압도적인 타격으로 승리를 달성하려 했으나 또 한 번 실패하고 말았다. 독일군은 공격 시 정교하고도 새로운 포병 및 보병 전술을 사용했다. 그것은 눈부신 성공을 거두었다. 솜에서 영국의 제5군은 주요한 패배를 당했다. 그러나 영국군의 전선은 아미앵 앞에서, 나중에 북쪽으로는 이프르 앞에서 유지되었다. 진정으로 전략적인 피해는 가해지지 않았다. 여름 중반에 이르러 독일군의 공격은 소멸되어버렸다. 그러나 독일의 공세는 참호에 의한 교착상태를 타개하고 이동과 기동을 전략적 의제에 복원시켰다. 그것은 또한 프랑스의 대(大)원수인 포슈(Ferdinand Foch) 장군 아래 연합 국들이 좀 더 긴밀하게 군사적으로 협력하도록 강제했다. 연합군의 역공세가 7월에 시작되었다. 8월 8일 아미앵 전투에서 영국군은 독일군에 강력한 일격을 가했다. 전쟁의 나머지 기간 서부에서는 독일군이 퇴각했다.

동부전선에서는 독일군과 동맹 오스트리아군이 갈리시아(Galicia)와 러시아령 폴란드에서 용감하기는 했지만 조직화되어 있지 않았던 러시아군과 싸웠다. 이곳에서는 관련 거리가 엄청났고, 그에 따라 포의 집중도는 덜했다. 기동은 언제나 가능했고 기병은 효과적으로 작전을 수행할 수 있었다. 그러나 이것이 사상을 줄이는 데는 아무런 역할도 하지 못했다. 동부전선의 사상이 서부전선에 비해 더 심각하기까지 했다.

동부에서의 전쟁은 독일의 강력함, 오스트리아의 허약함, 러시아의 결연함에 의해 그 모양새가 만들어졌다. 독일의 군사적 우위는 전쟁이 시작되면서부터 명백했다. 러시아군은 1914년 8월 26~31일 타넨베르크(Tannenberg)와 9월 5~15일 마수리안(Masurian) 호수에서 두 차례 참패를 당했다. 이러한 승리는 전쟁의 나머지 기간에 독일의 동부국경을 안전하게 만들었다. 그것은 또한 힌덴부르크(Paul von Hindenburg) 원수와 루덴도르프(Erich Ludendorff) 장군의 군사적 전설을 확립해주었다. 1916년 가을에 그들은 독일의 전쟁 노력을 지휘하는 주요한 인물들로 등장했다. 러시아군은 1915년 9월까지 폴란드, 리투아니아, 쿠를란드(Courland)에서 축출되었다. 오스트리아-독일 연합군이 바르샤바와 이반고로드(Ivangorod), 코브노(Kovno), 노보-게오르기엡스크(Novo-Georgievsk), 브레스트-리토프스크(Brest-Litovsk)와 같은 러시아 국경의 요새를 점령했다.

이러한 패배는 러시아에게 뼈아픈 것이었다. 그것은 또한 오스트리아에게도 마찬가지였다. 오스트리아에게는 재앙과도 같은 전쟁이었다. 이탈리아의 참전은 오스트리아군으로 하여금 3개 전선에서 싸울 수밖에 없게 만들었다. 발칸에서는 세르비아, 갈리시아에서는 러시아, 트렌티노에서는 이탈리아에 맞서 싸워야 했다. 이는 오스트리아의 힘에 부대끼는 것이었다. 그들의 전쟁 노력은 독일에 대한 의존이라는 특징을 보였다. 독일인들은 자신들이 '송장과도 같은 오스트리아(Aurtian corpse)'에 의해 구속당하고 있다고 불평했다. 전쟁은 오스트리아-헝가리 제국의 종족적·민족적 긴장상태를 악화시켰다. 1918년에 이르면 오스트리아는 전쟁에 염증을 느끼고 평화에 필사적이게 되었다. 이는 독일이 1918년 봄에 서부전선에서의 승리를 모색하기로 결정하는 데 주요한 영향을 끼쳤다.

러시아의 전쟁 노력에 대한 인식은 1917년의 10월 혁명과 1918년 3월 14일의 징벌적인 브레스트-리토프스크 조약(Treaty of Brest-Litovsk)을 묵인하고 러시아를 전쟁에서 이탈시켰던 볼셰비키의 '혁명적 패배주의'의 그늘에 가려지고 말았다. 이는 프랑스-영국 동맹과의 신의를 지키려고 한 러시아의 깜짝 놀랄 만한 결의를 퇴색시키고 말았다. 동부에서 러시아의 기여가 없었다면 서부에서 독일이 격파될 수 있었을지는 결코 확실하지 않다. 서부의 동맹을 기꺼이 돕고자 하는 러시아의 단호한 자세는 '브루실로프 공세'에서 가장 명백히 드러난다. 이 공세에서 그들은 오스트리아 포로 35만 명을 생포했을 뿐 아니라 부코비나(Bukovina)와 갈리시아의 상당 부분도 장악했다. 그러나 러시아도 대가를 치러야 했으며 이는 결국 치명적인 것으로 입증되고 말았다.

남부 유럽에서 이탈리아군은 이존초(Isonzo) 강 너머의 산악요새로부터 오스트리아군을 몰아내기 위한 시도로서 열한 차례의 비결정적인 전투를 수행했다. 7개 독일군 사단에 의해 보강된 오스트리아 증원군은 1917년 10월 카포레토(Caporetto)에서 이탈리아에 주요한 패배를 가했다. 이탈리아군은 피아베(Piave) 강 너머로 격퇴되었다. 이 패배는 이탈리아의 지휘부에 변화를 가져왔다. 1918년 동안에 이탈리아는 목적의 새로운 통일과 좀 더 높은 수준의 조직화를 발견했다. 1918년 10월 24일에 이탈리아와 영국의 전력은 피아베 강을 다시 넘어 비토리오 베네토(Vittorio Veneto)에서 오스트리아군을 양분시켰다. 오스트리아의 퇴각은 패주로, 뒤이어 항복으로 변모되었다.

발칸에서는 세르비아군이 오스트리아군과 불가리아군에 맞서 싸우면서 대규모 사상을 당했다. 모든 교전국을 통틀어 가장 높은 비율로 군인들이 사망했다. 1915년 10월에 프랑스-영국 연합군이 불가리아군에 대한 작전을 수행하기 위해 마케도니아로 파견되었다. 그들은 전쟁에 어떤 모양으로든지 영향을 주고자 안간힘을 썼다. 독일군은 이를 조롱하며 살로니카(Salonika)가 유럽에서 가장 큰 포로 수용소가 될 것이라고 선언했다. 그러나 프랑스군과 영국군은 마침내 말라리아에 감염되어 있던 평원으로부터 바르다르(Vardar) 강과 스트루마(Struma) 강의 산악계곡으로 밀고 들어가 1918년 가을에 불가리아에 패배를 안겼다.

중동에서는 영국군이 터키군과 심대한 결과를 가져올 주요한 전쟁을 벌이고 있었다. 이곳 전쟁의 특징은 터키의 완강한 저항, 기후, 지형, 질병에 대한 끊임없는 투쟁이었다. 영국군은 1915년 4월에 갈리폴리(Gallipoli) 반도를 공격함으로써 터키에 타격을 가해 그들을 전쟁에서 이탈시키고자 했다. 그러나 영국군은 독일의 잔더스(Loman von Sanders) 장군에 의해 조율된 터키의 완강한 저항에 직면하여 협소한 해안 교두보로부터 진격하는 데 실패하고 그해 말에 철수할 수밖에 없었다. 영국군은 메소포타미아에서도 치욕적인 패배를 당했다. 찰스 톤젠드 소장이 지휘하는 소규모 군대가 크테시폰(Ctesi-phon)으로 진격했지만, 보급 물자들이 이를 따르지 못해 1916년 4월에 쿳-알-아마라(Kut-al-Amara)에서 항복할 수밖에 없었다. 모드 경(Lord Stanley Maude)이 메소포타미아 원정군 지휘관에 임명되고 나서야 영국의 우월한 군사적·경제적 힘이 발휘되기 시작했다. 모드의 군대는 1917년 3월에 바그다드를 점령했는데, 이것이 이 전쟁에서 영국이 거둔 최초의 명백한 승리였다. 뒤이어 6월에 앨런비(Edmund Allenby) 장군이 이집트 원정군 지휘관에 임명되었다. 그는 크리스마스 전에 예루살렘을 장악했으며, 1918년 9월에는 팔레스타인에서 터키군을 제압했다. 터키는 1918년 10월 31일에 항복했다.

전쟁은 열대 아프리카에서도 진행되었다. 서아프리카와 남서 아프리카에 있는 독일의 식민지들은 1915년 봄까지 영국군과 남아프리카공화국군에게 굴복했다. 그러나 동아프리카에서는 지역에서 양성된 흑인 아프리카 병사들로 구성된 독일군 ─ 이들은 레토-포르베크(Paul von Lettow-Vorbeck) 대령이 지휘했다 ─ 이 눈부신 게릴라 전역을 수행하여 10만 명이 넘는 영국과 남아프리카공화국의 병사들이 수풀 속에서 곤란을 겪어야만 했으며, 유럽에서 독일의 패배가 알려지고 나서야 항복했다.

세계의 대양과 그 밑에서 영국과 독일은 제해권을 놓고 경합했다. 해상전투는 태평양, 남대서양, 북해에서 발생했다. 다소 실망스러운 결과를 낳기도 했지만 ─ 특히 1914년 11월 1일의 코로넬 해전(Battle of Coronel)과 1916년 5월 31일~6월 1일의 유틀란트 해전[Battle of Jutland, 유일한 함대 간 교전이었으며 젤리코(John Jellicoe) 제독이 넬슨식 승리 ─ 기대되었던 적을 전멸시키는 ─ 를 가져다주는 데는 실패했던]에서 그랬다 ─ 영국군은 일반적으로 해전에서 좀 더 나은 성과를 얻었다. 잠수함전은 북해, 흑해, 대서양, 지중해, 발트 해에서 발생했다. 독일의 무제한 잠수함전에 대한 의존(1917년 2월)은 영국을 거의 파멸로 내몰았다. 독일의 국제법 위반과 미국 선박의 격침은 미국이 연합국 진영으로 참전하게 하는 데 도움을 주었다. 독일에 대한 영국의 해상 봉쇄 ─ 1917년 4월부터 미국군에 의해 더 강화되었다 ─ 는 독일의 패배를 가져오는 데 중요한 역할을 했다.

충돌의 지리적 규모는 정치·군사 지도자들이 사건을 통제하기 매우 어렵게 만들었다. 동맹으로서의 의무는 전략적인 독립을 가로막았다. 단기간의 군사적 필요성은 강대국들로 하여금 그보다 약한 국가들에게 평시에는 누리지 못했을 정도의 자유를 허용하도록 강제했다. 정부에 의해 의도적으로 고취된 대중적 열정은 타협의 제안을 반역적인 것처럼 보이게 만들었다. 전에 없이 치솟는 군사적 수단의 비용은 정치적 목적 또한 부풀려놓았다. 평화롭고 새로운 세계 질서에 대한 희망이 '세력균형(the balance of power)'과 같은 해묵고도 추상적인 외교적 개념을 대체하기 시작했다. 합리성은 철 지난 것이 되고 말았다. 전쟁의 목표는 모호해졌다. 전략은 왜곡되었다. 영국은 국제법의 원칙과 약소 국가들의 권리를 지키기 위해 전쟁에 뛰어들었다. 그러나 1918년에 이르면 영국 정부는 — 프랑스 정부와 협력하여 — 중동에서 노골적인 제국주의 정책을 추구하고 있었으며, 동시에 아랍 민족주의의 열망을 고무시키고 팔레스타인에 유대민족의 고향이 수립되는 것을 지원하겠다고 약속하고 있었다. 그것은 실로 환상들의 전쟁이었다.

유럽의 정치·군사 지도자들은 '전쟁이 크리스마스까지는 끝날 것'이라는 그들의 믿음에 대한 다분히 소급적인 비판에 노출되었다. 이 믿음은 자만심에 기초한 것이 아니었다. 폴란드의 은행가 블로흐(Jan Bloch)와 같이, 제1차 세계대전의 전장이 갖게 될 살인적 성격을 매우 정확히 예견했던 이들까지도 이 전쟁이 단기간에 끝날 것이라고 기대했다. 이는 그들이 인적으로나 재정적으로나 할 것 없이 이 전쟁이 잔혹하고 고비용적인 것이 될 것이라 생각했기 때문이다. 재앙적인 결과에 직면하지 않고 아주 오랜 기간에 걸쳐 그와 같은 전쟁을 지속할 수 있을 것이라고 기대되었던 국가는 없었다.

이러한 가정이 거짓임을 입증했던 전쟁은 미국 남북전쟁이었다. 유럽의 군사 관찰관들은 근접하여 이 전쟁을 학습했다. 그러나 대부분은 그것을 깨끗이 잊어버리고 말았다. 프로이센군의 경우 특히 그랬다. 오스트리아(1866년)와 프랑스(1870~1871년)에 대한 전쟁에서 그들이 경험했던 바가 더 관련성이 있고 그럴듯해 보였다. 두 전쟁은 모두 단기간에 걸쳐 치러졌으며, 또한 유용했다. 1914년에 독일군은 프로이센 선조들이 거두었던 성공을 복제하고자 했다. 그들은 비스마르크 모델의 '내각전쟁(cabinet war)'을 수행하려 했다. 그러기 위해 그들은 서부에서의 전쟁을 위해 허용되었던, 39일 내에 프랑스를 격파할 수 있는 독일군의 능력에 의존하는, 기가 막히게 무모한 계획을 발전시켰다.

제1차 세계대전의 전략적 수행은 압도적인 타격을 가해 승리를 달성하고자 하는 독일의 시도에 의해 지배되었다. 1914년 9월부터 1916년 8월까지 독일군 총사령관이었던 팔켄하인(Erich von Falkenhayn)은 적을 완전히 섬멸하는 통렬한 승리를 거두지 않고도 독일이 자국과 동맹국의 이해관계를 만족시키는 전쟁의 성과를 달성할 수 있다고 믿었던 유일한 인물이었다. 1916년 베르됭에서의 소모전을 통해 승전하고자 했던 그의 유혈적인 시도는 그의 동포들에게 그러한 전략을 권고하는 데 아무런 도움을 주지 못했다. 압도적 타격에 대한 선호는 그대로 남았다. 그것은 독일의 역사로부터 계승된 것이었으며, 독일의 전전(戰前) 기획에서 중심적인 것이었다.

전쟁 전 독일의 전략은 ― 서부에서는 프랑스에 맞서고 동부에서는 러시아에 맞서는 ― 이중 전선에서 이루어지는 전쟁에 대한 두려움에 시달렸다. 군부가 지배하는 독일 정부에서 이러한 딜레마를 해결할 수 있는 외교적 가능성은 거의 고려되지 않은 대신, 군사적 해법이 모색되었다. 독일 최고사령부는 최상의 방어형태는 공격이라고 결정했다. 그들은 다른 일방이 전장에 나타나기 전에 다른 적을 격파함으로써 이중 전선에서의 전쟁을 피하고자 했다. 러시아의 군사동원 체계는 가장 느렸다. 프랑스군이 전장에 먼저 나타날 것이었다. 그러므로 프랑스가 첫 일격을 받는 대상으로 선택되었다. 일단 프랑스가 격파되면 독일군은 동쪽으로 방향을 전환해 러시아를 격파하려 했다.

슐리펜 계획은 2개의 가정에 의존했다. 그것은 러시아군이 전장에 나타나기까지는 6주가 걸린다는 것과 그 6주는 프랑스를 격파하기에 충분할 만큼 긴 시간이라는 것이었다. 첫 번째 가정은 1914년에 사실이 아니라는 점이 입증되었다. 러시아는 15일 만에 군을 전장에 배치시켰다. 두 번째 가정은 오류가 있을 수 있는 여지를 인정하지 않았으며, 불가피한 전쟁의 마찰(friction of war)에 대해서도 참작하지 않았고, 실현 가능성도 항상 낮았다.

슐리펜 계획의 실패는 제1차 세계대전의 기본 외양을 결정지었다. 이것은 독일군의 지구력 ― 터레인(John Terraine)의 말을 빌리자면 "전쟁의 원동력(motor of the war)" ― 에 의해 유지되었다. 독일군은 강력한 도구였다. 그들은 독일이라는 국가가 등장하는 데 역사적인 역할을 수행했다. 그들은 상당한 신망을 누렸다. 그들은 재능 있고 헌신적인 남성들을 장교와 부사관으로 충원할 수 있었다. 그 결과 그들의 훈련 및 지휘 상태는 훌륭했다. 그들은 독일의 강력한 산업·경제 자원을 자유자재로 쓸 수 있는 정치권력을 가지고 있었다. 유럽의 중앙에 자리 잡은 독일의 지리적 위치는 독일군이 유럽 전쟁의 내선(內線)에서 작전을 수행할 수 있음을 의미했다. 효율적인 독일의 철도망은 독일의 병력이 신속하게 전선에서 전선으로 이동할 수 있게 해주었다. 선박에 비해 우세한 기관차의 속도는 제해권을 활용해 삼국동맹 국가의 주변에서 효과적으로 작전을 수행하려는 연합군의 시도를 좌절시켰다. 독일 육군의 힘은 이 전쟁의 근본적인 전략적 현실이었다. 영국 원정군 총사령관인 헤이그(Douglas Haig) 원수는 "독일 육군을 격파할 때까지 우리는 이 전쟁에서 이기기를 희망할 수 없다"고 썼다. 연합국의 일부 정치 지도자들은 이런 판단의 결과를 받아들이는 데 주저했다.

독일 육군은 두 가지의 전략적 어려움에 시달렸다. 첫 번째는 독일의 정치체제가 전략을 통제하기에 적절한 도구를 만들어낼 수 없었다는 점이었다. 두 번째는 영국이었다. 독일 정부는 황제의 비틀린 성격에 의존했다. 그의 성격은 모략적이었고 우유부단함으로 조각나 있었다. 러시아에서는 그렇지 못했지만 영국과 프랑스에서는 결국 발전했던 중앙집권적 의사결정 구조가 독일에서는 발전에 실패했다. 황제가 독일의 전략을 조율할 수 없다는 것이 드러났을 때, 그는 체계가 아니라 더 효과적인 것처럼 보이는 다른 개인에 의해 대체되었다. 힌덴부르크 원수의 침착성과 고취된 자신감이 빛을 발했다. 이는 그에게 위대한 인물상을 부여했지만 정작 그 실체는 없었다. 루덴도르프 장군은 탁월한 재능을 가진 군사 전문가였지만, 매우 신경질적이었으며 정치적인 판단력이 결여되어 있었다. 1918년에 그의 공세전략은 독일을 파멸로 이끌었다.

전략적 통제의 효과적인 메커니즘을 발전시키는 데 실패한 것은 오스트리아-독일 동맹도 마찬가지였다. 오스트리아인들은 독일의 군사적·경제적 힘에 의존했지만, 독일인들은 이를 '영향력(leverage)'으로 전환시키기 어렵다는 점을 알게 되었다. 오스트리아는 독일의 도움을 받는 데는 적극적이었지만 독일의 충고를 받아들이는 데는 그렇지 않았다. 그들은 브루실로프 공세로 참패를 당한 이후에야 독일의 전략적 지도에 굴복했다. 그러나 이미 너무 늦은 상태였다.

　전쟁 전 독일의 전략기획은 전적으로 단기전에서 승리하는 것에 기초했다. 그러나 영국의 참전은 이를 불가능하게 만들었다. 영국은 육군강국이 아니라 해군강국이었다. 독일 육군은 영국군을 신속하게 격파할 수 없었다. 필요하다면 영국군은 대륙의 동맹국들이 격파된 뒤에도 버틸 수 있었다. 심지어 그들은 그러기로 선택할 수도 있었다. 그들은 과거에도 그랬고 머지않은 미래에도 그렇게 할 것이었다. 독일 해군은 영국군을 격파하기에는 너무 약했지만, 영국으로 하여금 독일의 정책에 대해 분개하고 의심하도록 하기에는 충분히 대규모였다. 그런 독일 해군은 결코 만들어지지 않았어야 했다. 영국이 참전함으로써 경제적 균형이 연합국에 유리하게 극적으로 이동했다. 영국은 세계의 거대 산업국가 중 하나였다. 영국은 세계 선박의 75%를 만들었으며 그중 상당수를 소유하고 있었다. 런던은 세계에서 가장 큰 금융 및 물자 시장이었다. 전쟁이 발발했을 때 전장에 투입할 수 있었던 전력이 전부였던 '경멸해도 좋을 만큼 작은 육군'에도 불구하고 세계 식량 보급 및 신용과 인적자원에 대한 접근성은 영국이 강력한 적이 되게 만들기에 충분했다. 대략 1916년 중반경부터 영국의 경제·산업·인적 자원이 본격 동원되기 시작했다. 독일은 처음으로 물량적 열세라는 현실에 직면할 수밖에 없었다. 독일은 점점 더 결핍해지는 전쟁을 수행해야 했던 반면, 연합국은 점점 더 풍족해지는 전쟁을 수행했다.

　프랑스의 전략은 독일이 북부 프랑스의 상당 지역과 벨기에의 대부분 지역을 점령하고 있는 상황에 지배를 받았다. 가장 가깝게는 파리로부터 40마일도 채 되지 않은 곳에 독일의 전선이 존재했다. 적어도 전쟁의 첫 3년 동안은 신중하고 방어적인 전략이 정치적으로 받아들여질 수 없었으며 심리적으로도 불가능했다. 1914~1915년에 프랑스는 독일군을 축출하려고 시도하던 중 엄청난 수의 장병을 희생시켰다. 독일군이 의도적으로 '프랑스가 과다출혈로 죽게' 만들고자 했던 베르됭의 고통이 그 뒤를 따랐다. 군사적 열세에 대한 프랑스인들의 두려움이 옳았던 것으로 확인되었다. 프랑스가 승리하기 위해서는 동맹국들이 그에 상응하는 기여를 해야 했다. 영국인들에게 그것은 역사적 전형(典型)으로부터의 급격한 이탈이었으며, 이는 그 이후로 줄곧 영국인들의 간담을 서늘하게 했다.

영국의 전략은 점점 더 프랑스와 영국 간 동맹이 요구하는 바에 의해 구속받게 되었다. 영국인들은 그들이 원해서가 아니라 그래야 했기 때문에 전쟁을 치렀다. 영국이 수행하는 전쟁방식은 주로 해전이었다. 해군에 의한 봉쇄는 독일을 경제적으로 약화시킬 것이었다. 독일 해군이 목 조르기를 깨뜨리기로 선택하지 않는다면 독일은 패전하게 될 것인 반면, 싸우기를 선택한다면 전멸하게 될 것이었다. 영국의 해상 우세가 재확인될 참이었다. 중립적 여론은 주눅이 들게 되고 새로운 동맹국들이 전쟁에 참여하도록 고무될 것이었다. 그렇게 되면 봉쇄는 더 무자비하게 수행될 것이고, 육군의 작전은 프랑스군을 돕기 위해 소규모의 전문 원정군을 파견하는 데 국한될 것이었다. 나머지 군사력은 독일군으로부터 멀리 떨어진, 삼국동맹의 주변부에 쓰여 그곳에서 그 규모에 비해 훨씬 더 큰 전략적 영향력을 행사할 수 있을 것으로 여겨졌다.

영국군은 그들이 상정했던 전쟁을 결코 치러본 적이 없었다. 미국 남북전쟁에 관찰관들을 파견했던 영국 육군의 병과는 왕립공병단(Corps of Royal Engineers)이었다. 전쟁이 장기전이 될 것이며 국가자원을 총동원해야 할 필요성이 있음을 인식했던 유럽의 몇 안 되는 정치·군사 지도자들 중 한 명이 왕립공병단의 장교 키치너 경(Lord Kitchener)이었다.

키치너는 1914년 8월 5일에 육군성 장관(Secretary of State for War)[3]에 임명

되었다. 그는 프랑스군과 러시아군이 영국의 대규모 군사 증원이 없이도 독일을 격파하기에 충분할 만큼 강력한지 의심했다. 그는 즉시 대규모 시민군 양성을 추진했다. 그의 입대 호소에 대중은 압도적으로 반응했다. 키치너는 이렇게 만들어진 새로운 영국 육군의 전장 투입을 프랑스군과 러시아군이 독일군에 패배를 안긴 후인 1917년으로 상정했다. 그들은 '마지막에 투입되는 100만 명'이 될 것이었다. 그들은 전쟁에서 승리하여 강화를 체결할 것이었다. 영국에 만족스러운 평화안은 대영 제국의 장기적인 안보를 보장하는 것이었다. 이러한 안보는 독일만큼이나 영국의 동맹국인 프랑스와 러시아에 의해서도 위협을 받았다. 연합국이 승전을 거두는 것뿐 아니라 전쟁을 통해 영국이 주도적인 국가로 등장하는 것도 필수였다.

키치너의 기대는 좌절되었다. 1916년에 패배를 당할 처지에 놓인 것은 독일군이 아니라 프랑스군이었다. 그러나 영국은 프랑스와의 동맹관계에 따른 의무사항을 회피할 수 없었다. 영국군은 프랑스군의 패배를 묵인할 수 있을 만한 처지가 아니었다. 그럴 경우 전쟁 전 10년에 걸쳐 달성되었던 귀중한 상호 이해가 프랑스의 증오와 원한으로 대체될 판이었다. 프랑스는 제국에 위해를 끼칠 수 있는 상당한 역량을 갖고 있었다. 러시아도 마찬가지였다. 영국이 그들을 포기한다 하더라도 그럴 이유는 충분했다. 선택지는 없어 보였다. 훈련이 조악하고 무장도 제대로 갖추지 못한 영국군은 준비가 되기도 전에 전장에 투입되어 독일의 군사력을 소모시키는 데 본격적으로 참여해야 했다.

이러한 '공세적 소모(offensive attrition)' 전략이 동반한 사상은 영국의 역사상 전례가 없었다. 이는 또한 영국의 일부 정치 지도자들로서는 받아들일 수 없는 것이었다. 특히 처칠과 로이드조지(David Lloyd George, 1916년 12월 수상에 취임했다)는 서부전선에서 '철조망을 씹어 먹고 있는(chewing barbed wire)'

---

3   영국의 경우 '전쟁성'이 아니라 '육군성'에 해당하는 'War Office'의 수장이다.

영국 육군에 대해 반대했다. 그들은 육군을 다른 곳, 즉 동부 지중해, 중동, 발칸에 있는 독일의 동맹국들에 쓰기를 기대했다. 그렇게 하려는 그들의 시도는 프랑스를 전쟁에 남아 있게 해야 할 필요성에 의해 저지되었다. 이는 영국이 프랑스에서 독일 육군에 맞서 싸워야만 달성될 수 있었다. 그들은 또한 전쟁의 작전적·전술적 현실에 의해서도 저지당했다. 그것은 서부전선에서 그랬듯이 갈리폴리, 살로니카, 이탈리아에서도 일을 방해했다.

연합국의 대전략을 이행하려는 시도는 모종의 성공을 거두었다. 연합국의 정치·군사 지도자들은 규칙적으로 서로 만났다. 1915년 12월과 1916년 12월에 샹티이(Chantilly)에서 그들은 서부, 동부, 이탈리아 전선에서 동시적인 공세를 가해 독일 육군을 한계점까지 압박하기로 결의했다. 1917년 11월 27일 베르사유에 연합국 최고전쟁위원회(Supreme Allied War Council)가 설립되어 연합국의 예비전력을 통제할 수 있는 권력이 부여되었다. 프랑스와 영국의 협력은 각별히 긴밀했다. 이는 서부전선의 프랑스군 총사령관과 영국군 총사령관 사이의 상호 존중과 이해에 달린, 상당 부분 실질적인 필요성에 따른 문제였다. 이 체계는 1918년 독일의 봄 공세가 연합군을 와해시킬 것처럼 위협했을 때까지 잘 가동되었다. 그 후 그것은 좀 더 공식적인 구조에 의해 대체되었다. 그러나 이조차도 제2차 세계대전기 영국과 미국 간 협력의 특징이라고 할 수 있는 수준만큼의 합동 기획 및 통제는 달성하지 못했다.

연합국의 대전략은 개념적으로 보았을 때 건전했다. 그것이 직면했던 문제는 주로 기획이나 협력과 관련된 문제가 아니라 실행의 문제였다. 전장에서 작전적 효과성을 달성하는 일은 어려웠다. 이는 얼간이 지휘관들이 불가능하리만치 거대한 전략적 구상을 아무런 결실도 없이 추구하면서 병사들의 목숨을 제멋대로 희생시키는 이미지를 전쟁, 특히 서부에서의 전쟁에 선사했다.

제1차 세계대전의 전장은 한 세기에 걸친 경제적·사회적·정치적 변화의 산물이었다. 1914년 유럽은 그 전의 어느 시기보다 많은 인구를 보유하고 있었고, 부유하고 일관되게 조직화되어 있었다. 민족주의의 대두는 국가에 전례가 없는 정당성과 권위를 제공했다. 그것은 국가가 자국민에게 더 큰 희생을 요구할 수 있도록 해주었다. 농업의 개선은 토지에서 일해야 할 인력을 줄여주었으며, 병역연령의 남성이 남아돌게 해주었다. 그것은 또한 한 번에 몇 년 동안이고 야전에서 전에 없이 큰 규모의 군대를 먹이고 유지할 수 있게 해주었다. 전보, 전화, 타자기에 의해 행정적 관행에 변화가 발생했으며, 철도의 성장은 그러한 군대가 신속하게 모이고 전개될 수 있게 해주었다. 산업기술은 전례가 없을 정도의 파괴력을 가진 새로운 무기들을 제공했다. 속사 강선포, 후장식 소총, 기관총은 군사적인 화력의 사거리, 속도, 정확성, 치명성을 변혁시켰다. 이것들은 또한 장차 있을 모든 전쟁에서 과학자, 공학자, 기술자가 병사만큼이나 중요해지게 만들었다.

이러한 변화는 제1차 세계대전이 최초의 '현대 전쟁'이 되게 하는 데 많은 역할을 했다. 그러나 그것이 하나의 모습으로 시작되지는 않았다. 유럽 군대의 대부분은 화력혁명에 대한 사실을 이해하고 있었다. 그러나 그 결과에 대해서는 그렇지 못했다. 1904~1905년 러일전쟁의 경험은 기술적 전장에 대한 인적(人的) 해법을 제공하는 것처럼 보였다. 승리는 가장 잘 훈련되어 있고 기강이 튼튼하며 강력한 결의를 가진 장군들에 의해 지휘되고, 엄청난 손실에 직면해서도 공세를 유지시킬 준비가 되어 있는 진영에 돌아갈 것으로 보였다. 그 결과 이 전쟁의 초기 전투들은 그 개념과 수행의 측면에서 1916년경의 전투보다는 나폴레옹 시대의 전투에 더 가까웠다.

언제 '현대 전쟁'이 시작되었는지를 정확히 말하기는 어렵지만, 1915년 말에 이르면 전전(戰前)의 가정이 잘못된 것이었음이 명백해졌다. 잘 훈련되고 고도로 기강이 서 있는 프랑스군과 독일군, 높은 사기의 러시아군이 강인한 결의를 가진 장군들에 의해 반복적으로 전투에 투입되었다. 그 결과는 전략적 성취의 결여였다. 인적 대가는 엄청났다. '인적 해법'은 충분하지 않았다. 그러나 기술적 해법에 대한 모색은 전전 개념의 집요한 생명력뿐 아니라 기술 자체의 한계에 의해서도 방해받았다.

교육의 주된 도구는 포(砲)였다. 그리고 교육의 양식은 경험이었다. 포화는 노출된 장병들에게 가차 없었다. 이에 대한 대응은 노출된 장소에서 벗어나 땅속으로 들어가는 것이었다. 병사들이 괴팍해서 참호를 파고들어 가 추위에 시달리고, 늘 젖어 있고, 쥐가 들끓고 이가 득실거리는 상태에 처해 있던 것이 아니었다. 그들은 생존하기 위해 참호를 팠다. 일단 참호전선이 만들어져 공고해지면 그것을 어떻게 깨뜨릴 수 있을까 하는 것이 이 전쟁의 주요한 전술적 문제가 되었다.

전쟁의 상당 기간, 포에는 적의 표적을 찾아내어 정확하게 타격하고 효과적으로 파괴할 수 있는 능력이 결여되어 있었다. 당시 기술은 사람이 휴대할 수 있는 무선장치를 제공하는 데 실패했다. 또한 전쟁의 상당 기간, 통신은 전화나 전신줄에 의존했다. 그것은 늘 포화에 의해 절단되고 말았으며 보호하기 어려웠다. 포병 및 보병 지휘관들은 좀처럼 음성통신을 활용하지 않았으며, 양자 모두에게는 전장에서 벌어지고 있는 사건들에 대한 '실시간' 정보가 결여되어 있었다. 제1차 세계대전기 보병 지휘관들은 적의 방해에 직면했을 때 포격을 요청하기가 쉽지 않았다. 그 결과 보병과 포병 간 협력은 늘 어려웠고 많은 경우 불가능했다. 보병 지휘관들은 자체 화력에 의존할 수밖에 없었고, 이는 대부분 불충분했다. 보병은 자신들이 늘 해야 할 일이 너무 많다는 것을 발견했고, 자신들의 취약함 때문에 큰 대가를 치러야 했다.

그러나 포는 문제뿐 아니라 해법의 주요한 일부이기도 했다. 1918년 동안 서부전선에서 연합군의 포는 가공할 무기였다. 표적 획득은 공중 사진 촬영을 통한 정찰과 정교한 섬광 탐지 및 음향거리 측정 기술에 의해 급격히 개선되었다. 이것들은 수학적인 예측 사격(predicted fire) 또는 지도 사격(map-shooting)을 가능하게 해주었다.[4] 실(實)사격을 통해 사전에 적 표적에 포를 조준

---

4 '예측 사격'은 원래 '지도 사격'으로 지칭되었다. 탄착지점을 조정하기 위한 포격이나 장시

시키는 일은 더 이상 필요하지 않았다. 기습의 가능성이 전장에 복원되었다. 각 포의 운용 일지를 유지함으로써 정확도는 상당 정도 개선되었다. 포대의 지휘관들에게는 4시간마다 자세한 기상예보가 제공되었다. 각 포는 이제 그 특수성과 바람의 속도 및 방향, 기온, 습도에 따라 개별적으로 보정될 수 있었다. 참호전에서 가파른 포격 각도가 특히 효과적이었던 중형 공성 곡사포(heavy siege howitzers)를 포함한 모든 유형과 구경의 포가 사실상 수적 제한 없이 쓰이게 되었다. 포탄 또한 개선되었다. 처음으로 독가스탄이 대규모로 가용해졌다. 파괴적인 대인무기였지만 흙으로 만든 보루나 철조망, 보병들이 공격해야 했던 견고한 기관총 진지에 대해서는 비효과적이었던 유산탄을 고성능 폭약이 대체했다. 즉각 격발 퓨즈(instantaneous percussion fuses)가 포탄의 파괴효과를 철조망에 집중시켰으며, 보급물자나 증원군이 전진하기 어렵게 – 불가능하게는 아닐지라도 – 만들었던 전장의 탄공(彈孔) 발생을 감소시켰다. 포병과 보병 간 협력은 공중 사격 통제에 의해 급격히 개선되었다.

이런 파괴적인 도구가 전술적으로 사용되는 방식도 변화했다. 1915~1917년에 포는 주로 적군을 죽이기 위해 사용되었다. 보통 그랬을 뿐 아니라 때로는 대규모로 사용되기도 했다. 그러나 그것은 늘 최전선의 참호에서조차 일부는 죽음을 면하게 해주었다. 솜 전투의 첫날인 1916년 7월 1일에 그랬던 것처럼 대부분의 포는 공격하는 보병들에게 재앙과도 같은 사상을 가하고 전체 공세를 중지시키기에 충분했다. 그러나 1917년 가을부터, 그리고 1918년에 포는 주로 적의 방어망을 제압하기 위해 사용되었다. 지휘소, 전화국, 교차로, 보급창고, 집결지, 포대가 표적이었다. 살상 및 최루 독가스와 연막이 효과적으로 사용되었다. 그 목적은 적의 지휘통제 체계를 교란하고, 공격하는 보병들이 근접할 때까지 적군이 계속 머리를 숙인 채 있게 하며, 아군의

---

간에 걸친 준비 포격(preliminary bombardment)을 실시하여 적이 사전에 대비할 수 있도록 경보를 주지 않고, 수학적으로 치밀하게 계산한 조사결과를 바탕으로 일격에 기습을 달성하며 포격효과를 극대화하는 포격전술이다.

화력이 집중되게 만드는 것이었다.

공격하는 보병들도 변화했다. 1914년에 영국군 병사는 헐렁한 모자를 눌러쓰고 소총과 총검만으로 무장한 사냥터지기와 같은 복장으로 전쟁터에 나갔다. 그러나 1918년에 그들은 산업 노동자와 같은 차림새로 전투에 임했다. 그들은 철제 헬멧을 썼고, 방독면을 써서 독가스로부터 보호되었고, 자동화 무기와 박격포로 무장했으며, 탱크와 대지(對地)공격 항공기의 지원을 받았고, 파괴적인 강도를 가졌으며 서서히 전진하는 이동 탄막(creeping artillery barrage)에 의해 선도되었다. 즉, 승리의 도구로서 화력이 인력을 대체했다. 이는 전쟁 수행에서 혁명이었다.

서부 연합국들의 계속해서 증대되는 물질적 우위로 독일군은 주요한 문제에 직면했다. 독일군의 대응은 조직적이었다. 무장이 빈약한 영국군조차도 1915년에 그들이 언제나 독일의 최전선 참호에 침입할 수 있음을 입증해냈다. 해법은 참호체계를 심층적으로 만들고 적 포병의 표적이 되기 쉬운, 최전선에 배치되는 보병의 수를 제한하는 것이었다. 방어의 부담은 전선으로부터 반마일 정도 떨어진 곳에 면밀히 배치된 기관총 사수들에게 부여되었다.

1916년 가을부터 독일군은 '탄력적 종심방어' 체계를 제도화함으로써 그러한 변화를 자신들의 논리적 결론과 결부시켰다. 독일의 최전선은 적 포병이 관측하기 어렵도록 맞은편 경사지의 가능한 지점에 구축되었다. 공식적인 최전선 참호체계(front-line trench system)는 포기되었다. 기관총 사수들로 구성된 독일의 제1전선은 공중으로부터 탐지가 어렵게, 포격으로서 만들어진 구덩이에 자리 잡았다. 그들이 하는 일은 적 보병의 공격을 분쇄하는 것이었다. 그 후에 그들은 아군 포의 지원 사격이 미치는 지역을 넘어 독일군 진지로 깊숙이 유인되어 그곳에서 반격당하고 다수의 독일군 보병과 포병에 의해 격파될 것이었다. 이러한 체계는 1917년 내내 독일군으로 하여금 서부 전선에서 3 대 2 이상이었던 연합국의 인적 우위에 맞서 생명을 유지하며 적에게 중대한 손실을 가할 수 있게 해주었다.

독일의 체계가 가동되기 위해서는 용감할 뿐 아니라 지적이고 잘 훈련된 병사들이 필요했다. 개인적 주도성, 기습, 속도가 점점 더 중시되었다. 1918년에 적 병참선과 지휘통제 체계를 교란하기 위해 마련된 허리케인 포격의 지원을 받는 특별히 훈련된 '돌격 대원들(stormtroopers)'에게 저항이 있는 지점은 우회하여 적 배후의 깊숙한 곳으로 진격하라는 명령이 내려졌다. 그들은 극적일 뿐 아니라 프랑스군이나 영국군이 달성했던 것보다 훨씬 큰 성공을 만끽했지만 그것만으로는 불충분했다. 공격에 나선 독일의 보병들은 추진력을 유지할 수 없었으며, 1940년에 독일 기갑전력이 달성하게 되는 것과 같은 정신적 마비를 적 지휘관들에게 가할 수도 없었다. 연합군의 전선은 유지되었으며, 탈진한 독일의 보병들은 연합국의 물리적 기술이 가진 누적적 무게와 증대되는 정교화에 의해 결국 퇴각할 수밖에 없었다.

제1차 세계대전의 전장에서 발생한 문제에 대해 서부 연합국들이 선호했던 물리적 해법은 병사들의 재능에만 달려 있는 게 아니었다. 그것은 각 군대의 모(母)사회가 개선된 군사기술을 전에 없이 많은 양만큼 생산해내는 능력에 의존했다. 그리고 그것은 다시 그들의 정치제도가 가진 효과성과 민간인들의 사기의 질에 달려 있었다. 이 경합에서는 프랑스와 영국 ― 그리고 결국 미국까지 ― 의 자유 민주주의가 오스트리아, 헝가리, 독일, 러시아의 권위주의적인 체제에 비해 능숙함을 보여주었다.

1916년경부터 치러진 '현대 전쟁'은 더 많은 것에 대한 요구로 귀결되었다. 더 많은 사람, 무기, 탄약, 돈, 식량, 더 높은 기량과 사기가 필요했다. 이러한 요구의 일부는 모순적인 것이었다. 군대가 더 많은 사람을 필요로 했을 뿐 아니라 공장도 더 많은 사람을 필요로 했다. 상호 경쟁하는 요구에 균형을 맞추는 일은 결코 쉽지 않았다. '인력(manpower, 이 표현은 1915년에 처음 만들어졌다)'이 모든 국가의 전쟁 노력에서 핵심적인 것이 되었다. 연합국이 독일보다 훨씬 강력한 입장에 놓여 있었다. 그들은 본국 주민들뿐 아니라 제국에 속한 이들에게도 접근했다. 캐나다인 63만 명과 호주인 41만 2000명,

남아프리카공화국인 13만 6000명, 뉴질랜드인 13만 명이 전쟁 동안 영국 육군에서 복무했다. 매우 많은 인도인들(메소포타미아에서만 해도 80만 명)과 소수의 아프리카인들(6만여 명)도 복무했다(영국군은 또한 중국 노동자 수십만 명을 자신들의 병참선에서 일하게 했다). 프랑스군은 북아프리카 또는 서아프리카로부터 약 60만 명의 전투병력과 추가로 노동자 20만 명을 충원했다. 물론 미국인들도 있었다. 미국의 병력은 1918년에 매달 15만 명의 비율로 프랑스에 도착했다. 낡은 균형을 바로잡기 위해 실로 새로운 세계가 도래한 것이었다.

영국과 프랑스는 경제를 동원하는 데 특히 성공적이었다. 영국에서 이는 군수성 장관(Minister of Munitions, 1916년 5~7월)인 로이드조지의 업무와 깊은 관련이 있었다. 산업과정에 대한 숙련 노조의 지배력은 완화되었다. 해묵은 구분선은 흐려졌다. 공장에 여성이 배치되었다. 연구 및 개발이 산업전략에서 제자리를 찾게 되었다. 경이로운 생산이 달성되었다. 1915년 3월 10일 뇌브샤펠(Battle of the Neuve Chapelle) 전투에서 영국 원정군은 반(半)시간 동안의 포격에 충분한 포탄을 모으기 위해 안간힘을 썼다. 그러나 1918년 가을에 그들의 18파운드 야포가 하루에 발사하는 포탄은 최소 10만 발이었다.

그 산업적 역량의 상당 부분이 독일의 수중에 있었음을 고려할 때 프랑스가 이룬 성과는 많은 면에서 훨씬 더 인상적이었다. 프랑스의 경제는 프랑스군에게 점점 더 많은 양의 구식 및 신식 무기를 제공했을 뿐 아니라 미국 원정군이 사용한 포와 항공기의 대부분도 보급했다. 분명 프랑스의 항공산업은 유럽에서 가장 발전되어 있었으며, 니외포르(Nieuport)와 스파드(SPAD) VI를 포함하는 제1차 세계대전기 주요 항공기의 일부를 공급했다.

사기도 주요한 요소였다. 모든 진영이 전쟁에 대해 설명하고 이를 정당화하려 했으며, 명분에 대한 헌신을 지속시키기 위해 점점 더 정교한 선전기술을 사용했다. 계급 간에 역경이 균등하게 공유되고 있다는 인상을 주는 것이 주요한 테마가 되었다. 이에 위협이 되었던 것 중 하나는 식량 보급에 대한 접근성에서의 형평성이었다. 독일에서는 이를 유지하는 것이 점점 더 어려워졌다. 사기는 악화되었고, 그 결과 산업 효율성이 타격을 입었다. 영국의 농업이 전쟁 동안 각별히 성과를 낸 것은 아니었지만 영국의 해상 우세와 재정적인 힘은 그들이 북·남아메리카와 호주의 농업자원을 자유롭게 쓸 수 있도록 해주었다. 식량은 전쟁을 승리로 이끄는 연합국의 주요 무기 중 하나였다. 대부분의 국가에서 전쟁에 대한 저항은 미미했다. 그러나 1917년에 이르면 전쟁에 대한 염증이 어느 곳에서나 존재했다. 다수의 파업과 상당한 산업적 불안이 눈에 띄었다. 러시아에서는 그것이 매우 심각해 러시아 혁명, 나아가 1918년에는 러시아를 전쟁으로부터 이탈하게 만들었던 볼셰비키 쿠데타가 발생했다.

이러한 대중 동원의 사회적 결과는 때때로 주장되는 것보다 덜 눈부셨다. 특히 영국에서는 조직화된 노동계급, 특히 노조와 여성에게는 분명 진보된 것이 있었지만, 유럽의 노동계급은 본국에서의 사회적 진보에 대한 대가를 전장에서 크게 치른 셈이었다. 그리고 패배한 국가들 내에서는 사회적으로 진보된 것이 거의 없다시피 했다.

제1차 세계대전은 유럽과 중동의 지도를 다시 그렸다. 4개 대제국 – 로마노프(Romanov), 호엔촐레른(Hohenzollern), 합스부르크(Habsburg), 오토만(Ottoman) – 이 패배를 당해 몰락했다. 다수의 허약하고 때로는 탐욕스러운 후계국가가 그들을 대체했다. 러시아는 유혈적인 내전을 경험한 끝에 공산소련이 수립되어 한 세대 동안 유럽 외교의 울타리 밖으로 밀려나고 말았다. 독일은 그 탄생부터 패배의 치욕으로 낙인찍혀 있었고 연합국으로부터 부과받은 배상금에 대한 부담과 인플레이션 때문에 점점 더 약화되었다. 프랑스는 알자스와 로렌을 회복했지만 계속해서 독일에 대한 두려움과 혐오에 시달렸다. 이탈리아는 군사적 희생이 가져다준 영토 보상에 실망했다. 이는 1924년 의회민주정을 타도했던 무솔리니의 파쇼주의자들에게 비옥한 토양을 제공했다. 영국은 벨기에의 온전성과 독립을 유지시켰다. 그들은 또한 제국의 영토와 제국적 의무의 엄청난 증가를 경험했다. 그러나 영국이 추구하던 제국의 안보는 달성하지 못했다. 백인 자치령들은 영국의 군사적 리더십에 감동 받지 못했다. 제1차 세계대전은 그들이 점점 더 자신들의 길을 가고자 하는 독립국가로 성숙되어가는 모습을 보여주었다. 전쟁이 끝나자마자 인도에서 는 격렬한 반란이 발생했다. 1922년에 영국은 미국의 압력 아래 자신들의 극동 제국을 보호하는 데 유용했던 영일동맹을 포기하도록 강요받았다. 그들은 또한 미국의 해군력과는 평준화를, 일본에 대해서는 약간의 우세를 점하는 것을 받아들이도록 강요당했다. 1919년에 포슈 장군은 "이것은 평화안이 아니라 20년간의 휴전에 지나지 않다"고 선언했다.

인적 맥락에서 이 모든 것의 대가는 동원된 6500만 명 중 850만 명이 죽고 2100만 명이 부상을 당하는 것이었다. 특정 집단, 특히 젊고 교육수준이 높은 중간계급 남성의 손실이 심각했지만, 유럽의 인구학적 외양은 근본적으로 변하지 않았다. 진정한 영향은 정신적인 것이었다. 그러한 손실은 유럽의 자신감과 우월한 문명인 척하던 그들의 허세에 타격을 가했다. 이와 같은 타격의 결과는 아직까지도 완전히 드러나지 않았다고 할 수 있다.

## 제8장

# 총력전 II
## 제2차 세계대전

———————————————————— 리처드 오버리 Richard Overy

제2차 세계대전은 극단의 전쟁이었다. 참전했던 모든 국가는 물질적·정신적으로 인내할 수 있는 최대한의 깊이까지 내몰렸다. 3세기 이전 유럽의 종교전쟁 이래 이데올로기적인 대립이 그러한 깊이의 증오와 군사적 만행을 조장했던 적은 없었다. 현대의 그 어떤 전쟁도 인력과 교전국의 경제적 산물에 대해 그 정도의 수요를 제기한 적이 없었다. 전쟁은 병사와 민간인 모두에 의해 치러졌으며, 그들 모두가 사상자가 되었다. 이 전쟁에서 사망한 5500만 명은 현대의 다른 모든 전쟁을 통틀어 사망한 사람의 수를 상회했다.

이 전쟁은 또한 유별나게 대조되는 전쟁이었다. 동부전선에서 양 진영은 대규모 탱크군을 동원해 싸웠지만 때로는 말에 탄 채 싸우는 모습으로 회귀하기도 했다. 1942년 8월에 이탈리아의 기병대대 2개는 소련의 보병사단에 맞서 기병도(刀)를 들고 이탈리아가 행하는 마지막 기병돌격을 수행했다. 극동에서는 일본군 병사들이 기관총과 함께 단검과 긴 사무라이(samurai) 검을 사용해 싸웠다. 복엽기가 전쟁 내내 쓰였는가 하면, 이 전쟁은 최초의 로켓과 대륙간폭격기, 그리고 종국에는 최초의 핵무기를 탄생시키기도 했다. 여성과 아동이 남성과 함께 제복을 입고 싸웠다. 12세 소년들이 독일 본토에 대한 최후의 광적인 방어에 징집되었다. 소련의 여성연대는 소련군의 베를린 진격 시 전투에 참가했다. 독일 및 일본 폭격 때 여성 및 아동 수십만 명이 항공전의 최전선에서 사망했다. 이 전쟁 내내 병사보다는 민간인이 더 많이 죽었다.

## 총력전의 개시

이것은 1930년대에 널리 기대되었던 종류의 전쟁이었다. 1914년부터 1918년까지 치러진 제1차 세계대전을 경험하고 난 뒤 대중정치와 대량생산 시대에 전쟁은 병사나 민간인이나 할 것 없이 전체 주민 간에 수행되는 것이라는 일반적인 가정이 존재했다. 대립하는 군사력 간의 짧은 전역으로 치러지는 재래식 전쟁에 대한 개념은 '총력전'의 개념으로 대체되었다. 이 용어는 1918년에 독일의 제1병참감(First Generalquartiermeister)[1]인 루덴도르프(Erich Ludendorff)에 의해 만들어졌지만, 머지않아 국제적으로 통용되게 되었다. 간단히 말해 총력전은 전쟁에 대한 전통적 이론으로부터의 혁명적인 이탈이었다. 총력전을 수행할 수 있는 역량을 확보하기 위해 국가는 국민의 모든 물질적·지적·정신적 에너지를 동원해야 했다. 암암리에 적의 공동체 전체 ─ 과학자, 노동자, 농민 ─ 가 합법적인 전쟁의 대상이 되었다. 1930년대 에티오피아, 중국, 스페인에서 발생한 전쟁에서 민간인 사망자가 만연했던 것이 그러한 변화를 분명히 보여주었으며, 주민들로 하여금 이제는 전쟁이 무차별적이라는 불편한 현실에 적응하게 만들었다.

---

1 1916년 8월에 팔켄하인(Erich von Falkenhayn)이 총참모장을 사임하고 힌덴부르크(Paul von Hindenburg)가 후임으로 임명되자 루덴도르프는 '제2총참모장(또는 참모차장)'으로 불리는 것을 거부하고 '제1병참감(공동 총참모장)'이라는 직함을 선택했다. 이때 루덴도르프가 내세운 조건은 자신과 힌덴부르크가 모든 명령을 공동으로 하달하는 것이었다.

1930년대의 전쟁 준비는 어느 곳에서나 총력전의 불가피성에 의해 지배되었다. 경제자원은 비축되었다. 전시에 공급이 차단될 수 있는 석유와 같은 필수원료를 생산하기 위해 대체산업이 새로이 만들어졌다. 본국 국민들이 폭탄이나 가스에 의한 공격에 대비할 수 있도록 민간 방위 프로그램이 시작되었다. 미국은 제1차 세계대전의 교훈 - 경제적 대결로서의 - 을 흡수하고 장차 있을 경제적 동원에 대비하기 위해 1920년대에 산업전쟁대학(Industrial War College)을 설립했다. 히틀러 치하의 독일은 전시의 국민 희생을 심리적으로 준비하고자 선전 캠페인을 고안해냈다.

군대가 총력전에 적합한 전략을 만들어내기 시작했을 때 그들의 관점은 높은 수준의 경제적 동원과 국내의 사기 및 재정 안정성의 유지가 전장에서의 성과만큼이나 중요하다는 가정에도 영향을 받았다. 그러나 여기서 유사성은 끝났다. 엄격히 군사적인 이슈에서는 제1차 세계대전의 상이한 경험이 매우 다른 전략에 대한 영감을 제공했다. 독일의 군대는 독일의 자원과 전쟁 의지를 서서히 잠식해버렸던, 참호에서의 교착상태를 피하고자 했다. 그래서 그들은 미리 준비된 국가의 모든 자원을 사용하여 적에게 결정적인 일격을 가하는, 전장에서의 결정적인 교전에 대한 생각으로 회귀했다. 그러한 일격은 신속하게 전개되는 보병군의 선봉으로 활약할 기갑부대와 항공기가 혼합된 전력에 의해 가해질 것이었다. 한편 영국과 프랑스에서는 1918년의 승리를 낳았던 방어적 소모전에 대한 생각이 부활했다. 1939년 봄, 전시(戰時) 전략계획을 입안했던 영국과 프랑스의 군 참모부는 전쟁 초기단계 동안에는 방어벽 뒤에 머물기로 결정했다. 그러는 동안 그들은 경제적 봉쇄와 폭격으로 독일의 저항을 소진시키고, 몇 년 뒤에는 약화되고 사기가 꺾인 적에 '최후의 일격(coup de grâce)'을 가할 것이었다. 포의 일제 엄호사격과 기관총이 여전히 방어자에게 군사적 이점을 가져다주는 것으로 가정되었다.

현대 전쟁에 대한 이러한 두 가지 서로 다른 관점이 1940년 여름 서로 맞붙게 되었을 때, 6주 만에 독일의 선택이 더 통찰력이 있는 것임이 드러났다.

독일의 육군과 공군이 며칠 만에 폴란드군을 갈기갈기 찢어놓았던 1939년 9월 이 전쟁의 첫 2주 동안에 경고는 이미 주어졌다. 서부 연합군은 6개월간의 전역을 기대했었다. 1940년 5월 10일에 독일군은 1918년 봄 공세에서 실패했던 도박을 다시 한 번 시도했다. 과도하게 신장된 프랑스와 영국의 전선에 섬멸적인 타격을 가하기 위해 10개 기갑 및 기계화 사단 — 공격군의 7%에 지나지 않았다 — 의 철권(鐵拳)이 신속하게 저지대 국가들에게 가해졌다. 지상전력을 지원하는 우수한 전장 항공대와 효과적인 무선통신 체계를 보유했던 독일군은 마음가짐이 방어적이고 전선의 통신 및 조직이 지독히 형편없던 적들에게 자신들이 가진 자원의 대부분을 투입했다. 소모전과 봉쇄전 — 부분적으로 이는 폭격 항공기에 의해 수행되었다 — 에 대한 영국과 프랑스의 개념은 결코 현실화되지 않았다. 1930년대에 영국과 프랑스는 전쟁의 가장 기초적인 요소, 즉 전장 자체에서 효과적으로 싸울 수 있는 능력에 대해 망각하고 말았다. 양측 모두 자원은 비슷하게 보유하고 있었지만 — 사실은 독일군이 수적으로도 적고 질적으로도 더 떨어지는 탱크를 보유하고 있었다 — 독일의 군사 지도자들은 높은 기준의 훈련, 작전 준비, 기술적 효율성을 강조했다. 이는 1866년 오스트리아, 1870년 프랑스에 대한 승리를 가져다주었던 바로 그 덕목이었다.

1940년 6월 19일에 프랑스가 항복하고 영국의 전력이 됭케르크(Dunkirk)에서 본국으로 철수했을 때 전쟁은 종결된 것으로 널리 가정되었다. 7월에 히틀러는 독일이 내세운 조건에 따라 영국이 협상에 응할 수 있게 문을 열어놓았다. 그러나 영국은 히틀러와 협상하기를 거부했고, 대안이 없는 가운데 1939년에 채택했었던 봉쇄 및 폭격 전략으로 회귀했다. 그러나 이 시점에서는 독일만 적이었던 게 아니다. 독일의 성공을 뒤좇아 6월 10일에 무솔리니 치하의 이탈리아가 영국과 프랑스에 전쟁을 선언했다. 몇 주 뒤에는 일본군이 프랑스령 인도차이나로 이동하여 극동에서 영국의 제국적 입지를 위협했다. 대규모의 대륙 군대가 없어 히틀러의 독일에 대적할 수 없던 영국은 훨씬 더 낯익은 전쟁의 형태, 즉 해군력과 식민지 토착전력의 지원을 받는 소규모 해외작전으로 회귀했다. 영국은 수에즈 운하(Suez Canal)와 인도를 방어하는 데 노력을 집중했다. 영국군은 북아프리카와 동아프리카에서 이탈리아군에 맞서는 가운데 자신들이 격파할 수 있는 적을 발견했다.

## 해상에서의 전쟁

1944년 무렵으로 유럽 대륙에 재진입할 수 있게 되기까지 영국은 기본적으로 해전 – 이는 점점 더 항공기의 지원을 받게 되었다 – 을 수행했다. 해군력은 영국의 전쟁 수행에서 결정적인 요소였다. 해군은 영국의 경제와 영국 주민들이 생존을 위해 의존하던 필수적인 무역로를 유지시켜 주었으며, 제국의 흩어져 있는 영토들을 서로 연결하고 그것들을 지킬 자원을 운송해주는 도구였다. 모국 밖에서 행해지는 모든 육군작전의 수행에서 제해권은 필수적인 것이었다. 1940년에 영국 해군은 그 규모에서 미국 다음으로 컸으며, 독일 및 이탈리아의 해군전력을 능가했다. 설령 독일 공군이 영국 공군을 충분히 억제하여 침공하는 함대에 대한 공중엄호를 제공할 수 있다 하더라도, 영국이 해군을 사용할 것이라는 위협은 1940년 가을 히틀러에게 육군이 영국 제도를 침공하는 것은 실행 불가하다는 점을 설득시키기에 충분했다.

1940년부터 1943년 여름까지 영국과 독일은 대서양의 통제권을 놓고 경합을 벌였다. 독일의 잠수함들은 영국의 무역로와 지중해 및 극동으로부터 영국군이 증원되는 것을 차단하라는 명령을 받았다. 잠수함의 수는 제한적이었지만 영국 해군의 암호를 해독할 수 있는 능력을 가지고 있던 독일의 잠수함대(隊)는 호송선들이 연안에 기지를 두고 있는 항공기의 보호를 받을 수 없는 지역에서 작전을 수행하는 데 노력을 집중했다. 1941년에 잠수함들은 선박 1299척을 격침시켰다. 1942년에는 1662척이 격침되었는데, 그 전체 톤수가 800만 톤에 달했다. 영국의 무역은 전쟁 전 규모의 1/3 이하로 축소되었다. 국내 농업 생산을 확대하는 적극적인 프로그램과 봉쇄에 대한 예방책으로서 1930년대에 시작되었던 비축전략(strategy of stockpiling)으로 재앙은 모면할 수 있었다. 1943년 3월에 연합국의 해운(海運)이 경험했던 소모의 수준은 영국해군성이 대서양의 무역로, 나아가 사실상 영국의 전쟁 노력 전반의 붕괴를 두려워했을 정도로 높았다.

대(對)잠수함전의 흐름을 바꾸어놓은 것은 해전의 낡은 도구들이 아니라 새로운 세대의 무기와 무선, 레이더, 항공기였다. 호송선단 체계를 발전시키고 특별히 훈련된 호위함을 공급하며, 수중음파를 탐지하고 폭뢰(depth charge)를 사용함으로써 제1차 세계대전에서와 같은 해운의 손실을 줄이려는 모든 노력이 기울여졌다. 그러나 발전된 무선기술을 갖추고 호송선의 움직임에 대한 정보를 제공받고 있던 현대식 대양(ocean-going) 잠수함에 이러한 방법은 비효과적이었다. 1942년 동안 연합국 해군전력에는 재래식 1.7m가 아니라 센티미터식 주파수(centimetric frequencies)에 기초하는 신세대 무선장비가 보급되었는데, 이는 훨씬 더 성공적으로 잠수함을 추적할 수 있게 해주었다. 또한 독일 해군의 암호를 해독하는 데 상당한 노력이 들어가 1943년에는 무선정보의 지원을 받는 잠수함 전략이 추구될 수 있었다. 무엇보다 잠수함은 좀 더 효과적인 공중공격에 노출되었다.

1939년에는 해군 대부분이 항공력에 의해 해군의 전략이 변경될 수도 있다는 생각에 여전히 저항했지만, 전쟁의 첫 몇 해에는 지상력과 마찬가지로 해양력 또한 공중으로부터의 보호가 충분할 때에만 성공적으로 전개될 수 있다는 점이 결정적으로 드러났다. 1941년 5월 브레스트 서쪽 700마일 대서양에서 공중 발사된 어뢰에 의해 격침되었던 독일의 전함 비스마르크(Bismarck)호가 공중공격의 가장 유명한 희생자였다. 1940년 11월에는 소수의 영국 복엽기가 타란토(Taranto)에서 이탈리아 함대를 곤궁에 빠뜨렸다. 독일의 콘도르(kondor) 장거리 항공기는 멀리 대서양에서 1941년의 한 달 동안 선박 15만 톤을 격침시켰다. 잠수함은 특히 공중공격에 취약하다는 점이 드러났다. 일단 센티미터식 레이더(centimetric radar)[2]와 효과적인 대잠(對潛)무장을 장착하게 되자 항공기들은 큰 피해를 가하기 시작했다. 1943년에 대서양의 모든 지역을 주름잡던 장거리 항공기와 호송선단과 함께 항해하는 호위항공모함의 결합은 독일 잠수함의 패배를 가져왔다. 1943년에 격침된 독일 잠수함 237척 중 143척은 항공기에 의해 희생된 것이었다.

해전에서 쓰인 항공기의 혁명적인 효과는 극동에서 여실히 드러났다. 일본은 항공기의 영향을 인지하고 있던 몇 안 되는 해군국가 중 하나였다. 일본이 태평양에서 일본 제국주의를 위한 방패로 독일이 거둔 승리를 활용하고자 결정했던 1941년에 일본 항공전력의 정예요원이었던 해군 비행사들은 적 해군에게 독일의 기갑사단이 적 육군에게 행했던 바를 행했다. 수적으로는 소수였지만 기술적으로 능통했던 일본 해군의 항공전력은 태평양에서 미국과 식민강국에 맞서 1941년 12월 7일에 시작된 전쟁의 선봉을 형성했다. 하와이의 진주만에 있는 미군의 주요 해군기지에서 일본의 공중공격은 미국의 태평양 함대를 일격에 무너뜨리는 데 거의 성공했다. 그 뒤 3개월 동안 영국과 네덜란드의 해군력도 마찬가지로 무너졌다. 공중엄호가 없으면 전함들은 값비싼 대가를 치러야 했다. 그런가 하면, 해군 항공대가 없이는 적 함대를 격파할 수 없었다.

태평양에서 미국 해군과 대적했다는 것은 일본에게 불행한 일이었다. 이는 비단 미국의 조선소의 규모나 그것의 경제적 잠재력 때문이 아니라 미국의 해양인들이 유럽인들보다 일찌감치 항공기가 해군전투에서 결정적인 역할을 수행할 수 있다는 점을 인지하고 있었기 때문이다. 미국 해군은 특별히

---

2  1940년 초에 영국 버밍엄 대학교(University of Birmingham)의 랜들(John Randall)과 부트(Harry Boot)는 마이크로파 주파수를 훨씬 더 효율적으로 생성해주는 장치인 공동 자전관(cavity magneton)을 발명했다. 이를 통해 센티미터식 레이더가 발전할 수 있게 되었는데, 이 레이더는 이전보다 더 작은 안테나를 사용해 훨씬 더 조그마한 물체도 탐지할 수 있게 해주었다.

건조된 대규모 항공모함과 정예 해군 비행사를 보유하고 있었다. 미국의 전함은 또한 레이더를 장착하고 있었으며, 미국의 무선정보는 일본의 암호에 접근하고 있었다. 이러한 이점은 1942년 여름의 결정적인 해군전투에서 매우 긴요했다. 독일처럼 일본은 태평양 전구(戰區)가 효과적으로 증원되는 것을 막기 위해 태평양 전역에 있는 연합군의 보급로를 차단하고자 했다. 이러한 전략에 필요한 호주 북부의 산호해(Coral Sea)와 진주만에서 가까운 미국의 미드웨이(Midway) 섬 부근의 도서(島嶼) 기지를 확보하기 위해 5월과 6월에 일본 해군의 기동부대가 파견되었다. 일본 해군의 지휘관인 야마모토 야스마사(山本安正) 제독은 수적으로 우세한 일본의 주력함들이 영향력을 발휘할 수 있는 해군전투로 미군의 잔존 함대들이 유인되기를 희망했다.

그러나 해상교전은 이루어지지 않았다. 1942년 5월 산호해와 6월 4~5일 미드웨이 섬에서 벌어진 전투는 대적하는 해상전력은 지척에 둔 채 항공기에 의해 전적으로 결판나고 말았다. 미드웨이 해전(Battle of Midway)에서 성공적인 기만을 통해 적으로부터 은닉되어 있던 미국의 항공 모함들은 일본의 항공 모함단 전체를 격침시키고 전문적인 조종사의 절반을 죽이는 데 성공했다. 이러한 손실은 회복되기 어려웠다. 1943년과 1944년에 일본의 조선소들은 항공모함 7척을 추가로 공급했다. 그러나 미국의 조선소들은 90척을 만들어냈다. 미국의 항공기와 잠수함 ― 일본의 전력에는 그에 맞설 효과적인 방어책이 거의 없었다 ― 들은 서서히 일본으로부터 해군용 또는 상업 선박을 빼앗아갔다. 전쟁이 진행되는 동안 고성능의 해군 급강하 폭격기, 현대식 레이더, 무선통신이 도입되면서 태평양에서 연합국의 공·해군 협력은 지속적으로 개선되었다. 일본의 전투함대, 즉 전통 시대에 해상 지배력의 상징이었던 거대 전함 야마토(Yamato)호는 1945년 오키나와 섬을 지키기 위해 항해하던 중 미군 항공기 수십 대에 의해 희생되고 말았고 이로써 일본의 자존심은 상처를 입었다.

**지상에서의 전쟁 I: 아시아를 둘러싼 분쟁**

영국과 미국의 해군이 대양에 대한 통제권을 놓고 싸우고 있는 동안 독일, 소련, 일본, 중국의 육군 및 항공 전력은 아시아의 광대한 땅을 놓고 싸웠다. 1941년 6월에 있었던 소련에 대한 독일의 공격과 1931년에 시작되어 1937년에 전면전으로 변환되었던 중국에 대한 일본의 초기 공격은 공통점이 많았다. 독일과 일본에서는 부유한 서방 국가들과 동등한 조건으로 번영하기 위해 자국 국민에게 경제적 생활권이 필요하다는 믿음이 커져갔다. 제국주의와 인종에 대한 대중적 생각은 양국이 아시아 대륙의 영토에 주의를 기울이게 만들었다. 그들은 그 지역의 인민은 열등하며 소련의 공산주의와 중국 장제스의 독재체제는 취약할 뿐 아니라 부패했다고 생각했다. 아시아에 새로운 경제적·정치적 질서를 새겨넣고자 하는 투쟁은 가장 극단적인 형태의 총력전을 낳았다. 소련은 육체적·정신적으로 인내할 수 있는 한계선까지 주민 전체를 동원했다. 독일과 일본은 승리를 확보하기 위해 노력하는 과정에서 자국 주민에게 점점 더 무거운 짐을 지게 했지만, 인종 착취 이데올로기에 따라 수백만 명에 이르는 한국, 중국, 소련의 국민도 노예 노동자로 활용되었다. 유라시아를 둘러싼 분쟁과 중국에서 발생한 전쟁에서 민간인 약 1700만 명이 목숨을 잃었다. 그들 중 대부분은 적군에 의해 죽었지만 일부는 가혹한 자국 당국 때문에 죽었다.

1941년 6월 22일에 시작된 독일과 소련의 전쟁은 1000마일이나 되는 전선에서 이례적인 규모로 치러졌다. 이 전쟁은 히틀러의 영감에 의한 것이었다. 1939년과 1940년 독일군이 거둔 성공에 고무된 히틀러는 1940년 12월에 마침내 그때와 동일한 기동전과 그때까지는 성공을 거두었던 기계화 전력과 항공전력의 집중을 통해 소련에 신속한 타격을 가하기로 결심했다. 북부, 중앙, 남부의 3개 집단군으로 구분된 300만 명의 독일 및 동맹전력이 준비 없이 소련에 투입되어 일련의 파괴적인 협공기동을 수행했다. 이로써 그들은 4

개월 만에 레닌그라드와 모스크바의 언저리, 남부 우크라이나의 경제적으로 부유한 도네츠(Donets) 분지에 도달할 수 있었다. 겨울 날씨는 히틀러가 원했던 신속한 승리를 달성하지 못하게 했지만, 이듬해 봄 독일군은 남부의 산업 및 석유 지역 전체를 장악하고 최후의 섬멸적 포위를 완결짓기 위해 남아 있는 소련 전력의 뒤를 돌아 북쪽으로 선회하고자 남부에서 다시 한 번 진격해 나아갔다. 9월에 이르러 독일군은 볼가(Volga) 강가의 스탈린그라드와 캅카스 산맥의 가장자리에 도달했다.

독일의 공격은 작전기량과 전술적 효율성을 보여주는 모델이었지만, 1942년 늦여름에 이르러서는 그 탄력의 상실을 알리는 명백한 신호들이 나타났다. 11월에 스탈린그라드의 양쪽에 있던 소련군은 침공군에게 최초의 주요한 패배를 가했다. 1943년 1월에 독일의 제6군이 포위되어 30만 명이 생포된 것은 전쟁의 흐름이 침략국에 반하는 방향으로 바뀐 것이라고 볼 수 있다. 이 같은 독일의 패배에 대한 비난은 1941년 12월에 독일군을 직접 지휘했던 히틀러에게 돌아갔다. 그가 그 전역을 이끌면서 전력을 남부 러시아의 스텝 지대 너머로 과도하게 신장시켜 취약해지게 만든 것은 분명했지만, 소련군이 남부에서 진지하게 저항할 수 있을 것이라고 생각했던 독일의 장군은 1942년 여름까지만 해도 거의 없었다. 독일이 처한 문제의 뿌리는 이보다 더 깊었다. 전쟁의 첫 18개월 동안 독일군은 점진적인 '탈현대화(de-modernization)' 과정을 경험했다. 높은 전투 손실과 다른 전선으로의 자원 전용 때문에 항공기와 탱크의 수는 지속적으로 줄어들었다. 제국 내의 생산으로는 보조를 맞출 수 없었다. 병참선이 매우 신장된 결과, 차량과 비행기를 유지하고 수리하는 일은 군수상의 악몽이 되었다. 혹독한 날씨 — 겨울에는 극도로 추웠고 여름에는 무덥고 먼지투성이였다 — 는 많은 차량을 못 쓰게 만들었다. 각 기갑사단은 탱크 328대를 보유한 상태에서 전쟁을 시작했다. 그러나 1943년 여름에 이르면 평균 73대가 되었고, 종전기에는 54대였다. 독일군은 말에 의존했다. 1942년 동안 독일은 800만 명에 달하는 육군을 위해 트럭 5만 9000

대를 생산하는 데 그쳤던 반면, 같은 해에 말은 40만 마리가 동부전선으로 보내졌다. 독일군은 소수 정예사단에 항공력과 탱크전력을 집중시켰다. 나머지 육군은 제1차 세계대전의 경우처럼 철도, 말, 도보로 이동했다.

소련군은 전적으로 그 반대의 과정을 경험했다. 1941년 허약한 토대에서 출발했던 소련의 육군 및 항공 전력은 이례적인 개혁과 현대화 프로그램을 경험했다. 소련의 군사 지도자들은 의도적으로 적이 거둔 성공을 모방하는 일에 착수했다. 항공전력은 대규모 육군 항공단에 집중되어 전선에서 발생한 문제에 가장 유연하게 대응할 수 있도록 중앙집권적으로 조율되었고, 무선통신에서 상당한 개선이 이루어져 지상전력에 대한 효과적인 지원도 가능해졌다. 육군은 독일의 실례에 맞게 재조직되어 중무장 기갑 및 기동 사단이 핵심이 되었다. 원조의 일환으로 미국으로부터 제공된 송수신 겸용 무전기가 탱크에 설치되는 등의 소규모 개선은 전투력에서 급격한 변화를 낳았다. 스탈린은 보급과 병참에 우선순위를 두었으며, 1943년에 이르면 생산된 항공기와 탱크의 수가 독일의 생산량을 큰 차로 앞서기 시작했다. 2년이 경과하는 동안 기술적인 질도 현저하게 개선되었다. 가장 중대한 개혁은 작전기량에 기울인 관심에 있었다. 스탈린은 작전을 수립하는 책임을 총참모부와 유능한 부(副)원수 주코프(Georgii Konstantinovich Zhukov)에게 위임했다. 그의 리더십 아래 소련군은 수백만 명을 개입시키는 작전을 기획하고 수행할 수 있음을 입증해냈다. 이는 전쟁의 초기단계 동안 소련의 장군들이 달성했던 바를 뛰어넘는 위업이었다.

이러한 폭넓은 개혁의 효과는 1943년 7월 쿠르스크(Kursk)에서 있었던, 이 전쟁에서 가장 대규모이고 중요한 격전에서 드러났다. 자신들의 최전선을 안정시키려는 노력의 일환으로 독일의 장군들은 소련군을 유인하여 쿠르스크 스텝 지대에서 대규모 격전을 치르려 했다. 그곳에서 그들은 재생된 소련군의 주력을 포위하여 생포할 수 있기를 희망했다. 주코프는 깊고 정교한 방어지대를 준비하여 독일의 선봉 기갑부대가 몇 마일 이동하지도 못하게 만들었으며, 이어진 소련의 섬멸적인 역공은 독일의 전선을 깨뜨리고 침공군을 드네프르(Dnieper) 강 너머로 격퇴시켰다. 뒤이은 18개월 동안 소련의 공세전술은 그때까지만 해도 세계에서 가장 훌륭한 것으로 간주되던 독일의 육군 및 공군을 격퇴하는 데 성공했다. 독일군은 수세로 선회하여 탱크를 이동식 방어용 포로 사용하는 데 집중하고 대(對)전차포와 두터운 방어장비를 대량생산하는 것으로 방향을 전환했다. 소련군에게 유리한 방향으로 전력이 점점 더 불균형해진 것은 전장에서의 균형이 다시금 방어자에게로 쏠리기 시작한 정도를 파악하지 못하게 만들고 말았다. 독일로 격렬하게 진군해 들어가는 과정에서 양측 모두는 터무니없는 손실을 당했다. 제2차 세계대전의 승패가 갈린 곳이 바로 이곳이었다. 1941년부터 1945년까지 소련군은 독일 및 그 동맹군 사단 약 607개를 격파했다. 독일의 탱크들이 당했던 손실의 2/3는 동부전선에서의 것이었다.

중국은 침공에 저항하는 데 있어 소련보다 훨씬 덜 성공적이었다. 1941년 말에는 일본이 북부 중국의 상당 지역과 남부의 주요 해안지역을 통제하고 있었다. 미국에 의해 인도로부터 험난한 히말라야 산맥을 넘어 날아온 보급 물자가 잔존 저항력의 생명을 유지시켜주기는 했지만, 중국의 국민당군은 일반적으로 무장 및 지휘 상태가 형편없었다. 1944년에 일본군은 주요한 공세 — 이치고 작전(Operation Ichi-Go) — 를 감행했으며, 이는 그들로 하여금 남부 중국의 상당 지역을 통제하고 북쪽으로는 한국으로부터 남쪽으로는 말레이 반도에 이르는 자신들의 제국 전체를 연결시킬 수 있게 해주었다. 어느 진영도 대규모 항공전이나 탱크전을 지속할 수 있는 산업적·기술적 자원을 보유하고 있지 못했기 때문에 대결은 전통적인 전쟁에 가까웠다. 일본의 병사들은 구식 소총과 소구경 포를 가지고 싸웠다. 탱크는 경무장되어 있었으며 그 수도 소수에 지나지 않았다. 1944년에는 400대, 1945년에는 141대가 생산되었다. 좀 더 현대화된 무기는 태평양에서 있을 미국군과의 싸움을 위해 보존되었다. 일본군은 높은 수준의 인내력과 악명 높았던 잔인성에 의존했다. 총과 함께 칼과 단검, 심지어 활과 화살까지도 중국 주민들에게 사용했다. 그들의 저항력은 부패, 파벌주의, 관료들의 무능력에 의해 급격히 손상되고 말았다. 그러나 소련군이 10일 만에 만주를 휩쓸었던 1945년 8월에 일본의 위협이 갖고 있던 허약한 성격이 드러나고 말았다. 독일군과 일본군 모두에게 아시아 전역은 그들이 아시아의 '원시성'을 염두에 두고 기대했던 손쉬운 승리를 제공해주지 않았다. 그들이 의도했던 희생양, 즉 중국과 소련은 이 전쟁으로 아시아의 주요한 군사강국으로 등장했다.

## 전쟁상의 혁명: 항공력

지상에서의 전쟁과 해상에서의 전쟁은 항공기에 의해 변형되었다. 지상의 육군을 지원하기 위한 전술항공의 발전은 제2차 세계대전이 제1차 세계대전처럼 참호에 의한 교착상태로 전락하는 것을 막아주었다. 기총과 로켓으로 무장한 빠른 단엽 전투기와 '대전차(tank-busting)' 무기를 장착한 급강하 폭격기, 고성능 폭탄과 대인(對人)탄이나 네이팜(napalm)탄으로 무장한 중형 폭격기가 전장에서 이루어지는 공중활동의 표준적인 무기가 되었다. 지형이 험난하거나 적이 벙커나 참호에 몸을 잘 숨긴 경우를 제외하면, 공중공격의 정신적·물리적 효과는 언제나 공격 기갑부대에 앞서 길을 열어주기에 충분했다. 최전선에서는 일반적으로 무선통신이 사용되어 공중공격과 지상공격이 조율되었고, 전장 레이더는 적 공격에 대한 경보를 제공해주었다.

항공기는 또한 호송선이나 함대의 기동을 보호하는 방어적인 역할뿐 아니라 해상선박이나 잠수함에 대한 작전을 수행함에 있어서도 해전을 혁명적으로 변화시켜놓았다. 평범한 보급 및 정찰 부문에서도 항공기는 새로운 차원을 제공했다. 야전 장병들은 낙하산을 이용해 보급을 받았으며[1940년 5월 벨기에의 에방 에말(Eben Emael) 요새에 대한 강습과 1941년 5월 그레데(Crete) 점령과 같이, 때로는 장병들까지도 낙하산을 이용해 강하되었다], 중국에 대한 보급과 유격대 저항운동에 대한 보급을 위해 아메리카로부터 아프리카와 유럽에 이르는 긴 공중 보급로가 만들어지기도 했다. 공중으로부터의 정찰은 적의 움직임이나 잠재적인 군사표적에 대한 정보의 일상적인 원천이 되었다. 전쟁 기간에 카메라 기술이 발전하여 사진 판독(photographic interpretation)이 핵심 정보분야의 하나가 되었다. 그것은 암호나 스파이의 세계보다는 덜 매력적이었지만 중요도가 부족한 것은 아니었다.

이러한 모든 기능에서 항공기는 지원적 또는 보조적인 역할을 했다. 항공전력이 독립적인 작전을 수행했던 하나의 부문 — 이른바 '전략폭격'의 수행 — 은 그 모든 것과 가장 급격히 차별화되는 일임이 드러났다. 폭격은 총력전을 수행하는 최고의 도구였다. 그것은 경제적인 표적을 공격하거나 국내의 사기를 저하시킴으로써 적 주민을 겨냥했다. 장거리 폭격기술로 군사표적을 정밀하게 파괴할 수는 없었기 때문에 그 효과는 무차별적이었다. 폭격전략이 의도적으로 조준하는 것은 야전에 있는 전력이 아니라 그들의 배후에 있는 사회가 전쟁을 수행하고자 하는 의지와 그 사회의 생산역량이었다.

동부전선에서는 이러한 항공전의 형태가 거의 등장하지 않았다. 이는 부분적으로 관련된 공간이 너무 광대했기 때문이지만, 대부분은 독일군과 소련군이 전쟁은 야전에서 적의 주요 전력을 격파함으로써만 승리할 수 있다는 클라우제비츠(Karl von Clausewitz) 식의 관점을 고집했기 때문이다. 전략폭격은 영국과 미국에서만 전쟁 수행의 중추적 항목으로 채택되었다. 첫째, 그들은 적들이 모종의 초기 타격에서 공중무기를 무자비하게 사용할 것이라 생각했기 때문이다(이는 전적으로 근거 없는 두려움이라는 점이 입증되었다), 둘째, 두 국가 모두 봉쇄의 전통에 뿌리를 내리고 있는, 즉 전쟁에 대해 매우 경제적인 관점을 취했기 때문이다. 셋째, 민주 정부들은 폭격이 자국민에게 가해질 수 있는 제1차 세계대전기의 끔찍한 사상률을 피할 수 있게 해줄 것으로 기대했기 때문이다. 1930년대 말부터 영국 공군은 독일의 산업 중심지를 공격하는 데 몰입했으며, 1940년 5월에는 그러한 전역이 공식적으로 시작되었다. 그 본을 따라 1941년에는 미국 육군 항공대(United States Army Air Force)가 긴요한 군수 산업망을 정밀 파괴하기 위한 구체적인 계획을 작성했다.

기술적으로 성숙하지 못해 초기의 전략폭격은 실패했다. 영국 공군은 높은 손실률 발생을 피해 야간에 공격할 수밖에 없었지만, 이는 정확한 폭격을 불가능하게 만들었다. 1942년에 미국 육군 항공대가 좀 더 정확한 주간 폭격 전역을 개시했지만, 대기 중인 전투기들과 1944년까지 5만 개가 생산되어 제국을 방어하던 대공포들로 인해 소모율이 높았다. 1943년과 1944년 겨울에 양국의 항공전력은 독일의 방어망 때문에 전역을 포기할 뻔했다. 이 사업은 개선된 항법 보조장비와 더 나은 폭격전술의 도입으로, 그러나 무엇보다 독일의 영공에서도 작전을 수행할 수 있게 해줄 '전략 전투기(strategic fighter)', — 여분의 연료탱크를 장착한 항공기 — 의 도입으로 구제되었다. 연합군의 전투기들이 적 공군과 대등하게 싸우게 되자 독일의 항공력은 순식간에 약화되고 말았으며, 폭격기들은 훨씬 더 자유롭게 산업표적을 공격할 수 있었다.

독일 공군의 패배는 공격의 정확도와 위력이 개선되면서 달성된 것이었다. 그것은 연합군의 폭격기 전력이 고도로 통합되어 있고 팽팽히 강화되어 있는 독일의 전시 경제를 겨냥하는 강력한 도구가 되게 해주었다. 폭격의 효과는 두 가지였다. 첫째, 폭격전역은 독일의 전쟁 노력의 상당 부분을 해전이나 주요 전투전선으로부터 전용시켰다. 전투기 전력은 제국을 방어하는 데로 빨려 들어갔다. 독일의 폭격기 생산은 곧바로 감소했다. 생산된 중포와 전기 및 레이더 장비의 1/3이 대공방어에 투입되었다. 1943년에 이르면 폭격은 진정한 제2전선을 구축하게 되었다. 다른 효과는 경제적인 것이었다. 폭격은 독일의 전쟁 잠재력이 팽창하는 데 제약을 가했다. 1944년에 주요 무기와 합성석유와 같은 전략적 자원의 생산은 폭격 때문에 급격히 감소했다. 독일인 200만 명이 방공망과 그것을 조직적으로 수리하는 데 배치되었다. 폭격은 독일 노동자들의 신뢰성에 손상을 가하고 대피와 복구에 고비용적인 프로그램을 강요했다. 노골적인 항공력 옹호론자들이 희망했던 것처럼 그것이 자력으로 전쟁을 종결짓지는 못했지만, 폭격은 독일의 전쟁 노력을 왜곡시키고 노동력의 사기를 저하시키며 전선에서 긴요한 자원이 고갈되게 만들었다.

서방 국가들은 폭격전역에 연구 및 생산 프로그램의 상당 부분을 쏟아부었다. 폭격기 기술은 꾸준히 정교해져 미국 육군 항공대가 제1세대 대륙간폭격기인 보잉 B-29 '슈퍼 포트리스(superfortress)' ─ 이 항공기는 냉전 초기 동안 지배적인 항공기가 되었다 ─ 를 생산하기에 이르렀다. 항공전의 무장에 대한 연구는 이 전쟁에서 가장 대규모적인 연구 프로그램이며 핵무기 생산을 위한 '맨해튼 프로젝트(Manhattan Project)'를 낳았다. 폭탄은 독일과의 전쟁이 끝난 뒤 마침내 개발되었다. 보잉 B-29와 최초의 원자폭탄은 일본을 향해 방향을 바꾸었다. 1945년 일본의 주요 도시에 대한 체계적인 전략폭격이 개시되었다. 이러한 공격은 일본에 잔존하던 전시 생산력을 파괴하고 민간 주민들을 공포로 몰아넣었다. 1945년 8월에 원자폭탄 2개가 히로시마와 나가사키에 투하되었을 때 일본은 이미 항복의 시점에 와 있었다. 이 두 차례의 공격은 새로운 전략의 시대를 예고하는 것이었지만, 그것이 일본의 패인이 되지는 않았다.

### 지상에서의 전쟁 II: 유럽에서의 분쟁

1941년부터 1944년까지 서방의 두 국가는 주로 항공전과 해전을 수행했다. 영국이나 미국이나 할 것 없이 유럽으로의 재진입을 강제하기에 충분할 만큼의 대규모 육군은 보유하고 있지 못했으며, 직접적인 침공을 감행하기에 충분한 규모의 육군을 충원·훈련·무장하는 데는 2년이 걸렸다. 독일이 장악하고 있던 유럽에 직접적인 공격을 가하는 것은 너무나 위험해 보였기 때문에 영국군은 북아프리카에서 이탈리아를 격파하는 것으로부터 출발해 남부 및 남동부 유럽에서 생기는 전략적 기회를 포착하는 좀 더 간접적인 경로를 선호했다. 1942년 미군은 직접적인 공격을 가할 수 있는 준비가 되어 있지 않았기 때문에 루즈벨트(Franklin Roosevelt) 대통령은 영국이 북아프리카를 재정복하는 것을 돕는 데 동의했다. 경험이 미천했던 영국군과 미국군은 이탈리아군과 롬멜 원수(Field Marshal Rommel)가 지휘하는 독일 원정군을 격파하는 데 기대되었던 것보다 많은 시간을 소비했다. 1942년 10월 영국군은 이집트 국경의 알 알라메인(Al Alamein)에서 처음으로 추축국 전력을 지상에서 격파했다. 1943년 5월까지 북부 아프리카의 전 지역이 확보되었다. 영국 해협을 넘어 가해질 수 있는 공격에 대비하려는 노력에도 불구하고 기존 전력을 이탈리아 본토를 향해 사용하고자 하는 유혹은 압도적이었다. 연합군의 이탈리아 침공이 1943년 9월 3일에 이탈리아의 항복을 불러왔지만, 독일군이 그 반도를 장악하고 격렬한 방어전투를 치르면서 때로는 영국과 미국의 침공군을 격파할 것처럼 위협했다. 이탈리아에서 지중해 전략은 교착상태에 빠지고 말았다.

미국군은 영국 해협을 넘어 서부의 독일군 주력에 직접적인 공격을 가하고 싶어 했다. 강력히 요새화되고 방어되던 해안에 해상을 통해 이와 같은 공격을 가하는 것은 매우 위험했다. 그 성공 여부는 대서양에서 잠수함에 대해 승리를 거두는 일과 폭격이 독일 공군과 전시 생산에 가하는 영향에 달려 있었다. 해협을 건너 이루어지는 공격 – 암호명 '오버로드(Overlord)' – 은 준비해야 할 것들이 너무 복잡하고, 동원되는 자원 역시 방대해서 1944년 초여름까지 연기되었다. 오버로드 작전은 이 전쟁에서 처음 이루어진 주요한 연합작전이었다. 그것은 해군력에 의해서만 수행될 수 있었다. 4000척 이상의 선박이 침공을 지원했다. 주력함은 해안의 방어망과 독일의 증원군을 포격하는 데 결정적인 역할을 수행했다. 침공 후에는 매일 20척 이상의 보급 호송함이 해협을 건넜다. 나폴레옹과 히틀러는 이런 규모의 해군력을 보유하지 못했었기 때문에 해협을 건널 수 없었던 것이다.

오버로드 작전은 대규모 항공력에도 의존했다. 장거리 폭격기 전력이 북부 프랑스에 있는 독일의 통신망을 파괴하고 방어망을 공격하는 데 사용되었다. 영국의 방공망은 독일 공군으로 하여금 연합군의 준비상황을 제대로 정찰하지 못하게 했다. 결국 두 서방 연합국은 북아프리카와 이탈리아에서 경험했던 바에 기초하여 지상의 육군을 지원하기 위한 대규모 전술항공전력을 건설했다. 이는 다시 한 번 전쟁 초기에 독일이 성공적으로 실행했던 바를 모방한 것이었다. 오버로드 작전 첫날에 독일은 비행기 170대를 투입할 수 있었던 반면, 연합군은 항공기 1만 2000대를 투입했다. 프랑스에서 이어진 전역 내내 연합군은 공중에서 압도적인 우세를 누렸으며, 이는 그들로 하여금 당시 방어를 행하고 있으면서 방어 주도권을 복원하고 제1차 세계대전기 참호로 인한 교착상태를 재조성할 것처럼 위협했던 무기 — 대공포, 바주카포(bazooka), 야전중(重)대공포(heavy battlefield anti-aircraft batteries) — 로 무장하고 있던 적을 극복할 수 있게 해주었다.

1944년 1월 마침내 두 서방 연합군 간에 오버로드 작전 계획이 합의되었다. 우선 5개 사단과 공수부대의 지원으로 노르망디에서 공격을 가한 뒤 신속하게 전력을 증강하여 우익의 캉(Caen)에서 독일군을 저지하고, 연합군 전력이 더 서쪽에서 파리와 센(Seine) 강을 향해 넓게 원을 그리며 포위하려 했다. 연합군 전력은 고도의 기동성에 착안하여 조직되었다. 미국의 생산 덕분에 영국 연방과 미국의 군대는 완전히 차량화되었으며 높은 수준의 기계화를 만끽했다. 미국 육군은 기계화된 정예전력을 별도 운용했던 독일을 모방하지 않았다. 그 대신 탱크, 트럭, 각 사단에 할당된 자주포로 무장하고 방대한 기계화를 구축했다. 무선통신은 기계화된 군에서나 공지(空地)협력에서나 할 것 없이 원활한 작전을 수행하는 데 중심적인 역할을 수행했다. 1942년부터 1944년까지 미국 육군의 기술적 변혁은 그들이 모든 교전국 가운데 가장 현대적인 육군이 되게 만들었다. 이는 또한 대규모 상비(常備)육군을 유지하는 전통이 존재하지 않았던 사회로부터 투입되어 군사적 경험이 미천했던 서방 전력의 문제를 상쇄하는 데도 도움을 주었다. 1942년에 연합군을 지휘하기 위해 북아프리카에 도착했던 오버로드 작전의 최고사령관 아이젠하워

(Dwight Eisenhower) 장군은 이전에 무장전투를 전혀 본 적이 없었다.

서방 양국의 연합전력이 누렸던 모든 이점에도 불구하고 1944년 6월 6일에 시작된 노르망디 침공은 여느 때보다 더 행운에 의존했다. 정확한 시간과 위치는 복잡하고 위험한 기만 계획에 따라 독일의 정보로부터 보호되었다. 침공을 위해 선택된 날들은 기상 악화로 인해 차질이 발생했으며, 이는 6월과 7월 내내 연합군의 계획에 계속 지장을 주었다. 침공에 대응하기 위한 독일의 계획은 우유부단하고 혼돈스러웠다. 침공하는 5개 사단에 맞서 독일의 전력 − 총 50개 이상의 사단 − 이 좀 더 효과적으로 배치되었다면 갈리폴리에서처럼 그 거대 사업 전체가 종결되어버릴 수도 있었다. 이는 6월 6일 노르망디의 해안지대에 획득된 작은 거점이 또 다른 10일간 여전히 불안정했으며, 선회하면서 포위한다는 전략이 개시되는 데 거의 7주나 걸렸기 때문이다. 이 기간에 연합군의 화력은 독일 전력으로서는 감당할 수 없는 비율의 소모를 부과했다. 1944년 7월 마지막 주에 노르망디에서 포위 돌파가 이루어졌을 때 독일의 저항은 힘없이 무너졌다. 한 달 내에 파리가 해방되었으며, 9월까지 독일 전력은 격퇴되어 독일 제국의 국경에서 꼼짝달싹 못하게 되었다. 독일의 서부군 전체가 파괴되었으며, 독일은 거의 모든 장비를 잃어버렸다. 이는 전쟁을 통틀어 독일의 전력에 가해졌던 최대의 단일한 패배였다. 연합군의 승리는 항공력과 지상력의 효과적인 통합과 대규모적이고 매우 조직적인 병참체계, 이례적인 수준의 군사적 현대화에 의존한 것이었다. 프랑스에서 독일군을 격파한 것이 그 자체로 승전을 가져다주지는 않았지만, 이는 독일의 패배를 가속시키고 새로운 발명 − 로켓, 제트 항공기, 전기 추진 잠수함 − 에 기초하여 1944년에 독일이 부활할 수 있는 어떤 전망도 앗아가 버렸다. 1944년 가을부터 독일의 패배는 시간문제가 되고 말았다. 유럽의 독일군은 5월 7일에 항복했다.

## 후방전선 동원

1939년에서 1945년까지의 전쟁은 철저히 산업화된 전쟁이었다. 주요 교전국들은 산업 노동력의 1/2에서 2/3를 동원했으며, 국가 총생산의 3/4을 전쟁 수행에 쏟아부었다. 이는 전례가 없는 규모로 수행된 전쟁이었다. 이러한 경제적 몰입은 기존의 생산방법 외에 민간 노동력과 경영을 이용함으로써 대규모 재생산이 가능해진 현대 무기의 성격에 따른 결과였다. 1939년 이전에 등장했던 일군의 새로운 산업 ─ 차량, 항공기, 무선, 화학 ─ 은 발빠르게 탱크, 전투기 또는 폭발물을 생산하는 목적으로 전환될 수 있었다. 그러나 이러한 규모로 동원이 이루어진 것은 후방전선(home front)의 최소 생활수준을 유지하는 데 지장이 없는 한계까지는 국가가 총력전에 경제력을 행사해야 한다는 믿음에 따른 것이었다. 미국만이 다른 어느 국가보다 많은 전쟁물자를 생산하며, 높은 수준의 수출과 민간 소비를 유지하기에 충분한 산업자원을 보유하고 있었다. 영국, 독일, 일본, 소련에서는 무역이 쇠퇴하여 미미해졌으며, 본국 주민들은 소량의 배급식량과 가재도구로 생존하도록 강제되었다.

이러한 규모로 자원을 동원하는 데는 포괄적인 기획이 필요했다. 모든 교전국들이 국가가 노동력과 물자를 직접 통제하는 군사경제 체제를 도입했다. 소련의 경제 현대화 5개년 계획은 독일 침공군에게 손실당한 소련의 산업자원을 극복하기 위해 이루어진 기획이었다. 이와는 대조적으로 단일 정당에 의한 독재가 존재했음에도 불구하고 독일에서의 기획은 혼돈스럽고 분권적인 상태로 남았으며, 이는 독일로 하여금 전쟁 내내 유럽에서 그들이 통제하고 있던 거대한 경제자원에 상응하는 규모의 무기를 생산해내는 데 실패하게 만들었다. 좀 더 소규모의 산업기반을 가진 소련이 전쟁 내내 독일제국보다 더 많은 생산을 달성했다.

이러한 대조는 부분적으로 독일군의 선호를 반영하는 것이었다. 독일군은 대량생산에 적대적이었으며, 고도로 훈련된 노동력을 활용하는 전문적인 고

품질 생산을 선호했다. 그 결과는 독일이 전쟁의 상당 기간 대부분의 주요 무기들에서 기술적 우세를 유지한 것이었지만, 생산량은 상대적으로 적었고 기술적인 정교함 때문에 야전에서 그것들을 유지하는 데도 어려움이 있었다. 독일에서 생산을 위한 노력의 상당 정도는 경이로운 신무기를 찾는 일이나 기존 무기를 지속적으로 최신화하는 데 낭비되었다. 1942년에 들어서야 대량생산 기술을 채택하려는 데 더 많은 노력을 기울였으며, 그 뒤에는 폭격이 시작되어 독일의 체계에 내재되어 있던 높은 팽창의 잠재력이 잠식되기 시작했다.

연합국, 즉 영국, 소련, 미국은 기술적 질과 생산 간의 다른 균형을 모색했다. 그들은 현대적인 공장제 방법과 반(半)숙련 노동력에 의해 대량생산되는 좁은 범위의 발전된 무기에 집중했다. 주기적인 개량정책은 1944년에 이르러 연합군의 항공기와 육군 무기가 독일의 그것에 적어도 필적할 수 있게 하고, 수적으로도 훨씬 더 많이 존재할 수 있게 해주었다. 전쟁 동안 기술적인 경계는 제트기, 로켓, 핵무기를 향해 확장되었지만, 그 어느 것도 아직까지는 그러한 대결에 결정적인 효과를 가져다줄 수 없었다. 이 대결에서 승리를 이끈 것은 1939년에 이미 잘 발전되어 있던 무기들 — 빠른 단엽 전투기, 레이더, 중폭격기, 대규모 탱크, 대(大)구경 이동식 포 — 이었다.

전쟁에 임하고 있던 각 사회는 이러한 수준의 물질적·기술적 동원이 요구하는 희생을 받아들이는 데 서로 다른 적극성을 보였다. 희생의 수준은 매우 광범위했다. 미국의 민간 주민은 직접적으로 공격당하지 않았으며, 1인당 평균 75%나 생활수준이 상승했다. 일본과 독일에서는 폭격으로 주요 도시의 넓은 지역이 파괴되었고 거의 100만 명에 이르는 민간인이 죽었다. 또한 생활수준이 급격히 하락했고 영양실조도 증가했다. 소련에서는 많은 노동자들이 계엄령 아래 놓였고 다른 수백만 명은 노동자 수용소에서 생을 마감했으며 나머지는 장시간 노동과 빈약한 배급이라는 가혹한 체계에 노출되었다. 전선으로부터 가까운 소련의 도시에서는 폭격이 일상적인 것이었으며, 적의 활동으로 민간인 수백만 명이 사망했다.

민간 주민이 어떻게 총력전에 직면하여 전쟁 의지를 유지할 수 있었는지는 이 전쟁의 핵심적인 질문 중 하나로 남아 있다. 부분적으로는 강압이 그 역할을 했다. 소련에서 태만이나 결근은 노동자 수용소 행이나 사형으로 이어질 수 있었다. 독일에서는 700만 명 이상의 징용 노동자들에게 총구를 들이대어 노동을 강요했으며, 강제 수용소 및 학살 수용소에 있는 노예 무리는 전쟁 노력을 위해 죽을 때까지 일해야 했다. 그러나 독재일지라도 강압에는 한계가 존재했다. 보너스나 여분의 배급을 주는 것으로 노동자들에게 보상하는 길이 모색되었다. 선전기구는 희생과 집단적 노력을 설교하고 적을 악마화했다. 서방의 주민들은 자신들의 명분이 매우 정의롭다는 확신으로 싸웠으며, 그들의 정부는 민간인에 대한 폭격과 스탈린이 이끄는 소련과의 동맹에도 불구하고 이 전쟁을 자유와 자유주의적 가치를 위한 전쟁으로 제시하기 위해 의도적으로 노력했다. 일본과 독일에서 적은 대중의 우월의식을 지속시켜준 고유의 민족문화를 멸절시키고자 애쓰는 야수적이고 파괴적인 존재로 묘사되었다. 군사행동 수행에 대한 모든 재래적인 제약이 작동하지 않는 것처럼 보였을 때 주민들은 총력전 시대에 적이 행할 수 있는 일에 대한 두려움 때문에 싸웠다.

역설적이게도 1939년에서 1945년까지 총력전 수행을 위한 노력은 총력전이 군사력에 의해 제한된 자원을 가지고 싸우는 전쟁의 전통으로 회귀할 수 있는 상황을 조성했다. 종전기에 개발된 새로운 세대의 무기는 너무나 고비용적이고 기술적으로 정교해 기존의 민간산업으로는 신속하게 대량생산할 수 없었다. 도시의 민간 주민들을 표적으로 했음에도 불구하고 핵무기는 국가자원을 동원하기에는 너무 짧은 72시간 내에 분쟁이 끝나버릴 수 있음을 보여주었다. 이런 상황에서는 제2차 세계대전과 같은 대규모적인 참가로 달성할 수 있는 게 거의 없었다. 이는 대규모 시민군, 효과적인 전쟁 수행을 위해 국내의 민간자원에 의존하는 것, 재래식 전쟁에서 행해진 민간인 공격을 싫

어했던 군부의 많은 이들이 환영하는 결론이었다. 1945년 이후 군사기술의 성격, 전쟁 수행에 대한 국제적 규칙을 강화하려는 노력, 전쟁의 경제적 토대를 제공하기 위한 '군산 복합체'의 창설은 하나같이 1918년 이후 한 세대 동안 전략적 사고를 지배했던 총력전 개념을 손상시키는 데 기여했다.

## 제9장

# 냉전

필립 토울 Philip Towle

냉전은 제2차 세계대전의 종결로부터 1989년 공산주의 제국이 붕괴될 때까지 44년간 국제사를 지배했다. 소련과 서방의 대립은 1945년과 스탈린이 사망한 1953년에 특히 첨예했다. 그러나 그 이후에도 1956년 소련의 헝가리 침공, 1961년 베를린 장벽(Berlin Wall) 건설, 그 이듬해 쿠바 미사일 위기를 두고 두 진영이 서로 맹비난을 가하면서 긴박감이 존재했다. 1960년대 말에 미국과 소련이 신봉했던 데탕트(détente) 정책에 대해 미국이 점점 더 환멸을 느끼게 되는 1975년경부터 1985년까지 마지막 적대기(敵對期)가 존재했다.

다행히도 두 진영이 가장 적대적이었던 기간은 이들이 전쟁에 의존하기에는 가장 적절하지 않은 때였다. 영국과 미국이 주도하던 서방 진영은 1940년대 말에 동부 및 중부 유럽에서 모든 민주주의적 경향이 파괴되어버린 것에 대해 개탄했을 뿐 아니라 공산주의의 세계적 팽창에 대해서도 두려워했다. 이 시기에 서방은 쿠알라룸푸르로부터 아테네까지, 그리고 사이공으로부터 베를린까지 이르는 전 지역에서 수세에 처해 있는 것처럼 보였다. 그러나 소련과 동유럽의 나머지 국가들은 제2차 세계대전으로 인해 완전히 파괴된 상태었다. 레닌그라드와 스탈린그라드를 포함하는 소련의 가장 큰 도시들 중 다수는 대부분 파괴되어 있었으며, 일부의 추산에 의하면, 최고 2000만 명에 이르는 시민이 사망했다. 소련은 서방의 추가적 침공으로부터 동유럽을 보호하기 위해 그들을 통제하고자 했지만 민주 국가들의 입장에서 이는 마르크스주의적 수사(修辭)에서 '공산주의의 거침없는 진군'이라 부르는 또 하나의 단계처럼 보였다.

제2차 세계대전으로부터 양측이 회복된 시기에 이르면 유럽의 분할은 대체로 받아들여졌다. 처칠이 표현한 '철의 장막(Iron Curtain)'이 발틱 해로부터 지중해에 걸쳐 존재하게 되었다. 서방의 정치인과 신문 들은 소련이 1956년에 헝가리, 그리고 그로부터 12년 뒤에는 체코를 탄압한 것에 대해 여전히 격분할 수 있었지만, 전면전을 유발하지 않고도 동유럽을 직접 지원할 수 있는 방법은 없다는 점을 알고 있었다. 베를린, 유고슬라비아, 쿠바와 같은 '발화점(flash points)'만이 여전히 각축되었을 뿐, 북반구는 사실상 세력권(spheres of influence)으로 분할되었다.

냉전은 결코 도래하지 않을 전쟁을 위해 전례가 없는 규모로 이루어지는 군사적 준비와 지출을 포함했다. 미국의 육군 및 공군 장병 수십만 명이 서독, 이탈리아, 영국에 주둔했고 그와 비슷한 수의 소련 장병이 동유럽에 주둔했다. 해마다 유럽에서 실시되는 군사훈련에는 장병 수천 명과 탱크, 항공기, 함정 수백 대가 참여했다. 냉전은 매우 고비용적인 재래식 군비 경쟁뿐 아니라 수소폭탄, 대륙간폭격기, 대륙간탄도미사일(ICBM), 핵추진 잠수함, 정찰위성의 발전도 이끌었다. 군에서 유지되었던 병력의 실제 수는 특정 시기에 존재했던 긴장을 반영한다(〈표 9-1〉 참조). 한국전쟁의 결과로 미국과 영국, 소련의 전력은 1950년대 중반 들어 절정에 달했다. 그 후에는 긴장이 약화되고 각 정부가 예산을 더 의식하게 되면서 병력 수가 감소했다. 베트남전에 개입하게 되면서 미국은 1960년대에 그러한 경향을 역전시켰다. 소련도 미국에 대적하기 위해, 쿠바 미사일 위기의 치욕을 반복하지 않기 위해, 동쪽으

**표 9-1 병력 수**  (천 명)

| 연도 | 미국 | 영국 | 서독 | 소련 |
|------|------|------|------|------|
| 1954년 | 3,350 | 840 | 15 | 4,750 |
| 1960년 | 2,514 | 520 | 270 | 3,623 |
| 1970년 | 3,066 | 506 | 466 | 3,305 |
| 1977년 | 2,088 | 330 | 489 | 3,675 |
| 1988년 | 2,163 | 316 | 488 | 5,000 |

로부터 중국의 위협에 맞서기 위해, 자신들의 전력을 증가시키기 시작했다. 이유가 무엇이었든지 간에 병력의 증가는 소련 핵전력의 팽창으로 대응되었다. 그에 포함되었던 경제적 노력은 소련의 경제를 소진시키고 소련 제국의 붕괴와 1989년 냉전의 종식을 불러오는 데 적지 않게 기여했다.

냉전 초기에 아시아의 많은 지역에서는 제3세계 게릴라들이 돌아온 식민 국가에 대항해 전투를 수행했다. 1960년대 중반까지 아시아와 아프리카 국가 대부분이 독립을 달성했지만, 뒤이어 탄생한 허약한 국가들은 게릴라와 내전에 의해 스스로를 갈기갈기 찢고 말았다. 냉전이 이러한 역사적 과정과 뒤얽혔다. 서방의 지도자들과 대중은 반식민주의적 투쟁과 친(親)공산주의적 투쟁을 잘 구별하지 못했는데, 베트남, 라오스, 말레이 반도에서와 같이 독립운동이 마르크스주의자들에 의해 주도될 때는 특히 그랬다. 독립 후에는 강대국들이 냉전에서 자신들을 지지하기만 한다면 어떤 제3세계 정부이든지를 막론하고 지원하는 경향을 보였다. 그렇게 해서 그들은 개발 도상국의 많은 독재체제를 강화시켜주었다. 아울러 서방 정부나 소련 정부나 할 것 없이 동맹국을 확보하고 제3세계에 무기를 제공함으로써 무기 개발의 비용을 분담시키고자 했다. 다행히도 이 기간에는 재래식 전쟁들이 희소했지만, 그것들은 일반적으로 제3세계에서 소련과 서방에 의해 제공된 장비를 가지고 치러졌다.

# 핵무기

핵무기가 국제 정치와 군사전략을 얼마나 변화시키게 될지는 히로시마와 나가사키에 원자폭탄이 투하된 지 10년이 경과하면서 점차 분명해졌다. 일본이 항복한 직후 미국은 소련과의 핵 군비 경쟁의 위험성에 대해 경계하기 시작했다. 소련의 의구심을 감소시키기 위해 트루먼(Harry Truman) 대통령과 그의 자문관들은 소련과의 핵 비밀 공유를 고려했다. 상당한 내부 논쟁이 있고 난 뒤 그들은 대신 새로 구성된 국제연합(United Nations)에 이른바 바루크안(Baruch plan)을 제안하기로 결정했다. 그것은 핵무기를 금지시키고 주요 핵 연구센터 및 설비를 국제연합의 직접적 통제 아래 두는 것이었다. 그러나 이 안으로 서방은 원자폭탄을 만드는 방법에 대한 지식을 보존할 수 있는 반면, 소련은 원자폭탄 제조와 유사한 기술의 발전 가능성을 억제당할 것이었다. 이는 또한 소련 내에서 사찰과 통제를 행하는 것도 포함하고 있었기 때문에 소련으로서는 받아들일 수 없는 조치였다. 군비통제협상은 한국전쟁 동안에만 잠시 중단되었지만, 긴장의 수준으로 인해 모종의 합의에 도달하는 데는 1960년대까지 기다림이 필요했다.

그러는 동안 미국은 핵실험을 계속했으며, 소련은 자체적인 원자폭탄을 만들기 위해 최대한 신속하게 일을 진행하고 있었다. 전쟁이 끝나 재래식 전력이 신속하게 동원 해제되면서 핵무기에 대한 서방의 의존은 증가했다. 서방 정부들은 소련이 자신들과 동일한 정도로 전력을 동원 해제하지 않았다고 믿었다. 결국 소련은 미국, 프랑스, 영국이 독일 서부지대에 유지시키던 점령군 병력을 순식간에 제압할 수 있게 될 것이었다. 서방의 안은 소련의 가정된 우위에 균형을 맞출 수 있는, 비교적 저비용적인 방법을 제공하는 것처럼 보였던 핵무기를 제외한다면 결의에 찬 소련의 탱크가 해협을 향해 돌진하는 것을 중지시킬 수 있는 것이라고는 아무것도 없을 것으로 가정했다.

핵에 대한 이러한 의존은 꾸준히 증가했다. 전후 초기에 미국은 매우 소수의 핵무기만 보유하고 있었다. 1947년 7개, 1948년 25개, 이듬해에는 50개를 보유했다. 전략적인 전력에 대한 지출이 96억 달러에서 433억 달러로 4배나 증가하면서 한국전쟁 동안 그 수는 한 해에 약 100개씩 늘어났다. 미국은 또한 소련 내에 위치한 표적을 공격하는 데 필요한 폭격기도 개발했다. 1950년에 미국은 B-29 289대, B-50 160대, B-36 38대를 보유했었다. B-36만이 실질적인 대륙 간 능력을 가지고 있었기 때문에 1940년대 말경부터 냉전이 첨예해졌을 때까지 B-29의 기지는 유럽에 있었다.

이 시기에 소련은 외견상 훨씬 더 핵 군비 경쟁에 뒤처져 있었다. 그들의 강박적인 비밀성은 서방으로 하여금 그들이 북대서양조약기구(NATO)의 일부 기술적 진보를 도둑질하고 있다고 믿도록 만들었다. 가끔씩만 이러한 두려움이 정당한 것으로 입증되었다. 엄청난 노력 끝에 소련은 1949년 그들의 첫 핵폭탄을 폭발시켰다. 이는 서방의 정보가 애초 예견했던 것 – 4년이라는 시간 차를 두고 미국과 소련의 폭탄이 만들어진 것 – 과 맞아떨어졌지만, 많은 서방 관리들은 이 사실에 놀랐다. B-29의 소련식 모방품 – Tu4 또는 불(Bull)로 알려졌다 – 이 1946년에 첫 비행을 실시했다. 1950년대 중반에는 Tu16 배저(Badger)와 Tu20 베어(Bear)가 그 뒤를 이었다. 그러나 이들 중 그 어떤 것도 효과적인 대륙 간 전력을 제공하지는 못했다. 쌍발 제트기 배저는 항속거리가 3800마일이었기 때문에 편도 임무 수행 시에만 미국에 도달할 수 있었다. 베어는 항속거리가 배저의 약 2배나 되었지만, 제트가 아니라 터보-프로펠러 엔진에 의해 움직였다. 베어는 100마일 또는 그 이상의 거리에서 표적을 공격할 수 있는 원거리 미사일을 장착하고 있었을 때조차 미국 전투기의 손쉬운 표적이 될 수 있었다. 그러나 이것이 1956년부터 미국 내에서 발전되어오던 '폭격기 전력 차(bomber gap)'에 대한 두려움 – 이러한 환상은 오래가지 못했다 – 을 중단시켜주지는 못했다.

1960년에 폭격기 전력 차에 대한 염려는 그와 유사한 미사일 전력 차가 커져 서방의 안보를 위협하고 있다는 근심에 의해 계승되었다. 이는 원래 1957

**표 9-2** 미국과 소련의 미사일

| 국가 | 미사일 | 1963년 | 1965년 | 1967년 | 1969년 | 1971년 | 1973년 | 1975년 |
|------|--------|--------|--------|--------|--------|--------|--------|--------|
| 미국 | 대륙간탄도<br>미사일 | 423 | 854 | 1,054 | 1,054 | 1,054 | 1,054 | 1,054 |
| | 잠수함발사<br>미사일 | 224 | 496 | 656 | 656 | 656 | 656 | 656 |
| 소련 | 대륙간탄도<br>미사일 | 90 | 224 | 570 | 1,028 | 1,513 | 1,527 | 1,618 |
| | 잠수함발사<br>미사일 | 107 | 107 | 107 | 196 | 448 | 628 | 784 |

년에 소련이 최초의 대륙간탄도미사일과 위성을 성공적으로 발사함으로써 촉발된 것이었다. 사실 이러한 성공에도 불구하고 미국은 1960년대 초에 미사일과 폭격기 모두에서 훨씬 더 앞서 있었다. 수적 맥락에서 보았을 때 미국의 폭격기 전력은 1959년에 절정에 달해 B-47 1366대와 B-52 488대를 보유하고 있었다. 3년 뒤 B-47 전력은 880대로 감축되었지만, 이제 미국은 소련의 대륙간탄도미사일 약 35기와 중폭격기 100대에 맞서 B-52 639대와 대륙간탄도미사일 약 280기를 보유하고 있었다. 소련이 처음으로 이를 따라잡은 것은 1960년대 말과 1970년대 초였으며, 그 뒤에는 대륙간탄도미사일과 잠수함발사미사일(SLBM) 모두 수에서 미국을 앞질렀다(〈표 9-2〉 참조). 미국은 미사일 추가 생산을 중단했던 1960년대 중반에 소련 전력이 미국과 같은 수준에서 절정에 이를 것이라고 가정했다. 그러나 이런 가정은 잘못된 것으로 드러나고 말았으며, 1970년대 중반에 긴장이 고조되는 주요 원인 중 하나가 되었다. 미국이 아무것도 하지 않고 있었던 것은 아니다. 그들은 이른바 다탄두미사일(MIRV), 즉 미사일이 발사된 뒤 우주에서 분할되는 탄두를 생산해냈다. 미사일 1개로도 적 표적의 다수를 파괴할 수 있게 됨으로써 그러한 탄두가 가진 파괴적 잠재력이 훨씬 더 잘 사용될 수 있었다. 미국이 보유한 미사일의 추가적인 정교화, 폭격기 전력에서 미국이 점하고 있던 우위, 미국의 좀 더 신속한 다탄두미사일 개발은 소련의 수적 우세를 상쇄하는 데 도움

을 주었다. 양국 간의 전력비(戰力比)는 핵 군비 경쟁을 중지시키고자 했던, 1972년에 서명된 전략무기제한조약(Strategic Arms Limitation Treaty)에 반영되었다.

## 핵전략

냉전 기간 내내 서방, 특히 미국의 전략가들은 핵무기의 사용 가능성에 대해 심각하게 고려했으며, 또 이에 대해 거들먹거리며 말하기도 했다. 초기에 그것은 더 큰 폭탄에 불과한 것으로 간주되기도 했다. 어쨌든 도쿄와 다른 도시에 대한 재래식 소이탄 공습보다 히로시마에 투하된 원자폭탄으로 더 많은 사망자가 발생하지는 않았다. 그럼에도 불구하고 처음부터 이제 전환점에 도달했으며, 인간의 생존 자체가 위험에 처하게 되었다는 인식이 자리 잡았고, 이러한 인식은 훨씬 더 파괴적인 수소폭탄이 개발되면서 증대되었다. 미국은 1952년 11월에 수소폭탄을 처음 시험했으며, 이듬해에는 소련이 그 뒤를 따랐다.

전략가들은, 핵무기는 존재하며 교착상태인 군비통제협상을 통해서는 핵무기가 제거되지 못한다는 전제에서 출발했다. 그와 동시에 그들은 소련과 서방의 전쟁에 핵무기가 사용되면 상상할 수 없는 규모의 파괴가 유발될 것이라고 믿었다. 그러므로 핵무기는 핵 억제를 통해 동·서 간의 전쟁을 예방하는 데 활용되어야 했다. 소련인들에게 그 긴요한 이해관계가 위협받는 경우 서방은 심지어 그것이 거의 자살과 같은 것이 될지라도 핵무기를 사용할 것이라는 점을 납득시킬 필요가 있었다. 소련인들에게는 또한 미국의 핵무기가 소련의 초기 공격에 의해 파괴될 수 없다는 점이 설득되어야 했다. 그렇기 때문에 초기에 폭격기들은 실제로 공중대기 중이지 않더라도 매우 높은 수준의 경계태세를 유지했다. 나중에는 미사일들이 지하 콘크리트 사일로(silo)에 보관되거나, 당시 기술로는 거의 난공불락이던 잠수함에 탑재되어 바다로 보내졌다.

억제는 자살적인 위협은 위험하고 설득력이 없으며 비도덕적이라고 주장하는 많은 비판자를 양산했다. 소련이 효과적인 자체 핵전력을 갖게 된 뒤로 핵무기는 하나의 위협으로서도 더 이상 쓸모없어졌다. 서방 정부들은 미국과 그 동맹국들이 핵전력을 사용하지 않을 것이라는 희망 아래 소련이 서유럽을 장악하는 모험에 나설 가능성을 부인했다. 억제의 도덕성 또한 문제였다. 만약 서방의 무기가 소련의 미사일과 폭격기를 표적으로 삼는다면, 이는 소련으로 하여금 위기 시 자신들의 전력을 최대한 신속하게 사용하도록 권고해줄 뿐이었다. 서방의 핵전력이 실제로 소련의 도시를 조준한다면 이런 위협은 비도덕적일 뿐 아니라 믿어지지 않는 것이 될 것이었다. 레이건(Ronald Reagan) 대통령과 그의 자문관들로 하여금 1980년대에 전략적 방위구상(Strategic Defense Initiative) 또는 별들의 전쟁(Star Wars) 프로그램을 제안하게 만들었던 것은 기술적 변화와 더불어 이러한 주장들이었다. 이 프로그램은 위성 다수가 지구 주위를 선회하게 함으로써 미국을 핵공격으로부터 보호해줄 것으로 기대되었다. 그 위성들은 대기권을 관통하여 솟아오르는 소련의 미사일들을 손상시키기 위한 빔(beam)무기를 보유하게 될 것이었다. 이러한 프로그램의 실현 가능성과 유지 가능성 모두가 1989년에 냉전이 종식될 때까지 집중적인 논쟁의 주제가 되었다. 결국 미국 의회가 관련된 수십억 달러에 찬성할 가능성은 사라지고 말았으며, 미국과 러시아는 자신들이 보유한 핵무기 다수를 퇴역시키고 핵무기가 다른 국가들로 확산되는 것을 막기 위해 협력했다.

## 한국전쟁

군사적·정치적으로 1950년부터 1953년까지의 한국전쟁은 냉전 기간에 발생했던 가장 중요한 재래식 분쟁이었다. 군사적으로 보았을 때 한국전쟁은 핵국가가 전쟁을 치를 수 있으며, 심지어 그들의 전력이 패배하고 있을 때에도 원자폭탄은 사용하지 않기로 결정할 수 있다는 점을 보여주었기 때문에 중요했다. 아울러 항공력은 일부 항공력 열성주의자들이 주장했던 것만큼 결정적이지 않다는 점도 알려주었다. 정치적으로 한국전쟁은 동·서 간 긴장을 상당 정도 증가시키고, 군비 지출의 극적 증가를 야기했으며, 북대서양조약기구를 느슨한 동맹에서 긴밀한 군사동맹으로 변환시켰다.

이 전쟁은 1950년 6월 24일에 공산주의 북한이 비공산주의였던 남한의 군대를 공격하면서 시작되었다. 남한군은 순식간에 제압당했고, 남한의 가장 남쪽에 위치한 부산으로 격퇴당했다. 미국은 즉각 이 분쟁에 항공전력을 투입했으며, 7월 1일에는 미국의 지상전력이 한국에 상륙했다. 소련이 안전보장이사회(Security Council)에서 일시적으로 철수해 있었기 때문에 서방의 결의안은 거부될 수 없었다. 결과적으로 북한의 침략은 국제연합의 비난을 받았으며, 미국이 전력의 대부분을 제공하고 작전을 지휘하기는 했지만 국제연합의 깃발 아래 일련의 군사작전이 수행되었다.

점차 미국과 남한은 부산 부근에 자신들의 방어선을 강화했다. 그와 동시에 미국은 일본에 주둔하는 전력을 증강시켰다. 그들의 지휘관인 맥아더 장군은 단순히 북한군을 부산으로부터 퇴각시키는 것이 아니라 북한군 전선의 배후에서 상륙작전을 수행하는 데 이 전력을 사용하기로 결심했다. 한국에는 그와 같은 상륙이 이루어질 수 있는 해안이 거의 없었고, 초기단계에서는 침공군(상륙군)이 매우 취약했기 때문에 그와 같은 결정은 상당한 도박이었다. 그러나 도박은 성공했다. 1950년 9월 인천 상륙은 국제연합군이 한반도 남쪽 부분에 있던 북한군 전력 대부분을 고립시키고 파괴했을 정도로 매우 성공적이었다. 이제 국제연합이 북한으로 진입하여 한반도를 통일시킬 것인지, 아니면 단순히 원래 국경을 복원시킬 것인지가 문제가 되었다. 자신들이 전쟁에 개입할 수 있다는 중국 공산정부의 간접적인 경고에도 불구하고 그러한 경계를 넘는다는 치명적인 결정이 내려졌다. 11월에 국제연합군이 압록강에 접근하자 중국군은 공격을 감행하여 국제연합군을 한반도 아래쪽으로 퇴각하게 만들었다. 1951년 1월 4일에 공산군이 두 번째로 남한의 수도 서울을 점령했다. 바로 이 단계에서 맥아더 장군은 점점 더 공개적으로 중국에 대한 핵무기 사용과 중국 연안에 대한 봉쇄를 요청하기 시작했다.

트루먼 행정부는 수차례 핵무기 사용을 고려했었다. 그들은 정치적·군사적 이유 때문에 그것을 사용하지 않기로 선택했다. 그들은 '가치 있는' 표적이라고는 중국의 도시들뿐이라고 믿었다. 북한의 고지들에 흩어져 있는 중국군에 핵공격을 감행하는 것은 비효과적일 수 있었으며, 그렇게 되면 그것은 전 세계적으로 핵 억제의 영향을 감소시킬 것이었다. 트루먼은 전쟁을 한반도에 국한하고 소련의 개입을 단념시키고자 했다. 그는 중국에 핵공격을 감행할 시 이것이 불가능해질까 봐 두려워했다. 뒤이은 행정부들도 핵무기 사용을 고려했었다. 특히 1954년 디엔비엔푸(Dien Bien Phu)에서 베트남 게릴라에게 포위된 프랑스군을 지원하기 위해 핵무기를 쓰려고 했다. 그러나 그런 유혹은 언제나 저항을 받았고, 나중의 행정부가 '관례'를 깨고 핵무기 사용을 개시하기란 매번 훨씬 더 어려웠다.

핵무기 사용과 확전에 대한 논쟁으로 1951년 4월에 트루먼은 맥아더를 국제연합군 사령관 보직에서 해임했다. 중국군은 이미 국제연합군을 밀어붙이고 있었으며, 1951년 3월의 전선은 전쟁 시작 당시 유지되었던 경계에서 그리 멀지 않은 곳으로부터 안정되었다. 7월에 평화협상이 시작되었고, 향후 2년간 전투가 이어지는 와중에도 협상은 계속되었다. 한반도는 폐허가 되었으며, 민간인과 군인 수십만 명이 사망했다. 중국은 강대국의 하나로 확고히 자리매김했지만 미국의 격한 적대감을 불러일으키는 대가를 치렀다. 항공력과 핵무기 모두의 한계 또한 드러났다. 서방을 방어하는 모든 무게가 미국, 영국, 프랑스에 가해지지 않도록 하기 위해 독일과 일본의 재무장이 권고되었다. 그리고 동·서의 대립은 점점 더 경직되고 장기화되었다.

## 기타 재래식 전쟁들

세계의 다른 어떤 지역보다 중동에서 냉전 동안 재래식 전쟁이 많이 발생했다. 이 지역은 소련의 취약한 남부 공화국들에 인접해 있었으며, 배로는 수에즈 운하, 공중으로는 인도와 극동으로 이어지는 서방의 보급선에 걸쳐 있었다. 이 지역은 또한 비공산주의 세계에서 생산되는 석유의 상당 정도를 제공했다. 외국의 관심과 개입은 아랍 세계 내부, 아랍과 새로 수립된 국가인 이스라엘 간의 분열을 복잡하게 만들었다.

1948년에 이스라엘인들은 옛 영국 위임령인 팔레스타인에 국가를 수립하기 위해 싸웠다. 8년 뒤 영국군, 프랑스군, 이스라엘군은 이집트의 수에즈 운하 국유화를 둘러싼 위기 동안 이집트를 공격했다. 1967년 6월 25일 이스라엘군은 아랍 국가들을 기습하여 지상에서 그들의 항공기를 파괴하고, 시나이, 예루살렘, 시리아로부터 이스라엘을 분리시키는 골란(Golan) 고원을 장악했다. 6년 뒤에는 아랍군이 이스라엘을 기습했다. 이집트군은 수에즈 운하를 넘어 시나이에 군대를 주둔시켰으며, 시리아군은 골란 고원을 관통해 북쪽으로 진격했다. 1980년대에 이스라엘군은 레바논에서 준(準)게릴라전에 빠져들었으며, 이란군과 이라크군은 유혈적이고 결실 없는 전쟁에 휘말렸다. 1990년에 이라크군은 쿠웨이트를 공격해 장악했으나 국제연합이 승인하고 미국이 주도하던 동맹에 의해 6개월 뒤 축출당하고 말았다.

군사적으로 보았을 때 1967년, 1973년, 1991년의 분쟁이 가장 중요했다. 1967년 6일 전쟁(Six Day War)은 전 세계에 기습의 중요성과 남을 유혹하듯 비행장에 줄지어 초(超)고비용의 항공기들을 정렬해 놓아두는 것의 위험성을 상기시켜주었다. 그 결과, 전에 없이 고비용적이 된 전폭기들을 보호하기 위해 콘크리트와 강철로 만든 견고한 항공기 격납고가 발전했다. 향후 20년 동안 그와 같은 격납고는 유럽과 중동 전역으로 확산되었다. 이 전쟁은 또한 중동의 하늘 아래에서는 일단 한 진영이 공중에서 지배를 달성하면 적 지상

전력이 불행한 결말을 맞게 된다는 것을 시사해주는 것처럼 보였다. 이 경우 고도로 숙련된 이스라엘의 공군과 신속하게 이동하는 기갑전력의 결합은 무적인 것처럼 보였다.

1967년 6월에 이집트군은 시나이에만 병력 약 10만 명과 탱크 1000대를 보유하고 있었다. 그들은 또한 발생 가능한 이스라엘의 공격에 맞서 자신들의 전선을 두텁게 요새화해오고 있었다. 고전적인 '전격전' 전역을 수행하면서 이스라엘의 탈 장군[1]은 시나이 북쪽의 가장 강력한 이집트 방어망은 회피하고 예기치 못했던 방향에서 공격함으로써 이집트 전력의 균형을 완전히 깨뜨려놓았다. 이스라엘의 샤론(Sharon) 장군[2]은 각별히 두텁게 요새화되어 있던 이집트 전선의 중심부에서조차 침투 가능한 취약 지점을 발견해냈으며, 이집트 전선의 배후에 공수 부대원들을 강하시켜 그들의 포를 무력화했다. 전쟁이 시작된 지 3일 만에 이스라엘군은 시나이를 넘어 수에즈 운하에 도달했다. 이집트 병사들은 도주하기 위해 미틀라 통로(Mitla Pass)를 통해야 했으며, 바로 그곳에서 그들은 이스라엘군의 매복공격을 받아 궤멸되었다. 시나이 전역 동안 이집트군은 1만~1만 5000명의 병력과 장비의 약 80%를 잃었다.

반면 요르단군은 현명하지 못하게 자신들의 전력을 이집트의 지휘 아래 두었다. 요르단 공군은 6월 5일 완벽하게 파괴되고 말았으며, 그로부터 이틀 후에 요르단 전력은 이스라엘이라는 국가가 수립된 이후로 그들이 계속해서 지켜왔던 예루살렘의 일부에서 축출당하고 말았다. 다시 한 번 이스라엘군의 속도와 돌진, 제공권의 결합이 요르단 전력의 증강과 집중을 막았다. 예루살렘뿐 아니라 요르단 서안(West Bank) 전체가 이스라엘군에게 함락되었으며, 요르단군에서는 6000명 이상이 사망하거나 실종되는 손실이 발생했다.

북쪽에서는 시리아 공군이 이스라엘군에 의해 순식간에 격파되었으며, 시

---

1  이스라엘의 탈(Israel Tal) 소장을 가르킨다. 이스라엘에서 가장 영향력 있는 전략가 중 한 사람으로서, 메르카바(Merkava) 탱크의 아버지로 불린다.
2  훗날 이스라엘의 제11대 수상인 샤론(Ariel Sharon) 장군을 가르킨다.

리아의 지상전력은 제한적 공세만을 시도했다. 6월 9일 이스라엘군은 이 전선에 주의를 집중시키고 두 국가를 분리시키는 골란 고원의 요새화된 지대를 공격했다. 그들은 고원의 한 지점을 급습하기로 선택했는데 그곳은 불도저와 탱크가 겨우 통과할 수 있을 정도로 매우 가팔랐다. 시리아군은 그 지점이 공격대상이 되리라고는 생각하지 않았기 때문에 방어수준은 가벼웠다. 상당한 손실에도 불구하고 이스라엘군은 시리아의 전선을 돌파할 수 있었으며, 6월 10일 시리아군은 자신들의 요새를 폭파하고 퇴각하기 시작했다.

이스라엘군은 세 전선 모두에서 기습, 결연함, 속도가 달성할 수 있는 바를 보여주었다. 아랍인들은 그들이 직면한 전격전의 신속성에 의해 완전히 균형을 상실했다. 이집트는 상상 속의 승리의 나팔을 불었지만, 정작 진실이 드러났을 때 그 결과는 극단적이었다. 이집트의 실수로 아랍 세계의 대중이 감내해야 하는 고통은 증대되었다.

이스라엘군은 아랍군에 맞선 투쟁에서 내선(內線)을 점하고 있었다. 그래서 1971년에 양국이 전쟁을 했을 때 인도군도 파키스탄의 취약지점에 공격을 집중하기로 선택했다. 파키스탄군은 1971년 12월 3일 땅거미가 질 무렵 인도의 비행장들을 공격함으로써 이스라엘이 감행했던 선제타격을 모방했다. 그러나 인도군도 6월 전쟁의 '교훈'을 받아들인 상태였으며, 그들의 항공기는 다수가 분산되거나 은닉되어 있었다. 동부 전역에서 인도군은 파키스탄의 강력한 방어거점과 도시 들은 피하고 그들의 목표인 동쪽 수도 다카(Dacca)를 향해 가능한 한 신속하게 이동하는 이스라엘의 전략을 뒤따랐다. 이 전선에서 인도군은 총체적인 공중우세와 지역민들의 지지를 확보했으며, 그들은 안내인과 게릴라 투사를 제공했다. 12일 만에 파키스탄의 지휘관들이 항복했다. 서쪽에서는 투쟁이 비등한 균형을 이루었지만, 다시 한 번 인도의 우세가 결정적인 결과를 초래해 전역이 끝날 무렵에는 인도군이 파키스탄 영토 내에 보루를 구축한 상태였다. 그 결과는 파키스탄의 분할이었는데, 동(東)파키스탄은 방글라데시라는 신생국가를 구성했으며, 중동에서 이스라엘이 그랬던 것처럼 인도가 그 헤게모니를 확립했다.

　1973년 10월 전쟁 – 욤키프르 전쟁이라고도 한다 – 은 이웃 국가들에 대한 이스라엘의 총체적인 군사적 지배를 보여주는 그림에 수정을 가했다. 한편으로는 유대인의 속죄의 날(Jewish Day of Atonement)인 10월 6일에 공격을 선택함으로써, 또 한편으로는 다양한 전선에 대한 증강이 일상적 기동에 불과한 것처럼 위장함으로써 아랍군은 기습을 달성했다. 수개월간의 연습 덕택에 이집트군은 수에즈 운하를 횡단하고 반대쪽에 있는 이스라엘의 바 레브 방어선(Bar Lev line)에 균열을 가져오는 데 필요한 기량을 발전시킬 수 있었다. 6년 전에 이스라엘군이 그랬던 것과 똑같이 이집트군은 가장 강력하게 요새화된 적의 진지는 회피했다. 일단 시나이에 자리를 잡자 그들은 이스라엘의 공중공격에 맞서 스스로를 보호하기 위해 대공포와 미사일로 방어선을 설치했다. 이스라엘의 기갑부대는 대(對)전차 미사일에도 취약했으며, 보병, 포병, 탱크가 결합된 부대의 이점을 재학습해야 했다. 보병은 적의 대전차 미사일을 추적할 수 있었고, 포병은 탱크가 자유로이 작전을 수행하지 못하도록 무력화할 수 있었다. 이집트군은 자신들의 보호망 내에 남아 있었던 반면, 이스라엘의 항공 및 기갑 전력은 이집트 전력을 시나이로부터 축출하는 게 어렵다는 점을 발견했다. 그러나 북부에서 시리아군이 이스라엘군의 압력을 받게 되었을 때 이집트군은 희생이 큰 공세를 취해야 할 의무감을 느꼈다.

　10월 16일에 이스라엘 전력은 예기치 않은 행동을 통해 적의 균형을 깨뜨릴 수 있는 그들의 역량을 다시 한 번 보여주었다. 그들은 수에즈 운하를 횡단하여 이집트 영토에 교두보를 구축했다. 이집트군은 처음에는 다소 느긋하게 대응했으나 통신을 위협하는 침공자들을 축출하기 위해 시나이에 있는 자신들의 전력과 합세하여 점점 더 공격의 강도를 높였다. 그러나 10월 22일에 휴전이 이루어질 무렵 이집트의 입지는 점점 더 절박한 상태가 되어가고 있었으며, 전쟁을 끝내라는 국제적 압력에 의해서야 육군이 통째로 손실당할 수 있는 위험으로부터 구출되었다.

한편 북쪽에서는 탱크 1400대로 이루어진 시리아군이 1967년에 잃어버렸던 골란 고원을 재장악하고 이스라엘로 깊숙이 침투하려 시도했다. 어떤 단계에서는 이스라엘군이 소수의 손상된 탱크만을 가지고 이스라엘 북부 전체를 보호해야 하는 상황에 놓이기도 했다. 국경지역의 이스라엘 전력은 완전히 소탕되고 말았지만 그들은 예비부대가 제 위치를 찾기에 충분할 정도로 오래 버텨냈다. 10월 10일에 그들은 침공자들을 격퇴하고 다마스쿠스 자체를 위협하기 시작했다. 이스라엘 공군은 시리아의 지대공 미사일을 처리할 수 있는 방법을 발견해냈으며, 시리아 전역을 자유롭게 날아다녔다. 이집트군처럼 시리아군도 휴전협정을 통해 추가적인 치욕으로부터 구출되었다. 이스라엘은 그들의 군대가 갖춘 기량과 결연함 덕택에 군사적으로는 지배적인 위치를 유지할 수 있었지만, 그들이 점한 우세의 격차는 분명 좁아졌다. 레바논 전역은 게릴라전에서는 이스라엘의 우세가 완전히 사라져버릴 수도 있음을 보여줄 것이었다.

레바논은 1970년 9월에서 1971년 7월 사이에 요르단으로부터 축출된 대(對)이스라엘 팔레스타인 게릴라 전력의 고향이 되었다. 레바논군은 팔레스타인의 중무장 병력을 통제하기에는 너무나 허약했던 자신들의 나라가 이스라엘 무장 침공을 위한 도약판으로 사용되고 있음을 발견했다. 1982년 6월 3일 영국 주재 이스라엘 대사 아르고브(Shlomo Argov)가 공격당했을 때 이스라엘군은 레바논을 침공하고 팔레스타인군을 격파할 수 있는 기회를 잡았다. 8월 4일 그들은 수도 베이루트(Beirut)에 도달했으며, 팔레스타인 병력의 철수를 감독하고 그 이후에는 팔레스타인 민간인을 보호하기 위해 다국적군이 그곳에 주둔해야 한다는 데 동의했다. 많은 병력이 철수했지만 다국적군은 팔레스타인 여성과 어린이를 보호해주지 않았으며, 레바논의 이스라엘 동맹세력에 의해 그중 수백 명이 살육당했다. 다국적군은 폭발물 탑재 차량을 이용한 자살공격의 표적이 되었으며 그러한 공격 중 하나로 미국 해병 239명이 죽고 또 다른 공격으로 프랑스 병사 58명이 폭살되었다. 결국 다국적군은 철수했다.

한편 이스라엘군은 돌아왔거나 잔류해 있던 팔레스타인군과, 시리아군의 후원을 받고 있던 레바논 시아파 민병대에 맞서 점점 더 격렬한 게릴라전에 휘말렸다. 전쟁이 해결될 기미를 보이지 않고, 사상자의 수가 증가함에 따라 이스라엘군은 자신들의 국경 인근에 있는 방어선으로 철수할 것을 결정했다. 처음으로 그들은 자신들의 군사목표를 달성하는 데 실패했다. 팔레스타인군은 여전히 레바논에 보루를 구축하고 있는 상태였으며, 시아파는 급진적이게 되었고, 베이루트의 상당 지역과 레바논 남부의 다른 도시들은 파괴되고 말았다. 기동전과 항공력, 기습은 아랍의 재래식 군대에는 효과적이었지만, 대(對)반군작전에는 엄청난 인내와 정치적 수완, 정보를 쌓을 수 있는 시간이 필요했다. 가차 없는 작전 수행이나 군사적 효율성이 그 과정을 간소하게 만들어줄 수는 없었다.

이스라엘이 레바논에서 전쟁에 휘말려 있는 동안 이란군과 이라크군은 그들의 공동국경을 따라 벌어지는, 마찬가지로 성과 없고 파괴적인 전쟁에 휘말렸다. 양국 간 오랜 마찰의 끝인 1980년 9월에 이라크가 이란을 공격함으로써 이란-이라크 전쟁이 시작되었다. 이라크의 지도자 후세인(Saddam Hussein)은 이란이 1979년 2월의 이슬람 혁명과 왕(Shah)의 타도로 인해 상당 정도 취약해져 있다고 계산했다. 이라크는 이번이야말로 자신들이 오랫동안 주장해왔던 국경지역의 영토를 장악할 수 있는 기회라고 기대했다. 최고위급 장교 중 다수가 처형을 당하거나 도주함으로써 이란의 재래식 전력은 실제로 손상된 상태였으며, 그들이 보유한 치프텐(Chieftain) 탱크 875대와 전투항공기 445대도 그중 일부만 쓸 수 있었다. 그러나 이는 호메이니(Ayatollah Khomeini) 혁명에 의해 고무된 단호한 결의로서 벌충되었다. 불과 13세에 지나지 않는 아이들까지 포함해 이란인 수만 명이 전선에 자원했다.

후세인은 실로 고전적인 실수를 범했으며, 크롬웰(Oliver Cromwell)로부터 레닌에 이르기까지 이전의 혁명들이 어떻게 관련 국가의 힘을 증대시켜 주었는지를 잊고 말았다. 이라크의 초기 공격이 있은 지 몇 주 후에 이란군은 반격을 가했다. 전쟁은 1988년까지 엉뚱하게 장기화되었으며, 이란은 침략에 대해 이라크가 보상해야 하며 후세인도 경질되어야 한다고 주장했다. 이라크가 제1차 세계대전 이래 가장 광범위한 규모로 전장에 화학무기를 재도입한 것은 사실상 이 전쟁의 가장 중요한 측면이었다. 온난한 기후 때문에 화학 작용제가 신속하게 흩어졌지만 그것은 여전히 사상자 수천 명을 유발하고 전쟁에 상당한 영향을 주었다. 이 전쟁은 양국 모두 탈진이 될 정도까지 싸우고서야 종식되었다.

이란-이라크 전쟁은 이라크가 쿠웨이트(Gulf Emirate of Kuwait)를 포함해 부유한 이웃 국가들에 상당한 빚을 지게끔 만들었다. 1990년 8월 후세인이 석유가 풍부한 쿠웨이트를 장악한 데는 다분히 경제적인 동기가 있었다. 국제연합은 이라크의 침략을 비난했으며, 미국이 주도하는 동맹군은 서서히 사우디아라비아에 집결했다. 이라크의 지도자에게 평화롭게 철수할 의사가 없음이 명백해졌을 때 미국은 일련의 대규모 공중타격과 함께 연합군 공세를 시작했다. B-52 폭격기들이 이라크의 병력과 쿠웨이트 부근 지하에 은폐되어 있던 탱크들에 수만 파운드의 폭탄을 투하했다. 뒤이은 조사는 그 폭격이 기대했던 것보다는 사상자를 덜 발생시켰지만, 이라크의 사기에 미친 파괴적 효과는 엄청났음을 보여주었다. 같은 시기, 페르시아 만에 있던 해군전함에서 발사된 순항미사일들은 수도 바그다드에 있는 정부의 특정 건물들을 공격했다.

이는 히로시마 원폭 투하 이후의 전쟁에서 가장 혁명적인 발전이었다. 핵무기는 점점 더 커지지만 정확도는 덜한 무기들을 만들어내는 경향이 절정에 달한 것이었다. 그러나 이것이 국가들로 하여금 그런 무기들의 사용을 덜 반기게 만들었다. 그러나 순항미사일과 항공기에 장착되어 있는 레이저 유도 폭탄은 정반대의 경향, 즉 무기들이 더 정밀해짐으로써 활용성이 커지는 경향을 보여주었다. 이는 반(反)이라크 동맹에 전적으로 새로운 능력을 제공했다. 실수가 있기는 했다. 바그다드에서는 틀림없이 통신센터라는 인상을 주었던 벙커 한 곳이 공격을 받았는데, 사실 그곳은 민간인들이 공습을 피해 은신하고 있던 처소였다. 다른 순항미사일과 폭탄 들도 오폭되어 민간인들을 죽였다. 그러나 그런 오류에도 불구하고 이라크의 통신체계는 이전 세대의 무기들이 야기했던 것보다 훨씬 덜한 사상자를 발생시키며 파괴되었다. 1991년 2월 연합군 지상전력이 공격을 가했을 때 이라크의 군사력은 자취를 감추고 말았으며, 쿠웨이트는 몇 시간 만에 해방되었다.

미국의 관점에서 이라크에 대한 전쟁은 거의 완벽한 조건에서 치러졌다. 반이라크 동맹군은 5개월 동안 사우디아라비아에서 전력을 건설하고 공격을 준비할 수 있었다. 그들은 또한 항공기와 위성으로 이라크의 표적들을 정찰할 수 있었다. 그 결과는 자명했다. 이라크의 항공기들은 하늘로부터 축출되었으며, 나머지도 전에는 이라크의 적이었던 이란으로 도망갔다. 강화된 항공기 격납고들은 파괴하는 데 시간과 비용이 많이 들게 만들어졌지만 다수가 파괴되었다. 이라크와 연합한 테러리스트 집단이 보복을 공언했지만, 그들 중 어느 누구도 효과적이지 못했다. 후세인도 사우디아라비아와 이스라엘에 스커드 미사일을 사용했는데, 이는 이스라엘군이 이라크를 공격하게 만듦으로써 그들 동맹이 친(親)시오니즘적인 것처럼 보이게 만들기 위해서였다. 구식 미사일을 이용한 그런 공격은 제2차 세계대전의 종식단계 동안 이루어졌던 영국의 독일 V2 타격과 다를 바가 거의 없었다. 엄밀히 말해 좀 더 흥미로운 것은 수많은 스커드 미사일을 요격하기 위해 미국이 미사일 방어용 미사일인 패트리엇(Patriot)을 사용한 것이었다. 그 미사일은 불안감을 없애주는 심리적 효과는 있었지만, 요격 사례에 대한 나중의 분석을 보면 성공적이었던 적이 거의 없음을 알 수 있다.

## 포클랜드 전쟁

이라크에 대한 전쟁이 국제연합에게 가장 유리한 조건에서 치러졌다면, 그보다 9년 앞서 발발했던 포클랜드 전쟁에서 영국의 입장은 정반대였다고 할 수 있다. 전장은 영국 제도, 심지어 그 중간쯤에 있는 어센션(Ascension) 섬의 영미 공동기지로부터도 수천 마일이나 떨어져 있었다. 영국군은 유럽 안팎에 바르샤바조약기구와 싸울 훈련이 되어 있는 전력을 보유하고 있었지만, 길고 매우 취약한 보급선의 다른 끝에 위치한 아르헨티나의 전력에 대해서는 그렇지 못했다.

전략적 상황이 1991년과 대조를 이루었다면, 정치적으로는 일부 유사성이 존재했다. 이라크가 오랫동안 이란과 쿠웨이트의 영토를 탐냈던 것처럼 아르헨티나도 18세기까지 거슬러 올라가며 포클랜드에 대한 주장을 피력했다. 1982년 3월에 아르헨티나를 통치하던 군사정부는 영국이 공격에 맞서 그 섬을 방어할 수 없고, 또 그렇게 하려고 하지도 않을 것이라는 결론에 도달했다. 4월 2일에 섬은 장악되었다. 다음날 영국 하원은 정부가 섬을 보호하는 데 실패한 것에 대해 신랄하게 공격했다. 영국 해군은 섬을 탈환하겠다고 약속했다. 하지만 그러기 위해서는 대가를 치러야 했다. 소형 항공모함인 허메스(Hermes)호와 인빈서블(Invincible)호에 기동부대가 집결되어 신속하게 남쪽으로 파견되었다.

포클랜드 전쟁은 1945년 이래 있었던 가장 광범위한 해상분쟁이었다. 두 차례의 세계대전 동안 쓰였던 전함들은 우군 항공기와 미사일, 채프(chaff)에 의한 '적극적' 방어활동에 의해서만 공중공격으로부터 보호되는 정교한 호위함과 구축함 들로 대체되었다. 그와 동시에 항공기가 전함에 가할 수 있는 위협은 항공기의 속도와 항공기에 탑재한 무기의 정확성으로 인해 증가했다. 전쟁 동안 영국군은 호위함과 구축함 4대, 대규모 컨테이너선 한 척, 상륙정 한 척을 아르헨티나의 미사일과 항공기 들에 의해 잃어버렸다. 그토록 많은 아르헨티나의 폭탄들이 영국의 함정들에 투하된 뒤 폭발하는 데 실패하지 않았다면 훨씬 더 많은 손실이 있었을 것이다. 이러한 차질에도 불구하고 영국군은 5월 21일 섬에 상륙하기 시작했고 아르헨티나군은 6월 14일에 항복했다.

이 전쟁으로 해군은 표면전력(surface forces)[3]이 바다에서 안전하게 작전을 수행하는 데 공중우세가 얼마나 중요한지를 깨달았다. 허메스호와 인빈서블호가 운송한 시해리어(Sea Harrier)들이 영국의 기동부대를 보호해주기는 했지만, 그들에게는 근접하는 아르헨티나 항공기들에 대한 충분한 공중경보가 결여되어 있었다. 한편 아르헨티나의 항공기들은 영국 함대의 상공에서 체공할 수 있는 항속거리를 가지고 있지 못했다. 규모가 아주 작은 잠수함 전력조차 상륙작전에 차질을 야기할 수 있음이 명백했다. 영국군은 소수의 아르헨티나 잠수함들로부터 기동부대를 보호하는 데 상당한 노력을 기울였다. 그들은 5월 2일에 핵잠수함 컨쿼러(Conqueror)호가 낡은 순양함 헤네랄 벨그라노(General Belgrano)호에 어뢰공격을 가해 수백 명이 목숨을 잃게 함으로써 아르헨티나의 해상 함정들을 바다로부터 축출해내기도 했다. 공격하는 전력이 도착하기를 기다리며 방어태세로 소극적으로 남아 있는 것이 지상전력에 가져오는 사기 저하의 효과가 다시금 강조되었다.

### 결론

냉전 동안 북반구는 핵전쟁 위협에 의해, 남반구는 반군활동에 의해 지배되었다. 제3세계에 개입하는 경우에 강대국의 군대는 아주 다루기 힘든 게릴라 전역에 구속되어 있는 스스로를 발견했다. 프랑스군은 1946년부터 1954

---

3  오늘날에는 보통 지표면과 해표면에서 작전을 수행하는 육군 및 해군을 통칭하는 의미로 쓰이나, 여기서는 '해상전력'을 가르킨다.

년까지 인도차이나에서, 1954년부터 1962년까지는 알제리에서 게릴라 전역에 휘말려 있었다. 영국군은 1940~1950년대에는 그리스·키프로스·말레이 반도·케냐에서, 1960년대에는 아덴(Aden)과 말레이시아에서, 1970~1980년대에는 북아일랜드에서 게릴라 전쟁에 빠져 있었다. 미국은 1964년부터 1973년까지[4] 베트남전으로 정신적 충격을 받았다. 모든 서양 열강은 국제적 테러리즘과도 싸워야 했으며, 미국·독일·이탈리아·프랑스·영국은 여객기 납치나 인질극과 같은 문제를 다루기 위한 전문화된 전투전력을 발전시켰다.

재래식 전쟁이 발발했을 때 승리는 가장 잘 훈련된 전력을 보유한 진영에 돌아갔다. 중동과 포클랜드에서 발생한 전쟁에서 징집병 대다수는 더 잘 훈련된 군대에 순식간에 제압당하고 말았다. 예비전력에 대한 의존에도 불구하고 이스라엘은 특히 전격전과 공중전 기술에 대한 달인으로서 자신들의 위치를 확고히 했다. 이란-이라크 전쟁에서와 같이 양측 모두가 유능하지 못했을 때에는 전역이 장기화되고 비결정적일 수 있었다. 그러나 한 진영이 충분히 효율적일 때는 승리가 몇 달이 아니라 며칠이나 몇 주 내에 달성되었으며, 안전보장이사회는 다른 진영이 완전히 파괴되는 것을 방지하기 위해 조치를 취해야 했다. 그러나 똑같이 전문적인 두 전투원 간의 전쟁에 대한 경험은 존재하지 않았으며, 그런 상황에서는 승리가 여분의 장비를 더 많이 갖춤으로써 가장 큰 지구력을 가진 진영에 돌아갔을 것이다.

핵무기와 반군활동은 군사력을 사용하고자 하는 강대국들의 경향을 감소시켰다. 베트남에서 미국군, 아프가니스탄에서 소련군, 레바논에서 이스라엘군이 처했던 운명은 강력한 억제효과를 가지고 있었다. 여러 세대의 재래식 무기들이 개발되어 10~15년간 취역했다가 제대로 사용되어본 적도 없이 폐기되거나 제3세계로 양도되었다. 역설적이게도, 냉전 기간에 강대국들은

---

4  베트남전은 공식적으로는 북베트남군에 의해 사이공이 함락되는 1975년 4월에 종결된 것으로 여겨진다. 그러나 미국의 직접적인 군사 개입은 그에 앞서 1973년 8월 15일에 종결되었다.

과거보다 훨씬 더 많은 비용을 무기들에 소비했지만 그들은 그 무기들을 써야 할 일이 결코 없기를 열렬히 희망했으며, 그중 어떤 것들은 보복과 자기 자신의 파괴를 불러올 것이라는 점도 알고 있었다. 게릴라 전략가들이 군사력으로 상황을 변화시킬 수 있을 것이라는 희망을 가질 수 있었으며, 결국 무기들이 사용되고 분쟁으로 국가가 쪼개진 곳은 주로 제3세계였다. 북반구의 군대는 강대국 간 전쟁의 발발과 그러한 전쟁에 자신들이 사용되게 만들 수 있는 어떠한 조치도 피하려 헌신하는 매우 보수적인 기관이 되었다.

## 제10장

# 인민전쟁

—————————————————————— 찰스 톤젠드 Charles Townshend

　"문명화된 유럽에서 인민전쟁은 19세기의 현상이다." 1820년대에 클라우
제비츠(Karl von Clausewitz)는 자신의 위대한 저작 『전쟁론』의 짧지만 예언
적인 한 장에서 현대 전쟁의 새로운 요소를 예고했다. 그러나 그는 사려 깊
은 표현을 통해 그러한 현상 자체가 결코 새로운 것이 아님을 인정하기도 했
다. 실로 그것은 가장 원시적이고도 기본적인 전쟁의 형태였다. 그럼에도 불
구하고 이러한 해묵은 양식은 프랑스 혁명의 결과로 현대 국가들의 세계에
서 자리매김하게 되었다. 이데올로기 ─ 이것은 민족주의와 민주주의가 강력하
게 혼합된 것이었다 ─ 는 정규군에 필요한 인력을 동원시켰을 뿐 아니라 일반
인이 독립적으로 싸우도록 고무하기도 했다. 클라우제비츠는 인민의 국민적
정체성을 구체화한 국가는 설령 그 군대가 패배한다 하더라도 포기되지 않
을 것이라고 주장했다. "국가가 얼마나 허약하든지 간에 마지막 최대한의 노
력을 그만둔다면 우리는 그 안에 혼이 없다고 말해야 할 것이다."
　클라우제비츠는 1806~1807년에 나폴레옹의 공격 아래 모국인 프로이센
이 신속하고도 총체적으로 붕괴하고 만 것과 다른 국가들, 특히 스페인과 러

시아가 항복하기를 꺼린 것과의 치욕적인 대조를 기억하고 있었다. 스페인에서는 1808년 나폴레옹의 침공이 있고 난 뒤의 힘든 4년 동안 지역의 저항 투사들이 프랑스 수비대를 지치게 하고 그들을 진압하려는 모든 노력에 도전을 가했다. 점령자들이 생생하게 그렇게 불렀듯이 '스페인의 궤양', 즉 당시로서는 가장 인상적인 인민전쟁은 심지어 유럽에서 가장 지배적인 육군의 역량에도 한계가 있음을 보여주었다. 1812년에 러시아에서 '위대한 군대'가 파괴되었던 것은 정규 군대가 적대적인 인민에 대해 갖는 취약성을 훨씬 더 극적으로 보여주었다.

스페인의 지역적 저항 투사들은 빠르띠도(partidos) 또는 파르티잔(partisans)으로 불렸으며, 러시아에서도 그런 이들을 동일하게 불렀다. 클라우제비츠가 파악했던 현상에 매우 폭넓게 붙여졌던 명칭은 그들의 작전방식에 대해 프랑스인들이 붙인 이름인 '작은 전쟁(la petite guerre)'이었으며, 이를 스페인어로 바꾸면 '게릴라(guerrilla)'였다. 그러나 '작은 전쟁'은 어떤 점에서는 잘못된 명칭이다. 그것은 인민전쟁이 '제한전쟁'의 한 형태임을 시사하지만, 그 정신은 클라우제비츠가 '절대전쟁'이라고 칭한 것에 훨씬 더 가깝다. 수단은 작을지 모르지만 목적은 그렇지 않다. 인민에게는 정규 군대의 무장과 훈련이 결여되어 있었고 이들은 대규모 군사작전의 취약점을 활용해야만 했다. 소규모 비정규 전력은 적에 대적하기보다 그들을 괴롭혀야 했다. 파괴행위(sabotage)와 물리적·정신적 소모의 합성물인 매복이 결정적 전투를 대체할 것이었다. 클라우제비츠는 저항이 효과적일 수 있다는 점을 일반인에게 설득하기 위해 파르티잔은 커다란 위험을 떠안는 일은 피해야 할 필요가 있다고 보았다. 그러므로 그 과정은 산만하고 느릴 것이었다. 이는 신속하고 결정적인 나폴레옹식 전략적 기동에 정반대되는 것이다. 한 세기 후 마오쩌둥이 '지구전(protracted war)'이라고 부르게 되는 것은 투쟁에 대한 인민의 정신적 헌신에 의존할 것이었다. 클라우제비츠는 이러한 헌신이 민족정신(national spirit)에 의해 생성된다고 보았다. 인민은 외세의 지배로부터 자유를 위해 싸울 것이었다. 그리고 그들은 반복적으로 그렇게 했다. 그러나 민족주의 외의 다른 이데올로기와 신념도 현대의 인민전쟁을 조장했다.

이는 클라우제비츠가 알고 있던 첫 번째 사례에서부터 이미 분명했다. 그것은 국제적인 전쟁이 아니라 혁명기 프랑스 내의 내적 분쟁이었다. 1793년 이른 봄에 방데의 농민들은 왕과 교회의 이름으로 공화정부에 맞서 무기를 들었다. 그들을 직접적으로 자극했던 것은 징집이었지만, 왕과 가톨릭의 군대 – 방데의 반란자들은 스스로를 그렇게 불렀다 – 의 진정한 동기는 성직자들을 국가에 예속시키려 하는 공화정의 시도에 저항하는 것이었다. 3월 19일에 라로셸에서 낭트(Nantes)로 진군해온 드마르세(de Marce) 장군의 부대를 제압했던 것처럼 초기에 반란자들이 다수의 승리를 거둔 뒤에 봉기는 어느 측도 타협하지 않을 만큼 격렬한 전쟁이 되었다. 공화정은 노골적인 무력과 공포에 의존했으며, 성직자들의 지배 아래 있는 농민들에 비해 애국적인 군대가 우월함을 확신하면서 반란자들의 충성심을 되찾으려는 노력은 거의 하지 않았다. 그 결과 사람들은 프랑스 공화정의 병사들(bleus)을 침략자로 취급했으며, 그들에게는 반란 움직임에 대한 정보를 주지 않았다.

여기에 잔학행위와 이에 대한 대응으로 가득 찬 총력전의 축소판이 존재했다. 반란자들이 소뮈르(Saumur)와 앙제(Angers)를 장악했음에도 불구하고 내부적 경쟁관계는 그들로 하여금 통일된 전략을 수립하지 못하게 했다. 결국 그들의 전역은 방어적인 것이었지만, 그들의 지역적 지식은 그들을 무서운 게릴라 투사의 길로 이끌었으며, 그들을 제압하는 데 실패했다는 이유로 공화정의 몇몇 장군이 단두대로 보내졌다. 공화정에 반대하는 어떤 것도 멸절시켜야 한다는 생쥐스트(Louis Antoine de Saint-Just)의 오싹한 요청은 튀로(Turreau) 장군의 휘하에 있던 12개 기동부대 – 소위 '지옥의 부대(infernal columns, colonnes infernales) – 에 의해 수행되던 최종 평정을 위한 시도에 치명적인 자유를 주었다. 1794년 봄 내내 이루어졌던 지방에 대한 그들의 체계적인 황폐화 – 여기에는 왕을 지지하는 시민들을 강제로 소개(疏開)시키는 일도 포함되었다 - 는 장차 등장하게 될 많은 내적 전쟁의 형상을 미리 보여주었다. 그 직접적인 결과는 생존한 농민들을 완전히 소원해지게 만들어 뒤로의 뒤를 이은 좀 더 현명한 오슈(Lazare Hoche) — 그는 정부에 "스무 차례나 반복해서 말하지만, 당신들이 종교적 관용을 베풀지 않는다면 평화에 대한 생각을 버려야 할 것"이라고 말했다 - 가 그 분쟁에 종지부를 찍는 데 2년이 더 걸리게 만들었다. 그때까지 반란지역의 거주민 80만 명 중 약 16만 명이 목숨을 잃었다.

　대중적인 전력이 놀랄 만한 생존역량을 가지고 있으며 무장을 더 잘 갖추고 훈련된 정규군에 심각한 누적 손실을 가할 수 있다는, 방데 반란이 전달했던 메시지는 스페인과 러시아에서 증폭되었다. 그러나 이러한 전쟁들은 클라우제비츠에 의해 제기되었던 요점, 즉 게릴라 행위의 위력은 제한되어 있다는 점 또한 입증해주었다. 비정규군은 강력하고 단호한 적을 약화시킬 수는 있어도 그들을 결정적으로 격파할 수는 없었다. 승리를 달성하기 위해서는 그들이 재래식 전력의 보조군으로서 활약해야 했다. 전통적인 군사논리의 우위는 나폴레옹 전쟁 이후 100년간 깨지지 않을 것이었다. 게릴라전이 19세기의 많은 전쟁들에 중대한 차원을 더해주었음에도 불구하고 그것들 중 결정적이었던 것은 없었다. 1859년에 이탈리아로부터 합스부르크 제국을 축출하기 위해 이루어졌던 프랑스와 피에몬테의 원정은 마치니(Giuseppe Mazzini)가 구상했던 종류의 대중적 봉기를 공모하고자 하는 몇몇 시도에 의해 선행되고 동반되었다. 그는 "폭동(insurrection) — 게릴라 무리에 의한 - 은 외세의 멍에로부터 스스로를 해방시키고자 열망하는 모든 국민을 위한 진정한 전쟁방법"이라고 말했다. 마치니는 게릴라전이 "모든 지역적 능력으로도 활동할 수 있는 장(場)을 열어주고, 적으로 하여금 익숙하지 않은 전투방법에 맞닥뜨리게 강요하며, 커다란 패배를 당함으로써 발생할 수 있는 나쁜 결과를 피할 수 있게 해주고, 반역의 위험으로부터 국민적인 전쟁을 보호할 수 있으며, 그것을 어떤 제한된 작전적 기반 내로 한정시키지도 않는다. 그것은 아무도 꺾을 수 없고 파괴할 수도 없다"는 점을 이해했다. 그러나 무기를 들라는 이런 호소에 이탈리아에서는 미약한 답변만이 있었을 뿐이다. 가리발디(Giuseppe Garibaldi)가 가장 큰 희망이었다. 그는 우루과이에서 명성을 얻은 이로서, 라틴 아메리카의 위대한 해방투쟁 중 하나에서 활약했던, 영감 있는 혁명 지도자였다. 1848년의 혁명 동안 그는 로마 공화국에 대한 방어를 주도했으며, 1859년에는 국제적인 혁명의 우상이 되었다. 그러나 그의 노력 중 그 어떤 것도 성공에 근접했던 적은 없었다. 1859년 프랑스가 승리하고 난 뒤 그는 시칠리아에 대한 깜짝 놀랄 만한 침공을 개시했으며, 이탈리아의 국민적 감정 때문이 아니라 지역 농민들의 불만에 힘입어 승리했다.

미국 남북전쟁의 훨씬 큰 규모와 강도는 사회생활의 근저에까지 영향을 미치는 현대 총력전의 등장을 예고했다. 예를 들어 깊이 분열되어 있던 미주리(Missouri) 주를 비무장화하자는 전쟁 초기의 제안은 연방 측 군사 지휘관[1]에게 타협의 여지없이 거절당했다. 그는 "어떤 사안으로든지 단 한순간이라도 나의 정부에 지시할 수 있는 권리를 미주리 주에 내어주느니 차라리 당신과 그 주의 모든 남성, 여성, 아동이 죽어 매장되는 것을 볼 것이다. 이것은 곧 전쟁을 의미한다"고 말했다. 연방과 연합의 거대한 정규 군대 간의 투쟁과 함께 주로 연합 측과 연계된 파르티잔에 의해 비정규 작전이 수행되었다. 셰넌도어 계곡에서는 모스비[2]가 체계적인 게릴라 전역을 수행했다. 중서부에서는 게릴라라고 자칭하는 질 나쁜 갱들이 사악한 피의 복수를 자행했다. 1863년 8월 미주리의 콴트릴(William C. Quantrill)에 의해 캔자스(Kansas)의 로렌스(Lawrence)가 전소되었던 것은 무차별적인 수천 건의 파괴, 약탈, 살인 중에서 가장 눈에 띄는 사례에 지나지 않았다. 이에 대한 대응 또한 극단적이었다. 1861년에 프리몬트 장군[3]은 생포된 모든 게릴라는 처형될 것임을 선

---

1 　미국 남북전쟁에서 죽임을 당했던 연방군의 첫 장군 라이언(Nathaniel Lyon)을 가르킨다.
2 　연합군의 모스비(John Singleton Mosby) 대령을 가르킨다.
3 　서부군(Department of the West)을 지휘했던 연방군의 프리몬트(John C. Frémont)를 가르킨다.

언했다. 그러나 링컨 대통령은 그 명령을 취소시켰다. 로렌스 습격으로 소개 (疏開)된 국경지역 주의 주민들은 유잉(Ewing) 장군이 내린 제11호 명령으로 인해 고향에서 쫓겨났다. 그 수가 2만 명에 달했다. 셰리든(Philip Sheridan)은 게릴라들을 굶겨 죽이기 위해 셰넌도어 계곡을 체계적으로 황폐화했다. 결국 이런 무자비한 게릴라전은 군사적인 최종 결판에서 주변적인 역할만을 수행했으며, 1863년 말 프라이스(Sterling Price)에 의한 미주리 침공과 같이 게릴라 활동을 정규군 활동의 직접적인 보조역으로 활용하려는 시도는 비효과적인 것으로 드러나고 말았다. 이를 인지한 연합 측은 모든 파르티잔 전력을 공식적으로 해체하고, 1864년 4월에 다른 모든 게릴라 활동을 포기했다 [리(Robert E. Lee)는 그것을 '순전한 악(an unmixed evil)'이라고 비난했다].

1870년 9월 나폴레옹 3세(Napoleon III)가 항복한 이후 프랑스에서는 승리한 독일군을 괴롭히기 위해 인민전쟁의 망령이 되살아났다. 재래식 전쟁의 첫 몇 주 내에 프랑스의 거의 모든 정규 전력은 스당에서 생포되거나 메츠와 파리에서 포위되었다. 그러나 새로운 공화정부는 패배를 인정하지 않았다. 1793년의 자코뱅주의자들을 본보기로 삼고 있던 강베타(Léon Gambetta)는 '사투(war to the knife)'를 부르짖으며 새로운 군대를 조직하고 점령된 지역의 주민들에게 게릴라(franc-tireur) 저항부대를 결성하도록 강권했다. 그는 외쳤다. "적의 파견대가 쉴 만한 틈을 주지 말고 그들을 끊임없이 괴롭혀라. 그들이 전개하는 것을 막고 징발할 수 있는 지역을 제한하며, 밤낮없이 언제 어디서나 그들을 교란시켜라." 그러나 사람들의 반응은 그의 기대에 못 미쳤다. 아메리카에서 그랬던 것처럼 파르티잔은 때때로 인기가 없었다. 한 관찰자가 언급했듯이 "그들은 공포를 자아내고 보호해야 할 국토를 보호하지 않았다". 그러나 그들은 4개월 동안 독일군을 저지했다. 가리발디가 손수 공화국을 돕기 위해 자원병을 이끌고 와 오툉(Autun) 부근에서 싸워 (주로 재래적인 의미에서 보자면) 모종의 성과를 얻기도 했다. 정부가 '인민전쟁'(이 표현은 당시 폭넓게 적용되었다)에 모든 것을 걸 준비가 되어 있었다면 그 결과는 달라질 수 있었다. 그 대신 그것은 파리에 대한 포위공격을 깨뜨리기 위해서는 재래식 군대가 필요하다는 재래적인 믿음을 확인시켜 주었으며, 거의 모든 자원을 그러한 운이 없는 시도에 투입했다.

인민전쟁은 세기말 남아프리카에서만 완전히 발전된 특성을 보여주기 시작했다. 영국인이 제2차 보어 전쟁(the Second Boer War) ― 보어 공화국 입장에서는 제2차 독립전쟁(Tweede Vryheidsorlog) ― 이라 불렀던 것은 다시 한 번 클라우제비츠식 패턴을 따랐다. 여러 차례 좌절을 경험한 후에 영국군이 보어군의 주력을 광범위하게 제거하면서 재래식 전쟁의 시기는 종결되었지만 시민(burghers) 수천 명은 계속해서 저항했다. 그들에게 파르티잔 전쟁으로의 전이는 꽤 자연스러운 것이었다. 보어군은 항상 기껏해야 반(半)정규군에 지나지 않았으며, 정규 부대보다는 '특공대(commandos)'로 느슨하게 조직되어 자발적으로 협업하는 시민 민병대였다. 그들은 타고난 게릴라 투사들이었다. 민중(volk)은 강력한 공동체 의식을 가지고 있었으며, 이방인(uitlanders)에 맞서 전원적인 생활방식을 지키고자 하는 결의를 결연히 유지했다. 지도자들은 비정규전으로 인해 치러야 할지 모르는 대가를 잘 알고 있었다. 그들의 농장은 파괴될 것이었으며, 결국 그들이 실패할 수도 있었다. 예를 들어 보타(Louis Botha)는 프리토리아(Pretoria)가 함락된 이후 협상을 조언했으나 스타인[Marthinus Steyn, 오렌지 자유 주(Orange Free State)의 대통령]은 결연히 싸움을 계속하고자 했다. 이에 보타, 라레이(Jacobus De La Rey), 드웻(Christian De Wet), 스머츠(Jan Smuts) 등과 같은 이들이 합세하여 진취적이고 기략이 풍부한 게릴라 전략가로서 활약했다.

그러나 그들의 전역이 성공할 수 있는 실질적인 가능성이 있었을까? 참된 인민전쟁은 상당한 희망이었다. 케이프 더치(Cape Dutch)[4]를 포함하는 전체

---

4  남아프리카에서 사용되던 네덜란드어[지금은 아프리칸스어(Afrikaans)라고 한다]를 지칭한다. '더 케이프 더치(the Cape Dutch)'는 이 언어를 사용하던 남아프리카의 네덜란드인들이다.

아프리카너(Afrikaner)[5] 주민의 봉기는 영국을 남아프리카로부터 송두리째 축출해낼 수 있었을 것이다. 그와 같은 봉기를 촉발시키기 위해 다수의 가장 야심적인 게릴라 작전이 고안되었지만, 결코 현실화되지는 못했다. 보어 의용대는 사실상 방어작전에 국한되었다. 그들은 파괴행위 ― 특히 통신 차단 ― 와 영국군의 추격을 피하는 데 에너지의 대부분을 쏟아부었다. 신출귀몰하는 상대를 제압하기 위한 영국의 시도는 처음에는 결실을 맺지 못했다. 초원에 먼지구름을 일으키며 서서히 움직이는 '유격대(flying columns)'[6]는 지역 주민들의 도움을 받는 능숙한 기마 대원들과 교전할 수 있는 기회를 거의 갖지 못했다. 작물을 태워버리고 파르티잔의 가족들을 악명 높은 수용소로 격리 수용하는 것부터 시작해 점진적으로 좀 더 체계적이고 가차 없는 방법들이 채택되었다. 결국 국토를 종횡으로 교차하며 구축한 요새와 철조망 펜스가 게릴라의 기동성을 손상시키고 의용대가 민둥 초원에서 누리는 자연적 이점을 감소시켰다.

서서히 비터에인더스(Bittereinders)[7]의 저항은 소멸되었다. 비정규전은 재래식 국면보다 거의 4배나 긴 기간 지속되어 영국으로 하여금 전례가 없을 정도로 거대한 전력을 전개시키도록 강제했으며, 대중적 반감의 무시무시한 급증[완곡하게 '징고이즘(jingoism)'으로 불렸다]을 동반했다. 그러나 게릴라들의 외견적 패배와 이격된 초원에서 벌어지던 전쟁의 독특한 성격은 정규군 병사들로 하여금 보어인들이 이룬 업적의 더 폭넓은 중요성을 과소평가하게 만들었다. 인민전쟁의 잠재적 영향은 민족적 움직임 두 가지, 즉 1916~1918년의 아랍 봉기와 1919~1921년 아일랜드 독립전쟁의 융합에 의해 마침내 노

---

5   남아프리카공화국에서 아프리칸스어를 제1언어로 썼던, 네덜란드계 사람들을 지칭한다.
6   영국군은 '유격대'를 만들어 보어 의용대에 대응했다. 고린지(G. F. Gorringe) 중령이 1901년에 양성하여 케이프 식민지에서 활약했던 부대가 대표적인 사례이다.
7   1899~1902년의 제2차 보어 전쟁 후반에 영국군에 저항했던 보어 게릴라 투사들의 한 무리이다. 아프리칸스어 표현에 의하면 '강성파(diehard)'로 해석된다.

정되었다.

　서부전선에서 싸우던 이들에게는 '촌극 중에서도 촌극(a sideshow of a side-show)'에 지나지 않았지만 아랍 봉기는 현대 아랍 민족주의의 역사에서 중심적인 순간이다. 이집트에서 팔레스타인과 시리아로의 영국의 진군은 ― 그 정도는 당시뿐 아니라 그 이후로도 논쟁거리가 되었지만 ― 메카의 샤리프(Sharif of Mecca)의 아들이었던 파이살(Emir Faisal)이 이끄는 아랍 게릴라 전력의 지원을 받았다. 이러한 전력이 헤자즈(Hejaz)에서 터키의 보급선(補給線)을 반복하여 공격하고, 아카바(Aqaba) 만을 점령하며, 터키군이 철수했을 때 다마스쿠스(Damascus)로 가장 먼저 진입했다는 점은 중요한 상징적 사실들이었다. 파이살은 비범한 영국군 장교 로런스(T. E. Lawrence)로부터 자문을 받았는데, 그는 '아라비아의 로런스(Lawrence of Arabia)'로 세계적인 유명인사가 되었으며, 그 봉기에 대한 낭만적 서술인 『지혜의 일곱 기둥(Seven Pillars of Wisdom)』은 문학적 걸작으로 찬사를 받았다. 로런스의 그림에서 영국군으로부터 약간의 도움을 받고 승리를 달성했던 이들은 아랍인들이었지 그 반대가 아니었다. 이 봉기는 대중적 반란이었고, 그는 1920년에 발간된 ≪계간 육군(Army Quarterly)≫의 지면을 통해 "기동성, 보안성, 시간, 교리를 고려해보았을 때 반란자들에게 승리가 돌아갈 것"이라며 그것의 억누를 수 없는 잠재력에 대해 주장했다. 이는 진정으로 혁명적인 교리였다.

　로런스에 의해 식별되었던 주요 요소 네 가지 중 기동성과 보안성은 게릴라 작전의 필수불가결한 측면이었다. 그는 비정규 활동은 정규 군대가 그토록 소중히 여기는 우수한 조직과 기율을 골칫거리로 변모시킬 수 있다고 주장했다. 보안성은 적극적이든 수동적이든지 간에 대중적인 지지에 의해 보장되며, 이는 적으로부터 정보를 박탈하고 그들이 암흑 속에서 작전을 수행하도록 만들 것이었다. 그는 클라우제비츠가 지극히 중요하다고 생각했던 공간의 문제에 대해서는 논하기를 피했으며, 사막의 특수한 조건 ― 그리고 항공기가 거의 없는 것 ― 이 아랍 전력이 난공불락이 되는 데 긴요했음을 인정하지 않았다. 그는 반군 측에 유리한 시간과 이데올로기에 초점을 맞추기를 선호했다. 민족의식이 진정한 열쇠였다. 교묘한 선전을 통해 광고된 반군의 생존과 점진적인 성공은 자유를 위한 요구를 만들어낼 것이었다. 그는 "민간인에게 자유에 대한 우리의 이상을 위해 죽음을 불사하도록 가르쳤을 때 그 지방은 승리를 거둘 것"이라고 주장했다. 진정한 전쟁은 사람들의 가슴과 마음에서 발생할 것이었다. 로런스는 "신문을 찍어내는 것은 현대 지휘관들이 가진 무기 중 가장 위대한 것이다"라고 썼다.

이 메시지가 이제는 그것을 믿을 준비가 되어 있던 세계의 귀에 전해졌다. 제1차 세계대전은 전투의 장(場)을 전선 훨씬 너머로 확장시켜 산업과 공적 생활의 일상영역에까지 도달하게 만들었다. 총력전은 '후방전선'을 형성시켰으며, 거기에서는 민간인의 사기가 전쟁 노력의 토대가 되었다. 선전은 독일의 사기에 손상을 가함으로써 연합국이 승리하는 데 지극히 중요한 역할을 한 것으로 여겨졌다. 이데올로기적 투쟁에 대한 의식은 러시아 혁명과 뒤이은 내전에 의해 강화되어 대중적 동원을 새로운 극단으로 몰고 갔다. 비재래식 방법이 결정적 승리를 낳을 수 있는 가능성은 20세기의 연발적인 혁명투쟁과 민족해방 전쟁에 영감을 주어 세계의 세력구조에 변화를 가져왔다.

남아프리카와 아라비아의 예들은 여전히 주변적인 경우로 치부될 수 있지만 아일랜드 독립전쟁은 이러한 과정을 유럽으로 확고하게 되돌려놓았다. 이 공화주의 운동은 현대 인민전쟁의 모든 요소를 아우르면서 영국 정부로 하여금 반군이 아일랜드인들 전체의 지지를 받고 있다는 점도 깨닫게 했다. 아일랜드는 민족주의적 무장반란의 경험을 가지고 있었지만, 1916년 부활절 봉기를 포함한 그때까지의 봉기들은 늘 소수 혁명집단에 의해 비밀리에 계획되고, 엄밀히 말해 인민을 동원할 수 없었기 때문에 실패했던 해묵은 방식의 반란이었다. 1916년 이후 제1차 세계대전 말 총선에서 아일랜드의 선거구를 휩쓴 정당이었던 신페인(Sinn Féin)의 기치 아래에서 훨씬 더 광범위하고 서서히 격화되어가던 저항운동이 발전했다. 신페인의 정치전략은 일방적인 독립선언을 발표하고 아일랜드국회(Dáil Éireann)를 결성하는 것이었다. 그들은 아일랜드공화군(IRA)에 의한 게릴라 활동과 함께 광범위한 시민적 저항 캠페인을 개시했다. 아일랜드공화군의 주된 표적은 영국의 통치 아래 가장 강력한 기관이었던 무장경찰이었다. 그들은 우선 불매운동(boycott)에, 나중에는 암살과 저격에, 결국은 매복과 경찰서에 대한 공격에까지 노출되었다. 증인과 배심원에 대한 협박이 사법체계를 마비시켜버렸기 때문에 공화군 전력에는 군사적인 방법으로만 대적할 수 있었다.

그러나 아일랜드공화군은 만약 게릴라 전력이 소규모 부대로 분산되어 있고 — 주로 아일랜드에서 그랬던 것처럼 — '인민'의 지지를 받는다면(때로는 마지못해 그러기도 한다) 효과적인 군사 대응조치는 어렵다는 점을 보여주었다. 공화군 전력의 대부분은 파트타임으로, 보통 야간에 활동했다. 지역적(중대 및 대대) 수준 이상에는 더 큰 전력을 배치하기 위해서가 아니라 주로 정책을 고안해내기 위해 여단조직이 존재했다. 결국 도피했던 이들로 구성된 상설 '실전부대(ASU)'[8]가 영국의 군사적 압력이 증가하는 와중에 창설되었다, 이들은 흔히 '유격대'로 불렸다. 이들은 좀 더 야심적이고 시간 소비적인 매복을 시도했다. 그럼에도 불구하고 결국 작전의 규모는 무기, 탄약, 폭발물 보급이 여의치 않은 상황에 의해 결정되고 말았다. 그래서 아일랜드공화군의 상대적인 건재함은 긍정적 측면과 부정적 측면 모두를 갖고 있었다. 그들의 생존은 영국의 통치에 상당한 선전적 타격이었지만, 영국의 전력에 직접적 손해를 가할 수 있는 역량으로서는 제한적이었다. 균형은 심리적인 것이었으며, 결국 영국군 자체 — 특히 참전용사로 충원된 임시경찰[블랙 앤드 탠(the 'Black and Tans')] — 의 폭력적 대응 때문에 신출귀몰한 적의 도발 쪽으로 기울었다. 영국의 보복은 나폴레옹기 스페인이나 독일이 점령했던 벨기에에서의 기준

---

8  실전부대는 5~8명으로 조직된 아일랜드공화군의 세포조직으로서, 무장공격 임무를 수행했다. 대대처럼 규모가 큰 조직이 가질 수밖에 없는 보안상의 취약점을 개선하고 작전적 역량을 강화하기 위해 이와 같이 소규모로 조직되었다.

에 비하면 온건한 것일 수 있었지만, 영국의 대중여론에는 그러한 분쟁이 용납할 수 없는 것이라는 점을 확신시키기에 충분했다.

아일랜드 독립전쟁은 타고난 게릴라 지도자 몇몇과 천재적인 조직자 콜린스(Michael Collins)를 낳았다. 그러나 아일랜드공화군은 지칠 줄 모르며 효과적인 선전부서를 갖고 있었음에도 불구하고 그 교훈을 공식화할 수 있는, 로런스와 같은 지명도 있는 저술가는 만들어내지 못했다. 게릴라 개념은 주변적인 것으로 남았다. 가장 중요한 것은, 남부 우크라이나에서 무정부주의자 마흐노(Nestor Makhno)가 이끄는 엄청난 게릴라 전역이 있기는 했지만, 러시아 내전은 재래식 수단을 통해 승패가 갈렸다는 점이다. 마흐노의 농민 '반군(Insurgent Army)'은 처음에는 백군(the Whites)[9]에 맞섰고, 결국에는 토지와 자유의 이름으로 적군(the Reds)[10]에 대항했다. 압력이 증가하면서 충원방법이 강압적으로 변하고 민주적 성격을 상실하기는 했지만, 그것은 농민을 동원하는 데 그 어떤 큰 상대보다 성공적이었다. 여전히 마흐노는 보수세력이든, 볼셰비키든 가리지 않고 국가의 권위에 저항하는 데 헌신했으며, 그의 권력은 전통적인 농촌 유대에 의존하고 있었다. 그의 추종세력은 그를 바트코(batko), 즉 아버지라고 불렀다. 그의 작전이 놀라울 정도로 유연할 수 있었던 것은 농장 수레(tachanki)[11] ― 이 지역에서만 이 특이한 기구를 썼다 ― 를 사용했기 때문이다. 이는 마흐노의 보병이 기병과 같은 속도로 움직이고 신속하게 집중하고 분산할 수 있도록 해주었다. 마흐노는 적어도 한 차례 데니킨(Anton Ivanovich Denikin) 장군의 백군에 주요한 전략적 패배를 가했다. 1919년 9월에 데니킨이 모스크바로 진격하는 동안 마흐노는 데니킨의 보급선을

---

9  제정 러시아군을 가르킨다.
10  볼셰비키의 군대를 가르킨다.
11  이는 당시 우크라이나 농민들이 썼던 기구로서, 말 2마리가 끄는 스프링이 달린 바퀴 4개짜리 수레이다. 마흐노의 반군은 전투 때 기병을 도울 보병을 수송하거나 기관총을 탑재하여 기동성 있는 화력을 제공하는 용도로 이 수레를 사용했다.

차단함으로써 퇴각을 재촉했다. 1919년 초부터 1920년 말까지 2년간 마흐노주의자들(느슨하게 조직된 무정부주의자들)의 집권기(Makhnovschina) ― 한 마흐노주의자는 이 시기를 '농장 수레 위에 세워진 공화정(a republic on tachanki)'이라고 불렀다 ―에게는 생존을 위한 정치적 진공상태가 필요해졌다. 트로츠키(Leon Trotskii)의 적군이 마침내 백군에 승리하면서 압도적인 전력으로 무정부주의자들의 저항을 분쇄할 수 있게 되었다.

스페인 내전 또한 의심의 여지없는 인민전쟁이었다. 특히 마드리드에 대한 공화주의자들의 방어가 그랬다. 그러나 그것은 재래식 전략에 의해 치러졌다. 스페인에서 각별히 강력했으며 (마흐노가 입증했듯이) 게릴라전에 특유하게 적합했던 무정부주의 운동이 그곳에서는 고정된 진지에 대한 전역을 수행하는 데 실패하고 말았다. 1936년에서 1939년까지의 같은 시기에 있었던 팔레스타인 아랍인들의 반란은 게릴라의 형태를 취했으나 일관된 교리가 결여되어 있었다. 인민전쟁 사상에 마침내 결정적인 모양새를 가져다준 인물은 마오쩌둥이었다. 마오쩌둥은 세계혁명의 일환으로서 중국 사회를 총체적으로 변혁시키는 데 헌신한 사회주의자였다. 그러나 그는 1920년대에 중국의 몇 안 되는 산업도시에서 노동자들로부터 봉기를 조직하려는 것부터 시작하여, 우회경로를 통해 중국공산당이 인민전쟁 사상에 눈을 돌리도록 만들어야 했다. 그러나 그렇게 하는 데 실패했으며, 장제스가 이끄는 국민당 정부가 개시한 공산주의자들에 대한 공격은 농촌 장시 소비에트(Jiangxi Soviet)의 결성을 불러왔다. 이들은 1930년대 초에 몇몇 국민당원의 공격 ― 이른바 '악당 소탕 전역(bandit extermination campaigns)' ― 에 맞서 싸웠다. 그러나 1934년 10월의 마지막 공세는 공산주의자들을 12개월에 걸친 장기간 퇴각으로 몰고 갔다. 퇴각의 범위는 중국 남동부에서 북서부까지 이르렀다. 이 '장정(Long March)'에서 출발인원은 9만 명이었으나 목적지에 도달한 숫자는 1만 명뿐이었다. 이 서사적 사건으로 마오쩌둥의 명성은 강화되었고, 그는 일련의 이론적 소책자에서 자칭 '지구전'의 구조에 대해 개관했다.

마오쩌둥이 몇 가지의 기억할 만한 은유 ― 가장 유명한 것은 인민을 게릴라라는 물고기들이 헤엄칠 수 있게 해주는 물에 비유한 것이다 ― 를 보탰음에도 불구하고 그러한 저술의 전략적·전술적 측면은 클라우제비츠와 로런스에 낯익은 이들을 놀라게 만들지는 못했을 것이다. 뚜렷하게 새로운 것은 마오쩌둥의 이데올로기였다. 민족해방 전쟁 대신 그는 내적인 계급전쟁을 위해 인민을 조직화하고 있었다. 이는 마오쩌둥의 군사 지술에서 공산주의가 가시적인 개선을 가져다줄 것이라는 점을 드러낼 수 있는 원-국가(proto-states)이자 최후의 대결이 될 전면적 야전을 위한 산업의 발판으로서 '근거지(base areas)'가 부각되는 이유를 설명해준다. 마오쩌둥은 대중여론의 힘만으로 국민당원들을 굴복시킬 수 있을 것이라는 환상을 갖고 있지는 않았다. 그는 게릴라전이 전통적 전쟁을 위한 길을 준비해놓아야 한다고 주장했다. 그것은 비정규적 전투의 확산이 인민의 신뢰와 결속을 꾸준히 증대시키게 될 과도기적인 과정이었다. 그 핵심적인 강점은 시간을 끌 수 있는 역량이었지만, 마오쩌둥은 분산이 지역적인 강도행위로 전락할 수 있는 위험성 또한 내포하고 있다고 보았다. 전역을 유지하기 위해서는 기율이 필수였다.

중국 내전에서 공산당의 승리는 일반적으로 계급적 결속이 인민전쟁을 위한 가장 강력한 기초를 제공한다는 마오쩌둥의 주장을 확인해주는 것으로 받아들여졌다. 그러나 후대 학자들은 이와 같은 주장의 설득력이 떨어진다는 점을 발견하고, 공산당을 성공으로 이끌었던 진정한 열쇠는 민족주의였다고 주장했다. 역설적이게도 공산당원들은 중국 인민에게 국민당이 아니라 자신들이 1937년에 시작된 일본의 침공에 맞서는 가장 결연하고도 효과적인 상대임을 설득시킬 수 있었다. 장정은 공산당원들을 일본이 점령하고 있던 해안지역에서 꽤 떨어진 곳에 위치시켜 국민당원들이 저항의 예봉이 되게 했다. 이는 국민당 체제의 고질적인 부패와 비효율성을 악화시켰으며, 정부의 생존역량을 치명적으로 손상시켰다.

그럼에도 불구하고 마오쩌둥이 쓴 저술의 영향은 굉장했으며, 제2차 세계대전의 경험으로 인해 증폭되었다. 유럽과 아시아에서 발생한 전례 없이 많은 저항 투쟁들은 인민전쟁의 개념에 대한 믿음을 새로운 수준으로 격상시켰으며, 제2차 세계대전에 뒤이어 민족해방 운동이 범람했다. 이 운동의 대부분은 공산주의자들이 주도했다. 일본이 정복함으로써 유럽 제국의 난공불락적 이미지를 깨뜨렸던 남동 아시아가 그러한 지진의 진원지였다.

베트남에서는 마오쩌둥의 이론이 체계적으로 적용되어 중국에서처럼 그 나름대로 눈부신 결과를 낳았다. 일본군이 철수하기 직전에 민족주의적인 베트민(Vietminh)은 하노이에서 공화국의 탄생을 선언했다. 프랑스군이 베트민을 북부의 언덕으로 몰아넣었을 때 그들은 이미 상당해진 자신들의 정규군 부대를 활용해 광범위한 게릴라 전역을 시작했다. 프랑스의 정규 병력은 베트민 게릴라 전력이 수도에 근접하지 못하게 만들고 중국과의 국경을 따라 존재하던 요새로 이루어진 방어선을 지키는 일 외에는 할 수 있는 게 없었다. 기계화가 주는 혜택과 ─ 비록 소수 헬리콥터에 의한 것에 지나지 않았지만 ─ 모종의 항공지원에도 불구하고 프랑스군은 주간에 주요 대로를 지배할 수 있었을 뿐, 적을 자신들에게 유리한 전투로 이끌지도 못했고 자신들의 지역적 통제력이 꾸준히 잠식되는 것을 방지할 수도 없었다. 어느 관찰자의 신랄한 표현에 따르면, 그러한 '부패(pourrissement, rotting)'는 엄청나게 에너지가 넘치고 다층적인 베트민의 정치 캠페인 ─ 이는 고무(鼓舞)와 협박이 뒤섞인 것이었다 ─ 의 결과였다. 베트민 군사 지도자들은 마오쩌둥의 이론적 틀을 베트남의 상황에 적용시키며 쯔엉찐(Trương Chinh)의 간결한 『저항전쟁은 승리할 것이다(The Resistance War Will Win)』와 보응우옌잡(Vo Nguyên Giap)의 좀 더 수사적(修辭的)인 『인민의 전쟁, 인민의 군대(People's War, People's Army)』와 같은 고전적 소책자를 발간했다. 그들은 방어적 게릴라 투쟁으로부터 대규모 공세작전으로의 전이를 위해 새로운 개념, 즉 '운동전(mobile warfare)' 개념('계속해서 생존을 유지하고 성장하기 위해 게릴라전은 반드시 운동전으로 발전되어야 한다')을 정교화했다.

그러나 그러한 전이는 위험한 것으로 드러났으며, 베트민은 몇 차례 주요한 패배를 당했다. 5년간의 싸움 뒤에는 무한정 지속될 수도 있는 교착상태가 조성되었지만, 자국 정규 병사들의 타고난 우위에 대한 프랑스 지휘관들의 믿음은 계속되었다. 이와 같은 과도한 자신감과 적이 움직이는 원칙에 대한 이해의 실패는 1953년 말에 디엔비엔푸를 장악함으로써 서부지역에 대한 통제력을 다시금 획득하고자 하는 위험하고도 재앙과 같은 시도를 유발했다. 베트민이 최중량급인 중국제 155mm 포를 도입하고 (자전거로) 배급하여 프랑스군을 아연실색하게 했던 장기간의 전투가 있은 후에 포위되어 있던 프랑스 수비대는 1954년 5월 '인해(human wave)' 공격 — 이는 클라우제비츠가 옹호했던 게릴라 활동의 '흐릿한 수증기와 같은 본질(nebulous vapoury essence)'과 첨예하게 대조되는 것이지만, 정치적으로는 결정적인 것이었다 — 에 의해 압도당했다. 보응우옌잡의 가장 위대한 업적은 이러한 승리를 달성해낸 이들이 전문적 군대가 아니라 무기를 든 인민이었음을 세계에 설득시킨 것이다.

말레이 반도에서 영국군을 축출하기 위한 공산주의 반군의 그와 비슷한 시도는 실패했다. 이는 부분적으로는 말레이인민해방군(Malayan People's Liberation Army)이 말레이인보다는 중국인에 뿌리내리고 있었으며,[12] 통일된 '말레이 인민(Malayan people)'을 만들어낼 수 없었기 때문이다. 또한 그것은 부분적으로 프랑스인들보다는 영국인들이 정치적으로 양보할 준비가 더 잘 되어 있었기 때문이다. 독립은 초기단계에서 공식적으로 약속되었다. 농촌 재식민(再植民) 프로그램은 성공적이었는데, 이는 그것이 사람들을 요새화된 마을로 이동시켜주기 때문만이 아니라 삶의 질도 개선해주는 것으로 폭넓게 간주되었기 때문이다. 그러나 영국군의 전역 또한 심각한 잔혹성을 띠게 되었으며, 이는 중국인들이 말레이인민해방군에 합류하게 만들고 적어도 그들

---

12  말레이인민해방군은 말레이공산당(Malayan Communist Party)이 창설했지만 상당 정도 해외 중국 공산주의자들이 주도했다.

에게 그 투쟁은 진정한 인민전쟁이 되게 해주었다. 그리고 '공산주의 테러리스트들'을 격파하는 것이 전 세계적으로 대(對)분란전 전문가들에게 표지가 되었음에도 불구하고, 다른 곳에서 그것을 반복하기가 쉽지 않음이 드러났다. 전후의 특유한 패턴을 보여주는 사례는 팔레스타인에서 유대인 게릴라 반란이 주목할 만한 성공을 거둔 것이었다.

어떤 의미에서는 이르군 즈바이 레우미(Irgun Zvai Leumi)[13] — 다른 '수정주의' 집단이었던 로하메이 헤루트 이스라엘(Lohamei Herut Israel)[14] 또는 '스턴갱(Stern Gang)'은 훨씬 더 작았다 — 의 대원들이었던 시온주의 반군(Zionist insurgents)도 말레이인민해방군과 동일한 문제에 직면했다. 유대인 공동체(Yishuv)는 팔레스타인 인구의 채 절반도 되지 않았으며, 말레이 반도에서 중국인 '무단 거주자들(squatters)'이 그랬던 것보다 훨씬 더 다수에게 의심받았다. 그러나 이르군은 다민족적 팔레스타인 정치체제가 아니라 유대인의 국가를 세우고자 하는 목적을 가진 강성 시온주의자들이었다. 그들은 아랍의 여론에 호소하려 애쓰지 않았으며, 실제로 팔레스타인의 영국 행정관들뿐 아니라 아랍인들도 공격할 준비가 되어 있었다. 영국은 '팔레스타인에 유대인들의 민족적 고향'을 수립하는 일에 대한 자신들의 헌신[1917년의 발포어 선언(Balfour Declaration)에 드러나 있다]에 기초하여 국제연맹위임령(League of Nations Mandate)을 발동시켰으나 제2차 세계대전기에 이르면 이는 불가능한 절충안임이 입증된 상태였다. 아랍인들은 자신들이 유대국가에 예속될 것이라고 믿었다. 강성 시온주의자들은 영국이 아랍 봉기에 직면하여 자신들을 방기(放棄)하고 있다고 믿었다.

그럼에도 불구하고 이르군의 전역이 시작되었을 때 유대인 공동체 대부분

---

13  1931~1948년에 영국 위임령 팔레스타인에서 활약했던 투사적 시오니즘 집단이다.
14  '이스라엘의 자유를 위한 투사들(Fighters for the Freedom of Israel)'이라는 의미이다. 영어로는 '스턴갱'으로 표현되고는 한다. 영국 위임령 팔레스타인에서 스턴(Avraham Stern)이 창설한 시온주의적 준군사조직이다.

은 영국에 의존했으며 폭력에 동의하지 않았다. 이르군은 경찰, 군, 정부 등의 표적에 간헐적인 공격만 행할 수 있는 소규모 조직이었다. 그러나 그들은 그러한 표적을 선택하고 공격을 수행하는 데 훌륭한 기량을 보여주었다. 온건파 유대인들은 보안군의 추격으로부터 게릴라 투사들을 숨겨주었다. (아랍의 표적과는 다르게) 영국의 표적에 대한 이르군의 공격은 늘 매우 무차별적이었다. 가장 두드러진 예외는 1946년 7월에 영국 정부의 사무국이 자리 잡고 있던 킹 데이비드 호텔(King David Hotel)의 남서부 가장자리를 파괴한 것이었다. 이 도심 폭탄공격으로 발생한 희생자 91명 중에는 영국 행정 및 사무직 직원 28명뿐 아니라 아랍인 41명과 유대인 17명도 포함되어 있었다. 그러나 이조차도 유대인들 사이에 형성된 여론을 무장 캠페인 쪽으로 전환시키지는 못했다. 실제로 영국의 가혹한 탄압활동이 온건주의자들을 극단주의자들의 수중으로 몰고 가는 경향이 있었다. 일반인들이 당국에 협조하도록 압력을 넣기 위해 계엄령에 따른 제약과 함께 점점 더 대규모적인 군사탐색 작전이 마련되었다. 일부 행정관들은 '집단적 처벌'이 민간의 책임의식을 조성하며 반군활동이 '인민전쟁'으로 정당화되는 것을 막을 수 있는 수단이라고 여겼다. 다른 이들은 그것이 정반대의 효과를 낳을 것이라고 여겼다. 이러한 인식 차이는 정치적 폭력에 직면한 정부의 딜레마를 보여준다.

많은 인민전쟁은 당시 정부가 도전의 심각성을 발견하는 데 실패하거나 그렇게 하기를 거부했기 때문에 승리했다. 대부분 실패와 거부에는 그럴 만한 이유가 있다. 지하운동의 초기 징후는 전형적으로 산발적이고 물리적 규모에서도 사소하다. 그것의 심리적인 영향은 누적적이다. 정치적으로 정부는 저항의 의미를 최소화하고 '정상상태(normality)'의 모습을 보존하는 데 관심이 있다. 반군의 힘이 확고해지는 시점에는 훨씬 더 철저한 조치가 필요해지고, 정통성의 침식이 가속화될지도 모른다는 정치적 위기의식이 생성될 것이다. '인민의 가슴과 마음' ─ 이 표현은 말레이 반도에서 만들어졌다 ─ 을 위한 투쟁은 훨씬 더 거칠어진다. 치안전력에 가해지는 위험은 그들로 하여금 지름길, 곧 설득하기보다는 강압하도록 이끈다.

　이것이 유발할 수 있는 격렬성은 알제리 독립전쟁에서 드러났다. 프랑스는 베트남에서 재앙을 경험한 직후 유사한 도전에 직면했다. 인도차이나에서 식민군 소속으로 복무하다 귀국한 알제리 베테랑들이 투쟁을 개시한 것이다. 그들이 싸웠던 전쟁은 다소 다른 면이 있었지만, 민족해방전선(Front de la Libération Nationale)은 이미 만들어져 있던 인민전쟁에 대한 청사진을 고를 수 있었다. 베트민의 정규 전력과 중국의 보호와 지원을 갖추지 못했던 민족해방전선 전역은 테러리즘으로서의 특징이 더 강했다. 전쟁은 여태껏 본 적이 없는 가장 맹렬한 도심 폭탄공격과 함께 1954년에 시작되었으며, 대부분 유사한 수단에 의해 지속되었다. 프랑스군은 새로운 '혁명전쟁' 교리에 의해 강화된 대(對)테러활동으로 똑같이 대응했다. 프랑스군은 베트남에서 패배한 것이 공산주의자들의 무자비성과 확신에 대처하는 데 실패했기 때문이라고 신랄한 결론을 내린 바 있었다. 그들은 혁명전쟁에서 승리의 열쇠는 선전이며, 이것이 수완 있게 수행되면 공산주의자들의 영향력으로부터 대중 여론을 해방시킬 수 있다고 생각했다. '세뇌'가 공산주의자들이 성공을 거둘 수 있었던 이유라는 생각이 지배적이었으며, 그러므로 남겨진 과업은 그러한 과정을 뒤엎을 수 있는 길을 찾는 것이었다.

　이론상 이것은 신중한 개혁을 반(反)공산주의적 선전과 혼합시키며 정교한 정치적 캠페인을 낳을 수 있었다. 그러나 실상은 알제리를 필요불가결한 일부로 존속시키려는 프랑스의 목적이 정치적 양보의 여지를 거의 남겨놓지 않았다. 공정하고 발전적인 행정으로 지지를 모을 수 있는 가능성조차 제거되고 말았는데, 프랑스는 아랍인들에게 동등한 권리 부여를 거부하는 만연한 인종적 우월의식을 갖고 있었고, 자신들은 민족주의가 아니라 공산주의에 대항하여 싸우고 있다고 주장했던 것이다. 군사전역의 수행은 단순한 군사논리에 의해 그 모양새가 결정되었다. 트랭퀴에(Roger Trinquier) 대령은 "우리는 현대 전쟁의 승리에서 필요불가결한(sine qua non) 것은 주민의 무조건적인 지지임을 알고 있다. 그것이 존재하지 않는다면 가능한 한 모든 수단을 통해 그것을 확보해야 한다. 그 가장 효과적인 수단은 테러리즘이다"라고 썼다. 그러나 이런 이론가들에 의해 상정되었던 종류의 통제는 정부가 공급할 수 없는 자원을 필요로 했다. 적어도 100만 명이 군에서 관리하는 수용소로 이동되고 그보다 훨씬 더 많은 이들이 고향에서 쫓겨났지만, 육군에는 그들의 정책이 필요로 하는 재식민과 같은 대규모 조치를 이행할 수 있는 능력이 결여되어 있었다. 결정적인 과정, 즉 마을의 자체 방어전력을 창설하는 일은 너무나 천천히 진행되어 전쟁이 끝났을 때에도 아직 완결되기에는 한참 먼 상태였다. 제약 없이 진행되었던 유일한 조치는 끊임없는 습격, 탐색, 집단적 처벌, 심문, 고문이었다.

1956~1957년의 이른바 '알제 전투(Battle of Algiers)'는 이 전쟁이 절정에 달한 것이었다. 사막에서 일련의 패배를 당하고 난 뒤 민족해방전선은 수도에서의 작전을 강화하는 데 집중했다. 순식간에 이 전역이 프랑스 헌병의 힘을 능가하게 되었을 때 총독은 마수(Massu) 장군의 공수부대에 군사지원을 요청했다. 어떤 의미에서는 이러한 계엄체제가 매우 효과적이었다. 소구획별로 도시를 차근차근 철저히 수색[소구역 분할 경계(quadrillage)]함으로써 결국 도시 민족해방전선이 파괴되었다. 그러나 공수 부대원들(paras)이 민족해방전선의 조직에 침입하는 데 활용했던 정보의 대부분은 고문으로 취득한 것이었으며, 군사적 성공은 프랑스의 대중여론이 '더러운 전쟁(dirty war)'에 등을 돌리면서 정치적인 재앙을 불러왔다. 이는 아무리 보아도 '전투' 또는 '전쟁'으로 보이지 않았다.

현대 인민전쟁의 일반적인 역사적 경향은 전투원과 '민간인' 간의 전통적 구별을 허물어뜨리고 무정형의 통제가 되지 않는 폭력 속으로 주민들을 빠뜨리는 것이었다. 이것이 문명으로부터의 퇴보라면, 민족주의와 공산주의와 같은 이데올로기의 기치 아래 대중이 정치화된 데 따른 불가피한 결과인 것으로 보인다. 이러한 폭력의 소용돌이에서 예외는 드물었다(전설에 지나지 않는 것일 수 있다). 쿠바 혁명전쟁은 낭만적인 게릴라 전설을 확립시킨 전쟁이었는데, 많은 이들이 이 전설에 고무되어 모방했지만 성공에 이르지는 못했다. 카스트로(Fidel Castro)는 1956년 12월 쿠바 남부에서 과다인원이 탑승한 모터보트[15]에서 내린 83명을 이끌고 가리발디식 군사모험을 시도했다. 그러나 초기에 가리발디가 시칠리아에서 거두었던 승리의 기적은 반복되지 않았다. 그 대신 반란자들은 며칠 만에 격파되어 흩어졌다. 이러한 명백한 재앙이 생존자들로 하여금 극히 작은 집단을 단위로 작전을 수행하는 전략을 채택하게 강제했다. 결국 '반란의 포코(foco insurreccional)'는 그 전력이 10명 남짓에 지나지 않았다. 그들이 남부 산악지대에서 2년이 넘도록 생존할 수 있었던 것은 그들의 작전적 기량만큼이나 인민의 도움도 큰 역할을 했다. 그러나 1969년에 게바라(Che Guevara)의 선동적인 책 『게릴라전(Guerrilla Warfare)』이 발간된 뒤에 국제적 필수품이 된 것은 전자였다. 게바라의 테제는 마오쩌둥의 유물론보다는 로런스의 낭만주의에 훨씬 더 가까웠는데, 그는 헌신적인 혁명집단이 사회혁명을 촉진시킬 대중여론의 변화를 끌어낼 수 있다고 했다.

게바라가 규정했듯이 포코의 필수불가결한 자질은 이데올로기적인 것이 아니라 정신적인 것이었다. 카스트로는 엄격한 마르크스주의자라기보다는 낭만적 사회주의자였다. 권력을 장악하고 미국의 격한 적개심에 직면하고서야 그는 공산주의 진영의 한 기둥이 되었다. 모호하고도 포퓰리즘적인 의미에서 인민해방에 대한 헌신과 영웅적인 남성다움의 과시가 혁명운동의 기조였다. 가장 극적인 주제 중 하나는 생포된 정부의 장병을 석방하는 것이었다. 미국의 한 해병장교는 카스트로(Raul Castro)가 "우리가 이번에 당신을 잡았다. 우리가 당신을 또 잡을 수도 있다. 그때도 우리는 당신에게 겁을 주거나 고문을 가하지 않을 것이다. 죽이지도 않을 것이다. 당신이 두 차례 또는

---

15  1943년에 건조된 이 요트('Granma')는 원래 12명을 수용하게 설계되었다.

심지어 세 차례까지 생포되어도 우리는 우리가 지금 하고 있는 바와 같이 당신을 돌려보낼 것이다"라고 선언했음을 증언했다. 이러한 제스처의 선전효과는 바티스타 살드비바르(Fulgencio Batista-Zaldvivar)의 끔찍함과 대조되며 커졌지만, 징집병들이 그토록 사기가 저하되고 형편없는 지휘 아래 놓이지 않았다면 그 실제 효과는 달라질 수 있었다.

그리 비효율적이지 않고 인기가 없지도 않은 정부를 대상으로 게바라의 포코 이론을 다른 상황에 적용하려는 나중의 시도들은 드브레(Régis Debray)가 '혁명 속의 혁명(Revolution in the Revolution)'이라고 불렀던 것의 한계를 드러냈다. 게바라 자신도 토지 재분배 프로그램을 이미 시행한 체제에 맞서 농민을 동원하려고 헛되이 시도하다가 1967년 볼리비아의 정글에서 사망했다. 그가 죽은 이듬해에 혁명의 기류가 세계를 휩쓸었다. 과테말라, 베네수엘라, 콜롬비아, 니카라과, 앙골라에서(물론 베트남에서도) 주요한 농촌 게릴라전이 현저해졌던 상황은 혁명전쟁이 도시로 옮겨가면서 점차 완화되었다.

'도시 게릴라전' 사상은 농촌인구는 덜 중요하며 급속하게 성장해가던 도시가 진정한 힘을 갖고 있던, 현대화되었거나 현대화되어가던 국가들의 상황에 맞게 포코 개념을 개조했다. 브라질에서 마리겔라(Carlos Marighela)가 주장하기를, 인민에 대한 동원은 혁명전력을 더 정예화하고 정부로 하여금 억압적인 행동을 취하도록 – 이는 다시 인민의 반감을 사게 될 것이다 – 조장할 일종의 조직 폭력활동 – 은행강도 및 유괴 – 에 의해 시작될 것이었다. 인민이 결국 폭력을 조장한 이들을 지지할 것이라는 생각은 모든 도시 게릴라 조직에 공통적인 것이었다. 실제로 정부는 게릴라 지망자들을 '테러리스트' – 이는 그들로부터 합법성을 빼앗아버리는 훨씬 더 부정적인 호칭이다 – 로 낙인찍는 데 성공하고는 했다. 이런 과정은 일찌감치 우루과이에서 선보였다. 이곳에서 투파마로스[Tupamaros, 최후의 인디언 저항 지도자였던 투팍 아마루(Tupac Amaru)의 이름을 따서 명명된 것이다]는 처음에 '로빈 후드' 스타일의 사회적 도적질 – 먹을 것을 강탈해 나누어주는 일을 포함한다 – 로 폭넓은 대중적 지지를 얻었으나 1970년대 초에는 대중여론이 우익으로 대거 이동하는 데 힘입은 집중적인 탄압전역으로 분쇄되고 말았다. 낙담한 드브레의 표현을 빌리자면 혁명가들은 '자유 우루과이의 무덤을 파는 사람들'로 전락하고 말았다.

도시 게릴라전이 테러리즘이라는 점잖은 호칭으로 여겨졌는지를 막론하고, 그것은 전투원과 민간인 간의 경계를 무너뜨리는, 인민전쟁의 일반적 경향을 강화시켰다. 이는 국제법의 보호를 국제적인 전쟁뿐 아니라 국내 전쟁에도 민간인에게 확대 적용하려고 시도 — 국제적십자위원회(International Committee of the Red Cross)에 의해 개시되었다 — 하는 가운데 뒤늦게야 인식되었다. 그러나 이 결과로서 마련된 제네바 의정서(Geneva Protocol, 1977년의 제네바 추가 의정서 II)는 '비정규적'인 인민전쟁보다는 재래식 내전을 위한 것이었다. 이 의정서는 전쟁(wars)이 아니라 '무력분쟁(armed conflicts)'에 대해 언급하고 있기는 하지만, "지속적이고 일치된 군사작전을 수행할 수 있도록 영토의 일부를 충분히 통제하고 있는 무장집단에만" 적용될 수 있다고 선언했다. 그것은 약탈, 테러리즘, '개인적 존엄성을 유린하는 행위'뿐 아니라 집단적 처벌과 인질을 잡는 것과 같은 대(對)반란활동의 매우 오래된 특징도 금지시켰다. 그러나 이러한 유린행위가 국가 간의 전쟁보다는 인민전쟁에서 훨씬 더 흔하게 등장했었다는 슬픈 사실에 비추어 볼 때 제네바 협정은 그것을 강제할 수 있을 것이라는 훨씬 더 실질적인 기대를 제공해주지는 못했다.

20년 뒤에 모든 전통적 제약이 무너져 버리는 '총력적 인민전쟁'이 목격되었다. 캄보디아에게 1975년은 크메르루즈(Khmer Rouge)가 30년간의 게릴라 투쟁에서 승리를 거둔 뒤 만들고자 했던 신생 캄푸치아(Kampuchea)[16]의 '원년(Year Zero)'이었다. 그들은 필요하다면 전체 중간계급을 제거해서라도 부르주아적 태도를 제거하려고 했다. 같은 시기에 신중하게 균형을 이루던 레바논의 정치구조가 붕괴되어 내전으로 빠져들었으며, 이는 몇 차례 진정되

---

16  크메르어로 캄보디아를 의미하며, 1976~1989년 동안 캄보디아의 국가명으로 사용되었다.

기는 했지만 1980년대까지 지속되었다. 레바논에서의 파국은 특히 충격적이었는데, 이는 레바논이 민족적 타협의 모델로 간주되어왔기 때문이다. 프랑스의 위임통치 아래 지배적인 공동체였던 마운트 레바논(Mount Lebanon)의 기독교 마론파(Christian Maronites)는 제2차 세계대전 동안 권력을 공유하는 헌정의 형태로 무슬림에게 정치적 입지를 인정해준 바 있었다. 그러나 그 전에도 히틀러의 나치 돌격대를 공공연하게 모방했던 마론파 게마엘(Pierre Gemayel)에 의해 준군사적 민병대를 조직하는 전통은 시작된 상태였다. 이러한 케타엡(Ketaeb)은 1976년에 레바논군(Lebanese Forces)으로 통합되기까지 느슨한 일단(一團)의 지역집단으로 남아 있었지만, 그들의 파시스트적인 태생은 레바논 연방주의를 희생시키면서 마론파로서의 정체성을 강조하게 이끌었다.

나세르(Nasser)가 수에즈에서 거둔 승리로 다시 활력을 얻은 아랍 민족주의 운동이 그 정체성을 위협하는 것처럼 보였을 때 케타엡은 무장활동을 위한 매개체를 제공했다. 그런 대부분의 경우에 그렇듯이 1958년의 첫 레바논 내전은 – 마론파의 관점에서 – 자위(自衛)를 위해 치러졌다. 아랍(무슬림)의 위협에 대한 그들의 과장은 현대의 모든 종족적 민족주의에 잠재되어 있는 과대망상적 경향의 전형이 되었다. 옛 헌정에 대한 대중적 믿음이 지속되어 첫 내전은 꽤 신속하게 종결되었지만, 두 번째 좀 더 유혈적인 붕괴가 발생할 가능성이 점점 커졌다. 팔레스타인 난민의 유입과 1967년 아랍-이스라엘 전쟁 이후 팔레스타인해방기구(Palestine Liberation Organization)의 결성은 독특하게 안정을 유지하던 레바논의 시민문화를 마침내 파괴해버렸다. 1975년 4월 대규모 내전이 시작되어 동부 베이루트에 있는 텔-알-자타르(Tel-al-Zaatar) 난민 수용소로 이동하던 팔레스타인 사람 27명이 죽임을 당했다. 5개월간의 무장충돌 끝에 중앙 베이루트의 케타엡이 4일간 포격을 퍼부어 아랍의 시장지역을 파괴함으로써 이 분쟁은 전면전으로 변모되었다.

1976년에 주마일[Bashir Jumayyil(Gemayel)] 아래 마론파 민병대가 중앙집

권화하면서 인민전쟁에 더 가까워질 수 있는 기초가 마련되었다. 레바논 연합군은 군사조직이자 사회조직이 되어 교통과 주택계획을 발전시키고 마론파 거주지에 존재하던 국가 내에 혁명적인 ― 그리고 무슬림의 시각에는 확실히 서양적인 ― 국가를 건설했다. 주마일 스스로가 깊게 뿌리내린 지역적 전통을 깨뜨리고 자신의 아버지(케타엡의 창설자)와 형으로부터 마론파 인민에 대한 통제권을 빼앗음으로써 이러한 경향을 전형적으로 드러냈다. 외부 ― 처음에는 미국, 그다음에는 가장 파괴적이게도 1982년에 이스라엘 ― 의 개입으로 상황은 복잡해졌지만 레바논의 정치에서 타협의 전통을 치명적으로 손상시킨 것은 마론파의 이와 같은 급진화였다.

실제로 1990년대에 제시된 그림은 종족적 정체성을 주장하기 위한 무장투쟁으로의 전이를 보여주었다. 유럽인들의 눈에 레바논의 몰락보다 더 충격적이었던 것은 유고슬라비아의 해체였다. 강간, 기아, 대학살이 난무했던 종족적 전쟁은 냉전의 종식을 뒤따랐던 짧은 낙관주의의 햇살을 가려버렸다. 대(大)세르비아의 일부가 되거나 자신들의 국가를 수립함으로써 스스로를 무슬림으로부터 분리시키려는 정통 보스니아계 세르비아인들의 필사적인 결의는 인적 재앙을 유발했을 뿐 아니라 국제연합과 같은 국제 조직이 종족적 적대감이 무력으로 표출되는 것을 완화시키는 데 얼마나 취약한지도 보여주었다. 르완다에서는 훨씬 더 불행한 일이 발생했으며, 국제연합의 한계도 훨씬 더 잔인하게 드러났다. 이러한 분쟁에서 폭력에 직접적으로 개입했던 '인민'의 비율을 정확하게 가늠하는 것은 불가능하다. 그러나 그 비율이 높아야 할 필요는 없으며(로런스는 "열성적이었던 이들은 2%였고, 98%는 수동적으로 동정했을 뿐"이었음을 시사했다), 체첸 공격이 다시 한 번 보여주었듯이 가차 없는 태도는 분쟁이 모든 도덕적 경계를 초월하도록 몰고 갈 수 있다. 사람들은 원하지 않을지 몰라도 '인민'은 모든 군사력 중 가장 파괴적인 것이 될 수 있다.

# 제2부
## 현대 전쟁의 요소들

## 제11장

# 기술과 전쟁 I
## 1945년까지

──────────────────────────── 마틴 반 크레벨드 Martin van Creveld

이 장은 매우 단순한 전제 ― 전쟁이란 전적으로 기술에 의해 확산되고 그 것에 의해 좌우된다는 것에 기초하고 있다. 이 전제는 이 장의 출발점이자 주장이며, 또 존재 이유로 기능하고 있다. ① 전쟁을 야기하는 명분과 그것이 달성하고자 하는 목표, ② 전역을 개시하면서 가해졌던 타격과 그것이 (때때 로) 가져왔던 승리, ③ 군사력과 그것이 섬기는 사회 간의 관계, ④ 작전과 정 보, 조직과 보급, ⑤ 목표와 방법, 능력과 임무, ⑥ 지휘 및 통제, 전략 및 전 술. 이것들 중 그 어떤 것도 기술이 미쳤거나 미치게 될 영향으로부터 면제 되어 있는 것은 없다.

### 전(前) 근대 군사기술

우리가 사는 세상은 전반적인 기술의 진보, 특히 군사기술의 진보가 많은 경우 당연한 것으로 여겨진다. 오늘날 살아 있는 어떤 개인이 기억할 수 있 는 한 새로운 장치는 중단 없이 계속해서 조립라인으로부터 생산되어오고 있다. 그 결과 그러한 진보가 발생하지 않으며 보통 새것보다는 낡은 것이 더 나은 세상은 상상하기 매우 어려워졌다. 그러나 우리가 1500년 이전으로 돌아가보면 그 세상은 우리 자신이 있는 세상과 일치한다.

자신의 전역(戰役)을 시작할 즈음에 알렉산더 대왕은 트로이 전쟁기의 것으로 보증(保證)되는 갑옷 한 벌을 선사받았다. 전투 시 그는 900년 묵은 장비로 가정되던 그 옷을 손상되어 대체해야 할 때까지 계속해서 착용했다. 중세 초의 무훈시(武勳詩, chansons de geste)에서 우리가 만나는 전사들은 새로운 무기의 중요성에 대해 도무지 인정하지 않았다. 그와는 대조적으로 이미 죽어버린 유명한 영웅의 것으로 가정되던 낡은 무기가 최상의 무기로 여겨지는 경우가 매우 흔했다. 실제로 검(劍)의 '혈통'이 길면 길수록 그 검에 부여되는 가치가 높아질 뿐 아니라 가격 또한 더 나갔다.

하지만 덜 일화적인 수준에서 요새화의 역사에 대해 생각해보자. 기원전 701년 고대 유대에서 있었던 라키시(Lachish) 공성전을 승리로 이끈 아시리아의 왕 센나케립(Sanherib)을 기리기 위해 만들어진 부조를 들여다보면 언덕에 자리 잡은 도시 하나를 발견하게 된다. 그곳은 이중의 성벽으로 둘러싸인 공간으로서, 가장 안쪽에 있는 성벽은 바깥쪽에 있는 성벽을 내려다보며 우뚝 솟아 있다. 성벽으로부터 돌출된 탑의 기능은 측면사격을 가능하게 하고 사각(死角)을 없애는 것이다. 총안(銃眼)[1]이 방어자에게 차폐물을 제공하고 요새화된 출입문이 진입로를 지배하고 있는데, 특징적으로 이는 공격을 기도하는 이로 하여금 오른쪽으로 방향을 전환하게 만들어 그 측면이 드러나게 한다. 중앙에 있는 성채가 다른 것들에 비해 컸는데, 이는 최후의 은신처였다. 예외 없이 이러한 모든 요소는 에드워드 1세(Edward I)가 1300년경 웨일스에 세운 것과 같은 중세의 요새에도 존재했다.

그리 놀랄 것도 없이, 요새 축성술처럼 공성술도 마찬가지였다. 공성기술

---

1   여기서는 궁수가 몸을 은폐한 상태에서 활을 사용할 수 있게 해주는 시설을 의미한다.

은 그리스인과 로마인에 의해 기원전 400년에서 200년 사이에 급격하게 발전했으며, 그 뒤에는 정체되었다. 그때까지 충차(衝車), 캐터펄트(catapults), 노포(ballistas), 이동식 탑, 크레인 — 시추기(bores), 지뢰, 공격용 사다리(scaling ladders), 쇠갈퀴(grappling hooks), 휴대용 방패(mantelets) 등은 훨씬 더 이전부터 쓰였다 — 과 같은 것들이 발명되어 근 1500년 동안 기본적으로는 변한 게 없이 사용되었다. 중세에 추가된 유일한 새로운 장비는 트레뷰셋(trebuchet)이었다. 그것조차도 이전보다 더 강력해지기는 했지만 이미 존재하던 것과 기본적으로 다르지 않은, 또 하나의 투석기에 지나지 않았다. 그 결과 마르켈루스(Marcellus, 기원전 210년경)나 아이밀리아누스(Scipio Aemilianus, 기원전 150년경), 카이사르(Julius Caesar, 기원전 50년경), 아멜리아누스(Marcellinus Ammelianus, 360년경)와 같은 당시의 유능한 로마군 기술자들은 포가 발명되기 이전에는 어떤 공성작전에서도 편안한 감정을 가질 수 있었다. 그리고 실제로 덜 유능한 후계자들에게 한 수 가르쳐줄 수 있는 무언가가 있을 수 있었다.

공성전에서 야전으로 옮겨가 보면, 우리는 마찬가지로 가장 중요한 철제 무기 — 철퇴(maces), 검, 창(spears), 기병용 창(lances), 미늘창, 투창(javelins), 다양한 형태의 도끼 — 모두가 (가장 늦어도) 기원전 600년까지는 발명되어 그 이후로는 거의 변하지 않았음을 발견하게 된다. 각종 형태의 활도 그랬으며, 물론 방패, 흉갑, 투구, 정강이받이와 같은 갑주도 그랬다. 문화적 요인뿐 아니라 전술적 필요성에 따라 이러한 모든 무기와 장비는 당황스러울 정도로 무수한 형태와 모양새를 취하게 되었다. 그러나 고전기 이전의 그리스 시대부터 중세 말에 이르기까지 그것들 중 어떤 것도 근본적인 변화를 경험하지 않았으며, 대다수는 근대가 태동되는 시기까지도 곧잘 이용되었다.

데 코르도바(Gonsalvo de Córdoba), 마키아벨리, 마우리츠(Maurice of Nassau), 아돌푸스(Gustavus Adolphus)와 같은 16세기, 심지어 17세기의 지휘관들은 모두 고전적인 교육을 받은 이들이었다. 그 결과 실제로 그리 가정되었던 것처럼, 그들은 그러한 유사성에 대해 잘 알고 있었다. 그들이 사용했던 무기가 때로는 고대인의 무기와 거의 동일하다는 점을 고려해 그들은 의도적으로 그리스인과 로마인의 군대를 모델로 자신의 군대를 조직하려 했다. 스위스와 독일의 창병들이 그랬고, 스페인의 둥근 방패와 검을 사용하는 이들도, 네덜란드의 대대들도 그랬다. 그 유사성은 명백했으며, (훌륭한 이론 틀의 부재로 인해) 기술적인 진보는 너무나 느리고 간헐적이어서 느지막이 1724년에조차 프랑스인 드 폴라르(chevalier de Folard)는 마케도니아식 창병대형으로 회귀할 것을 주장하는 유명한 전술교재를 쓸 수 있었다.

## 군사기술 변화의 가속화

이러한 아주 오래된 상황을 종식시킨 요소는 무엇이었으며, 어떻게 군사기술의 진보를 포함하는 현대 기술의 진보가 시작되었을까? 이와 같은 질문에 대한 문헌은 방대하지만, 그것은 기본적으로 두 학파로 구분될 수 있다. 마르크스를 따르는 일부는 기술적 진보가 도시의 성장, 부르주아적 자본주의, 초기 형태의 산업, 상업, 환전, 자유기업 체제 등과 같은 경제적 요인의 결과라고 주장했다. 베버와 특히 머튼(Robert Merton)을 따르는 다른 이들은 경제적 요인의 역할을 인정하기는 하지만, 그것에 동반되었고 아마도 그것을 야기하기도 했던 정신적 관점의 변화를 더 강조했다. 여기에는 중세의 종교적이고 스콜라 철학적인 사고로부터 목표 지향적인 합리성과 실험, 수학에 기초한 현대적인 과학적 접근법으로의 이동이 포함된다.

물론 군사기술의 진보는 보통의 기술적 진보에 의해 제공되는 배경에 반(反)해서는 절대 생각조차 할 수 없는 것이었다. 그러나 동시에 16세기의 어느 시점부터 시작해 정체상태를 종식시키고 군사 무기와 장비의 꾸준한 발전을 촉진했던 일부 특정한 발전에 대해서도 인정할 필요가 있다. 그러한 요소들 중 주요한 것은 밀리툼 페르페툼(militum perpetuum)으로 알려졌던 국가 소유의 정규 상비군이었다. 로마 제국의 몰락 이후로 유럽 사회는 상비군에 대해 알지 못했다. 그 대신 그들은 처음에는 부족적·봉건적으로 소집된 이들에게 의존했으며, 그다음에는 점점 더 용병에게 의존하게 되었다. 우리가 그 용어에 대해 이해하고 있는 바와 같이, 두 전자[2]는 기술적 발전에 대한 어떤 관심과도 한참이나 거리가 먼 비상근 전사들이었다. 후자는 비록 직업 군인들(그들은 종종 매우 유능하기도 했다)이었지만 전쟁 기간에만 복무했으며 전쟁의 종식과 함께 고용이 해제되었다. 어떤 유형의 군대도 군사기술의 진보가 뿌리를 내리고 자급하며 번성하기 위해 필요한 종류의 안정적·영구적 틀을 제공해주지는 못했다.

한편 절름발이 에일머(Eilmer the Lame, 유명한 비행체 발명가)에서부터 베이컨(Roger Bacon, 유럽인으로서 최초로 화약제조 공식을 제시했다)을 거쳐 다빈치(많은 군사장비를 발명했지만 그 대부분은 지면상으로만 남아 있다)에 이르기까지, 이들에게는 결코 발명에 대한 천재성이 결여되어 있지 않았다. 마찬가지로 호머(Homer) 시대부터 투사들은 얼핏 보아도 좋은 무기를 인지할 수 있었으며, 보통 개인의 자격으로 그것에 높은 값을 지불할 준비가 되어 있었다. 결여되어 있던 것은 독창성이나 부여된 동기가 아니라, 오히려 장기간 그리고 대부분 엄청나게 고비용적인 개발, 시험, 배치의 과정을 촉진시킬 수 있는 제도적(institutional) 환경이었다. 이러한 과정은 중앙집권적이고 장기적이며 상대적으로 안정된 경제수요가 존재하는 곳에서 뿌리를 내릴 수 있었다.

유럽 최초의 상비군은 백년 전쟁 말기 프랑스의 왕 샤를 7세(Charles VII)에 의해 만들어졌다. 처음에는 그 속도가 느리기는 했지만 다른 통치자들도 그 본을 따랐다. 16세기 말, 유명한 네덜란드의 정치학자 립시우스(Justus Lipsius)는 2개 '군단(legions, 정확히 말하자면 1만 3200명)'으로 구성된 상비군으로도 프랑스나 스페인과 같은 '큰' 국가의 수요를 충족시키기에 충분하다고 썼다. 30년 전쟁 동안 모든 진영의 상비군은 여전히 꽤 작았지만(스웨덴의 경우

---

2  부족적·봉건적으로 소집된 이들을 가르킨다.

3만 명이었으나 최대 20만 명이 된 적도 있었다) 1648년 이후에는 급속하게 성장하기 시작했다. 1690년경에 가장 강력한 군주들 - 신성 로마 제국의 황제와 프랑스의 루이 14세(Louis XIV) - 은 10만~20만 명의 전력을 유지했으며, 전시에는 무려 35만~40만 명으로 증가되었다. 영국, 스페인, 프로이센과 같은 국가는 그들이 할 수 있는 최선의 노력을 기울여 평시에는 수만 명, 전시에는 무려 10만 명을 유지했다. 이러한 군조직은 그때까지 역사상의 그 어떤 군보다 훨씬 더 안정적이고 대규모이며 좀 더 집중적인 수요를 창출해냄으로써 기술적 실험과 혁신이 발생할 수 있는 충분한 여지를 제공했다. 더욱이 유럽 역사상 처음으로, 삶의 목적 중 하나가 전쟁을 수행하는 더 나은 방법을 찾아내는 것인 사람들 - 직업장교 - 이 등장했다.

18세기 동안 군사기술의 진보는 여전히 꽤 느렸지만 산업혁명의 도래와 함께 그것은 가속되었다. 빠른 속도로 발명에 발명이 이어져 매 몇 년마다 군사력이 혁신되었다. 프랑스 혁명기 군대는 나폴레옹이 지휘하고 있었더라도, 심지어 래글런 경(Lord Raglan)이 지휘하고 있었더라도 크림 전쟁기의 군대에 제압당했을 것이다.[3] 크림 전쟁기의 군대는 1866~1871년 프로이센군에 압도되었을 것이다. 반대로 그들은 상대적으로 작은 1914년형(型) 전력에 의해서도 파괴되었을 것이다. 이전에는 지휘관들이 과거를 돌아봄으로써 지침을 찾을 수 있었지만, 이제는 그렇게 했을 경우 문제가 발생할 가능성이 훨씬 더 커졌다. 전에는 보통 기존 무기를 당연하게 받아들였지만, 이제는 그렇게 하는 것이 자살행위나 다름없이 되고 말았다. 특정한 현대적 상황이 조성됨으로써 그 속에서 모든 군대는 기술적인 쳇바퀴 위에 놓인 자신을 발견하고, 동일한 장소에 남아 있기 위해서는 계속 뛰어야만 했다. 그리고 전쟁은

---

3 크림 전쟁기 1854년 10월 25일에 있었던 바라크라바 전투(Battle of Balaclava)에서 영국 전력을 총지휘하던 래글런 경은 퇴각하는 러시아의 포병전력을 추격하기 위해 경기병여단(Light Brigade)을 투입하려 했지만, 지휘 계통의 의사소통 착오로 인해 방어력이 건재한 다른 포병전력을 정면공격하는 데 이들을 투입하고 말았다.

반복적인 것이 아니라 미래를 경영하는 연습이 되었다.

1870년경 이후에는 새로운 무기와 장치가 통합되는 과정의 성격이 변했다. 한편에서는 수요가 계속 증가했지만, 다른 한편에서는 새로 발명되는 장치가 너무 복잡하고 그것을 개발하는 데 필요한 자원이 너무 방대해서 집단적으로 운영되는 기술 조직들에 의해 개별 발명가의 입지가 차츰 잠식되었다. 많은 경우 거대 회사[독일의 크루프(Krupp), 라인메탈(Rheinmetall), 만(Mann), 영국의 비커스(Vickers), 프랑스의 슈나이더-크뢰조(Schneider-Creusot), 미국의 듀폰(Dupont)]의 투자를 받던 이 조직들은 수개월마다 신무기를 개발해낼 수 있었다. 그렇지 않은 경우에는 적어도 기존 무기를 개선하기라도 했다. 예를 들어 1906년에는 최초의 드레드노트 급 전함이 진수되어 모든 기존의 전함을 일순간에 폐물로 만들어버렸다. 그러나 그것은 그 전함이 규모와 발사화력의 무게에서 적어도 50%는 더 큰 다른 전함에 의해 대체되기 불과 8년 전의 일이었다. 그와 유사하게, 주요 군사 강국들이 1914~1918년 전쟁을 개시할 무렵에 사용했던 항공기는 그 전쟁이 끝날 때쯤에는 전적으로 무용지물이 되어 있었다. 1918년에 이르면 가장 중요한 지상무기 중 하나(장차 가장 전망이 밝았던 무기)는 탱크였으며, 이는 불과 3년 전에 고안된 기계였다.

1918년에 이르기까지 군사기술의 진보는 보통 정식 군사조직이 아닌 외부에서 유래되었다. 우선 그것은 개별 발명가들에게서 이루어졌으며, 그 뒤에는 ─ 우리가 방금 살펴보았듯이 ─ 개별 회사들의 수중에 놓였다. 일반적으로 군사적·정치적인 위계조직에서는 전쟁의 승리가 기술적 진보에 달려 있다는 생각이 서서히 그 입지를 확장해갔지만, 정작 그러한 생각이 자리매김했을 때 국가들은 극단적인 모습을 보였다. 전간기 동안 주요 군대들이 산업기술과 동원의 문제에 각별한 주의를 기울이는 대학들을 설립했다. 제2차 세계대전기에 이르면 자존심이 있는 모든 대통령, 수상, 장군은 과학 자문관을 임명했으며, 그들의 기능은 끝이 없이 쏟아지는 새로운 사고(思考)와 발명의 범람 속에서 어떤 것이 실행 가능성이 있으며 어떤 것이 발전되어야 하는지를 그들이 할 수 있는 한 최대로 이야기해주는 것이었다. 쓰이게 된 새로운 장치 — 몇 가지만 언급하자면 레이더, 컴퓨터, 제트엔진, 로켓, 핵에너지와 같은 — 는 국가에 의해 적극적으로 개발된 것이었으며, 국가는 그것에 사실상 무제한적인 양의 자금, 기술자, 원료를 공급했다. 그 결과 무기의 위력과 그 비용이 또 한 번 전례가 없을 정도로 급증했다. 다양한 열강이 전쟁을 시작할 때 사용했던 많은 종류의 선박, 항공기, 탱크, 포는 전쟁이 끝날 즈음에는 다시 한 번 전적으로는 아닐지라도 거의 진부한 것이 되고 말았다.

1945년 이후 많은 선진국가들의 국방부는 기술 혁신의 중요한 원천이 되었으며, 그들은 비단 군사적 장치뿐 아니라 이른바 '파급(spin-off)'효과4를 통해 민간기술을 만들어내는 데도 도움을 주었다. 특히 1970년 이후에는 세계 도처의 점점 더 많은 소규모 개발 도상국이 강대국을 모방하고자 했으며, 독자적으로 군사 연구개발 프로그램을 개시했다. 하지만 그것은 늘 매우 막대한 경제적 비용을 소비했던 데 반해 가시적인 '국방'상의 유익을 만들어내는 데는 실패하는 경우가 많았다. 그러나 옳고 그름을 떠나 인식이란 그 자체가 강력한 사회적 힘이 된다. 자신들이 마음대로 쓸 수 있는 가장 발전된 군사기술을 보유하는 데 군사적 힘이 결정적 요소라는 생각은 17세기 베이컨(Francis Bacon)에 의해 처음 피력되었다. 일반적으로는 산업 혁명기에서 그 기원을 찾는다. 좋든 나쁘든 그것은 현대 사회의 가장 주요한 가정 중 하나가 되었다. 그것이 여전히 옳은지, 또는 그 자체로 진부한 것이 되고 말았는지의 문제는 이 책의 마지막 장에서 다시 짚어볼 것이다.

### 기술의 군사적 영향, 1500~1830년

1500년에서 1830년까지 기술과 전쟁의 관계에 대한 논의는 화약의 도입

---

4　군사기술로 개발된 기술을 민간기업으로 이전하는 효과를 의미한다.

에서부터 시작하지 않을 수 없다. 화약은 11세기 중국에서 발명되었던 것으로 보인다. 중국에서 그것은 괴물(때로는 인간의 형태를 가진 괴물일 수도 있었다)에게 상처를 남기는 수단으로서 작은 로켓이나 수류탄에 사용되었다. 그 뒤 200년 동안 그것은 몽골인들이나 아랍인들, 또는 그 모두에 의해 유럽으로 전해졌다. 처음에는 발전이 더뎠다. 대담공 샤를(Charles the Bold)에 의한 노이스(Neuss) 공성전이 있던 1475년 동안까지도 석궁과 소화기는 호환적으로 사용되었다. 일부 군대, 특히 잉글랜드의 군대는 심지어 17세기 첫 4반세기까지도 활과 화살을 고수했다.

그럼에도 불구하고 100년 전에도 사용되던 소총의 주요한 유형 – 화승총으로 알려졌다 – 은 이미 목재 개머리판과 긴 철재 총열, 안전장치, 방아쇠, 때로는 방아쇠 안전장치를 갖춰 다소 현대식 소총과 흡사했다. 이 무기는 5~6kg 정도였고, 방아쇠가 도화선을 탄약과 접촉시켜 격발되는 형태였으며, 흑색화약을 이용해 대략 1/12파운드에 달하는 총탄을 100~125야드의 유효 사거리로 사격했다. 사격률은 기껏해야 분당 한 발(흔히 발생했던 오발은 셈하지 않은 것이다)이었으며, 근접한 거리에서 전투를 벌이거나 기병을 제지하기에는 너무 느렸다. 지휘관들은 화승총 사수들에게 내구력을 제공하기 위해 그들 사이에 창병들을 배치하고는 했다. 가벼운 갑주(흉갑과 헬멧은 갖추었지만 방패나 정강이받이는 착용하지 않았다)를 착용한 창병들의 커다란 대형은 16세기 전장에서 주요한 전술적 단위부대를 형성했다. 그들은 다시 모서리 네 군데에 각각 전개된 화승총 사수들이 이루는 '소규모 대형(sleeves)'에 의해 보호되었다.

길이와 장전방식 때문에 말의 등에서 화승총을 운용하는 것은 불가능하지는 않아도 어려웠다. 그래서 기병용으로 피스톨이라는 좀 더 짧은 무기가 개발되었다. 그러나 기병이 소화기와 날이 있는 무기를 동시에 사용할 수 있는 최적의 방식을 찾아내는 것은 시간이 오래 걸릴 뿐만 아니라 어려운 문제였다. 16세기에는 반회전법(caracole)이라고 알려진 기동을 선호했는데, 이때 기병은 조심스럽게 적 보병에게 접근하여 피스톨을 발사하고 재장전을 위해 퇴각함으로써 다음 열이 전진할 수 있는 길을 만들었다. 이러한 체계는 기병의 가장 중요한 특징인 기동성을 희생시켰다는 점에서 상대적으로 비효과적이었다. 30년 전쟁 동안 아돌푸스로부터 검, 특히 점점 더 기병도(sabre) 형태의 도검(刀劍)으로의 회귀가 이루어졌다. 그 이후로는 이전의 완전한 갑주 대신 흉갑을 착용한 중기병이 승전을 이끌어내는 병과로서 중세의 지위를 상당 정도 재획득할 수 있게 되었다. 뮈라(Joachim Murat)가 1808년 프리드란트 전투에서 보여주게 되듯이 기병은 나폴레옹기까지 이러한 역할을 유지했다. 심지어 그 이후에도 그들의 종국적인 쇠퇴는 서서히, 불균등하게, 어쩔 수 없이 진행되었다.

17~18세기의 기병이 소화기로 무장한 보병을 통렬하게 공격할 수 있도록 해준 무기는 야포였다. 포의 발전은 초기에는 소총의 발전에 비해 훨씬 더뎠다. 첫 150년경 동안 무겁고 다루기 힘들었던 대포는 심지어 바퀴도 없었고, 주로 공성작전에 사용되었다. 그러나 1500년경에 이르러 이러한 상황은 점진적으로 변화되었다. 양질의 화약과 개선된 야금술은 포의 크기를 축소시켰다. 거대한 성벽 파괴 포(muurbraeckers)의 위치는 훨씬 더 작은 세이커포(sakers)와 컬버린포(culverins) ― 이것들은 5~12파운드 포이다 ― 가 차지했다. 1760년대부터는 기마포(horse artillery)를 사용함으로써 작전 중 이동이 가능해졌다. 깔끔한 사계(射界, field of fire)를 제공하는 산등성이에 배치되면 포는 거대한 보병 무리를 산산조각낼 수 있었다. 그들은 『전술론(L'arte della guerra)』에서 마키아벨리가 권고했던 것처럼 지형지물을 이용해 숨든지 아니면 흩어져야 했다. 물론 전자의 방법은 지형이 적합한 곳에서만 실행에 옮길 수 있었다. 분산은 속도와 집중으로 인해 아무리 용감하더라도 개별 보병에 비해 상당한 이점을 계속해서 갖고 있던 기병(특히 경기병)에게 보병이 속수무책이 되게 만들 터였다. 그러므로 전술은 세 병과를 적절히 조율하는 문제에 다름 아니게 되었다. 적은 이리하나 저리하나 곤경에 처할 것이었으며, 이러한 상

황은 1815년 워털루 전투까지 지속되었다.

1600년 직후 화승총은 처음에는 좀 더 무거운 머스킷(이것은 화승식 격발장치나, 드물게는 복잡하고 고비용적인 바퀴식 격발장치에 의해 발사되었다)에 의해, 그 뒤에는 부싯돌식 머스킷에 의해 대체되었다. 유효 사거리는 상당 정도 그 이전과 같았지만 사격률은 가장 잘 훈련된 병사의 경우 분당 2~3발로 증가했다. 가늠쇠가 추가된 덕분에 정확도 또한 개선되었다. 사격률의 증가는 보병 대형에 포함된 창병의 수가 1525년 파비아 전투(Battle of Pavia) 당시 약 80% 정도에서 100년 뒤에는 50% 이하까지 감소하게 만든 원인이었다. 1660년경 총검의 발명은 나머지 창병까지 불필요하게 만들었으며, 그들과 함께 보병이 착용했던 갑주의 마지막 자취도 사라지게 되었다. 군복이 갑주를 대체하면서 18세기에 전형적이었던 전열보병('line' infantry)[5] — 이들은 동질적이었으며, 소규모 비정규전을 제외하고는 대부분의 작전적 목적에 적합했다 — 이 등장했다.

1620년에 이르면 보병은 더 이상 개별적으로 자신들의 무기를 발사하지 않고 소대, 중대, 또는 반(半)대대의 지시에 따랐다. 그렇게 해서 그들은 파괴적인 일제사격을 가해 전열 전체를 황폐화할 수 있었으며, 이에 맞서기 위해서는 지독한 기율이 필요했다. 진행되던 기술적 개선의 또 다른 결과는 재장전을 위해 필요한 시간이 계속해서 꾸준히 감소했다는 점이다. 그리하여 서로를 지탱해주기 위해 필요한 열의 수 또한 마우리츠와 아돌푸스 시기의 8~10에서 말버러 공(Duke of John Churchill Marlborough) 시기에는 4~5, 프리드리히 대왕(Frederick the Great) 시기에는 3~4, 나폴레옹 치하에서는 2~3으로 줄어들었다. 이 시기의 끝 무렵에 발전된 군대 대부분에서는 보병의 무려 1/3이 더 이상 대형을 이루지 않고 싸웠다. 그 대신 그들은 본대에 앞장서서 몸을 숨긴 채 자유자재로 사격을 가하는 척후병으로서의 역할을 수행했다.

---

5   17세기 중반부터 19세기 중반까지 유럽 육군의 토대가 되었던 보병의 유형이다. 소화기의 확산으로 선형전술(linear tactics)이 지배적 형태가 되면서 이와 같은 유형의 보병이 전형을 이루었다. 이 대형은 화력효과를 극대화하는 데 최적이었다.

보병대형을 이루는 열의 수가 감소하고 군대의 규모가 꾸준히 증가함으로써 전장의 폭은 이 시기 초 약 2~3km에서 끝 무렵에는 6~7km까지 확장되었다. 그러나 그렇다고 전쟁의 성격이 변한 것은 아니었다. 1500년의 경우처럼 (사실은 기원전 500년의 경우에도) 1815년에도 전투는 일종의 토너먼트였다. 대적하는 지휘관들 간의 암묵적이거나 때로는 노골적인 합의에 의해 마련된 전투에서 양측의 주요 전력은 근접해 서로 싸웠다. 전투공간은 몇 제곱킬로미터에 지나지 않았고 전투는 거의 하루 남짓 내에 끝났다. 대형이 행군대형에서 전술대형으로 변경되는 데는 오랜 시간이 걸렸기 때문에 대부분 전투에 하루 오후만이 소비되었다. 몇 시간 동안의 집중적인 살육에서 양측 모두 장병의 1/3이 죽거나 죽어가면서 땅에 쓰러졌다. 전투 수행에서의 기량과는 대조적으로 전투의 성격이 한결같은 모습으로 남았다는 사실은 적어도 한 명의 현대 권위자로 하여금 군사사의 전 시기를 워털루 이전과 이후로 구분하게 만들었다.

화약 사용의 확대가 전투의 성격을 변화시키지 않았다면 공성전의 경우도 마찬가지였다고 말할 수 있다. 처음에 공성포의 발전은 매우 더뎠다. 세계에서 가장 강력한 도시로 간주되었으며 이전의 많은 공성전에서도 살아남았던 콘스탄티노플이 함락됨으로써 충격에 빠진 세계에 새로운 시대가 밝았음을 알려주었던 것은 1453년의 일에 지나지 않았다. 근대 이전 요새의 확연한 특징이었던 높고 좁은 외벽은 포에 버틸 수 없었고 포를 설치하기에도 부적절했다. 그래서 15세기 중반경부터 새로운 유형의 요새에 대한 필사적인 탐구가 발전했다. 익히 예측할 수 있듯이 이러한 탐구는 이상한 실험을 여럿 초래했다. 그중에는 있을지 모르는 프랑스나 스페인의 침공에 저항하기 위해 헨리 8세(Henry VIII)가 잉글랜드의 연안을 따라 건설했던, 실용성이 거의 없는 구조물뿐 아니라 뒤러(Albrecht Dürer)가 그렸던 가상의 성도 존재한다.

1520년경 이탈리아의 군사 공학자 산 미켈레(Michele San Michele)는 새로운 체계의 요새를 고안했다. 트라스 이탈리엔은 엄청나게 넓은 도랑과 두텁고 곧추서 있는 각진 성벽, 모서리에 위치한 마찬가지로 두터운 능보로 구성되었다. 능보는 성벽을 향해, 능보와 능보 간에 측면사격을 제공하기 위해 고안되었으며 (요새의) 전체 구조가 특징적인 별 모양을 띠게 만들었다. 신(新) 요새들은 무엇보다 지면으로부터 높게 서 있지 않았다는 점에서 신석기 시대 무렵부터 시작되는 모든 전례와 달랐다. 그와는 대조적으로 포의 표적이 되는 것을 피하기 위해 요새를 가능한 한 낮게 건설하는 것이 대체적인 생각이었다. 이 장대한 혁명은 이해되는 데 시간이 걸렸지만, 프랑스, 저지대 국가들, 독일, 잉글랜드[버윅-온-트위드(Berwick-on-Tweed)의 경우처럼], 폴란드로 퍼져나갔고 그 결과 1550년경부터는 새로운 유형의 요새들을 추적할 수 있게 되었다.

비교해보면 원래 '이탈리아식' 요새의 구조는 단순했다. 그러나 17세기 동안의 자체적인 논리와 요새 앞에 드러난 대포의 증가하는 위력 때문에 요새는 점점 더 커지고 복잡해졌다. 우선 능보의 귀퉁이를 보호하기 위해 외곽 또는 별도의 구조물이 건설되었다. 다음으로는 그러한 구조물 자체에 보호가 필요해졌으며, 전체 구조물이 주된 요새와 연결되어야 했다. 이 지점에서 그와 같은 과정 자체가 반복되었다. 그리고 1690년경 보방(Sébastien Le Prestre de Vauban)이나 쿠호른(Menno van Coehoorn)에 의해 건설되었던 것과 같은 1급 요새가 전에 없이 더 커졌다. 그것들은 삼각 보루(ravelins), 각면보(redoubts), 모보(帽堡, bonnettes), 반월창(lunettes), 요각보(凹角堡, tenailles)와 철각보(tenaillons), 외루벽(外壘壁, counterguards)과 각보(角堡, hornworks), 큐벳(cuvettes)과 포세 브레이에스(fausse brayes), 내벽(內壁, scarps), 코든(cordons), 둑턱(banquettes)과 경사진 외벽(counterscarps)을 갖추었는데, 이는 스턴(Laurence Sterne)[6]이 『트리스트럼 샌디(Tristram Shandy』(1760~1768)에서 바로크적인 사치스러움을 풍자했던 바와 같다.

---

6  아일랜드 태생의 영국 소설가이자 영국국교회 성직자이다.

그렇게 개선된 요새화의 요소들에 맞춰 공성전의 절차 또한 그 뒤를 따랐다. 이전처럼 공성전은 방어군은 안에 머물게 하고 구원군은 외부에 머물게 하기 위해 고안되었던 — 아마도 이중의 — 주변 저지선(perimeter cordon)을 박살내는 것으로부터 시작될 터였다. 그다음에는 방어망의 가장 취약한 지점을 발견하기 위해 정찰이 수행될 것이었다. 아마도 성벽으로부터 700~800m 떨어진 곳에서 성벽과 평행하게 참호가 건설되고 그 안에 방탄방패(mantelets)에 의해 보호받는 포들이 자리 잡았다. 요새의 한 구역에서 방어군이 제거되면, 지그재그식 교통호들을 통해 첫 번째 참호와 연결되는 또 다른 참호가 성벽과 좀 더 가까운 곳에 만들어질 터였다. 포들이 전방으로 이동 배치되고 그러한 과정이 반복되었다. 통상적으로 포가 직사(直射)하여 균열을 발생시키기 위해서는 성벽으로부터 200~300m의 거리에 세 번째 참호가 조성될 필요가 있었다. 첫 번째 참호가 개착(開鑿)되는 시점부터 계산해보면 1급 요새 대부분은 대략 6~8주면 장악할 수 있었다. 구원군이 등장하거나 공성군에 탄약이 고갈되거나 겨울이 도래하여 공성전이 종식되지 않는 한 잘 수행된 공성전의 결과는 거의 확실했다. 그 결과 이른바 '아름다운 항복(belles capitulations)'이라는 수단에 의해 명예롭게 요새를 넘겨주는 규칙적인 절차가 발전되었다.

포의 대두는 근대 초 공성전의 기량에 중요한 변화를 초래해 가장 오래된 장치(굴착은 제외된다는 점에 주의해야 한다)가 사라지게 만들었다. 전투의 경우처럼 화약은 여전히 공성전의 기본적인 성격도, 그것이 야전과의 사이에서 갖는 근본적인 차별성도 변화시키지 못했다. 야전은 여전히 전술의 문제였으며 공성전은 공학의 문제였다. 야전은 혜안(慧眼, coup d'oeil)과 맹렬함에 의존했으며 공성전은 기술적 기량, 끈기, 그저 지루하고 힘든 일에 의존했다. 이러한 두 유형의 작전은 서로 다른 종류의 장병을 필요로 했으며, 야포의 구경이 줄어듦에 따라 다른 종류의 포도 점점 더 필요해졌다.

게다가 지금까지 묘사된 새로운 장치는 전쟁의 한 부분만을 개조시켰다.

그것은 전투(fighting)였는데, 그것이 보급, 통신, 전략과 같은 다른 요소에 미친 효과는 훨씬 더 제한적이었다. 소화기는 화약과 탄약을 필요로 했지만, 이 단계에서는 필요한 양이 꽤 소규모였다. 무게로 측정해보았을 때 모든 군사 보급품의 압도적 대다수는 계속해서 먹을 것과, 특히 기병을 수송하고 대포를 이동시키며 모든 가능한 장비를 운반하는 말들을 위한 먹이로 구성되었다. 가장 잘 조직화되어 있던 일부 국가는 17세기 말경부터 곡식창고를 건설하기 시작했지만, 나머지 군대는 늘 그래 왔듯이 여전히 지역에서 보급물자를 확보하는 데 의존했다. 장병들은 민간 주민들에게서 직접 먹을 것을 구입하든지, 이른바 '분담금(contributions)'이라는 수단으로 같은 주민들에게 추렴한 돈을 사용해 구입하든지 했다. 그렇지 않으면 징발에 의존하거나 그야말로 약탈이 되고 말았다.

약탈은 모든 것 중 가장 낭비가 심하고 덜 효율적인 방법이었기 때문에 1648년 이후에는 비상시나 통제가 무너졌을 때를 제외하고는 사라지는 경향을 보였다. 그럼에도 불구하고 매우 빈번하게 전쟁의 목표는 동일하게 남았다. 즉, 프리드리히 대왕의 말을 빌리자면, 그곳에 있는 모든 것을 먹어치운다는 것은 한 지방에 있는 것을 먹은 뒤 다음의 것으로 옮겨가고 그러한 과정을 반복하는 것이었다. 마초의 필요성 때문에 일반적으로 교전행위는 여름철에 한정되어 이루어졌다. 게다가 군대가 농촌에 의존해 보급물자를 확보함에 따라 그들이 수행하는 작전은 남부 네덜란드나 북부 이탈리아, 중남부 독일과 같은 특정 지역 ― 잘 구획되어 있고 인구밀도가 높은 ― 을 지향하는 경향이 있었다. 마지막으로, 모두는 아닐지라도 탄약의 대부분은 전역이 시작될 때 지참되기에 때문에 현대에 의미하는 것과 같은 병참선의 문제는 존재하지 않았다. 아돌푸스와 말버러 경의 작전에서 충분히, 분명하게 드러나듯이 근대 초의 군대는 그들이 인근 농촌을 지배하거나 위협할 수 있는 한 선박이 해상에서 그러는 것처럼 거의 자유자재로 이동할 수 있었다. 통상적으로 병참의 어려움은 먹을 것을 거의 찾지 못하는 지경까지 한 장소에 머물러야 하는 장기 공성전 동안에만 기대되었다. 그러한 환경에서는 전략의 의미 또한 전적으로 달랐으며, 실제로 나폴레옹 전쟁 직전에서야 현대적 의미와 흡사한 전략이라는 용어가 쓰이게 되었다.

하지만 못지않게 중요한 점은, 이 기간에 군사 기술적 진보가 지휘, 통제, 통신의 수단은 이전과 거의 흡사한 채로 남겨놓았다는 점이다. 전장에서 이러한 수단은 음성언어(외치는 경우가 더 많았다), 북, 트럼펫, 나팔에 의해 만들어지는 청각신호, 깃발과 기치, 올리거나 내리거나 흔드는 군기(軍旗) 형태의 시각신호로 구성되었다. 원거리 통신도 마찬가지로 매우 미약하게 발전했다. 그것은 거의 전적으로 기마전령과, 매우 드문 경우지만 시각전신(optic telegraph)[7]이나 포격의 형태로서 미리 약속된 신호들로 구성되었다. 이러한 기술적 수단은 전술부대의 규모, 그들의 작전지역이 본부로부터 떨어져 있는 거리, 그들의 분산된 예하부대가 단일한 적에 대항해 함께 작전을 수행할 수 있는 정도, 통치자들이 야전에 나가 있는 지휘관들을 통제하거나 심지어는 그들이 무엇을 하고 있는지에 대한 충분한 지식을 유지할 수 있는 능력에 엄격한 제약을 가했다. 이러한 방식으로 인해 그들은 화약의 발명에도 불구하고 1500년에서부터 1830년까지의 기간이 그 뒤에 이어질 시대보다는 그에 선행했던 시대와 공통점이 더 많다는 것을 확신하게 되었다.

### 기술의 군사적 영향, 1830~1945년

전쟁과 관련된 1830년 이후의 기술적 진보는 그 이전의 것과는 달랐다. 그때까지는 무기가 현대적 기준으로 보았을 때 더디기는 했지만 발전을 이끌었다. 그러나 이제 발전을 주도하는 것은 교통과 통신이었으며, 이것은 전략과 전술뿐 아니라 그것이 기초하는 하부구조에도 심대한 변화를 가져왔다.

---

7  전신의 최초 형태로서 연기신호나 불빛, 반사광과 같은 시각적 방법을 통해 통신한다.

그런 이유로 이 섹션에서는 우선 하부구조에 초점을 둘 것이다. 그런 뒤 무기에서 무기로 옮겨가면서 무기 중 가장 강력한 무기를 고찰할 것이다.

전쟁에 실질적인 영향을 주었던 교통에서 첫 번째 주요한 개선은 철도였다. 수레가 궤도 위에서 움직이게 하는 관행의 기원 — 이는 주로 굴착작전과 연관되어 있었다 — 은 16세기 말로 올라가지만, 철로가 만들어지고 증기 기관차가 쓰이게 된 것은 산업혁명에 이르러서였다. 1830년 리버풀과 맨체스터 간 최초의 공용철도가 개통되자 위협을 받고 있는 지역으로 병력을 이동시키기 위해 새로운 장치를 사용하려는 시도가 프랑스, 오스트리아, 프로이센, 러시아에서 거의 즉각적으로 시작되었다. 철도를 '작전적'으로 사용한 첫 번째 사례는 바덴에서 실패한 반(反)프로이센 혁명가들이 열차 한 대를 장악해 스위스로 망명했던 1848년 여름의 일이었다. 이러한 방식으로 도피했던 이들 중에는 마르크스의 평생 친구인 엥겔스도 있었다.

많은 수의 병력을 수송하기 위해 철도를 이용하는 것이 이론상으로는 간단한 일인 것 같다. 그러나 사실 이 일은 매우 복잡하며, 탑승 및 하차 역이 막히거나, 노선이 혼잡해지거나, 운행 중에 기차가 멈춰버리거나(심지어는 탈선해버리거나!), 사고가 발생하지 않도록 하기 위해 세심한 계획이 필요하다. 애초 군사용 철도관리 분야에서 선두주자는 프랑스군이었다. 1859년에 그들은 병력 25만 명을 6주 내에 북부 이탈리아로 이동시킴으로써 통달된 능력을 과시했다. 그다음으로 선두에 섰던 이는 몰트케(Helmuth von Moltke) 휘하의 프로이센군이었다. 1866년 오스트리아와 1870년 프랑스에 맞서 이루어진 프로이센군의 동원은 세계를 깜짝 놀라게 한 계획의 걸작이었다. 세계 도처의 총참모부는 이러한 사건과 더불어 1861~1865년의 미국 남북전쟁 동안에도 철도가 눈부시게 사용되는 것을 목도했다. 그들은 장차 있을 전쟁에서는 우세한 철도체계를 보유한 측이 먼저 동원에 나서고 그 이후로는 극복이 불가능할지도 모르는 결정적 이점을 확보하게 될 것이라고 결론지었다.

철도의 부상은 전쟁에 미친 효과가 심대했던 또 하나의 비군사적 기술, 전신(電信)의 부상을 동반했다. 전신이 없다면 철도 자체는 기껏해야 그들이 가진 역량의 일정 부분만을 가동시킬 수 있었다. 그보다 훨씬 더 중요한 점은 전신이 없이는 철도를 통해 엄청난 거리를 이동하는 군대를 지휘하는 게 불가능했다는 점이다. 전선(電線)과 철도의 선로가 적절히 협력하여 전략을 변화시켰다. 이전에는 나폴레옹조차 본부로부터 25마일이 채 안 되는 거리 내에서만 자신의 군단을 지휘할 수 있었지만, 이제 단일한 적에 맞서 수백 마일에 걸쳐 분산되어 있는 전력을 협력시키는 것이 가능해졌다. 전에는 전략이 지방의 맥락에서 작동되었는데 이제는 그것이 국가와 나아가 대륙 전체를 포괄하게 되었다. 그토록 광범위한 전선을 이동하는 군대는 요새를 우회할 수 있었으며, 이와 같은 사실은 대포의 증대되는 위력과 더불어 전통적으로 이해되어온 것과 같은 공성전을 사라지게 만들었다. 마침내 역사상 처음으로 철도와 전신은 거대한 국가가 작은 국가만큼이나 효율적으로 동원을 할 수 있게 만들었다. 이런 방식으로 철도와 전신은 군대의 전개규모를 ― 1861~1871년의 수십만 명에서 1914년에는 수백만 명으로 ― 크게 증가시켰을 뿐 아니라 '강대국'과 나머지 국가 간의 간극을 강화시키기도 했다.

철도와 전신의 역할 증대는 무기분야에서도 심대한 발전을 동반했다. 나폴레옹 전쟁기까지도 기본적인 무기는 부싯돌식 머스킷과 전장식 대포였다. 전자의 변혁이 1831년 후장식 드라이제 '니들건'의 발명과 함께 시작되었다. 군대는 이 시점으로부터 채 10년이 지나기도 전에 낡은 무기를 버리고 새로운 무기를 구입하도록 강제되었으며, 이런 과정이 수반하는 모든 비용과 행정적 혼란까지도 감수해야 했다. 1890년까지 뇌관(percussion caps), 강선총신(rifled barrels), 수동 노리쇠를 이용한 장전 메커니즘(bolt-action loading mechanisms), 완전 철제탄약(all-metal cartridges), 탄창(magazines), 무연화약이 추가되었다. 그 결과 보병 기본무기의 사격률이 3~4배, 유효 사거리가 4~5배, 그리고 정확도도 같은 정도 증가했으며, 이 모든 것은 장병들이 몸을 숨긴 채 사격을 가할 수 있게 된 상황에서 이루어졌다. 또한 앞으로 조원 2~3명이 나폴레옹기였다면 1개 대대가 만들어낼 수 있었던 것과 동일한(그보다 더하지는 않다 하더라도) 화력을 만들게 해줄 기관총이 개발될 터였다.

포의 발전 또한 마찬가지로 눈부셨다. 1850년경부터 영국의 암스트롱 (John Armstrong)과 프로이센의 크루프(Alfred Krupp)와 같은 발명가는 청동과 주철(鑄鐵)로 된 포를 강철포로 대체하기 시작했다. 후장식 메커니즘뿐 아니라 강선포신이 추가되었으며, 낡고 딱딱한 철환 대신에 폭발성 포탄이 공급되었다. 그리고 화룡점정격으로 반동 메커니즘이 추가되었는데, 이는 포로 하여금 사격할 때마다 매번 재조준해야 할 필요를 없애주었다. 이러한 발전은 포격률을 나폴레옹기의 분당 한 발에서 (이론적으로는) 최대 10~12발로 증가시켰다. 제1차 세계대전기에 이르면 간접 조준사격에 의존하는 보통의 야포는 6~8km의 유효 사거리를 확보하게 되었으며, 중포는 훨씬 더 나아가 30km까지 표적에 달할 수 있었다. 한번은 120km의 거리에 달하기도 했다. 이러한 사거리는 육안으로 조준하는 것을 더 이상 불가능하게 만들었기 때문에 기상(氣象) 데이터와, 해상의 경우에는 최초의 기계적 컴퓨터와 결합된 복잡한 수학 계산에 점점 더 의존하게 되었다. 대안적으로는 기구나 항공기와 같은 새로운 발명품의 도움으로 포의 배치나 조준이 이루어졌다.

화력의 엄청난 증가에 따른 첫 희생자 중에는 중기병들이 있었다. 카빈총을 주요 무기로 삼았던 경기병 부대는 정찰활동, 차단, 약탈, 적 후방에 대한 깊숙한 습격 등에서 매우 중요한 역할을 했지만, 이미 미국 남북전쟁 동안 중기병들은 주요 전장 대부분에서 눈에 띄게 사라진 상태였다. 서유럽 전장에서 있었던 마지막 실질적인 기병돌격은 1870년 마르-라-투르(Mars-la-Tour)에서 프로이센 기병들이 행한 '죽음의 돌격(death ride)'이었다. 그와 함께 중기병들에게는 조종(弔鐘)이 울렸으며, 그 이후 그들은 사라졌고, 1898년 수단에서 있었던 영국 전역, 1899~1902년 보어 전쟁, 1914~1918년 동부전선, 1917~1918년 팔레스타인 전역, 1918~1919년 러시아 내전, 1919~1920년 러시아-폴란드 전쟁처럼 지상에 현대식 무기가 없었거나 조금 배치되어 있던 덜 중요한 전구(戰區)에서 경기병들만이 활약했다. 이러한 전쟁들은 기병이 어떤 종류이든지 무리를 지어 기동하는 것을 볼 수 있었던, 역사상 마지막 기회였던 것이다.

보병전력 간 전투에서도 화력 증대의 효과는 공세자보다 전술적 방어자가 훨씬 더 강력해지게 만들었다. 1866년 쾨니히그라츠에서도 그랬듯이, 1863년 게티즈버그에서 보병들이 참호에 몸을 숨긴 상대를 처치하고자 했던 시도는 공격자들 사이에서 사상자의 수가 급증하게 만들었다. 보병들은 그들이 여태껏 전투 시 취해왔던 밀집대형을 버리고 산개하기 시작했다. 그들은 서서 싸우는 대신에 (그리고 자신들의 신장을 강조하기 위해 고안된 군복을 착용하는 대신에) 몸을 쭈그리거나 누워 있거나 한 대피호에서 다음 대피호로 뛰어다니는 스스로를 발견했다. 위대한 몰트케를 비롯해 지휘관들 대부분이 이런 변화를 환영하지 않았다. 전선이 점점 더 신장되고 병사들(이들은 새로 사용되던 위장군복의 도움을 받았다)이 사실상 땅속으로 사라져 버리자 지휘관들은 통제를 가하거나 심지어는 어떤 일이 벌어지고 있는지를 아는 것조차 어렵다는 점을 발견하게 되었다. 일부는 기율에 의존하려 했는데, 그들은 마치 워털루 전투 이래로 기술이 정체되었던 양 병사들을 싸우도록 강제했다. 그 결과는 영국군 장병 6만 명이 사상을 당했던 1916년 솜 전투의 첫날과도 같은 재앙이었다. 좀 더 선견지명이 있는 지휘관들은 중대 수준으로 지휘권을 분산시키는 방식으로 대응했다. 그렇게 함으로써 그들은 장차 발전방향을 제시해주었다.

제1차 세계대전기에 이르면 그에 앞서 이루어진 발전들이 수백만 명에 달하는 군인들이 광범위한 전선에 걸쳐 요새화된 참호에서 서로 대적하는 상황을 만들어놓은 상태였다. 방어화력과 단순한 발명품이었던 철조망의 결합은 그들로 하여금 돌파를 할 수 없게 만들었다. 때때로 그들이 돌파를 달성했을 때에는 그들에게 가용했던 전선(電線)에 의존하는 통신수단(전신과 전화)이 이를 따라잡지 못해 진격하는 선봉부대를 통제할 수 없게 하고 공격이 실속(失速)되게 했다. 게다가 1870년 이후 전력화된 새로운 무기는 군대에 필요한 군수품이 엄청나게 증가하도록 만들었다. 병사당 일일 소비량이 3~4배 증가했으며, 군대 규모의 증가를 고려해보면 이 수치는 12~13배에 가까웠다. 그러나 전력화된 소수의 자동차를 제외하고 그런 정도의 양만큼 가용한 새로운 교통수단은 존재하지 않았다. 그 결과 다시 한 번 기동성이 급격히 감퇴했다. 군대가 성공적으로 공세를 취했을 때조차도 보급물자가 그 뒤를 따라잡을 수 없었으며, 머지않아 교착상태가 초래되고 말았다.

1916년에 이르면 그렇게 형성된 교착상태가 영원히 지속될 것처럼 보이기 시작했다. 베르됭 전투나 솜 전투와 같은 대규모 전투는 몇 달 동안이나 지속되어 사상자 수십만 명이 발생했던 반면, 얻은 땅이라고는 보잘 것 없었다. 양측 전선 모두에게 있어 참호가 제공하는 보호는 교전국들이 이전의 모든 전쟁을 합친 것보다 많은 규모의 자원을 동원하는 데 필요한 시간을 제공했다. 장병들뿐 아니라 전체 주민들이 공장과 들, 사무실에서 전쟁과 관련된 업무에 얽매였다. 이러한 노력을 지도하기 위해 거대한 관료주의 기구들이 마치 마술인 양 구성되었다. 머지않아 그들은 개인이 하루에 섭취하는 열량에서부터 연료 및 원료의 할당, 나아가 숙련 노동자들이 보유해야 하는 자격이나 그들이 받게 되는 급료에 이르기까지 국민생활의 모든 측면을 책임지게 되었다. 평화의 도래로 그런 기구들의 다수가 해체되었지만, 그 청사진은 정부의 파일에 남겨졌다. 제2차 세계대전은 그것들이 다시금 조직되게 했으며, 이번에는 해체되지 않고, 도래할 복지국가를 위한 틀로서 사용되었다.

제1차 세계대전 중반기에 새로운 기술 두 가지가 교착상태를 벗어나게 해주는 길을 제시하기 시작했다. 그중 첫 번째인 탱크는 영국과 프랑스에서 동시적으로 발전했다. 초기 탱크는 기본적으로 무한궤도로 움직이는, 동력설비를 갖춘 방탄상자였다. 그것은 기관총과 대포로 무장했으며, 무엇보다도 참호를 횡단하는 차량으로 고안되었다. 이러한 역할에서는 초기단계부터 꽤 성공적이었다. 그러나 기계적인 한계 ─ 느린 속도, 짧은 주행거리, 신뢰성 결여,

승무원들이 겪어야 했던 극도의 불편, 외부와의 통신수단 부재 — 는 1917년 10월 캉브레(Cambrai)에서처럼 성공을 활용하는 것이 대부분 불가능하다는 것을 의미했으며, 이러한 기계 자체가 반격에 취약해지게 만들었다. 전쟁이 계속되었다면 그와 같은 한계 중 몇몇은 극복될 수 있었을지도 모른다. 실제로 당시 대령이었던 풀러(J. F. C. Fuller)에 의해 작성된 '계획 1919(Plan 1919)'는 기갑부대가 종심을 깊숙이 타격하는 현대판 기병으로서의 역할에 장차 사용될 것임을 이미 보여주었다. 그러나 교전행위는 종결을 맞이했고 그 계획은 아무것도 이루지 못하게 되었다.

제1차 세계대전에서 첫선을 보인 다른 무기는 물론 항공력이었다. 날아다니는 장치를 군사적 용도로 사용한다는 생각은 새로운 것이 아니었다. 이러한 생각이 등장한 시점은 프랑스 병력을 잉글랜드에 상륙시키는 데 열기구를 사용할 수 있다는 제안이 나온 1793년이다. 19세기 내내 열기구는 관측을 위해 운용되었다. 1870~1871년의 파리 포위전 동안 열기구는 승객과 우편을 도시 밖으로 실어 나르는 데 기여했다(도시 안으로 되돌릴 수는 없었다). 그러나 항공력의 본격적인 발전을 위해서는 공기보다 비중이 큰 동력기계가 발명되기까지 기다려야 했으며, 그것의 성공적인 최초 비행은 1903년 북부 캐롤라이나에서 라이트 형제에 의해 이루어졌다.

전쟁에서 처음 항공기를 사용한 이들은 1911년 리비아에서 작전을 수행하던 이탈리아인들이었다. 1914년에 이르면 모든 주요한 군대는 정찰·연락용 수단으로서 항공기를 자신들의 전투서열(order of battle)에 포함시켜놓은 상태였다. 이러한 임무는 머지않아 서로 간의 조우를 야기했다. 조종사들은 처음에는 피스톨, 나중에는 카빈총, 결국에는 기체와 가지런히 장착되었으며 프로펠러와 연동된 기관총을 사용하여 서로에게 무차별 사격을 가했다. 교전행위가 심화되면서 항공기에 할당된 임무의 수와 종류는 점점 더 늘어났다. 정찰 및 연락에 포격지원(artillery-spotting), 근접 지상지원, 병참선 차단, 비행장 공격, 전선에서 멀리 떨어진 곳에 대한 '전략적' 폭격, 그리고 당연히 공중전이 추가되었다. 전쟁이 끝날 무렵에는 이와 같은 임무 중 다수에 특화된 항공기가 개발되었으며, 처음에는 수천 명에 지나지 않았던 항공전력도 100배 정도 팽창했다.

1918년 도래한 평화는 군사기술의 발전에 종지부를 찍지 못했다. 그와는 반대로 그것은 새로운 무기가 미래에는 어떻게 운용되어야 하는지와, 무엇보다도 그것의 역할이 전통적인 무기와는 어떤 연관성을 지니게 될 것인지에 대한 활발한 논쟁을 불러일으켰다. 첫 번째로 독일인들이 단지 지면상으로만 그런 것이 아니라 기능조직(functioning organization)의 형태로 해답을 제시했는데, 그들은 패배를 당했지만 승자들보다 더 열린 마음을 갖고 있었다. 1930년대 후반에 이르면 그들은 또 다른 기술적 도구인 무선(radio)을 사용하여 탱크와 항공기를 통합된 팀으로 묶어내고 있었다. 탱크는 전차(Panzerkampfwagen) 자체 외에도 차량화된 보병, 포병, 대(對)전차병력, 전투공병, 통신병, 이 모든 것을 조율하기 위한 본부로 구성된 기갑사단으로 집단을 이루었다. 이제는 목재와 캔버스 천이 아니라 압축 알루미늄으로 만들어진 항공기가, 모든 유형의 항공기로 구성되며 지상전력에 앞서 작전을 수행하면서 그들을 위한 길을 열고 지원을 제공하도록 훈련된 항공대(Luftlotten, air fleets)로 조직되었다. 다음으로는 작전 전체가 지금처럼 엄청난 수의 차량에 의존하여 수행되었는데, 그것들은 기동성을 제공하고 보급물자를 운송했다(1939년부터 1941년까지 기갑사단당 하루에 무려 300톤, 1945년에 이르면 그 2배를 운송했다). 이는 또 석유가 전쟁을 승리로 이끄는 데 가장 중요한 전략적 물품이 되었다는 의미였다.

기갑사단과 결합된 전술공군의 초기 작전은 눈부시게 성공적이어서 독일군으로 하여금 제2차 세계대전의 첫 2년 동안 비교적 적은 대가를 치르면서 모든 국가를 압도할 수 있게 했다. 이제 공세는 적의 항공기지, 대공 방어망, 통신, 동원 중심지, 교통체계를 마비시키는 공군의 타격과 함께 시작되었다. 다음에는 기갑사단 전선에 간극을 발생시킨 뒤 적 후방으로 깊숙이 돌진하여 그들의 보급창고와 본부를 제압하고 다수의 전력을 고립시킨 뒤 주머니에 넣듯 포위했다. 돌파구를 공고히 하고 반격에 맞서 측면을 보호하며 덫에 걸린 적 전력을 소탕하는 다른 전력이 전차를 뒤따랐다. 이러한 방법은 전선과 후방 간의 전통적 구별이 흐려지게 만들어 전쟁이 수십 또는 심지어 수백 킬로미터나 깊숙한 지대로 확산되게 만들었다. 그것은 또한 병력 집중의 밀도가 급격히 감소하여 전장이 현대와 같은 공허하고도 기괴한 모습을 취하게 만들었는데, 이는 19세기에 현대적인 화력이 등장하면서 시작되었던 추세를 지속시키는 것이었다.

그러나 전쟁은 하나의 모방활동이다. 1943년에 이르면 독일군이 썼던 방법은 잘 이해되고 효과적으로 모방되어가고 있었다. 전격전의 성공 자체가 동시에 그것의 한계를 드러냈다. 첫째, 전격전은 보급을 자동화된 차량에 의존했기 때문에 작전 가능 거리가 약 300km로 제한되었다. 이는 북아프리카나 러시아, 또는 1944~1945년의 서유럽과 같이 매우 거대한 전구(戰區)에서 속전속결을 달성하기에는 충분하지 않은 것이었다. 둘째, 애초 공세를 위해 만들어졌던 기갑사단은 방어에도 강한 것으로 판명되었다. 특히 탱크는 대전차포, 지뢰매설 지역, 나아가 보병이 어깨에 대고 발사하는 '중공(中空, hol-low)' 탄두가 장착된 로켓의 결합에 취약하다는 것이 입증되었다. 1943년경부터 이러한 요소들은 사단 내에서 탱크가 차지했던 두드러진 역할을 감소시켰다. 공격에서나 방어에서나 할 것 없이 그것들은 점점 더 다른 전력에 의존하게 되었는데, 여기에는 길을 여는 공병, 적 보병과 대전차포를 처리하기 위한 포병, 적 탱크에 대적하기 위한 대전차포가 포함되었다. 이렇게 하여 제병협동(combined arms) 교리가 전격전의 자리를 차지했다. 기본적으로 이것은 제2차 세계대전 중반부터 오늘날에 이르기까지 모든 주요한 군대에서 지배적인 것으로 남았다.

1943~1945년에 이르면 어디에서든지 가장 강력한 전력은 장갑화되어 있거나 기계화되어 있거나 ─ 장갑화된 병력 수송차에 탑승해 있거나 ─ 또는 적어

도 차량화되어 있었다. 즉, 대규모의 자동차 수송을 통해 도로에서 이동 가능했다. 비록 독일군(Wehrmacht)과 소련군과 같은 가난한 군대는 여전히 수송과 보급을 위해 말들을 이용하는 경우가 많았지만, 전투에서는 그것들이 사라졌다. 육군의 상공에서는 전폭기가 무리를 지어 다니며 교통, 통신, 후방제대, 그리고 어떤 경우에는 장갑차량뿐 아니라 적 요새에도 치명적인 공격을 감행했다. 그러나 가장 강력한 공군 ─ 영국 공군과 미국 공군 ─ 은 지상전력을 지원하는 일에 자족하지 않았다. 그들은 민간인 수백만 명의 죽음과 부상을 유발하면서 산업시설과 도시를 파괴하는, 적 영토의 깊숙한 곳에서 이루어지는 독립적 임무를 위해 운용되는 거대한 중(重)폭격기대(隊)도 발전시켰다. 소련인들에게도 일본인들에게도(섬사람이던 이들은 해군항공에 집중했다) 그에 견줄 수 있는 것은 아무것도 없었다. 독일인들만이 탄도미사일을 이용해 전략폭격에 대응하고자 시도했다. 그러나 그것은 너무 늦게 그 전쟁에 등장했으며, 결정적 효과를 발생시키기 위한 탑재량도 정확성도 갖추고 있지 못했다.

　　한편 교전행위가 이루어지고 있던 중심지로부터 멀리 떨어진 남서 아메리카 사막에서는 새로운 무기가 은밀히 만들어지고 있었는데, 이는 그 이전의 모든 것을 결국 용도 폐기시킬 것이었다. 심지어 1914년 이전에도 원자무기의 가능성은 웰스(H. G. Wells)에 의해 예견된 바 있었다. 1938년 베를린에서 있었던 실험은 그것이 기술적으로 실현 가능하다는 점을 입증했으며, 1942년 중반에 이르면 미국 육군의 통제 아래 제작이 진행되고 있었다. 3년도 채 안 되어 우수한 과학적 작업, 눈부신 공학, 실로 놀라운 조직적 기량, 총력전을 위한 동원에 의해 가용해진 무제한적 자원이 결합되며 그 결실을 맺었다. 1945년 8월 6일, 일본 남부 히로시마의 하늘은 청명했고 시계(視界)는 탁 트여 있었다. 이 화창한 여름날 B-29 중폭격기가 히로시마에 첫 원자폭탄을 투하했다. 1000개에 이르는 섬광이 빛을 발했고 1500년 이래 진화되어왔던 대규모의 재래식 현대 전쟁은 스스로를 소멸시켜버리고 말았다.

## 제12장

# 전투
## 현대 전투의 경험

───────────────────── 리처드 홈스 Richard Holmes

　겹겹의 지루함과 기대로 포장되어 있으며, 혼돈으로 가려져 있고, 공포·번민·야만성에 의해 무시무시한 빛을 발하는 전쟁의 가장 핵심부에 전투의 경험이 자리매김하고 있다. 그러나 전쟁과 전투는 동의어가 아니다. 전투는 보통 유혈적이며 대부분 비결정적이라 여기는 전략 사상가와 지휘관 들이 늘 존재했다. 상대가 심리적으로 불안정해지거나 절묘한 기동에 의해 무력화될 수 있다면, 또는 단순히 그들의 군수적(軍需的)인 힘줄을 절단함으로써 저항 가능성이 있는 물질적 수단을 박탈해버린다면 그것이 훨씬 더 나았다. 실제로 리들 하트(B. H. Liddell Hart)는 "대부분의 전역에서 적의 심리적·물리적 균형을 와해시키는 것은 그들을 타도하고자 하는 시도가 성공적이게 되기 위한 필수적 서곡이었다"고 주장했다.

　그러나 다른 사상가들, 가장 두드러지게는 클라우제비츠(Karl von Clausewitz)는 전투는 "핵심적인 군사 술(術)로서 모든 다른 행위는 그것을 지원해줄 뿐"이라고 주장했다. 클라우제비츠는 비록 전투가 "가장 유혈적인 해법"이지만 승리를 통해 평화를 가져올 수 있는 상황을 조성하는 것은 야전에서 적의 군대를 격파함으로써만 가능하기 때문에, 장군은 전투를 피하려 해서는 안 된다고 강조했다. 그럼에도 불구하고 많은 장군들이 전투를 회피했다. 전투는 생명이나 육체뿐 아니라 명성에도 손해를 가했으며, 특히 18~19세기에는 수년간 해온 힘든 평시 훈련의 결과가 불운한 어느 오후에 산산조각나 버리는 것을 목도하기 일쑤였다. 전투에 확실성이란 존재하지 않았다.

전투가 희소해지는 데 기여한 것이 군사 이론이나 신중한 전역 수행만은 아니었다. 역사의 상당 기간에 격전(激戰)은 대적하는 양측의 합의에 달려 있었으며, 클라우제비츠는 "양측이 그러고자 하지 않는 한 교전은 있을 수 없다"고 말하기도 했다. 불충분한 지도(地圖), 빈약한 통신, 힘든 지형은 많은 경우 가장 공세적인 지휘관조차도 상대를 전투로 이끄는 게 어렵도록 만들었다. 그리고 대군이 충돌했을 때조차도 병사들 중 다수는 중대한 시점에 잘못된 장소에 있는 자신들을 발견했다. 나폴레옹의 '위대한 군대'는 21만 명 이상의 유효 전력으로 아우스터리츠 전역을 시작했지만 불과 7만 3000명만이 아우스터리츠에 있었고, 그들 모두가 실제로 교전에 임했던 것도 결코 아니다. 제1차 세계대전 시 영국 원정군(British Expeditionary Force)이 치렀던 첫 전투인 몽스 전투(Battle of Mons)에는 2개 군단 중 1개만이 참여했다. 그 군단이 보유했던 2개 사단 중 1개만이 심각하게 교전에 임했으며, 그날 발생했던 영국인 사상자의 절반 이상은 1개 여단에 속한 3개 대대에서 발생했다.

전투병과를 희생시키며 지원병과가 확대됨에 따라 ― 이는 그 자체가 현대 전쟁의 특징 중 하나이다 ― 병사 개인이 전쟁은 경험하지만 전투는 결코 보지 못하는 경우가 점점 더 다반사가 되었다. 1918년 11월 프랑스에는 미국 원정군(American Expeditionary Force) 100만 명 이상이 존재했지만 그들 중 다수는 전방지대에 배치된 요리사, 운전수 또는 병참장교였으며, 그들은 후방의 85만 5600명에 의해 지원을 받고 있었다. 미군 27만 6000명이 3만 명에 이르는 한국군, 호주군과 함께 베트남에 주둔하고 있던 1966년 중반에는 보병 4만 4800명만이 전구(戰區)에 존재했으며, 그들 중 기껏해야 3만 5000명만 기지로부터 떨어진 곳에서 작전을 수행하는 데 실제로 가용했다. 다양한 군대와 서로 다른 세대의 전투병들이 후방세계에 있는 사람들을 조롱하기 위해 고유한 별칭 — 제1차 세계대전기 독일 육군에서는 '후방 돼지(Etappenschweine)', 베트남전에서는 '후방 개XX(Rear Echelon Mother-Fuckers: REMFs)', 걸프전에서는 '전투 무용지물(People of No Tactical Importance: PONTI) — 을 만들어낸 것은 그리 놀랄 만한 일이 못 된다.

주된 기능이 적과 교전하는 것인 이들과 그들을 지원하는 이들 간의 이러한 긴장관계는 매우 많은 문화에서 전투가 단순한 군사적 필수품보다 훨씬 더 큰 의미가 있었음을 분명히 보여준다. 중세 기사 — 검을 쓰도록 양육된 사회계급의 자손 — 에게 검은 자신의 존재를 정당화해주는 최상의 이유였다. 15세기 중반 『르 주뱅셀(Le Jouvencel)』에서 장 드뷔에유(Jean de Bueil)는 "전쟁은 기쁨을 주는 일이다"라고 선언했다. 줄루족 전사는 전쟁에서 공을 세움으로써 왕에게 소를 상으로 받을 수 있었다. 에저턴(Robert Edgerton)은 "전쟁은 중요했으며 용맹함이 필수였지만 목숨을 거는 기본적인 이유는 소였다"라고 썼다. 19세기 영국에서 산업적인 중부지방 마을 출신에게 전쟁은 사회적으로 출세할 수 있는 고유한 기회를 제공했다. 한 기병 상사는 시크 광장에 자신의 말을 묶어놓고 "자! 이제 죽든지 장교로 임관하든지 둘 중 하나다"라고 외쳤다. 그의 직사(直射) 머스킷은 그의 예언이 갖는 음울한 면을 확인시켜주었다.

역사를 통틀어 수많은 남성들이 법적 강요나 단순한 경제적 필요로 군역을 해야 했다. 베트남전 동안 군의(軍醫)장교로 징집되었던 패리시(John Parrish)는 자신에게 선택지 3개가 있다고 생각했다. 그것은 캐나다로 가서 평생 살든지, 3년 동안 투옥되어 있든지, 베트남에서 1년 복무하든지 하는 것이었다. 그는 "나의 자유로운 조국은 나로 하여금 멀리 떨어진 나라에서 벌어지고 있는 선언되지 않은 전쟁을 위해 고국을 떠나도록 강요하고 있다"고 썼다. 그는 "어느 정도까지 내가 도의상 조국을 위해 봉사해야 한단 말인가? 내

선택의 자유란 어디에 있단 말인가?"를 물었다. 육체 노동자 출신인 흑인 고프(Stanley Goff)는 자신에게 진정한 대안이 아무것도 없다고 느꼈다. 그는 "소집 통지서를 받았다. 나는 그저 굴복할 수밖에 없었다. 그 외에 내가 할 수 있는 것이라고는 없었다"고 회고했다.

청년의 비어 있는 배(또는 그 여자 친구의 어김없이 부푼 배)는 많은 경우 그로 하여금 입대하도록 내몰았다. 웰링턴(A. W. Wellington)은 스페인에 주둔하고 있는 자신의 비할 데 없는 군대 신병들에 대해 다음과 같이 분석했다.

사람들은 자신들의 입대가 훌륭한 군사적 감정에 기인한 것처럼 이야기한다. 모든 이들이 그렇게 말한다. 그러나 그런 것은 없다. 우리 병사들 중 일부는 서자(庶子)를 두고 있으며 일부는 경미한 범법행위 때문에 입대했고 더 많은 수는 술 때문에 입대했다. 그러나 당신은 그런 무리가 한데 모여 있다는 것을 거의 알지 못할 것이며 그들을 우리가 괜찮은 녀석들로 만들어놓아야 했었다는 점은 실로 경이로운 일이다.

프랑스 제2제국기에 플뢰리(Maurice Fleury)는 학식 있는 젊은이였지만 유산을 탕진해버렸다. '센 강에 뛰어들든지 연대에 합류하든지' 해야 하는 선택의 기로에 직면한 그는 지체 없이 입대해 장군이자 백작으로 일생을 마쳤다.

웰링턴은 일축했지만, 민간의 단조로운 삶에 지루해진 젊은이들에게 군역이 주는 호소력이 낮게 평가되어서는 안 된다. 제1차 세계대전 직전에 왕립 아일랜드 소총수 연대(Royal Irish Rifles)에 입대했던 루시(John Lucy)는 "우리는 아버지에 대해, 친지들의 충고에 대해, 병에 든 커피 에센스에 대해, 학교에 대해, 신문사에 대해 진저리가 났었다"고 기억했다. 그는 "재미없는 남부 아일랜드 마을의 거리를 가득 채운 소농민들의 부드러운 억양과 느긋한 움직임, 소, 가금(家禽), 달걀, 버터, 베이컨, 정치에 대한 이야기가 우리를 혐오로 가득 차게 만들었다"고 말했다. 입대가 대부분 전투로 이어진다는 사실은 그 호소력을 강화시켜주었을 뿐이다. 베트남전 당시 한 미국인 병사는 "나는 전쟁터로 나가고 싶었다. 그것은 내가 통과하고 싶은 하나의 시험이었다. 그것은 남성다움에 대한 시험이었다. 그에 대해서는 의문의 여지가 없었다"고 회상했다. 제1차 세계대전 동안에 잉글랜드에서 자랐던 이서우드(Christopher Isherwood)는 다음과 같이 인정했다.

내 세대의 대부분이 그랬듯이, 나는 '전쟁'에 관한 공포와 갈망이 뒤섞인 감정 속에 빠져 있었다. 순전히 신경증적인 의미에서 보자면 전쟁은 시험을 의미했다. 당신의 용기, 당신의 성숙함, 당신의 성적(性的) 힘에 대한 시험. 그것은 '당신은 진정한 남성인가?'를 묻는 것이었다. 나는 내가 잠재의식 속에서 그러한 시험에 노출되기를 갈망했었다고 믿는다. 그러나 나는 또한 실패를 두려워했다. 시험을 받고자 하는 나의 갈망을 의식적으로 부인했을 정도로 나는 실패를 매우 두려워했다. 실제로 나는 내가 실패할 것이라고 확신했었다.

적극적이든 피동적이든, 또한 의심을 갖고 있건 열정적이건 간에, 신병이 훈련된 병사로 바뀌는 과정은 군생활의 많은 측면이 그렇듯이 물리적 측면과 심리적 측면 모두를 가지고 있다. 신병은 선서를 통해 맹세하는데, 충성과 용감한 행동을 다할 것임을 공개적으로 확인하는 행위는 로마 군단의 병사들이 했던 군사적 선서로 거슬러 올라간다. 참여자들이 이 같은 의식의 충만한 위엄을 항상 쉽게 이해했던 것은 아니다. 프리드리히 대왕(Frederick the Great)의 치세기에 프로이센군에 징모되었던 스위스의 시인 브라커(Ulrich Bräker)는 다음과 같이 기억했다.

그들은 … 형편없이 구멍 뚫린 군기(軍旗) 몇 개를 가져다가 우리 각각에게 모서리 한쪽씩을 잡도록 명령했다. 총무장교(그가 누구였는지는 사실 잘 모른다)가 군율조항 전체를 낭독하고 몇몇 판에 박은 말들을 전했다. … 마지막으로 그는 군기를 우리의 머리 위로 흔들어대고는 우리를 해산시켰다.

　신병의 외양은 군복의 지급과 함께 변화되는데, 이 변화는 그가 최근까지 속해 있던 민간사회뿐 아니라 같은 군대에서 다른 무리와도 격리된다는 것을 의미한다. 복제(服制) 역사가 레이버(James Laver)에 따르면 제복 디자인은 세 가지 주요한 원칙에 기초했다. 실용주의적 원칙은 제복의 실용성을 주문했다. 위계주의적 원칙은 제복이 계급표식을 드러낼 것을 주문했다. 매력을 강조하는 원칙은 제복이 착용자로 하여금 이성에게 가능한 한 최대로 매력적이게 보일 수 있어야 함을 요구했다. 이처럼 다소 경박한 가정 속에서 우리는 시대를 관통하는 제복의 기본적 구성요소를 발견하게 된다. 착용자들에게 상당히 유감스럽게도 제복은 실용적이기보다 과시적이었다. 기병은 머리를 매우 뜨겁게 만드는 놋쇠 헬멧이나, 다루기 어려운 말과 양립할 수 없는 정교하게 만든 모자를 착용했다. 18세기 보병 제복의 특징이었던 긴 자락의 두 줄 단추가 달린 코트는 오그라드는 값싼 천을 잘라서 만든 것이었다. 꾸러미, 배낭, 탄띠, 행낭으로 이루어진 완전군장은 복제상으로는 멋있게 보였지만 작열하는 태양 아래 자갈이 깔린 도로를 한두 시간 걷고 나면 끔찍했다. 불운한 브라커가 욱죄는 끈 뭉치 밑의 코트를 비틀자 끓는 주전자에서 나오는 것과 같은 수증기가 터져 나왔다.

　후장식 무기와 무연화약의 개발은 기능주의를 향한 이동을 가속시켰다. 그러나 1914년까지도 대적하는 양측 군대의 장교들은 검을 지니고 있었고 자신들의 직업이 기사로부터 기원했음을 강조했다. 프랑스 보병은 전통적인 청색 코트와 적색 바지를 착용했다. 적색 바지를 좀 더 실용적인 것으로 대체하려는 시도에 대해 정부는 "적색 바지는 곧 프랑스 그 자체이다"라는 단호한 입장을 취했다. 평시의 머리쓰개가 철모로 대체된 것은 1916년에 이르러서였으며, 그때도 과학뿐만 아니라 문화에 의해서도 국가 간 차이가 존재했다.

병사 대부분에게는 공작과도 같은 모종의 허세가 있었으며, 특히 제복의 특징적 품목이 개인적 용기나 민족적 업적을 암시할 때는 더 그랬다. 1777년에 브랜디와인 크리크(Brandywine Creek)에서 — 정확히 어떤 상황이었는지는 논쟁이 되고 있지만 — 대륙군의 많은 병사를 죽였던 영국 연대는 미국인들으로 하여금 그들이 보복해야 할 대상이 누구인지를 알 수 있게 하기 위해 모자의 하얀 깃을 빨간색으로 염색했다. 이러한 전통은 왕립버크셔연대(Royal Berkshire Regiment)의 모자 배지(cap-badge) 뒤에 착용한 '브랜디와인 패치(Brandywine patch)'로 보존되었다. 그처럼 값싼 물건은 우리가 생각하는 것보다 더 중요했다. 안할트-베른베르크(Anhalt-Bernberg)의 프로이센 연대는 1760년 전투에서 실패함으로써 집단적 처벌 대상이 되었다. 일반 병사들은 검을, 장교와 부사관 들은 모자에 달린 장식용 수술을 잃어버렸다. 인격에 생긴 오점을 지워내고자 갈망했던 이 연대는 한 달 뒤 리그니츠 전투(Battle of Liegnitz)의 선봉에 서서 승리를 이끌었다.

입대에 뒤이은 훈련은 병사들에게 개인적·집단적 기량에 대한 이해를 제공하고 그들을 협력적 가치와 충성심을 강조하는 집단으로 묶는 과정을 개시한다. 역사상 가장 탁월한 지휘관들 중 다수는 작전 중 성과가 더 나은 지적 자질보다 건전한 훈련과 관리에 달려 있음을 인식했다. 영국 내전 당시 왕당파 장군이었던 홉튼 경(Lord Hopton)은 훌륭한 장군은 "잘 지휘하고, 보수를 잘 지불하며, 교수형도 잘 집행해야 한다"고 선언했다. 마지막 요점이 강조하는 것은, 비록 전투와 서양 사회의 성격 변화는 군대 내에서 기율을 적용하거나 그것을 군대 밖에서 정당화하는 게 더 어려워지도록 만드는 경향이 있음에도 불구하고, 치명적으로 위험한 시기에 병사들의 단결을 유지시켜주는 기율은 많은 경우 탄탄했다는 것이다. 그러나 역사상의 전사(戰士)들로 하여금 전투에서 죽는 것을 망설이지 않게 했던 동기 중 적어도 한 가지가 전투에서 실패했을 때 교수형이나 총살형과 같은 수치스러운 죽음을 야기할 가능성이었다는 사실을 간과하면 안 된다. 이탈리아의 군법은 오래전부터 비겁한 병사를 처형할 때 등에 사격을 가하는 조항을 포함했다.

전투의 성격은 그 자체가 현대 전쟁을 정의하는 특성 중 하나이다. 고대에 전투는 기본적으로 자신의 힘이 허락하는 한 병사들이 청동이나 철을 들고 칼질을 해대는 개별 전투의 요약본이었다. 호메로스(Homeros)는 그 끔찍한 골자에 대해 다음과 같이 요약했다.

투사 무리 속으로 난입한 텔라몬(Telamon)의 아들은 가까이서 그를 가격해 헬멧의 놋쇠로 된 뺨 부분을 꿰뚫었다. 거대한 창의 충격과 그것을 쥐고 있는 손의 무게로 인해 창 끝 둘레에서 말총 볏이 선 헬멧 앞부분이 쪼개졌고 … 눈구멍 옆에 꽂힌 창을 따라 상처로부터 뇌가 흘러나왔다…

확실한 점은 거리를 두고 사람을 죽일 수 있는 투사무기(missile weapons) ─ 투창, 로마 군단의 필룸(pilums),[1] 또는 영국의 장궁 ─ 가 존재했다는 점이다. 그러나 그것들은 사거리가 짧았으며, 그것들로 인해 죽는 병사들은 적의 시야 ─ 그리고 청각과 후각 ─ 내로 쓰러졌다. 공성전에서 쓰였던 맹거넬(mango-nels)과 트레뷰셋과 같은 일부 무기는 오늘날 조작사 운용 무기(crew-served weapons)로 명명할 수 있지만, 압도적인 다수는 개별 무기였으며 그 무기들은 병사들의 완력을 원동력으로 삼았고 시야 내의 표적만을 조준했다. 전투에서 베고 찌르는 일은 말할 수 없이 끔찍한 것이었지만, 한 사람의 생존 여부는 여전히 병사의 완력과 대응속도에 달려 있었다. 전사를 영웅으로 묘사하는 노래나 이야기가 총체적으로 부당했던 것은 아니다.

화약의 출현이 이를 한번에 변화시키지는 못했다. 실제로 초기 소화기들은 숙련된 이의 수중에 있는 장궁보다 사거리, 정확도, 발사율 면에서 덜 효

---

1 고대 로마군이 사용했던 투창의 일종으로, 주로 적 병사와 그들이 들고 있던 방패를 꿰뚫기 위한 것이었다.

과적이었다. 그러나 그것들은 근대전을 차별화하게 만들 발전을 수반했다. 그중 첫 번째는 전장의 종심이 깊어진 것이었다. 전장의 위험구역이 확대되어 고대의 경우 창을 투사할 수 있는 거리나 화살이 날아갈 수 있는 거리에서, 이후에는 발사된 대포알이 치명적일 수 있는 수백 야드로, 19세기 말에는 후장식 총과 함께 지평선 거리로 치사성(horizon-distant lethality)이 가해졌다. 그리고 20세기에는 공중을 통해 사망이 유발되었다.

전장이 깊어지면서 살아남으려 안간힘을 쓰는 이들에게는 점점 더 그것이 비어 있는 것처럼 보였다. 독일의 참모장교 워스(Alfred Wirth) 대위는 제1차 세계대전 초기의 충돌에 대해 "기동연습을 하는 것처럼 보였다. 우리는 참여하고 있는 장병들을 실제로 볼 수 있었다. 나중 전투에서는 그 모든 것이 사라지고 말았다. 특히 마른 강가에서 있었던 3일 동안의 전투에서 우리는 '전장의 텅 빔'이라는 진실을 경험했다"고 술회했다. 영국 포병장교 캠벨(P. J. Campbell)은 관측초소에서 본 바를 다음과 같이 묘사했다.

나는 모든 나무와 모든 마을의 이름을 알고 있었다. 언덕의 윤곽과 골짜기 호수의 모습도 알고 있었다. 너무 많은 것을 본다는 것은 아무것도 보지 못한다는 것이다. 우리 – 신호수(signallers) 2명과 나 – 는 살아 있는 유일한 사람일 터였다. 그러나 나는 내 앞에 병사 수천 명이 숨어 있다는 점을 알고 있었다. … 그러나 아무도 움직이지 않았고 어두워져서 안전해지기를 모두가 기다리고 있었다.

이러한 텅 빔에는 몇 가지 이유가 있었다. 부분적으로 그것은 위험이 전투원의 시계(視界)에 주는 차단효과(blinkering effect)를 증언해준다. 워털루 전투 때 기마포병 장교였던 메르세르(Cavalié Mercer) 대위는 자신의 포대와 양측면의 보병방진 외에는 아무것도 볼 수 없었던 반면, 한국전쟁 때 영국군 대대의 총무장교 패러 호클리(Anthony Farrar-Hockley) 대위는 참호 벽을 기어오르는 검고 노란 갑충에 매료되었었다.

부분적으로 그것은 연기, 먼지, 잔해에 의해 야기된 차폐(遮蔽)를 반영한다. 고대 그리스의 호프라이트(hoplite) 보병은 발을 굴러 먼지를 공중으로 날림으로써 적이 앞을 못 보게 만들었다. 19세기 말 무연화약으로 대체될 때까지 사용되던 흑색화약은 고약한 냄새를 풍기는 연기 구름으로 전장을 뒤덮었다. 1643년 6월 5일 앳킨스(Richard Atkyns) 대위[2]는 왕당파의 말들을 찾아 랜스다운(Lansdown) 언덕으로 올라갔다.

그린빌 경(Bevill Grinvill Lord)[3]의 창들이 세워져 있는 것을 보았다. 그것들은 그의 가장 소중한 목숨은 지켜주지 못했지만 우리 군대가 완전히 궤멸되는 것을 막아주었다. 그 창들은 처마처럼 가파르게 서 있었으나 바위처럼 끄떡하지 않았다. 나는 창들이 서 있는 어느 쪽에 우리의 말이 있는지를 파악할 수 없었다. 화약 때문에 공중이 연기로 자욱해서 일제사격으로 발생하는 불꽃 외에는 15분 동안 (감히 말하자면) 아무 빛도 볼 수 없었기 때문이다.

한 연방군 장교는 챈셀러스빌(Chancellorsville)에서 자신이 보았던 것을 '연기와 덤불'로 요약했다. 비록 그 연기는 예광탄에 의해 점화된 덤불이 타면서 만들어진 것이지만, 이러한 표현은 1982년 구스그린(Goose Green)에서 있었던 전투의 사진 제목으로도 제 임무를 다할 수 있었다. 참호와 장갑차량 들도 그 점유자들의 시야를 제한했는데, 이는 일부 무기의 조준기를 비롯한 야간관측 장치가 상대를 어두컴컴한 데서 빛을 발하는 상징물로 축소시키는 것과 같다.

전장의 공동화(空洞化)가 증가하는 현상은 현대 전쟁의 가장 첨예한 문제 중 하나인 리더나 전우 들이 시야 밖에 있을 때 개인의 동기를 유지시키는 것

---

2   왕당파의 일원으로서, 1642년에는 사비를 들여 왕을 위한 기병대를 양성했다.
3   영국 내전 시 왕당파의 일원으로 전투에 참가했으며, 1643년 랜스다운 전투에서 교전 중 사망했다.

에 관한 문제를 전면 부각시켰다. 19세기 말까지 전투의 전형이었던 밀집대형은 전술적·심리적 목적 모두를 갖고 있었다. 전술적으로 그것은 정해진 동작들을 순차적으로 하면서 장전되고 발사되는 무기들의 효과적인 운용을 촉진시켰으며, 부대로 하여금 보통 종대를 지어 신속하면서도 효율적으로 이동하고 그 뒤에는 전투를 위해 보통 선형으로 전개할 수 있게 해주었다.

심리적 영향도 중요했다. 전투에 임한 병사들은 무리를 짓게 되며, 본능적으로 전우에게 밀착하게 된다. 어깨와 어깨를 밀착하는 대형은 죽거나 불구가 될 수 있는 가능성에 직면한 병사들에게 좌우에 있는 동료라는 정신적 지주를 제공해주었다. 그에 못지않게 중요한 점은 그러한 대형이 병사들을 전우 — 병사들은 이들의 존경을 사거나 유지시킬 수 있기를 희망했다 — 와 리더 들 — 이들은 실패 시 병사들에게 처벌을 가할 것이었다 — 의 감시에 노출시켰다는 점이다. 프리드리히 대왕은 포화 속에서 등을 돌리는 병사는 그의 뒤에 있는 부사관에 의해 사살될 것이라고 공표했다. 1759년 퀘벡에서 승리의 순간에 전사했으며, 자유주의적 관점의 리더십을 가졌던 울프(James Wolfe) 소장조차 1755년 제20보병연대를 지휘할 당시 "직무를 포기하거나 깃발을 내어주는 병사는 그 소대를 지휘하는 장교나 그 소대 후방의 장교나 상사에 의해 즉시 총살될 것이다. 왕과 국가를 위해 싸우려 하지 않는 병사는 살 자격이 없다"라고 엄격한 명령을 내린 바 있다.

많은 이들이 19세기 후반의 후장식 보병무기와 선조(旋條)가 새겨진 포의 확산으로 각별한 어려움이 생겼음을 인지했다. 1870~1871년 프랑스-프로이센 전쟁에서 전사한 뒤 피크(Charles Ardant du Picq) 대령이 언급했던 것처럼, 좀 더 느슨하고 유연한 대형은 결속이 더 이상 상호 감시를 허락해주지 않을 것임을 의미할 터였다. 실제로 밀집대형을 갖춘 부대는 적의 포화가 휩쓰는 지대에 진입했을 때 끔찍한 사상 — 1870년 8월 18일 생프리바의 프랑스군 진지를 공격했던 프로이센 근위대는 8000명 이상의 전력 손실을 입었는데, 그중 대부분은 20분 이내에 그렇게 된 것이었다 — 을 당했음에도 불구하고, 전쟁이 끝난 지머지않아 전쟁의 엄격한 교훈을 반영하는 전술규정들은 다시금 밀집대형을 처방했다. 식민전쟁의 오랜 전통과 최근 남아프리카에서 보어인 비정규 투사들과의 전투경험이 있는 영국 육군조차도 1914년 보병훈련(Infantry Training) 교범에서 다음과 같이 강조했다.

전투에서 성공하는 데 주요한 필수사항은 희생을 무릅쓰고 적에 근접하는 것이다. … 그러므로 공격에 임하는 보병의 목적은 가능한 한 신속하게 백병전을 펼치는 것이며, 선두대열은 적 때문에 어쩔 수 없게 되기까지는 사격을 하기 위해 멈춤으로써 진격을 지연시켜서는 안 된다. ["돌격하라"는 소리가 들리면] 모든 나팔수에 의해 명령이 전해질 것이며, 이웃하는 전 부대가 가능한 한 빨리 돌격에 합류하게 될 것이다. 공격을 가하는 동안 병사들은 환호할 것이며, 나팔들은 소리를 내고 파이프들이 연주될 것이다.

병사들을 고무시키는 소리에 대한 강조는 전투의 또 다른 영속적 진리를 함축하고 있다. 전장은 시끄러운 공간이었다. 육박전은 결코 조용히 치러지지 않았다. 그곳에는 경험할 수밖에 없는 현저하게 둔탁한 소리가 존재했다. 이 소리는 서로 부딪히는 방패와 갑주를 타격하고 육신을 꿰뚫는 무기들의 산물이었다. 이 소리는 무장한 보병 한 무리가 다른 보병들에게 끼치는 영향을 보여주었다. 베르길리우스(Vergilius)는 "트럼펫이 그 끔찍한 소리를 울려댔다. … 함성이 뒤를 이었으며, 하늘은 우렁차게 그 메아리를 되울렸다"고 썼다. 중세의 전투에 대한 한 설명에 따르면 "소음이 너무나 가공할 만하여 신의 천둥소리조차 듣지 못했을 정도였다". 병사들이 도검류를 가지고 난도질을 하고 찔러대면서 이러한 종류의 소음은 근대까지도 살아남았다. 영국의 한 상사는 워털루에서 영국과 프랑스의 기병들이 말고삐를 잡아당기는 소리를 들었을 때 1000명가량의 구리공이 일하고 있는 장면을 연상했다. 병사들은 소리치고, 투덜거리고, 신음하고, 극도의 고통 속에 비명을 질렀다.

아테네의 팰랭크스 구성원들의 '엘렐렐류(eleleleu)', 색슨족 퓌르드(fyrd)[4]의 짖는 듯한 '아웃, 아웃(Out, out)', 미국 남북전쟁 당시 연합 측 반군들의 '난폭하고 섬뜩한 가성(wild, weird falsetto)', 줄루족의 울부짖는 소리 '우슈추(uSu-thu)', 러시아군이 외치는 '어라(Urra)', 베트남인들의 '티엔-렌(Tiên-Lên)'에 이르기까지, 함성은 민족적 선호에 따라 달랐다.

　노래와 음악은 역사상 거대한 전투들이 보여준 한 면모였다. 그것들은 적의 전투선을 나타내는, 반짝이는 끝단을 가진 군기(軍旗)의 먼 자취를 향해 출발할 때 병사들의 사기를 유지시키는 데 도움을 주었다. 1758년 조른도르프(Zorndorf)에서 러시아군 사병으로 복무하고 있던 한 개신교 목사는 프리드리히 대왕의 대대가 북에 맞춰 전진해오는 것을 목도했다.

　그때 프로이센 군대의 북들이 내는 위협적인 울림이 우리 귀에 들려왔다. 한동안은 그들의 목관악기 소리를 들을 수 없었지만, 프로이센군이 근접해옴에 따라 잘 알려진 그들의 찬송가 「하나님이시여, 나를 당신의 권능으로 지키소서(Ich bin ja, Herr, in deiner Macht!)」의 오보에 연주가 들렸다. 그 순간 내가 느꼈던 바를 표현할 수는 없지만, 그 이후로 나의 오랜 삶에서 그 곡조를 들을 때마다 극도의 감정을 느끼지 않은 적은 결코 없었다고 이야기한다 해도 사람들이 이상하게 여길 것이라 생각하지 않는다.

　음악을 연주하는 이들은 병사들이 처하는 모든 위험에 마찬가지로 직면했으나, 당면한 과업에 대한 몰입이 직면한 위험을 개의치 않도록 도움을 주었던 것으로 보인다. 나폴레옹의 한 장교는 연대 군악대가 정면으로 포화를 맞은 것을 보았지만 파이프를 연주하는 잔류병들은 한 음조도 놓치지 않았다

---

4　앵글로-색슨 시대 초기의 군대로서, 자신이 속한 주(shire)를 방어하기 위해 동원된 자유민들로 구성되었다.

고 찬사의 글을 썼다. 1915년 9월 25일 루스에서 킹스 오운 스코티시 보더러스(King's Own Scottish Borderers) 연대 제7대대의 진격이 불안정해졌을 때 백파이프 연주병 레이들로(Daniel Logan Laidlaw)[5]는 「국경의 청색 모자들(Blue Bonnets over the Border)」을 연주해 전우들을 고무시킴으로써 빅토리아 십자훈장(Victoria Cross)을 받았다. 대부분 전투는 낡은 것과 현대의 것이 기이하게 혼합되어 있었으며, 루스 전투(Battle of Loos)는 그중 고전적인 경우였다. 이 전투는 이슬비 내리는 가운데 백파이프의 비명을 들을 수 있었던 병사들에 의해 연기와 독가스 구름이 자욱한 탄전(炭田)의 광 재더미(slagheaps),[6] 권선기어(winding-gear),[7] 광부들의 작은 집들 사이에서 치러졌다.

소화기와 포가 만들어내는 소음은 현대의 전장을 흠뻑 적셨다. 흑색화약 머스킷과 대포의 쿵쾅거리는 소리는 동요(動搖)를 만들기에 충분했지만, 무연화약과 고속무기가 사용되면서 찢어지는 듯한 날카로운 소리가 발생했고, 이는 난청과 이명(耳鳴)의 빈발이 양차 세계대전부터 전투병들의 거의 공통적인 특징이 되게 했다. 무기에는 각각의 특징적인 소리가 있었다. 제1차 세계대전기 영국군 보병장교 캐링턴(Charles Carrington)은 다음과 같이 썼다.

모든 총과 모든 종류의 발사체가 각기 고유한 개성을 가지고 있었다. … 때로는 야포의 포탄이 샴페인 마개의 뻥 하는 소리와 함께 총구로부터 의기양양하게 뛰쳐나와 웅웅거리는 소리를 점점 크게 내며 날다가 완벽히 예견되었던 펑 하는 소리와 함께 폭발했다. 때로는 멀리 떨어진 중포포대로부터 포탄 하나가 발사되어 하늘에 거대한 포물선을 그리며 날다가 접근해오는 열차와 같이 육중하고도 확실한 속도와 소음을 더해갔다. … 어떤 포탄은 지저귀는 것과 같은 소리를 내고, 어떤 것은 비명을 질렀으며, 어떤 것은 술병에서 쏟아져 나오는 물처럼 콸콸거리며 공

---

5  백파이프병으로서 1915년 루스 전투 당시 40세였다. 1950년 6월에 74세로 사망했다.
6  광석을 정련하고 남은 돌 찌꺼기 더미이다.
7  탄광에서 쓰는 감개장치이다.

간을 휘젓고 다녔다.

반복적으로 발사되는 대포에서는 쿵 하는 가라앉은 소리가 났다. 이 때문에 붙은 별명은 폼폼(pom-pom)이었다. 보병의 집중사격 시 옥양목을 찢는 것 같은 소리가 났다. 제2차 세계대전기 독일의 속사 기관총은 소형 오토바이나 동력 톱과 흡사했다. 20세기 후반 들어 그 고유한 소리들이 만들어졌다. 엔진에서 들리는 목이 쉰 듯한 으르렁거림, 탱크궤도의 끼익 하는 소리와 덜커덩거림, 장갑(裝甲)을 때리는 소총탄들의 쨍그랑 소리, 대지공격 항공기의 떠나갈 듯한 굉음이 연합해 병사들의 귀를 공격했다.

전장이 외롭고 혼돈스러워 보이는 것과 그곳에서 벌어지는 사건들이 많은 경우 비현실적이고 단절적인 방식으로 기억된다는 점은 놀랄 일이 못 된다. 제2차 세계대전기 미국 해병 부사관 맨체스터(William Manchester)는 일본 오키나와에서 있었던 전투의 단편만을 간직하고 있었다. 그는 "비현실적인 기억의 몇몇만이 남아 있다. 언덕의 맨 아래에 서서 손을 허리에 대고 인사불성의 흥분으로 떨며 미친 듯이 활짝 웃고 있었다"라고 썼다. 동부전선에서 독일군에 복무했던 기 사예르(Guy Sajer)는 "어떤 것도 생각하거나 예견하거나 이해할 수 없었으며, 깜짝 놀랄 정도로 텅 빈 머리와 한 쌍의 눈 — 그것은 치명적 위험에 직면한 짐승의 눈으로밖에 읽히지 않는다 — 말고 철모 아래 아무 것도 존재하지 않았던 순간은 기억해내려 애쓰는 것조차 힘들다"는 점을 발견했다.

소음은 짐 운반과 수면 부족 때문에 이미 지쳐 있는 몸을 공격한다. 몬터규(C. E. Montague)는 '대부분 시간 동안 보통의 사병들은 지쳐 있었다. 그들은 매우 지쳐 있는 경우가 꽤 흔했는데, 이는 본국에 있을 때 아무도 그와 같은 종류의 일을 해본 적이 없기 때문'이라고 생각했다. 그는 제1차 세계대전에 대해 쓰고 있었지만 그의 요점은 좀 더 광범위한 타당성을 갖는다. 급료처럼 잠도 계급에 따라 배분된다고 가정하는 것은 온당하지 않다. 때로는 중급장교인 소령이나 중령 들이 감당하기 어려운 부담을 발견하고는 한다. 그들은 더 이상 한창 젊은 시기가 아니며, 평화와 전쟁 간의 대조가 그들을 강타하고, 참모업무의 끊임없는 압력은 그들에게 자신이 전사이기보다는 근심 어린 자가 되어버렸음을 상기하게 만들 수 있다. 1914년 8월 국경지대 전투(Battle of the Frontiers)에서 패배하고 난 뒤 프랑스 제5군이 퇴각했을 때 그 여단 및 사단의 참모들은 탈진하고 말았다. 이들의 인력 배치는 24시간 업무에 대비되어 있지 않았던 것이다. 그들은 낮에는 안장 위에서 보내고, 밤에는 명령을 쓰고 하달하면서 보냈다.

'고랑을 매트리스 삼고 짐 꾸러미로 베개를 삼았음'에도 불구하고 적어도 한두 시간이라도 잘 수 있었던 그들 휘하의 병사들은 좀 더 운이 좋았던 것일 수 있다. 그러나 그들이 탈진의 안개 사이를 휘청거리며 걸을 때는 행운이 모습을 나타내지 않았을 것이다. 한 보병은 매우 많은 병사들이 모두 잘 기억할 법한 느낌에 대해 묘사했다. 독일 제113보병연대의 웨스트만(Stephen Westman)은 "말하자면 혼수상태 속에서 살아 있던 우리는 종종 행군 중에 잠을 자며 힘겹게 걸었다. 대열이 갑자기 멈춰 서게 되었을 때 우리는 앞에 있는 병사의 야영용 주전자에 코를 처박았다"고 썼다. 이는 1982년 동(東)포클랜드를 넘던 영국의 공수부대 및 해병대 대원들에 대한 헤이스팅스(Max Hastings)의 묘사를 상기시키는 것이었다.

병사들은 10야드씩 떨어져 긴 행렬을 이루며 행군했기 때문에 이동하는 특공 대원들은 동포클랜드의 5마일에 걸쳐 넓게 포진했다. 그들은 밤 동안에는 발을 건조시킬 수 있었지만, 매일 아침이면 일어난 지 몇 분 이내에 암흑 속에서 습지를 질벅거리며 걷고 개울을 헤치며 걷거나 폭우를 마냥 참고 견뎌야 했다. 캔버스 천으로 만들어진 그들의 띠는 어깨 위에서 뻣뻣해지고 오그라져 있었으며 그들의 머리카락은 머리에 엉겨 붙었고 수류탄과 무기, 가슴에는 탄약대(linked-belt ammunition)로 무장한 채 산비탈을 비틀거리며 넘어야 했다. 이로 인한 부담은 저녁

이 되기 훨씬 전부터 각자의 얼굴에 확연히 드러났다.

이와 같은 육체적·정신적 부담은 대부분 배고픔 때문에 약해진 몸에 덤벼든다. 군대를 이동시키고 그들에게 보급이 유지되게 하는 실제 기술인 병참은 일반적으로 그 가치에 비해 역사가들로부터 주목받지 못하고 있다. 그러나 이것이 전투는 전적으로 병참에 달려 있다는 사실을 감춰버려서는 안 된다. 병사들에게는 하루 3000cal가량이 필요하며, 이것이 충족되지 않을 시 그들의 유용성은 급격히 감소된다. 제2차 세계대전기에 버마의 일본군 전선 배후에서 부대를 지휘했던 퍼거슨(Bernard Fergusson) 준장은 "먹을거리의 부족은 사기를 공격하는 가장 강력한 단일한 요소"라고 생각했고, 모르발(Jean Morval)은 나폴레옹의 군대에 대해 쓰면서 "먹을 것이 없을 때 노병들은 불평했고, 신병들은 신음소리를 냈으며, 근위병들은 자살했고, 야전병들은 탈영했다"고 힘주어 말했다. 먹을 것이 없다는 것은 단순히 병사들을 약화시키는 것으로 끝나지 않는다. 그것은 또한 약탈을 권장함으로써 기율의 구속을 이완시키며, 요리와 식사라는 평안한 의례의 필요성을 제거함으로써 그러한 작은 공동체의 응집력 ― 전투에서의 효과성은 상당 정도 여기에 달려 있다 ― 에 효과적인 일격을 가한다.

담배도 그 나름대로 중요성이 덜하지 않다. 나폴레옹기 때 기병 이론가인 브락(F. de Brack)은 독자들에게 "담배를 피울 것과, 병사들도 담배를 피게 할 것"을 조언했다. 흡연자는 불을 당길 수 있는 수단을 쉽게 손이 닿는 곳에 마련해두는데, 이는 야영에서 언제나 좋은 일이었다. 아울러 담배 파이프에 주의를 기울여야 하기 때문에 병사들은 보초임무를 서는 동안 깨어 있게 될 수밖에 없었다. 퍼거슨은 담배가 그야말로 "병사들의 목숨을 구해냈다"고 생각했는데 이는 부분적으로 담배가 식욕 억제제였으며, 흡연자는 비흡연자에 비해 먹을 것에 대해 덜 염려했기 때문이다. 포클랜드 전쟁 시 영국 해병의 한 중대장은 담배는 건강에 유익하지 않지만, 병사들이 폐질환의 위험에 처하기에 충분할 만큼 오랫동안 살아 있을 수 있게만 해준다면 전투에서 장교가 너무 잘못하는 것은 아니라는 점을 인정했다.

술과 약물도 병사들로 하여금 '빗속에서 험난한 들판을 행군하는 일'에 대처하고, 눈을 부릅뜨고 노려보는 전투에 대적할 수 있게 하는 데 제 역할을 다했다. 공동의 음주는 앵글로-색슨 시대에 홀에서 이루어지는 소집단의 결속과정을 강화시켰으며, 그 이후로도 줄곧 그래 왔다. 럼주(rum) 배급은 영국 병사들에게 동이 틀 무렵 전투 대기(stand-to) 시에 고대할 무언가를 제공함으로써 참호생활에서 반복적으로 이루어지는 힘듦과 단조로움을 견디는 데 도움을 주었다. 역사를 통틀어 병사들은 전투를 이겨내는 데 도움을 얻기 위해 술과 약물을 동원했다. 워털루 전투의 영웅 중 한 명이었던 라이프 가즈(Life Guards)의 쇼(Shaw) 병장은 만취상태에서 칼과 뼈를 이용해 프랑스 병사 9명을 죽였으며, 제1차 세계대전기에 한 영국군 장교는 공격이 이루어지는 동안 공기에서 '럼주와 피'의 냄새가 느껴졌던 점을 기억해냈다. 베트남전에서 약물 남용이 흔히 발생했던 것을 이해하려면 그런 맥락을 파악해야 한다. 손쉽게 약물을 쓸 수 있었다는 점은 병사들이 그것에서 위안을 찾을 가능성이 크다는 것을 의미했으며, 약물문제는 적과 접촉하는 부대보다는 후방에서 더 심각했다.

영국의 군사적 어법에서 '접적(接敵, contact)'이라는 단어는 적과의 조우라는 특정한 의미를 갖고 있다. 그것은 모든 병사들의 훈련이 지향점으로 삼았던 순간이며, 한 베테랑에 의해 '불안한 열정(apprehensive enthusiasm)'으로 요약되었던 것처럼 병사들은 뒤섞인 감정을 가지고 그것을 바라보았다. 1862년 9월 17일 앤티텀(Antietam)에서 교전을 앞두고 있던 히치콕(Frederick Hitchcock) 중위는 다음과 같이 인정했다.

[나는] 가장 불편한 감정을 느꼈다. 나의 행동에 이러한 감정이 지나치게 드러나 버릴까 봐 나는 내 자신에게 이것은 조국을 위해 네가 맡은 책무이며, 이제 내가

그것을 행하되 그 결과는 신께 맡기자고 말했다. 나의 더 큰 두려움은 내가 죽을지도 모른다는 것이 아니라 내가 심각하게 부상을 당해 전장에서 고통스러워하는 희생자로 남겨질지 모른다는 것이었다.

제2차 세계대전기 이탈리아에서 트리벨리언(Raleigh Trevelyan) 중위는 "신이시여, 내게 내일을 살 수 있는 힘을 주소서. 왜냐하면 나는 지금 그 외에는 아무것도 생각할 수 없기 때문입니다"라고 기도했다. 포클랜드 전쟁에서 한 해병은 "사람들은 전투가 진행되는 동안보다 그것이 시작되기 전에 공포를 느꼈다"고 언급하며 전투에 대한 불변의 진리 중 한 가지를 발견했다. 잃어버릴 수 있는 지위를 가진 이들은 그들의 영혼을 뒤흔드는 일을 기다리는 동안 스스로를 능숙히 다루기가 더 쉽다는 점을 발견하게 된다. 제2차 세계대전기 한 중대의 주임상사는 "모든 이들이 겁에 질려 있지만 나를 포함해 매우 많은 이들은 자존심의 지배를 받는다. 우리는 다른 이들의 면전에서 두려워하는 우리 자신을 보여줄 수 없다. 부하들은 상관들이 모범을 보여줄 것을 기대한다"고 기억했다.

첫 접적은 대부분 어리둥절하고 실감이 나지 않는다. 훈련이나 전쟁영화는 하나같이 전투라는 사업을 국면별로 나누려고 안간힘을 쓰지만, 실제는 그런 깔끔함을 거짓으로 만든다. 전투는 혼돈스럽고 깔끔하지 않다. 그 소리와 광경과 냄새는 경험이 없는 이들에게 불편한 것이며, 전혀 모르는 이들이 그들을 죽이려 하고 있다는 인식은 당혹스럽게 보인다. 베트남전에서 미국의 해병장교 카푸토(Philip Caputo)는 자신에게 다음과 같이 물었다. "그가 나를 죽이려고 하는 이유는 무엇인가? 도대체 내가 그에게 무슨 일을 했길래! 잠시 후 나는 그것에 개인적 사유라는 것은 아무것도 없다는 점을 깨달았다. 그에게 보이는 것이라고는 잘못된 군복을 입고 있는 한 사람뿐이었다. 그는 나를 죽이려 하고 있었고, 그게 그에게 주어진 직무이기 때문에 다시 나를 노릴 것이었다." 마침내 교전이 이루어졌다는 사실 자체가 두려움을 밀쳐내어

버린다. 호주의 한 병사는 1915년 갈리폴리 해안으로 향하던 배 속의 풍경을 다음과 같이 묘사했다. "지옥의 바깥문에 달린 자물쇠 안에서 열쇠가 돌아가고 있었다. 몇몇 병사는 사람들이 꽉 찬 배에서 웅크리고 있었고, 몇몇은 태연하게 서 있었고, 몇몇은 웃으면서 농담을 주고받고 있었고, 다른 이들은 격렬한 기쁨에 빠져 있었다. … 두려움을 집에 두고 온 것은 아니었다."

죽은 자와 부상을 당한 자 − 가장 밋밋한 완곡어법으로는 통칭해 '사상자(casualties)'로 정의된다 − 의 광경은 많은 이들에게 충격을 주었다. 캐링턴은 솜 전투에서 한 부사관이 죽는 것을 목도했다.

총탄이 그를 맞혔을 때 나는 그를 직시하고 있었으며, 당시에는 그것에 대해 거의 생각하지 않았지만 그의 얼굴이 떠올라 심하게 영향을 받았다. 그는 살아 있었다가 죽었으며 그에게 인간적인 것이라고는 전혀 남아 있지 않았다. 앞머리에 또렷한 총구가 생기면서 그는 쓰러졌고 그의 머리 뒤편은 터져버리고 말았다.

죽음은 많은 경우 좀 더 잔혹했다. 워털루에서 연대의 기(旗)를 움켜잡고 있던 리커(Ensign Leeke)는 한 병사의 두개골 파편에 손가락을 타격당했으며, 1944년 이탈리아에서 영국의 어느 소대장은 날아온 팔뚝 − 문신 때문에 쉽게 식별할 수 있었다 − 이 그의 얼굴을 때렸을 때 일시적으로 실신했었다고 회고했다.

고성능 폭발물과 회전하는 금속의 충격적인 효과는 전투에서 맞이하는 죽음의 품위를 앗아가 버린다. 다 타버린 탱크의 승무원은 등을 구부린 원숭이와 같은 난장으로 전락하고 말고, 포탄의 직접 타격을 받은 보병은 그가 전혀 존재하지 않았던 것처럼 사라져 버리거나 사망했음을 보여주는 단절적인 조각들로 발견될지 모른다. 킹스리버풀 연대(King's Liverpool Regiment)의 한 상사는 1914년 9월 8일을 다음과 같이 회고했다. "내 생애 가장 끔찍한 날이었다. 도처에서 포탄이 터지고 총탄은 1피트 내로 가깝게 날아다녔다. 사선(射

線)에 들어서기 전에 기도를 올리고 플로(Flo…)[8]의 사진을 쳐다보았다. … 나는 매장조(burial party)를 책임지게 되었다. 끔찍한 광경이었다. 녀석들을 조각조각 수집해서 방수포로 싸서 묻어야 했다."

전투에서 죽는 것과 관련된 여러 가지 암담한 일 중 하나는 많은 병사들이 그들의 적보다 동료에 의해 희생되고 만다는 점이다. 피아를 분간하는 일이 단순했을 그리스의 팰랭크스 대열에서조차 전열의 병사가 타격하기 위해 창을 뒤로 뽑아내다가 후미에 있는 전우를 찔러 아군이 죽임을 당했다. 무기의 사거리가 증가되면서 오류와 오해의 여지도 증가했다. 총열의 마모와 포의 진지에 대한 잘못된 계산, 부정확한 격자 좌표계(grid-references), 전방 관측 장교가 범한 오류로 인해 포는 변덕스러운 무기가 되고 말았다. 『우리 보병이 당한 대학살(Le Massacre de notre infanterie)』의 저자인 페르생(Charles Percin) 장군은 제1차 세계대전기에 프랑스 보병 7만 5000명이 프랑스 포병에 의해 죽임을 당했다고 추정했다. 때로는 항공력이 칼의 양날이었다. 제2차 세계대전에서 사망한 최고위 계급의 미국인인 맥네어(Lesley J. McNair) 중장은 미국 병사 111명을 죽이고 490명에게 부상을 입혔던 미국의 공습으로 노르망디에서 죽임을 당했다.

이러한 낯선 환경에서 생존은 보통 운에 달린 문제이다. 프리드리히 대왕은 많은 것이 '행운 폐하(His Sacred Majesty Chance)'에게 달려 있다고 인정했다. 전장의 종심이 깊어진 것은 그 변덕스러움을 증가시켰다. 영향력 있는 영국의 군사사가 헨더슨(G. F. R. Henderson) 대령은 한 세기 전에 다음과 같은 글을 썼다. "지난날의 전장은 매우 근접한 경우를 제외하고는 비교적 안전한 지역이었다. 그러나 오늘날에는 죽음이 좀 더 폭넓게 퍼져 있으며 … 신경에 가해지는 부담은 훨씬 더 심각하다." 이와 같은 부담은 일부 사람들을 순식간에 무너뜨리며, 그것을 충분히 오랫동안 감내하도록 강요받는 경우에

---

8 '플로'로 시작되는 인물의 이름으로서 정확한 이름은 상사가 명시하고 있지 않다.

는 거의 모든 이들이 그렇게 된다. 제1차 세계대전 동안 연대 군의관으로 복무했던 모런 경(Lord Moran)은 '용기의 우물(well of courage)'에 대한 인식을 발전시켰는데, 그것은 사람들이 반복적으로 홀짝거림으로써 꾸준히 고갈시켜 버리든지 한 번에 길고 깊이 들이킴으로써 갑자기 비워버릴 수도 있는 것이었다.

때로는 집단적 공황이 존재하는데, 이는 대부분 예기치 않은 급작스러운 충격의 산물이다. 제1차 세계대전기 영국의 한 보병은 1917년 이프르 인근의 전선에서 다른 부대와 임무를 교대하기 위한 까다로운 작전이 독일 항공기가 나타났을 때 어떻게 절망적으로 망가지고 말았는지를 다음과 같이 묘사했다. "두려움을 견뎌내는 나의 능력에도 불구하고 내가 그토록 절대적인 공포에 장악되어 있음을 느꼈던 적은 전혀 없었다. 나를 둘러싼 것이라고는 즉사할 수 있다는 지속적인 위협뿐이었다. 그러나 나는 무너지는 이를 아무도 보지 못했다. … 그날 밤 중대는 일종의 집단적 공포에 장악되었다. 100명이 토끼처럼 뛰어다니고 있었다." 그러나 때때로 실패는 개인적이며, 개인은 도망치기도 하고 꼼짝 못하기도 하고 무아지경에 빠지기도 한다. 그런 병사들은 앓기 쉬운 존재이고, 육체적 사상자가 아니라 정신 의학적 사상자라는 점을 의학이 인식하기까지는 다소간의 시간이 필요했다. 미국 남북전쟁기 연방군 의무감(surgeon-general)은 멍하니 무아지경에 빠져 있는 상태에 대해 쓰면서 이를 '향수병(nostalgia)'이라고 부르는가 하면, 제1차 세계대전기 의사들은 이를 '포탄성 쇼크(shell-shock)' — 처음에는 그것이 인근에서 폭발한 포탄 때문에 발생한 뇌진탕의 결과라고 여겼기 때문에 그렇게 불렸다 — 로 파악했다.

전투로 인해 유발된 정신 의학적 질병에는 몇 가지 유형이 있는데, 여기에는 정신이 멍해지는 전투 쇼크로부터, 심리적 문제에 따른 마비로 발전되어 가는 히스테리성 전환 증후군(hysterical conversion sysdrome), 생존자의 죄의식 — '그토록 많은 이들이 죽었는데 나는 왜 살아남았는가?' — 이 중요한 역할을 수행하는 외상 후 스트레스 장애(post-traumatic stress disorder: PTSD)까지 포함된다. 검열과 훈련의 효과성, 전투의 강도와 지속기간, 지형과 기후에 의해 부과된 스트레스, 좀 더 일반적으로는 사기의 상태와 같은 수많은 요소가 정신 의학적 사상자 발생에 영향을 미친다. 그런 이들은 수적으로 상당하다. 제2차 세계대전 동안 정신 의학적 사상을 당한 연합군 장병은 전체 전투 사상자의 약 8%(1945년 봄 영국 제2군의 경우)에서부터 54%(1944년 이탈리아에서 44일간 지속된, 대단히 힘든 작전에 참가했던 미국 제2기갑사단의 경우)까지 달했다. 최근에는 외상 후 스트레스 장애에 초점이 맞춰졌는데, 혹자는 베트남전의 경우 150만 명에 달했던 것으로 어림잡는다.

현대 전투에서 살아남은, 외견상으로는 멀쩡해 보이는 이들도 여생 동안 보이지 않는 상처를 감내하게 된다는 점에서는 의심의 여지가 있을 수 없다. 그러나 정신 의학적 사상(死傷)에 대한 문제 전반은 복잡한 것이다. 군대는 비겁함과 정신쇠약 간에 실로 명확한 차이가 있음을 인정하지만, 그러한 구별을 실제로 도출해내는 것은 이론만큼 쉽지 않다. 특히 훈련된 정신 의학자가 아니라 휘하 병사들로 하여금 과업을 계속 수행하게 만들기 위해 채찍과 당근이라는 아주 오래된 혼합을 적용하는 일선 장교들에 의해 첫 기초 진단이 이루어지는 경우에는 더욱 그렇다. 관대한 방향으로 너무 많이 흔들리면 병사들이 전투에서 값싼 표를 받게 된다. 반면 다른 방향으로 너무 많이 흔들리면 아픈 병사들이 비판을 당하게 된다.

전투가 용기, 지략, 품위에 여러 가지 공격을 가함에도 불구하고 병사 대부분은 이에 대처하게 된다. 일부는 상대적으로 어려움을 거의 느끼지 않는 반면, 다른 일부는 결코 벗어날 수 없는 스트레스를 겪는다. 소수는 그것을 송두리째 즐기며, 그보다 많은 이들은 그러한 경험의 단편을 만끽한다. 그렌펠(Julian Grenfell) 대위는 "나는 전쟁을 숭배한다. 그것은 소풍의 무목적성은 동반하지 않는 거대한 소풍과 같은 것이다. 그토록 잘 지내고 행복했던 적은 결코 없었다"라고 썼다. 그는 열정이 진흙 속에 깊이 묻혀버리기 전인 1915년 초에 전사했다. 파샹데일(Passchendaele)의 진흙탕에 빠져 허우적거렸던 보병 장교들 중 그렌펠이 했던 것과 같은 언급을 되풀이했던 이는 거의 없을 것이다. 그러나 혹자는 전쟁의 무질서 자체에 매력을 느낀다. 공습 시 소집되거나 포대의 포격을 촉발시킬 수 있다는 점에서 비롯되는 흥분이나, 가장 위험한 게임에서 교활한 상대를 격파하는 일에 따르는 도전의식이 그들을 매료시킨다.

이와 같은 적에 대한 증오는 놀랍게도 적은 수의 병사들에게만 용기를 내게 한다. 사실 공통의 인간성을 박탈당할 정도로 상대가 종족이나 문화의 맥락에서 너무 다르다면 그것이 주요한 역할을 할 수 있다. 제2차 세계대전기 연합군 병사들은 독일군 - 연합군 병사들은 군인으로서 독일군의 자질에 대해 내키지 않는 존경을 보였다 - 과 일본군 - 일본군의 행실은 많은 이들에게 가장 심각한 혐오감을 유발시켰다 - 에 대해 매우 이질적으로 느꼈다. 호주의 한 상사는 『용감한 일본인(The Brave Japanese)』이라는 제목의 회고록에서 다른 것은 몰라도 일본군은 일관되게 냉혹하고 용감했지만, 대부분의 상대에게 그들의 용감함에 대한 존경은 적개심이라는 물결 속으로 빠져버리고 말았다고 주장했다. 때때로 병사들은 자신들의 상관보다는 적에게 고통받는 전우로서 더 친숙한 감정을 느낀다. 제1차 세계대전기 서부전선에서는 장병들이 '나도 살고 너도 살자(live and let live)'는 철학을 적용했던 시간과 장소가 존재했으며, 이는 장병들 - 이들에게 참호에서 살아남는 것은 그 자체로 충분한 도전거리였다 - 에게 적대감을 주입하라는 지휘 계통으로부터의 진정한 압력을 불러왔다.

정치 또한 동기를 불러일으키는 데 선명한 한계를 가지고 있다. 자신들의 명분이 올바른 것이라고 믿는 경우, 병사들이 더 편안해 하는 것은 틀림이 없다. 제2차 세계대전기 미군의 전투성과에 대한 한 연구는 '우리가 옳으며, 일단 전쟁에 뛰어든 이상 전쟁은 불가피하다는 암묵적이고 꽤 뿌리 깊은 확신'이 존재했음을 발견했다. 그러나 분석가의 대부분은 오늘날 한 호주인이 '우정의 결속(the bonds of mateship)' - 전투 기초집단 내의 남성과 남성을 연결시키는 유대 − 이라 칭했던 것이 전투 사기의 원천으로서 훨씬 더 중요함을 시사한다. 제1차 세계대전에 대해 쓰면서 몬터규는 다음과 같이 진술했다.

우리의 총 전력은 200만 명 또는 1000만 명도 될 수 있지만 그 규모가 어찌하든지 간에 한 병사의 세계는 그가 속한 분대였으며, 기껏해야 소대였다. 그에게 중요한 것이라고는 임시 변통하면서 날씨와 야수의 급작스러운 공격을 견뎌내던, 무인도에 같이 난파된 한 배 분량의 조난자들이었다.

그러나 이는 간단하고 보편적인 진리가 아니다. 제2차 세계대전기 동부전선에서의 동기 부여에 관한 훌륭한 연구에서 바르토프(Omer Bartov)가 보여주었듯이, 독일의 부대에서는 인적 '판 갈이(turnover)'가 매우 흔해서 그러한 결속이 맺어질 수 있는 기회가 거의 없었다. 바르토프가 시사한 바에 따르면 독일 병사들은 정치적 세뇌를 환영했으며, 러시아인들이 야만적이며 하등인간이라는 흔히 반복되었던 주장은 병사들의 사기를 유지시키는 것뿐 아니라 그러한 분쟁에 만행의 거친 칼날을 대여하는 데 도움을 주었다.

병사들 대부분은 지배적인 단일한 힘에 의해 전장을 건너도록 강요받지 않는 법이다. 개인, 국가, 분쟁에 따라 비중은 불가피하게 다르지만, 일반화된 애국심과 직업적 자긍심, 동료에 대한 존경과 애정, 기율, 용감하고 유능한 리더십, 생존해야 하는 있는 그대로의 절박함이 결합되어 역할을 한다. 제2차 세계대전기의 부사관인 페더스톤(Donald Featherstone)은 이 문제를 다음과 같이 잘 요약했다.

나는 분명 조국을 위해 싸웠다. 깊은 애국심과 맹목적 애국주의가 항상 나를 지탱해주었다. 나는 왕립탱크연대(Royal Tank Regiment)의 일원이라는 점에 대단한 자긍심을 느꼈으며 그것이 나를 지탱해주었다. 그리고 우리의 무리는 훌륭했다. 내 주위의 동료들 − 아직껏 나는 그들과 연락하고 있다 − 은 1급이었다. ⋯ 우리가 가장 관심을 가졌던 것이 생존을 위한 싸움은 아니었으며, 언제나 따라다니는 타고난 배경은 더더욱 아니었다.

종교는 병사들로 하여금 전투에 대처할 수 있게 하는 데 그 나름의 역할을 했다. "참호에 무신론자는 존재하지 않는다"고 말하는 것은 상투적인 문구가 되어버릴지 모르지만, 1982년 포클랜드 군도를 향해 항해하던 장병들의 점점 더 많은 수가 교회 예배에 참석했던 점은 명백한 사실이다. 1917년 전사한 도일(Willie Doyle) 신부는 자신이 속한 대대의 아일랜드 출신 병사들은 자신들의 교회의 안녕을 위해 그만큼 더 잘 싸웠다고 믿었다. 그는 "아일랜드 가톨릭 병사들이 전투 시 가장 용감하고 최고라는 점은 인정된 사실이지만, 그들이 자신들에게 충만한 강력한 신앙으로부터 용기를 이끌어낸다는 점을 아는 사람은 거의 없다"고 썼다.

엄격하게 신학적인 의미의 종교가 아니라 '정신적 위안'이 병사들의 기풍을 고양시키는 데 도움을 준다. 제2차 세계대전기 미국의 병사이자 만화가였던 몰딘(Bill Mauldin)은 어떤 의미에서도 군조직에 대해 무비판적이지 않았지만 "전투병들의 기분을 고양시키는 군목들에 대해서는 상당한 존경심을 가지고 있었다". 그는 "군목들은 장병들이 매달릴 수 있는 정신적 지주가 되어주었다"고 썼다. 베트남에서 군의관으로 복무했던 패리시는 자신이 속한 부대의 군목은 "종교를 강요하지는 않았지만, 우리가 필요로 하면 언제든지 위로와 지원과 담소와 하나님과 그런 모든 종류의 것이 가용함을 알려주었다"고 회고했다.

이슬람교 또한 병사들에게 평온하게 죽음을 맞을 수 있도록 확신을 주었다. 1983년 베이루트에서 폭탄을 탑재한 트럭으로 미국 해병기지를 폭파했던 운전사는 자신을 산산조각내어 버리기 전에 한동안 웃음을 짓고 있었던 것으로 관찰되었다. 그의 예는 성전(聖戰)에서 비(非)신자들과 싸우다 죽은 이들은 구원을 받는다는 확실한 믿음에 의해 뒷받침되었던 용기를 보여주는 비교적 최근의 사례이다. 칼과 창으로 무장하고 있었던 데르비시(dervishes)[9] 가 1898년 옴두르만에서 소총과 기관총, 포로 무장한 영국-이집트 연합군을 공격했을 때, 그들은 그들 중 거의 절반에게 타격을 가한 ─ 9700명이 사망하고 1만 6000명이 부상을 당했다 ─ 포화에 직면해서도 굴하지 않았다.

전투는 무탈하게 그것으로부터 살아남은 이들의 삶에서도 분수령이 된다. 그들 중에 전쟁을 악 ─ 불가피할 수는 있지만 그럼에도 불구하고 악한 ─ 에 지나지 않는 것으로 여기는 사람은 거의 없다. 그들이 경험했던 것은 그것을 공유했던 이들과 그들을 불가분하게 결속시킨다. 마이어(Jacques Meyer)는 제1차 세계대전을 "우리의 묻혀버린 비밀스러운 젊음"이라고 썼다. 전쟁에 대한 기억에는 대립되는 감정이 존재한다. 제1차 세계대전기에 한 중대의 주임상사는 내게 다음과 같이 말했다. "프랑스에서 2년을 보낸 뒤 내가 부상을 당해서 그곳을 떠날 때 나는 전쟁은 극도로 불쾌하며 영혼을 파괴하고 교화되지 않은 악이라 느꼈고 아직도 그렇게 느끼고 있다. 그러나 내가 좀 더 젊었다면 나는 다시 또 싸울 것이다." 6일 전쟁에서 싸웠던 한 이스라엘 공수 부대원은 전쟁을 '살인과 공포'로 요약했지만, 그의 경험이 반드시 나쁜 방향으로 그를 변화시킨 것은 아니었다고 생각했다. 베트남전의 한 베테랑은 다음과 같이 총체적으로 당혹스러운 역설을 요약했다. "베트남에 대해 생각하며 이따금 정신 나간 것처럼 한 시간 동안만 내가 그곳에 있었으면 싶어진다. 그러고는 다시 돌아오면 될 테고. 내가 여기로 돌아오기를 원하듯이 그곳에 가볼 수도 있지 않을까."

---

9    이슬람 집단 중 신비주의적인 수피파에 속한 자들로서, 극도의 가난과 금욕으로 유명하다.

## 제13장

# 해전

존 하텐도프 John B. Hattendorf

17세기 중반에 국가 해군이 창설된 이래 해전의 형태와 특성은 극적으로 변화되었다. 그러나 그러한 변화에도 불구하고 해군이 기능할 수 있는 일반적 범위나 해군력의 사용은 대부분 동일한 것으로 남아 있다.

## 효과적인 해군력의 요소

서로 다른 국가들이 건설한 해군의 종류와 그것이 세계 정세에 미친 효과에는 폭넓은 변수가 존재했다. 이러한 차이는 다양한 요소들이 복잡하게 상호작용한 결과 조성된 특수한 상황에 달려 있었다. 그중에는 바다에서 한 국가가 적에 대해 갖는 취약성, 무역이나 수송을 포함하는 해상활동의 상대적 중요성, 한 국가가 국제적 세력구조 내에서 차지하는 입지 — 여기에는 한 국가가 갖고 있는 국제적 위신에 대한 열망, 해군을 건설할 수 있는 그들의 재정적·산업적·기술적 역량, 해군이 특정 목적을 달성할 수 있도록 통제하고 지도할 수 있는 관료적 역량, 해군을 지원할 수 있는 군수적 수단, 바다에서 통상적으로 발생하는 불확실한 상황에서 선박을 운행하고 그것에 맞서 싸우기도 하는 국민의 상대적 기량, 그러기 위한 작전이 국력의 다른 측면을 활용하는 일과 맺는 관계와 적시성(適時性)이 포함된다 - 가 있다. 이러한 많은 요인들은 효과적인 해군력에 필요한 요소들뿐 아니라 그것에 내재하는 제약들까지도 만들어낸다. 그 외에도 인간의 존엄성, 전통, 국가 내에서 공통적으로 받아들여진 관행, 공식적인 국제 협정이 해전에 추가적인 제약을 가한다.

## 해군의 역할

이러한 맥락에서 전함은 다양한 역할을 수행했다. 전함의 궁극적인 목적은 바다에 대한 우리 측의 사용을 주장하는 동시에, 그것을 적이 사용하는 것은 통제하기 위해 군사력을 사용하는 것이었다. 이 때문에 역사가와 평론가들은 역사상의 함대전투를 둘러싼 많은 드라마를 만들어냈다. 실제로 전투와 전투함대에 의한 봉쇄는 자신이 바다를 사용하는 것을 적이 간섭하지 못하게 함으로써 한 상대가 다른 상대에 대한 통제를 달성하는 데 쓰이는 두 가지의 전통적 수단이었다. 그러나 해전의 이러한 한 가지 요소에만 초점을 두는 것은 바다의 통제권을 유지하고 바다에서 적의 행동을 제약하기 위해 사용되어온 덜 화려하지만 훨씬 더 중요한 방식을 감추어버릴 수 있다.

전시에는 이러한 목적 아래 바다를 군사적으로 많이 사용했다. 가장 중요한 전시 기능 중에는 바다에서 이루어지는 우리 측의 상업적 해운과 군사 보급을 보호하고, 적이 효과적으로 상업적 해운을 사용하는 것은 거부하며, 해안과 연안의 자원을 보호하고, 전진기지를 확보하며, 장병들을 이동시키고 지원하고, 항공 및 지상 작전을 지원하기 위해 국지적인 제공권 및 제해권을 장악하거나 유지하는 일이 포함되었다.

그리하여 해전을 지배하는 해양전략의 근본적인 초점은 바다에서 이루어지는 인간의 행위를 통제하는 것에 맞춰졌다. 이것에는 두 가지 측면이 존재한다. 한편에는 자신을 위한 통제권은 확립하고 적에게는 그것을 거부하기 위한 노력이 있었다. 추상적인 이상으로부터 실질적이고 가능한 것에까지 이르는 이러한 종류의 통제권을 이해하는 데는 단계적인 차이가 있었다. 이는 통제가 전반적인지 제한적인지, 절대적인지 조건적인지, 광범위한지 국지적인지, 영구적인지 일시적인지에 관한 것이었다. 다른 한편, 통제는 특정의 목적을 달성하기 위해 사용되었다. 그것이 인간사의 폭넓은 영역에서 효과를 갖지 않는 한 통제하기 위한 노력 자체는 아무 의미도 없다. 관련된 활동의 다채로운 스펙트럼에서 가장 중요한 것은 바다에서의 통제권이 지상에서 이루어지는 사건에 영향을 주고, 궁극적으로는 그것을 통제하는 데 도움이 되도록 사용하는 것이었다.

해전의 이 두 가지 측면이 갖고 있는 근본적 특성은 그것들의 순차적이고 누적적인 관계, 즉 어느 일방이 추구하는 중요한 목적을 달성하기 위해 그러한 통제권을 사용하기 전에 일정 정도의 통제를 달성해야 할 필요성을 강조한다. 물론 이것들이 이와 같은 목적을 동시적으로 추구하는 것을 배제하지는 않았다. 달성된 통제가 얼마나 상대적이고 일시적인 특성을 갖고 있었든지 간에 그것은 최종 결과의 성격에 필연적으로 영향을 끼쳤다.

협소하게 정의된 관점에서 이것들은 고유한 해양적·해군적 기능이지만, 현대 전쟁에 대한 좀 더 폭넓은 이해에서 보면 이와 같은 모든 기능은 국력의 다른 측면과 밀접하게 연관되어 있다. 특히 해군은 자신들의 요소인 바다에서 작전을 수행했다. 그들은 외교, 지상 및 항공전, 경제전의 병행적이고 상호 보완적인 기능과 조금도 단절되지 않고 오히려 그것들에 매우 밀접하게 연관된 방식으로 그들의 전문적인 기량과 장비를 사용했다.

평시에 공공연한 전쟁이 결여된 작전과 해군력의 비전쟁적인 기능들 — 그중 많은 수는 전시 동안에도 지속되었다 — 을 수행하는 데 해군의 작전은 서로 다른 많은 고려사항을 포함했다. 이것들은 외교적·국제적 역할, 치안 유지의 역할, 군사적 역할이라는 세 가지 제목 아래 범주화할 수 있다. 해군의 함선이 무장되어 있다는 사실은 당연히 해군의 다른 두 가지 역할의 기초가 되어 왔으나, 해군의 평시 기능은 현대의 전략적 핵 억제에서부터 과거 및 현재의 재래식 억제까지 포함했다. 그것들에는 기지, 해안 설비, 절차를 발전시키는 것이 포함되었는데, 전시를 대비해 평시에 그것들을 준비하는 것은 신중해야 하지만 필수적인 일이었다. 군사적 역할은 공해(公海)와 먼 바다, 자연재해 시 연안의 소유지에서 국민의 생명과 재산, 이해관계를 보호하는 것을 포함했다.

군사적인 능력과 관련해 해군은 치안 유지의 기능을 갖는데, 과거에는 여기에 법과 질서의 유지, 해적에 대한 통제, 관세의 강제와 같은 책무가 포함되었다. 해군은 치안 유지의 역할 아래 행하는 사소한 부수적 기능의 하나로서 약소한 국가나 신생국의 내부 안정과 그들의 내부적 발전에도 기여했다. 시민 공동체를 지원하는 이러한 유형의 해군력을 평화적으로 사용하는 것은 명백한 지리적 이유 때문에 제한적이지만, 해군의 연안설비나 활동기지가 존재한다는 것은 한 국가의 상징으로 기능함으로써 국가적 결속을 강화시키는 데 기여함은 물론, 해당 지역에 사는 민간 노동자를 고용함으로써 지역경제에도 이바지할 수 있다.

해군의 세 번째 평시 역할은 인식에 영향을 주는 외교적 역할이었다. 해군력의 관점에서 국가는 이런 방식으로 전함을 운용했는데, 현시성(presence)[1]을 유지시키고 전함을 국가적 위신의 상징으로 사용함으로써 행동에 영향을 주고 이해관계와 관심을 드러냈다.

이 세 가지 역할은 모두 무장한 전력을 바다에 투입하는 능력과 그들이 평시라 할지라도 필요할 때 무력을 사용할 수 있는 잠재력에 기초한다. 해군의 함선과 선원 들은 대사(大使)나 외교관처럼 — 심지어 재난기에는 관대한 원조자

---

1   위협이 존재하거나 위협의 가능성이 있는 지역에 실제로 전력을 주둔시키거나 신속하게 전개시킬 수 있는 능력을 현시능력이라 한다.

로서 ─ 세계 도처의 연안에 나타나거나 항구에 진입했다. 이와 관련하여 지상의 경계를 넘어 이루어지는 상업적 해운과 다른 국가적 해양활동을 보호함으로서 해군이 국가경제와 맺는 근본적 관계는, 해군의 남녀를 민간 선원들의 광범위한 공동체와 결속시키면서 해군전력에 독특한 특성을 가져다주었다. 그래서 해군은 2개의 상호 보완적이지만 꽤 상이한 전통적 영역 ─ 민간적인 것과 군사적인 것 ─ 으로부터 도출된 능력과 기능을 보여주었으며, 그것들은 해군에게 평시나 전시 모두에 걸쳐 중요한 역할을 할 수 있는 자원을 제공했다. 이렇게 평시와 전시의 해군 사용은 밀접하게 연관되었다.

### 해군의 발전

17세기 초와 중반에는 무장상선이 지배하는 해양전 양상으로부터 정규 해군전력이 지배하는 양상으로의 전이가 있었다. 역사상 이 지점까지는, 군주는 선박을 임대하거나 왕이 요구하는 경우에 일시적으로 쓸 수 있는 무장선박을 제공해주는 상인과 도시에 의존했다. 동시에 그들은 적을 공격하기 위해 사략선(privateer)[2]의 해적행위에 상당 정도 의존했다. 사적 전쟁으로부터 국가의 해군전력에 의해 수행되는 전쟁으로의 발전은 점진적으로 이루어졌다. 사략행위는 두 세기 이상 동안 사라지지 않았다. 상선과 해군선박의 호환 가능성은 점차 줄어들었던 반면, 전함의 기술적 변화는 설계, 무장, 기타 장비에서 점점 더 전문화되었다. 이는 상선과 전함의 역할 간 전환을 더 어렵게 만들었다.

이러한 이행과정에는 중간단계가 존재했는데, 이 동안에는 네덜란드인들, 영국인들, 프랑스인들, 기타 사람들에 의해 운영되던 다양한 동인도회사와 같은 해외의 상업 무역 회사들이 선박을 무장시키고 자신들의 교역을 보호

---

2   민간선박이지만 전시에 정부로부터 적선을 공격하고 나포할 권리를 인정받은 배이다.

하는 책임을 맡게 되었다. 이는 당시 발생하고 있던 몇몇 큰 발전의 일부였다. 발전하던 주권 국가들이 국가 내에서 사적 집단이 맡았던 책임을 넘겨받고 있었다. 이 기간에 국가는 먼 해외의 장소에서 일하거나 교역하는 자국민들이 갖는 이해관계에 주의를 기울이기 시작했으며, 그들을 외국의 약탈로부터 보호했다. 해전에서 이와 같은 발전은 사적 전쟁에 대한 제약의 증가, 해사 관할권(admiralty jurisdiction)의 확장, 해상에서 이루어지는 나포와 관련된 법의 안정과 엄격한 강제를 초래했다.

영국 내전과 동시에 시작해서 1650년대 동안의 전반적 평화기에도 잉글랜드의 새로운 공화정부는 새로운 체제에 국제 정치에서의 신뢰성을 제공하는 수단으로서, 그리고 잉글랜드의 상업적 발전을 지원하기 위해 거대한 해군에 크게 투자했다. 그 일환으로 3차에 걸친 영국-네덜란드 전쟁의 첫 번째 전쟁이 1652~1654년 영국 해협과 북해지역의 경쟁적 해상 교역로에 대한 통제와 사용을 둘러싸고 벌어진 순전히 해군적이고 해양적인 투쟁 속에서 발생했다.

영국-네덜란드 전쟁 기간은 해전에서 몇 가지의 중요한 발전을 보여준다. 해군전술 부분에서는 효과적인 포화를 집중시킬 수 있는 기율 잡힌 전열(戰列, line of battle)의 발전이 있었다. 이러한 전쟁은 또한 일반적인 유럽의 해전이 교전국의 연안지역에서 원양(遠洋)으로 ─ 이 경우에는 지중해와 발트 해, 아메리카의 바다로 ─ 확장되었던 시기를 나타냈다. 그와 동시에 해군의 관료체제가 등장하여 국가의 해군을 통제하고 규제하는 방법을 고안해내기 시작했다. 이 같은 변화는 그것과 더불어 영구적인 규율과 전문경력의 장교들, 영구적인 제도를 탄생시켰다.

### 해전 관련 법률

이러한 변화와 병행하여 해전 관련 법률이 해사 법원(admiralty courts)의

판결을 통해 더욱 명확히 규정됨으로써 이 시기는 해양법 발전에서 주요한 기간이 되었다. 이와 같은 전반적 양상을 따라 17세기 중반부터 18세기 초에 걸쳐 영국, 네덜란드공화국, 덴마크, 스웨덴, 포르투갈, 프랑스, 스페인, 베니스는 자신들의 해군을 재조직했으며, 러시아는 전적으로 새로운 해군을 창설했다.

이와 같은 노선을 따라 국가의 해군이 창설된 것은 국가의 독점을 통해 바다에서의 폭력을 통제하는 경향으로 발전해가는 과정의 주요한 진일보였다. 이에 병행하여 사법적 과정이 서서히 진행되었으며, 특정 사안에 초점을 두는 경향이 나타났다. 예를 들어 스웨덴과 네덜란드공화국은 전시에 중립국 선박으로 적의 상품을 수송한다는 의심을 피하기 위해 중립국 선박에 수색 면제 통행증을 발급하자고 제안했다. 그러나 영국은 이러한 체제가 충분한 보장을 제공하지 못한다고 주장하면서 동의하지 않았다. 그들은 검문 및 수색 권리에 의존하는 것을 선호했다. 문제는 적대적 관계에 있는 해군 함선이 적의 상품이 중립국 선박에 있거나 중립국 상품이 적의 선박에 있을 때 공격할 수 있는가 하는 점이었다. 1688년에 들어 일련의 조약을 통해 일반적으로 받아들여질 수 있는 규칙이 정립되었다. 처음에 이 규칙은 엄격하게 적용되지 않았지만, 머지않아 통행증이 없는 경우에는 중립국 상품을 수송하는 중립국 선박만 나포로부터 면제되는 것이 분명해졌다.

관련된 또 다른 사안은 나포의 대상이 되는 화물의 성격이었다. 여기에서 수출입을 금지하거나 적과 특정 물품 ─ 특히 군수물자, 해군 보급물자, 식량 ─의 교역을 금지한다는 생각과 맞닥뜨리게 된다. 국가들은 중립국 교역으로 인해 한 교전국이 모든 교역을 금지함으로써 적에게 유입되는 보급물자를 차단하는 것이 불가능해질 수 있다는 일반적인 생각을 받아들였다. 그렇게 금지시킬 수 있는 세부항목에 대해서는 오랜 기간 합의가 존재하지 않았지만, 적어도 교전국은 전쟁을 수행하는 데 가장 유용한 물품들을 선택해 금지시킬 수 있었다. 이 문제에 대한 교전국과 중립국 간의 논쟁은 해결되지 않았으며, 어떤 근본적인 타협도 없는 가운데 양보를 주고받는 사안으로 남겨졌다. 익히 이해할 수 있듯이, 교전국은 적의 '모든' 긴요한 보급물자를 파괴하고자 했던 반면, 중립국은 '모든' 자신들의 교역을 지속시키고 싶어 했다.

같은 시기에 봉쇄의 문제가 논의되기 시작했다. 거의 모든 상업조약에는 봉쇄에 관한 조항이 다소간 포함되어 있었으며, 거기에는 포위나 봉쇄 아래 있는 도시나 장소를 제외한 적의 항구에 교역할 수 있도록 허락된 자유물품과 비(非)수출입 금지 물품이 열거되었다. 그래서 국가들은 봉쇄를 특별한 상황으로 인식했다. 1742년에서야 프랑스와 덴마크의 조약에서 봉쇄가 봉쇄로서 간주되기 위해서는 실질적인 것이어야 한다[3]는 사법적 원칙에 관한 최초의 언급이 발견된다. 이상한 점은 1798년 포획물심판소에서 그것이 처음으로 사법적 결정의 기초가 되기 전에도 조약들에서는 150년이 넘도록 봉쇄 관련 법률이 인정되어왔다는 것이다.

17세기와 18세기 유럽에서 발생했던 각 전쟁은 해사법정이 다루는 소송사건의 범위를 추가시켰는가 하면, 각 전쟁의 전략적·해군적 상황은 폭넓은 이슈의 서로 다른 측면을 제공했다. 예를 들어 9년 전쟁 동안이던 1694년에 프랑스가 해군함대전투 전략으로부터 통상파괴전(guerre de course)[4] 전략으로 전환했던 것은 해군함대에 기초하는 상대의 전략과 싸우는 데 통상파괴(commerce raiding) 전략이 갖는 잠재적 능률을 보여주었으며, 왜 일부에서 그런 전쟁에 제약을 가하는 데 동의하기를 주저했는지에 대해서도 설명해주었다.

동시적인 두 전쟁, 즉 1701~1714년의 스페인 왕위계승 전쟁과 1700~1721년의 대(大)북방 전쟁(Great Northern War)은 한 국가가 하나의 전쟁에서는 교

---

3  봉쇄행위가 법률상 성립하기 위해서는 관련 항구가 실질적으로 봉쇄되었다고 인정될 수 있는 상황이어야 한다는 의미이다. 1742년의 이 조약에서는 관련 항구가 적어도 2척의 배 또는 1개의 포대에 의해 차단되어 있어야 봉쇄된 것으로 본다고 규정했다.
4  적대적인 군사력끼리 직접적인 교전을 하거나 봉쇄를 가하는 것이 아니라 공해상에서 상선을 공격함으로써 적의 병참체계를 파괴하거나 교란시키는 해전의 한 형태이다.

전국이지만 다른 전쟁에서는 중립국인 상황하에 중립국의 권리에 관한 실제적인 문제를 제기했다. 그 후 7년 전쟁에 이르는 기간에 '1756년 전쟁의 규칙'이라는 사법적 원칙이 만들어졌다. 사실 그것은 사법적 규칙이 아니라 중립국 선박을 나포하는 데 가해졌던 이전의 몇 가지 제약을 제거하려는 영국 정부의 시도였다. 이를 통해 영국의 해사법정은 평시 통상적으로 허용되지 않던 적과 중립국이 교역을 하는 경우에는 나포로부터의 면제권을 상실한다고 주장했다.

## 현대 해전의 구조

17세기 말과 18세기에 걸친 유럽 해군의 발전은 개별적인 국가 건설의 과정, 국가의 지리적 위치, 개별 국가의 국제 관계에서의 역할과 밀접하게 관련되어 있었다. 이전 시기와는 대조적으로 해양력은 원거리 무역을 지원해주었던 상업적 이해관계와 그와 직접적으로 연관된 해외 제국의 발전과 연관되었을 뿐 아니라, 이제는 내적으로나 외적으로나 해양적 요소와 비(非)해양적 요소 간 협력과도 연관되었다. 그래서 해군은 광범위한 내적 지원의 산물이 되었으며, 그들의 대외적 활동을 장려하는 비상업적 이해관계의 지원 또한 확보하게 되었다. 그래서 해외 제국의 발전은 다른 이들에게 전적으로 강요된 행위가 아니라, 지역의 정치적·경제적 이해관계를 대변하는 통치자들과의 협력과도 연관되어 있었다.

이 기간은 또한 제국주의적인 통제를 가하지 않고도 외국의 일에 간섭할 수 있는 해양국가의 역량 — 이러한 역량은 해양국가가 해군력이 결여된 다른 국가를 지원할 수 있게 해주었다 — 을 보여주었다. 작전을 수행할 수 있는 지리적 한계가 존재했지만, 영국과 같이 강력한 해군국가는 그러한 방식을 통해 다른 방식으로는 얻을 수 없는, 유럽의 정치에서 새로운 유연성을 얻었다. 해군이 수행하는 역할의 이와 같은 발전은 초기에 상선을 공격하기 위해 빠른 전함이 필요했던 것을 넘어 사실상 모든 계절을 망라해 바다에 머물 수 있는 기동성 있는 함대를 발전시키는 방향으로 기술적인 정교화를 추진하는 데 중요했다.

군사사가들은 현대 전쟁의 시작을 나타내는 사건으로서 프랑스 혁명과 나폴레옹 전쟁을 지목한다. 지상전에서는 이 점이 사실일지 모르지만 해상에서는 그렇지 않다. 기술적 변화는 더 일찍이 18세기에 시작되었으며, 그것이 해군전략에 준 영향도 이미 명백해져 있었다. 그럼에도 불구하고 1775~1840년에 해군 지휘관들은 점증적인 변화와 개선된 통신체계를 통해 자신들의 함대를 통제하고, 사선형 틀을 사용해 종적인 힘을 증가시킬 수 있도록 선박을 설계하며, 부싯돌식 점화장치 포를 활용하고, 좀 더 혁신적인 전술을 사용해갔다.

그러나 다른 전쟁들처럼 지상에서나 해상에서나 할 것 없이 이러한 전쟁들은 제약을 강제할 수 있는 힘을 가진 국가가 전쟁의 결과를 결정짓는다는 사실을 보여주었다. 프랑스는 중립국의 권리와 해상에서의 자유에 대한 옹호자로 행세했지만, 영국 해군이 바다를 통제하고 있을 때 종종 영국의 적대적인 권리에 양보하고 말았다. 1806년 나폴레옹의 베를린 칙령과 그에 대응하여 그다음 해에 영국이 내린 긴급칙령(Orders-in-Council)은 전쟁 동안 무역의 흐름을 일시적으로 변화시켰다. 1793년부터 1812년까지 중립국은 수익을 거뒀는데 반해, 교전국은 새로운 적을 만들지도 모른다는 두려움 때문에 중립국의 무역을 공격하기를 주저했다. 그러나 전쟁이 확대되고 동맹이 결성되자 중립성 자체가 대부분 파괴되고 말았다. 1812년에는 미국이 영국과 전쟁을 치르면서 마지막 중요한 해양 중립국도 분쟁에 합류하게 되었다. 한동안 해양전에서의 제약이 사라지고 말았다.

19세기 초에는 관료제와 돛, 목재선, 활강포(smooth-bore cannon) 기술에 대한 국가적 투자가 변화에 장애물이 되고 말았지만, 광범위한 산업적 발전과 연계된 경제적 힘은 머지않아 그러한 저항을 제압하고 말았다. 이러한 변화는 1815~1840년의 전 세계 해군력의 전반적 감퇴와, 1840~1850년대의 급격한 성장 — 이것은 전 세계 해군력의 수준을 1790년대에 절정을 이루었던 때보다 높은 지점까지 격상시켰다 — 과 병행되었다. 이 기간 내내 증기기관 선박, 철제 선체의 사용, 포의 정교화, 심지어 잠수가 가능한 선박에 대한 실험 등으로 다양한 기술적 혁신이 발생했다.

이 같은 변화가 19세기 전반기에 발생했을 때 국가들은 해전의 규칙에 대한 주장에서 자신들의 입장을 분명하게 선택해놓은 상태였다. 그러나 그 관점이 일관적이던 국가는 거의 없었으며, 그들이 해결해낸 주요한 논쟁도 거의 없었다. 일반적으로 영국은 '자유통행 선박의 물품은 자유로이 통행된다(free ships, free goods)'[5]는 원칙에 반대했다. 다른 한편, 네덜란드, 덴마크, 스웨덴, 때로는 프랑스와 스페인도 해군 군수품뿐 아니라 식량까지도 포함하고 있던 수출입 금지품에 대한 영국의 시각에 반대했다. 영국이 계속 주장하는 바는, 해양력이 우세한 국가는 적에게 해상을 폐쇄할 권리가 있으며, 수출입 금지, 지속항해(continuous voyage),[6] 적 재산에 대한 규칙 활용으로서의 봉쇄는 한 교전국이 중립국이 적을 돕는 것을 막기 위해 사용할 수 있는 정당한 권리라는 것이었다. 미국은 이에 반대하고 계속해서 영국의 입장은 해상에서의 자유와 중립국의 주권을 침해하는 것이라고 주장했다. 그와 같은 근본적 불일치에도 불구하고 이러한 문제들이 1912년에 그랬던 것처럼 또 다른 전쟁을 야기하지는 않았다. 국가적 이해관계와 전략의 상충뿐 아니라 기술의 변화도 이 사법적 문제와 긴밀하게 얽혀 있었다. 교전국과 중립국은 해상에서의 모순되는 이해관계를 실용적인 정책 및 전략과 균형을 맞추도록

---

5  중립선박으로 운송되는 물품은 포획의 대상이 되지 않는다는 원칙이다. 18세기 말에 러시아, 스칸디나비아, 프랑스, 미국 등이 이 원칙을 견지했다.
6  국제법에서 비록 단속적으로 이루어지기는 하지만 그 목적상 단일한 항해로 간주되는 항해를 가르킨다. 예를 들어 전시 수출입 금지 물자를 다른 배로 옮겨 싣고 항해를 지속하는 경우 이는 지속항해 원칙을 적용받을 수 있다.

강요받았다.

이 기간에 해군은 인도주의적 작전의 영역으로 옮겨 가 결국 이 부문에서 다국 간 협력작전이 이루어지게 했다. 노예제도의 폐지는 평시 공해상에서 해군력이 사용되는 경우를 위해 만들어진 일군(一群)의 인권법을 만들어냈다. 이 경우 법은 노예무역에 종사하는 선박을 검색하고 나포하는, 해군작전의 전적으로 새로운 부문을 정당화하고 이끌었다. 1820년대에 미국과 영국은 노예무역이 사형 처벌을 받을 수 있는 해적행위의 한 형태임을 선언하는 법률을 제정했다. 처음에는 각국이 노예무역 단속을 위해 자국의 전함을 파견했다. 1842년에 미국과 영국은 해적행위를 진압하기 위해 별개로 유지되지만 협력하여 작전을 수행하는 소함대 2개를 유지하는 데 동의했다. 그 후 미국 남북전쟁 동안에 영국과 미국은 마침내 검색 및 승선에 대한 서로 수용 가능한 접근법에 동의했으며, 동시에 노예무역에 대한 소송건을 판결하기 위해 시에라리온, 케이프타운(Cape Town), 뉴욕에 영미연합사법재판소(Anglo-American Mixed Courts of Justice) 3개를 설립했다. 이 재판소들은 10년도 채 지속되지 못했으며 노예제도에 대항하기 위한 순찰은 제대로 시행되지도 못하고 그 자체가 다른 전략적·정치적 목표에 부수적인 것이 되고 말았다. 하지만 그것들은 해군력을 파견하기 위해 법을 사용하는 데 귀한 전례를 제공해주었다.

## 기술 변화와 해군전략

1854년 시노페 전투(Battle of Sinope)에서 러시아 전함이 터키의 함대를 격파했을 때, 러시아가 거둔 승리는 포탄을 발사하는 해군 포의 중요성을 확인시켜 주었으며, 해군 포에서 광범위한 변화 — 여기에는 후장식, 선조포신(rifled gun barrels), 실린더 모양의 발사체, 발사화약이 포함되었다 — 를 이끌고 해상에서 이루어지는 포격의 사거리와 정확도를 증가시켰다. 해군의 공세능력에서 이러한 혁신은 순식간에 장갑(裝甲)과 혁신적 선체 설계에 대한 강조를 포함하는, 방어에서의 혁신을 이끌어냈다.

이와 같은 기술 변화가 막 그 효력을 나타내기 시작하고 있던 동안, 1856년 크림 전쟁 이후 평화의 정착은 해전규칙에서 몇몇 얽히고설킨 문제를 해결하는 데 주요한 걸음을 내딛는 결과를 가져왔다. 파리 선언(Declaration of Paris)에서 유럽 열강은 상선 나포를 불법화하는 데 동의했으며, 프랑스는 '적 선박은 통상을 금한다(enemy ships, enemy goods)'는 교리를 포기했고, 영국은 '중립국의 선박은 자유롭게 통상한다'는 교리를 인정함으로써 1756년의 규칙을 포기하고 중립국 선박의 비수출입 금지 물품은 몰수될 수 없다는 데 동의했다. 영국은 봉쇄가 법적으로 구속력이 있기 위해서는 실질적이고 효과적이어야 한다는 원칙을 사실상 공식적으로 받아들였다. 이는 해군의 우위에 따른 이점을 심각히 감소시키는 주요한 양보였다. 그토록 오랫동안 해결되지 않던 문제에 이처럼 갑작스러운 변화가 생긴 이유는 기술의 극적인 증가와 해군선박에서 일하기 위해 필요했던 전문적 지식에서 찾아볼 수 있다. 이것들은 상선 나포와 상선원 징발이 훨씬 덜 매력적인 사업이 되게 만든 주요한 요인이었다. 경제적 자유주의와 자유무역으로 기울어져 있던 지배적인 여론도 '중립국의 선박은 자유롭게 통상한다'는 교리에 우호적인 영향을 끼쳤다. 게다가 외교적 상황은 다른 외교적 이해관계를 보존하기 위해서는 상대방에게 양보하는 것이 유익해지게 만들었다. 미국은 헌정적 이유 때문에 1856년 파리 선언에 쉽게 서명할 수 없었지만, 그들 또한 그것을 국제법으로 받아들였다.

프랑스는 새로운 기술적 추세에 따라 1859년에 혁신적인 유형의 새 전함 '라 글루아르(*La Gloire*) 호'를 진수시킴으로써 파리 평화회담에서 얻었던 수익을 활용했다. 목재로 만들어져 프로펠러로 추진되며 장갑판 벨트로 보호되던 이 전함은 평시에 해군 경쟁을 촉발시켰다. 영국은 선체가 철제로 만들어진 최초의 전함이자 방수되는 칸과 포와 보일러를 갖추고 엔진을 장갑으로 보호하는 워리어(HMS *Warrior*) 호로 이에 대응했다. 그 직후 스웨덴 출신의 발명가 에릭슨(John Ericsson)이 회전 가능한 포탑과 갑판 밑에 강제 환기시설을 갖춘, 파격적으로 설계된 장갑선인 모니터(USS *Monitor*) 호를 미국 해군에 제공했다. 모니터 호는 미국 남북전쟁 동안인 1862년에 햄프턴로즈(Hampton Roads)에서 벌어진 전투를 통해 그 잠재력을 과시하며 세계의 해군 사이에서 함선 건조가 광범위하게 가속화되도록 자극을 가했다. 이는 19세기의 나머지 기간 내내 추진, 포, 장갑, 그와 연관된 전기 사용, 무선전신, 자체 추진 수중어뢰와 같은 분야에서의 추가 발전을 촉진시켰다. 새로운 등급의 함선들이 발전되면서 이러한 모든 발명은 그것들을 통제하고 발전시키며 적용하기 위한 관료적 변화를 발생시켰다.

　새로운 기술적 적용이 이루어지면서 19세기 후반기 동안 국제 정치의 새로운 구조가 나타나기 시작했다. 한동안 영국은 유럽에서 권력정치의 균형이라는 이슈로부터 벗어나 자신들의 이해관계를 광범위한 제국적 맥락에서 재정의한 듯이 보였다. 그래서 외견적으로는 그들이 이전에 요구했던 유형의 교전국의 광범위한 권리를 방어하는 데는 관심이 없는 것처럼 보였다. 기술의 발전은 교전국과 중립국 간 권리에 대한 논쟁의 중요성을 계속 감소시켰다. 예를 들어 철도는 해군으로 하여금 유럽 대륙에서 적의 통상을 중지시키는 데 덜 효과적인 도구가 되게 만드는 것처럼 보였던 새로운 수송수단을 제공했다. 결국 많은 이들이 전쟁의 본질 자체가 변했다고 믿게 되었다. 1860년대와 1870년대에 프로이센이 경험했던 바는 전쟁이 국민 동원에 뒤이어 이루어지는 지상에서의 단기적이고도 결정적인 분쟁에 의해 결판날 것임을 시사했다. 이러한 새로운 상황은 봉쇄, 중립국의 권리, 수출입 금지 품목과 같은 오래된 이슈들의 중요성을 약화시키는 듯했다. 새로운 기술적 혁신과 맞물리면서 많은 이들이 낡은 방법은 미래에는 전적으로 맞지 않다고 가정했다. 그러나 작은 무리의 사상가들은 이런 변화의 맥락에서 해전의 본질과 특성을 고찰하기 시작해 해전에 대한 최초의 추상적인 저술들을 내놓았다.

이와 같은 전문적 사고의 부문에서 개척자는 영국 해군의 콜롬(John Colomb) 대령, 콜롬(Philip Colomb) 중장, 로프턴(Knox Laughton) 교수였다. 그들은 역사적 사례를 통해 문제를 고찰함으로써 해군력의 광범위한 사용을 분석하는 데 초기의 통찰력을 제공했다. 미국 해군의 루스(Stephen B. Luce) 소장은 이러한 접근법을 채택하여 그것을 군사사상에 대한 비교연구와 결합시켰는데, 그는 조미니(Antoine de Jomini)의 사상과 1860~1870년대 프로이센의 총참모부가 경험했던 바를 모두 검토했다. 그 결과 루스는 해전의 가장 높은 수준의 측면을 연구하고 고위 장교들을 교육하기 위한 세계 최초의 기관인 해군대학(Naval War College)을 로드아일랜드(Rhode Island)의 뉴포트(Newport)에 설립했다. 국제법과 해군 위게임의 발전을 교육목록에 포함하고 있던 이 대학이 낳은 최초의 가장 영향력 있는 산물은 머핸(Alfred Thayer Mahan) 대령의 저작이었다. 1890년에 그는 『해양력이 역사에 미친 영향, 1660~1783년(The Influence of Sea Power upon History, 1660-1783)』이라는 제목의 대학 강연집을 출간했다. 이 책과 후속 저작들은 독일과 일본을 포함한 여러 국가가 향후 반세기 동안 사용하게 될, 해전에 대한 독특한 철학을 만들었다. 머핸의 저작에서 당시 해군 지도자들에게 가장 매력적이었던 측면은 제해권에 대한 강조와 그와 연관된 전함의 최우선적인 중요성, 결정적 전투, 국가의 생존을 위한 제국주의적 경쟁과 투쟁, 해상 병참선에 따른 기지와 식민지 발전에 대한 그의 생각이었다. 20년 뒤 잉글랜드에서 활동하던 코르벳 경(Lord Julian Corbett)은 『해양전략의 원칙(Some Principles of Maritime Strategy)』에서 해군사에 대한 심원한 연구 ― 머핸의 선구적인 저작에 깊이와 정교함을 더한 ― 를 통해 해전에 대한 체계적인 이해를 제공했다.

1898년 미국-스페인 전쟁은 머핸의 사상뿐 아니라 해전의 새로운 특성에 대한 점증하던 인식 또한 강화시켰다. 미국 대통령은 1899년 헤이그 회담에서 모든 사유재산은 해상에서의 나포로부터 면제되어야 한다고 제안함으로써 해전이 통상습격의 시절과는 다르게 분명히 변화되었다는 생각을 예시해주었다. 같은 해 미국의 해군장관은 미국 해군대학에 해전규범의 초안을 준비하도록 명령했다. 이 대학의 법률 전문가 스톡턴(Charles Stockton)은 1899년 헤이그 회담에서 나온 생각을 한데 모으고 거기서 한 발짝 더 나아가 리버(Francis Lieber)가 썼던 지상전을 위한 1863년의 규칙에 기초하여 해군규범을 제안했다. 미국은 1900년 6월에 이 규칙을 채택했으며, 그것은 지상전을 규제하는 사실상 모든 것을 해양영역에 적용시키면서 거의 4년간 유효하게 남았다. 그중 몇 가지를 들자면, 그것은 요새화되어 있지 않거나 무방비 상태의 마을에 대한 포격의 한도를 축소시키고, 규칙 위반에 대한 보복을 금지하며, 연안 어업선들을 나포대상에서 제외시키고, 중립국 선박은 자유로이 통상함을 명백히 규정하며, 우편 증기선을 나포에서 면제시키고, 중립국 호송선단을 검색으로부터 제외하며, 일반적인 국제 원칙들이 동의할 수 있는 방식으로 수입금지 물품들을 구분해놓았다. 해전을 제약하는 것에 대한 국제적 지지를 얻고자 시도했다는 점에서 확실히 이상주의적이었던 미국은 원칙을 준수하지 않는 국가와 전쟁을 하는 경우 불리한 입장에 처하지 않기 위해 1904년에 이 규칙을 철회했으며, 그럼으로써 1907년 헤이그 회담에서 미국의 협상가들은 행동의 자유를 얻을 수 있었다.

영국과 미국의 영향력 있는 지도자들은 독일의 해군력이 계속 증강되는 것을 염려하면서도 교전국의 권리를 더 제약하기 위해 마련된 정책들을 계속해서 따랐다. 양국은 국제포획물심판소를 설립하자는 독일의 제안에 동의했으며, 1909년 런던 회담에서는 다른 이슈들에 대한 타협에 도달하기도 했다. 당시 많은 관찰자들은 이런 사건들이 국제법을 통한 세계 평화에 상당한 진전을 꾀했다고 천명했다. 가장 중요한 점은, 런던 선언이 1856년 파리 선언의 밑바탕에 깔려 있던 생각들을 보존하고 수출입을 금하는 목록을 병기와 전쟁 보급물자의 짧은 목록으로 명시한 반면, 그와 동시에 자유통상 물품의 훨씬 더 긴 목록 – 여기에는 산업을 위한 원료도 포함된다 – 을 정립함으로써 중립국의 권리와 면제권을 확장시켰다는 것이다.

이러한 노선을 따르는 국제 해양법상의 개혁은 해군 장교들이 독일의 경제봉쇄 가능성에 대비해 동시에 마련해가고 있던 우발사태 계획에 직접적으로 반하는 것이었다. 결국 많은 이들이 런던 선언의 조항을 관습법으로 받아들이기는 했지만, 국제포획물심판소를 위한 1907년 헤이그 회담에서의 합의도 1909년의 런던 선언도 실효적이지는 못했다.

## 20세기

1898년에서 1914년까지 영국과 독일뿐 아니라 해군력이 약한 국가들도 전반적인 과학·기술·경제·산업·관료 역량과 밀접하게 관련되어 있던 기술혁신을 통해 해군조직을 가시적으로 발전시켰다. 기술적 응용은 전함, 잠수함, 해군항공의 태동을 포함하는 몇 가지 방향에서 이루어졌다. 한편에서는 영국 해군이 피셔(John Fisher) 제독 아래 빠르고 중장갑을 갖춘 전투 순양함 ─ 인빈서블(HMS *Invincible*) 호로 예시되는 새로운 유형의 전함이었다 ─ 개념을 발전시켰으며, 이는 드레드노트(HMS *Dreadnought*) 호와 같은 거대 전함을 위해 이전에 단행했던 혁신을 대체하는 그의 계획에서 핵심적인 것이었다. 1916년 유틀란트 해전의 전술적 교착상태와, 혁신적이고 무제한적인 잠수함 사용 ─ 이는 전쟁을 상업에 고도의 피해를 입히는 방향으로 끌고 갈 것이었다 ─ 으로의 독일의 뒤이은 전환은 기술적 혁신의 영향을 보여주는 것이었다. 그러나 그와 동시에 제1차 세계대전에서 해전의 수행은 급격하게 변화하는 기술적 대안들을 다루는 데 포함되어 있는 어려움뿐 아니라 전략적·전술적 사고에서의 현저한 경직성도 보여주었다.

1914~1918년과 1939~1945년의 두 차례 세계대전은 19세기 말 동안에 발전했던 세계 정치의 성격과 국제법의 역할에 대한 기존의 가정과 기대를 파괴했다. 궁극적으로 독일의 유보트(U-boat) 사용은 실패했지만, 그럼에도 불구하고 그것은 상선들에 공포를 가하고, 1917년의 불과 3개월 동안에는 300

만 톤 이상, 제2차 세계대전의 첫 40개월 동안에는 2177척, 총 1100만 톤 이상을 격침시키며 세계의 총 선박규모가 감소되게 하는 데 성공했다. 그것은 그 자체가 평화적인 물품교역에 의존하고 있던 민간 주민들에게 곤경을 가져다준 하나의 전역(a campaign)이었다. 제1차 세계대전의 모두(冒頭)에 영국 정부는 나폴레옹 전쟁기에 상정되었던 것만큼이나 가혹한 해양봉쇄를 시작했다. 이 봉쇄는 새로운 측면 몇 가지를 포함했는데, 거기에는 1914년 11월 영국의 선언 — 북해는 군사지역이며 수송화물이 무엇이든지 간에 모든 상선은 검색뿐 아니라 기뢰의 위험에도 노출된다는 — 이 해당되었다. 이전 관행으로부터의 이러한 극적 변화를 행함에 있어 영국 정부는 자신들의 행동을 리버풀과 북미를 연결시키는 아일랜드 북쪽의 주요 무역로에 대한 독일의 무차별적 기뢰 부설에 대한 보복으로 정당화했다. 그와 유사하게 1915년 2월 독일 정부는 전쟁지대에서 중립국의 권리나 물품의 안전한 통과를 인정하지 않으며, 자신들은 영국 제도 부근의 전쟁지대에서 발견되는 모든 적의 상선을 파괴할 것이라고 선언했다.

제1차 세계대전 후에 외교관들은 1921~1922년에 워싱턴과 1930년과 1936년에 런던에서 열렸던 해군무장해제협상을 통해 해군 간 전쟁의 폭넓은 이슈들을 다루고자 몇 차례 시도했다. 제2차 런던 해군회담에 참석한 대표들은 상선에 대한 무제한 잠수함전을 금지하고자 시도하면서 이 주제에 대한 특별 의정서를 발표했다. 1939년에 전쟁이 발발했을 무렵에는 모든 주요 해양 강국을 포함해 40개 이상의 국가가 그것을 비준하거나 거기에 가입한 상태였다. 그러는 동안 영국의 리치먼드(Herbert Richmond) 제독과 프랑스의 카스텍스(Raoul Castex) 제독과 같은 해군 사상가들은 좀 더 제약된 방법으로 치러지는 해군 간 전쟁에 대한 생각을 제공했다.

그러나 이것들 중 어떤 것도 1939~1945년 해전의 실제 수행에 영향을 주지는 못했다. 전간기 동안 해군의 건설에 가해졌던 제약은 해군 간 전쟁이 좀 더 효과적이고 결정적인 도구가 되게 만드는 다른 방법들로 전환되었을 뿐이다. 제2차 세계대전은 분명 역사상 가장 대규모이고 가장 폭력적인 해군 간 전쟁이었지만, 제2차 세계대전기 교전국들은 제1차 세계대전기에 자신들이 썼던 것과 상당 정도 동일한 정책을 썼다. 양측은 무제한 전투가 발생하는 전투지대에 대한 생각을 사용했다. 1940년에 독일은 북대서양을 상선에 대한 무제한적인 전쟁지대로 선포했으며, 미국은 일본에 무제한 잠수함전을 선언함으로써 태평양 전쟁에서 선례를 따라 행했다. 전쟁이 진행되면서 해전에서 이루어지는 함대작전의 전술적 핵심은 전함으로부터 항공모함으로 전이되었다. 그와 동시에 해군과 육군은 태평양뿐 아니라 북아프리카와 이탈리아, 프랑스의 연안 전역에 걸쳐 이루어지는 일련의 육·해 합동작전에서 협력할 수 있는 수단을 발견했다. 향후의 추세가 어떻게 될 것인지를 보여주는 신호가 이전에도 있었지만, 제2차 세계대전은 항공·지상·해상 전력 간 협력의 필요성을 분명하게 보여주었다.

제2차 세계대전 직후에 다양한 해군 국가들은 과거의 모든 주요 전쟁의 전례가 그랬듯이 해군전력의 전형적인 약화를 경험했다. 그러나 이번에는 결정적인 차이가 있었다. 핵무기의 운용은 미래의 전쟁에 대한 생각의 맥락을 변화시켰다. 처음에 해군은 그림에서 전적으로 빠져 있었지만, 1950년에 들어 미국 해군은 핵무기가 항공모함이나 잠수함에서 발사되는 탄도미사일을 통해 해상에서 운용될 수 있는 방법을 효과적으로 선보임으로써 그러한 상황에 적응했다. 특히 앞서 언급한 발전은 해군이 핵 억제의 광대한 이슈와 연결되도록 돕는 데 극히 중요했다. 그것은 또한 해군을 서서히 재래식 억제와 평시의 정치적 목적을 위한 해군력의 광범위한 새로운 적용이라는 영역으로 인도했다.

해군이 1950년과 1990년 동안 국지적이고 지역적인 위기에서 활발한 역할을 하면서 많은 해군 지도자들은 전시의 과업을 평시 임무로 확장시켜가면서 해군의 작전범위와 기능에 대한 오래된 생각들로 회귀했다. 같은 기간에 기술의 발전은 해군의 면모를 지속적으로 변화시켰다. 유도 미사일과 전자센서, 위성통신 및 감시체계, 수중 음향기술, 새로운 추진체계, 새로운 항공기 설계, 탐지 대응 설계와 같은 모든 것이 해군을 바라보는 방식을 변화시키는 데 도움을 주었다.

이 같은 변화는 서로 다르면서 훨씬 더 복잡한 기량이 요구되는 방대한 신기술을 개입시킨다. 그러한 기술은 해군의 성격을 변화시킨 것처럼 보인다. 어느 정도는 실제로 그랬다. 그러나 해군의 근본적 역할은 자신들을 위해서는 제해권을 확립하고 적에게는 그것을 거부하며, 그런 통제권을 육지의 폭넓은 정치적·경제적 이슈와 연계시키는 것으로 남아 있다. 평시에 해군은 계속해서 외교적·국제적 역할과 치안의 역할, 군사적 역할을 갖고 있다. 21세기를 조망하면서 해군 지도자들은 미래의 해전이 환경적 위협과 귀중한 자연자원에 대한 보호, 테러리즘, 불법 마약 운송, 국제법의 집행과 같은 신종 이슈를 다루기 위한 다자간 해군 협력이 팽창하는 가운데 전통적인 이슈도 지속적으로 다루게 될 것임을 자신 있게 예견하고 있다.

## 제14장

# 항공전

———————————————— 리처드 오버리 Richard Overy

리비아에서 터키군에 맞서 싸우던 소수의 이탈리아군 비행사들 중 한 명이었던 가보티(Giulio Gavotti) 소위는 1911년 10월 말 오스트리아제 소형 타우버(Taube) 항공기를 몰고 타기라(Taguira)와 아인 자라(Ain Zara) 마을을 비행하면서 그곳에 소형폭탄 4개를 투하했다. 가보티의 비행은 현대 항공전의 시작을 알리는 것이었다. 그 폭탄공격은 결과적으로 1912년에 이탈리아가 승리하는 데 아무런 기여도 하지 못했지만, 순식간에 모방되었다. 폭탄은 한 해 뒤 프랑스군 비행사들에 의해 모로코에서 사용되었으며, 발칸 전쟁에서는 프랑스가 공급한 항공기를 운용하던 세르비아군이 소규모 폭격에 의존했다. 1913년에는 멕시코 내전에서 양측이 그렇게 행했다.

그런 유약한 실험들에서는 전쟁에서 항공기의 혁명적인 잠재성이 분명하게 드러나지 않았다. 제1차 세계대전 이전, 심지어 1903년 최초의 단독 동력 비행이 있기 전부터도 항공력이 전쟁을 어떻게 변형시킬 것인지에 대한 대중적인 인식은 이미 등장해 있었다. 군사 사상가들, 과학소설 작가들, 언론이 서로 앞다투어 항공기가 야기한 모종의 미래 대재앙에 대한 충격적인 상상을 내놓았다. 영국의 소설가 웰스(H. G. Wells)는 『공중에서의 전쟁(The War in the Air)』을 통해 도심지에서 무차별적으로 종횡무진하는 폭격 항공기에 대한 끔찍한 환상을 묘사했다. 그는 해상전력이나 지상전력이 개입하지 않고도 현대 문명이 총체적으로 몰락할 것을 예견했다. 항공기는 그 자체만으로 전쟁을 종결지을 수 있으며 부도덕한 적이 그것을 병사가 아니라 불운한 민간인을 겨냥해 쓰게 될 것이라는 그의 가정에 비추어 볼 때, 그의 소설은 현대 전쟁에 대한 전 유럽인 세대의 태도를 형성하는 데 도움을 주었다.

## 제1차 세계대전

1914년에 발발한 전쟁에서는 이러한 가정들 중 그 어떤 것도 진지하게 시험되지 못했다. 그럼에도 불구하고 항공전은 불과 4년 동안에 가시적으로 발전했다. 1914년에 항공전력은 소규모였고 기술적으로도 성숙하지 못해 조악했으며, 출력이 미미하고 안전하지 못한 항공기들을 운용하고 있었다. 대전이 개시되었을 때 프랑스 육군은 비행기 141대를 보유하고 있었으며, 영국원정군은 63대를 이끌고 프랑스에 도착했다. 그러나 전쟁이 끝날 무렵에는 주요 국가들이 서로 간에 21만 5000대 이상을 생산해놓은 상태였다. 1914년에 항공기 대부분은 정찰이나 '수색' 임무를 위해 사용되는 단좌 경(輕)복엽기였다. 1918년에는 각 항공군이 특화된 기능을 수행하기 위해 설계된 다양한 유형의 항공기 ─ 적 항공전력과 싸우기 위한 전투기, 육군작전을 지원하기 위한 지상공격 비행기, 전장 지원이나 더 광범위한 공격을 위한 폭격기 ─ 를 보유하고 있었다.

전쟁의 초기단계 동안에 육군 지도자들은 항공기가 간첩활동이나 지상에서의 수색으로부터 얻을 수 있는 것보다 적 병력의 이동이나 포 배치에 대한 정확하고 최신의 증거를 제공함으로써 정찰에 유용하다고 믿었다. 이러한 기능은 전쟁 내내 중요하게 남았다. 포의 위치를 알아내고, 적 병력의 이동과 배치에 대해 보고하며, 전투의 경과를 신속하게 파악하기 위한 특화된 부대가 양측 모두에서 창설되었다. 초기 무선통신은 초보적이었고, 정찰정보의 상당 부분은 손으로 휘갈겨 작성된 뒤 대기하고 있던 보병들에게 항공기의 한쪽 너머로 던져졌다. 각 육군은 머리 위에 떠 있는 우군의 항공기가 그 밑에 있는 전력의 위치와 부대번호를 알 수 있도록 해줄 정교한 신호체계를 발전시켜야 했다.

머지않아 항공기가 그보다 더 많은 역할을 할 수 있음이 명백해졌다. 서부전선에서 전역이 시작된 지 얼마 되지 않아 항공기는 적 정찰 항공기를 격추하기 위해 총을 장착하고 다니거나 상대방 육군의 보급열차와 병력의 이동을 교란하기 위해 폭탄 또는 수류탄을 가지고 다니기 시작했다. 1915년에는 움직이는 프로펠러 사이로 발사되는 기총으로 무장한, 특정의 목적 아래 만들어진 전투 항공기가 전선에 다수 나타났으며, 그것들은 근접거리에서 지상병력에 사격을 가하기도 했지만 통상적으로는 머지않아 '공중우세'라고 불리게 될 것을 달성하기 위해 다른 전투기들과 교전했다. 낙하산이 등장하기 이전 시대 동안 공중전투는 값비싼 대가를 치러야만 했다. 1918년에 영국 전투 조종사의 손실은 매달 75%에 달했다. 1914년에서 1918년 사이에 4만 명 이상의 공중 승무원이 사망했으며, 여기에는 대중적 인기로 신생 항공전력에 젊은 지원자들이 규칙적으로 유입되게 만들었던 엘리트 전투 조종사 대부분도 포함되어 있었다. 전투 조종사들은 현대 전쟁을 진흙과 참호전의 비참함 너머로 승화시키는, 현대판 공중 기사들로 보였다.

효과적인 무선통신이 결여되어 있는 상태에서, 그리고 급격하게 발전해가던 기술의 맥락에서 볼 때 공중우세 ― 이것은 감당할 수 없을 정도의 손실을 당하는 일이 없이 특정 공역에서 자유로이 작전을 수행하는 능력이다 ― 는 유지하기 어려웠다. 그러나 그것은 다른 형태의 공중전투를 모색하는 데 열쇠인 것처럼 보였다. 적의 전투기 전력을 무력화하지 않고서는 느린 대지(對地)공격기나 폭격 항공기는 높은 손실을 당할 가능성이 컸다. 1918년에는 균형이 서부

연합군에 유리하게 이동한 상태였지만, 제1차 세계대전 동안에는 어떤 진영도 영구적인 공중우세를 유지할 수 있는 능력을 입증해내지 못했다. 이는 부분적으로는 항공기의 수 자체 때문에, 또 다르게는 독일 육군이 지상전력을 직접 지원하는 것을 훨씬 더 중시하기 시작했기 때문이다.

1914년부터 1918년까지 전쟁을 수행하는 데 항공력이 행한 가장 효과적인 기여는 적의 공격을 격파하거나, 포를 파괴하거나, 전장에 대한 증원을 교란하거나, 후방의 통신 및 보급 저장소에 폭격을 가하거나 그것에 기총소사(機銃掃射)를 하기 위해 대지공격 항공기나 폭격기를 사용하는 전술적 지원에 있었다. 이러한 목적을 위해 설계된 항공기들이 1917년에 다수 등장하기 시작했다. 독일 육군은 지상표적을 공격하는 훈련이 되어 있으며 지상부대에 배속된 연락장교로부터 지침을 받는, 이른바 '전투 비행대대(Battle Squadrons)'를 창설했다. 1918년에는 무선을 사용해 공중공격을 지휘할 수 있었으며 - 독일의 봄 공세 때 사용되었던, 철제로만 만들어진 강력한 융커스(Junkers JI)기에 무선장치가 설치되어 있었다 - 기관포와 로켓이 발전해 기관총을 대체했다. 이와 같은 발전은 독일의 항공전력에서 가장 폭넓게 이루어졌는데, 1918년에 이르러 그들은 적 전선의 취약지점을 목표로 하는 중무장 보병의 공격을 지원하는 데 항공기를 사용했다. 이 전략은 다음 전쟁에까지 살아남았다. 탱크공격을 지원하기 위해 항공기를 사용하는 것도 그 전쟁 말기에 도입되었다. 1917년 11월 캉브레에서 항공기들은 독일의 정확한 포격으로 인해 공격이 실패로 끝날 위험에 처해 있던 영국군 탱크들에게 길을 열어주는 데 도움을 주었다. 1918년에 서부 연합군은 일상적으로 항공기와 장갑차를 함께 사용했다. 이 전술이 연합군의 화력을 보강해준 것은 아니었지만 정신적 영향은 상당했다. 초기에 공중공격은 경험이 많은 병력에도 실제 위협에 비해 꽤 과도한 공포를 발생시켰다.

양측으로 하여금 전선으로부터 멀리 떨어진 민간표적에 장거리 폭격 사용을 모색하도록 처음 유혹했던 것은 이러한 정신적 영향이었다. 독일의 제펠린 비행선에 의해 이루어진 첫 공격의 목적은 적 정부가 항복을 선언하게끔 자극시키기에 충분한 공포를 만들어내는 것이었다. 영국을 향한 비행선 공격은 1914년에 시작되었지만 그것은 거의 아무것도 달성하지 못했다. 전쟁 동안 불과 폭탄 196톤을 투하해 영국인 557명을 죽였던 반면, 비행선에 발생한 손실의 수준은 감내할 수 없는 정도였다. 1917년에 들어서야 항공기술의 상태가 장거리 공격을 위해 폭격 항공기를 사용하고자 하는 진지한 시도를 지원할 수 있었다. 1917년에 고타(Gotha IV) 폭격기로 무장한 독일의 최고사령부는 '영국인들의 사기를 무너뜨리고' 영국이 전쟁에서 이탈하도록 만들기 위해 영국 도시들에 대한 폭탄공격을 지시했다. 독일은 공습을 스물일곱 차례 감행하고 폭탄 110톤을 투하해 런던에서 광범위한 대중적 공포를 유발했다. 그러나 그 전략적 효과는 무시할 만한 것이었으며, 독일 육군은 전선(battlefront)을 우선시하는 정책으로 복귀할 것을 강력히 주장했다.

영국도 프랑스도 장거리 또는 '전략적' 폭격에는 그리 주의를 기울이지 않았다. 그러나 고타의 공격은 영국으로 하여금 조치를 취하게 만들었다. 원거리 공격은 전투가 진행되고 있는 전선을 지원하는 데 아무런 역할도 할 수 없다는 프랑스의 반대에 맞서 영국군은 1917년에 독립적인 항공전력인 영국공군(Royal Air Force: RAF)을 창설했다. 그들이 견지했던 목적 중 하나는 중폭격기 2000대를 사용해 독일의 전시 경제와 노동력의 사기를 파괴하는 전역을 감행하는 것이었다. 1918년 6월에 폭격임무를 위해 독립공군(Independent Force)이 창설되었으며, 1919년에는 독일의 전쟁 노력에 대해 주요한 전략적 공세를 가하고자 구체적인 계획이 작성되었다. 그러나 1918년 11월의 정전은 폭격공세를 망각의 수렁으로 빠뜨리고 말았으며, 그 잠재력은 시험되지 못했다. 1918년에 기껏해야 항공기 120대로 라인란트 지방의 도시들을 제한적으로 공격했을 뿐이다. 폭격에 대한 1919년의 전후(戰後) 조사결과는, 당시 기술상 폭격의 파괴력이 미약했다는 것이었다. 하지만 공습이 '엄청난 정신적 효과'를 발휘했다고 주장했다. 이 주장은 만약 폭격이 주된 임무였다면 제

1차 세계대전기 항공력은 무엇을 달성해낼 수 있었을까 하는 그럴듯한 물음을 남겨놓았다.

## 교리에 대한 모색

　항공력에 대한 전후의 실적평가는 항공력이 실제로 달성했던 것 ― 그것은 전술적으로나 전략적으로나 그리 크지 않았다 ― 과 그것의 잠재력에 대한 대중적 인식 간의 간극이 증대되고 있음을 보여주었다. 항공력이 전쟁을 혁명적으로 바꿔놓았으며, 분쟁을 며칠 만에 종결지을 수 있다고 하는 극단적인 경우를 주장하는 항공인이 다수 등장했다. 이러한 시각의 가장 유명한 주창자는 1921년에 『제공권(The Command of the Air)』을 발간했던 이탈리아의 비행사 두에(Giulio Douhet) 장군이었다. 그는 가스와 소이탄, 고성능 폭탄으로 '결정적 타격(knock-out blow)'을 가하여 적의 도시 주민들을 공포에 빠뜨리고 며칠 만에 항복을 가져올 수 있는 폭격기가 미래 전쟁에서 핵심 도구라는 주장을 지지했던 대표적 인물이었다. 이는 매혹적인 주장으로서, 자신들에게 오래된 군종(軍種)들로부터 더 큰 독립을 가져다주고 항공전의 자의식적인 현대적 이미지에 부합하는 전략을 원하던 항공인들에 의해 세계적으로 확산되었다.

　그러나 두에의 영향력은 자칫 과장되기 쉽다. 1920년대에는 ― 영국 공군 참모총장 트렌처드(Hugh Trenchard)와 미국 항공인 미첼(Billy Mitchell) 장군과 같은 ― 다른 항공력 사상가들이 두에보다 더 유명했다. 항공력 이론은 많은 반격을 받았다. 게다가 대부분의 직업군인 ― 육군 장병과 해군 장병 ― 들과 심지어 항공인들까지도 항공력에 대해 회의적이었다. 그들은 항공기 자체가 전쟁을 승리로 이끄는 주체라고 간주하지 않았으며, 실제로 항공을 육군과 해군을 지원하지만 그것을 대체하지는 않는 예속된 군종으로 만들고자 했다. 전간기 동안에는 보조군으로서 항공력을 바라보는 시각이 결정적 타격을 가하는 것에 대한 믿음보다 더 널리 퍼졌다. 제1차 세계대전의 교훈은 독일과 프랑스에서 지상군을 지원하는 역할과 전장 상공에서 공중우세의 모색을 강조하는 공군 교리의 발전을 촉진했다. 이러한 우선순위는 상당한 정치적 영향력을 가지고 있던 강력한 육군의 이해관계를 반영하는 것이었지만, 항공력의 제한적 사용에 호의적인 강력한 전략적 주장도 존재했다. 제1차 세계대전 동안 항공기는 지상전력과 결합되어 사용되거나, 전선에 대한 직접적 증원을 방해하기 위해 사용되었을 때 가시적인 군사적 이점을 만들어냈다. 독일과 프랑스의 공군 교리는 자국 육군이 작전을 수행하는 상공에서 보호우산을 확보하기 위해 적 공군을 공격하는 것과 결합된 이러한 기능들에 초점을 두었다. 1919년의 강화안을 위반하며 1935년에 독일 공군이 재등장했을 때, 그들의 운용교범은 클라우제비츠(Karl von Clausewitz)가 강조했던 바를 충실히 반영하고 있었다. 그들은 적 공군에 대해 항공전력을 집중하고, 그들이 파괴되면 적 지상전력과 보급물자를 공격하도록 했다. 이처럼 단순하지만 효과적인 항공력의 사용은 제2차 세계대전의 초기 전역에서 이례적인 성공을 거두면서 실습되었다.

항공력의 전술적인 전개는 육군과 해군 모두를 지원하기 위해 전간기 동안 거의 모든 주요 공군에 의해 채택되었다. 영국 공군만이 예외였는데, 그들은 이탈리아 공군(Regia Aeronautica)과 함께 제1차 세계대전이 끝난 뒤 유일하게 존재했던 조직적으로 독립된 공군이었다. 이러한 독립성 자체가 많은 영국 공군 지도자들이 다른 군종들과 교리적으로도 독립된 전략을 모색하는 성향을 보였던 이유를 설명해준다. 전략적 항공력에 대한 이론이 전시의 독립공군을 토대로 발전되었다. 1936년에 발간된 영국 공군의 전쟁교범은 대담하게 "폭탄이 공군의 주요 무기이다"라고 진술했다. 폭격의 주된 목적은 전쟁을 지속시키는 경제와 정신적 예비력을 파괴함으로써 전쟁을 촉발할 수 있는 적의 역량을 파괴하는 것이었다. 영국의 항공계(航空界)에서는 군사력 파괴전략(counter-force strategy)이나 육군이나 해군과 협력하는 것에 대해 거의 주의를 기울이지 않았다. 폭격기대(隊) ― 1920년대에는 이들이 표적을 향해 전진하는 것은 멈추게 할 수 없다는 것이 일반적인 생각이었다 ― 가 영국 항공 이론의 중심 도구가 되었으며, 폭격기대는 그 자체만으로도 전쟁의 결과를 결정지을 수 있다고 주장되었다.

이러한 영국의 선택에는 여러 가지 이유가 있다. 영국은 권위를 행사하는 데 혈안이 되어 있던 강력한 상비군을 가지고 있지 않았다. 폭격은 경제적인 전쟁과 봉쇄를 선호하는 영국의 전통과 들어맞았다. 그것은 참호전의 비참함과 높은 사상률을 피하는, 비용 대비 효율적인 방법으로 여겨졌다. 폭격은 또한 세계적 제국의 중심이며 본국으로부터 수천 마일 떨어진 곳에 잠재적인 적국들이 위치해 있던 영국의 지정학적 외관과도 맞아떨어졌다. 그것은 세계 최고의 해군강국에 알맞은, 해양력의 현대적 버전이었다. 폭격은 '제국 경찰활동(imperial policing)'이라 불렸던 것을 위해 사용되었으며, 그것이 이라크, 북부 인도, 남부아프리카에서 토착반군을 위태롭게 하는 데 성공했던 것 ― 이런 행동은 유럽식 전투와는 아무 관련이 없는 것이었다 ― 은 폭격을 값싸고 효과적인 것으로 바라보는 영국인들의 기질을 고무시켰다.

미국인들에게도 낮은 사상률과 비용 대비 효율에 대한 강조는 호소력을 발휘했으나 그들은 폭격에 대한 영국식 사고가 보여준 눈에 띄는 근대성으로 인해 그것에 더 매력을 느꼈다. 그런 사고는 가장 발전된 항공기를 대규모로 설계해내는 데 달려 있었으며, 그와 같은 점에서 미국은 확실히 앞서가고 있었다. 그런가 하면 적의 경제력을 파괴하는 것에 대한 강조는 산업적·기술적 근대화에 흠뻑 빠져 있었으며 유럽식 상비군을 유지하는 전통이 없던 국가에는 전략적으로 그럴듯하게 보였다. 1930년대에 미국의 항공 지도자들은 항공력에 대한 명백히 전략적인 인식을 발전시켰는데, 그들은 지상전과 차별화되며 국가가 투쟁에 모든 경제적·사회적 자원을 투입하는 총력전에 대한 생각과 더 잘 양립할 수 있는 전쟁의 형태를 상정했다. 그러나 미국에서는 항공력의 독립적인 사용에 대해 육군과 해군 양측 모두로부터 강력한 저항이 존재했으며, 1930년대 동안 항공전력은 지원의 역할로 구속되었다. 미국의 무장해제가 최고조에 이르고 미국 항공기들의 항속거리에서 인지할 수 있는 적이 존재하지 않는 상황 아래 폭격은 사실보다는 이론으로 남겨졌다.

사실 폭격에 대한 열정에도 불구하고 영국 공군은 독립적인 항공력에 대한 준비상태가 취약했다. 작전적 준비에 대한 생각은 거의 없었다. 폭격기 전력은 소규모이고 항속거리가 너무 제한적이어서 유럽의 기지로부터도 루르(Ruhr)지역의 도시에나 겨우 도달할 수 있는 경량급 또는 중간급 폭격기로 무장하고 있었다. 폭격 조준기는 충분하지 않았고, 폭탄은 작고 재고도 적었으며, 1930년까지는 전략폭격을 위한 진지한 계획도 없었다. 영국의 항공인 슬레서(John Slessor)의 말에 따르면, 폭격은 '신앙의 문제'였다. 독일 공군의 재무장에 직면해서 1938년에 폭격전략에 대한 진지한 분석이 시작되었을 때 그러한 신앙은 미흡한 것으로 판명났다. 1936년 창설된 영국 공군 폭격기 사령부(Bomber Command)의 사령관은 자신의 전력이 독일의 산업체계에는 진지한 공격을 거의 가할 수 없음을 인정해야 했다. 이 같은 공격을 위한 명확한 계획을 작성하려는 노력이 이루어졌지만, 어떤 경제부문이 공격에 가장 취약한지, 어떤 것이 독일의 전쟁 노력에 결정적으로 영향을 끼칠 수 있을지에 대해 결정하는 것은 어려운 일로 드러났다. 석유, 화학, 제철 및 제강, 기계를 선두로 하는 우선순위 목록이 작성되었지만, 기존 기술로는 청명한 날에 루르를 총체적으로 공격하는 것 외에는 더 많은 것을 기대할 수 없었다. 이것이 1939년에 전쟁이 발발했을 때 영국의 '독립적' 항공전략에서 핵심으로 남았다.

폭격위협의 불충분성은 방공(防空)의 발전으로 더 악화되었다. 다분히 역설적이게도 1930년대 동안 가장 정교한 방공체계가 발전된 곳은 폭격공세의 선구자 영국이었다. 고타의 위협에 맞서기 위해 1917년 런던 부근에 관측사, 방공기구(barrage balloon), 대공포 체계가 정립되었음에도 불구하고, 이는 제

1차 세계대전기에는 대부분 무시되었던 항공전의 측면이었다. 이런 체계는 아무런 결과도 달성하지 못했다. 1920년대에는 폭격기가 표적에 도달하는 것을 막을 방법은 없다는 가정이 대두되었다. 1932년에 볼드윈(Stanley Baldwin)은 영국 의회에 "폭격기는 언제나 돌파할 수 있을 것"이라고 경고했다. 그러나 1930년대 중반에 이르면 이는 더 이상 사실이 아니게 되었다. 속도가 빠른 완전 철제 단엽 전투기가 전투기와 폭격기 간 속도와 성능상의 광범위한 차이를 만들어냈다. 레이더의 발전은 공중공격에 대한 조기경보를 가능하게 해주었으며, 대공포대와 민간 방위 태세는 도시 주민들에게 가해지는 위험을 감소시켰다. 1940년에 영국 경폭격기들이 독일의 표적에 대해 사용되었을 때 폭격기가 단 한 대도 귀환하지 못한 경우도 있었다.

1939년 9월 유럽에서 전쟁이 발발했을 때 독립적인 항공전략을 위해 무장을 충분히 갖추었거나 준비가 철저히 되어 있던 공군은 없었다. 특히 영국의 경우에는 런던에 대한 독일의 섬멸적인 공격을 조장할 수 있다는 두려움 때문에 전투기 사령부에 사격 금지령이 내려져 있었다. 그러나 이런 영국의 두려움은 전적으로 근거 없는 것이었다. 그들의 적이나 그들의 동맹국이나 할 것 없이 모두가 군사적 효과성을 극대화하기 위해 항공전력을 지상 및 해상 전력과 결합시켜 사용하는 기존 교리를 고수하고 있었다. 독일 공군에게는 독일 본국 주민들에게 있을지 모르는 공격에 보복하기 위한 마지막 수단으로서만 무방비 도시에 대해 폭격이 지시되었다. 독일 항공력의 진정한 힘은 폴란드 전역에서 예증되었는데, 그곳에서 사용된 항공력은 취약한 저항에 맞서 매우 모범적인 정밀성을 가지고 있었다. 우선 소규모의 폴란드 공군을 파괴했으며, 그다음에는 육군이 뚫고 지나갈 길을 여는 데 도움을 주었다. 마지막으로는 방어망을 갖추고 항복을 거부하는 폴란드의 수도로 독일의 폭격기들을 전환시켰다. 제1차 세계대전 이후 항공력이 얼마나 발전했는지를 보여준 것은 바로 이 전역이었다.

## 항공력의 시대

두에 — 그의 책은 1942년에 마침내 영문으로 번역되었다 — 가 기대했던 방식대로는 아니었지만 제2차 세계대전이 항공기가 전쟁의 성격을 바꿔놓은 시점이라는 주장에는 훨씬 더 그럴듯한 논거가 존재한다. 공중으로부터의 결정적인 타격은 존재하지 않았다. 항공전은 전선에서나 그 전쟁의 후반 동안 발전되었던 폭격전역에서나 할 것 없이 소모전이 되고 말았다.

폴란드 전역은 전술 항공력의 패턴을 규정했다. 항공기는 지상·해상 전력에 훨씬 더 많은 유연성과 타격력을 제공했다. 하지만 독일의 항공전력이 그랬듯이 그것들이 대규모 항공전단을 이루어 집중되고, 항공·지상 전력 간 통신이 공중·지상 공격을 조율하고 신속하게 공중지원을 요청할 수 있을 만큼 기술적으로 충분히 발전되어 있는 곳에서만 그럴 수 있었다. 1940년에 프랑스와 영국의 항공전력이 대규모로 집중하는 데 실패한 것과 빈약한 지휘 및 통신 상태 — 이는 영국 장병들로 하여금 잉글랜드에 있는 본부를 경유해 공중지원을 요청해야 하는, 즉 많은 시간을 소비하도록 강제했다 — 는 6월 프랑스의 패배에 크게 기여했다. 한 해 뒤에는 동일한 오류로 소련이 값비싼 대가를 치렀다. 1941년 6월 독일의 공격에 직면했을 때 소련의 항공전력은 소련군 전체에 걸쳐 소규모 무리로 분산되어 있었으며, 무선통신은 조악하고 항공부대에 대한 중앙집권적 통제도 존재하지 않았다. 소련군은 1930년대에 근접 항공지원에 대한 교리를 발전시켜놓은 상태였지만, 독일의 그것과는 비교가 되지 못했다. 육군의 각 사단이 항공대(航空隊)를 보유하고 있었지만 그들은 획일적으로 전선에 묶여 있었으며, 다른 항공전력과 거의 교류할 수 없었고, 지상 병사들과의 관계 속에서는 지원 역할을 하는 것으로 가정되어 있었다. 불과 4개월 동안에 독일 항공기 3000여 대가 1만여 대의 소련 비행기를 파괴했다.

독일이 거둔 성공은 모방을 강제했다. 향후 2년간 소련, 영국, 미국의 공군은 더 높은 수준의 노력을 집중시키고 지상전력과의 협력을 개선하기 위해 자신들의 전술전력을 재조직했다. 소련군은 1942년에 항공단(air armies)[1]을 발전시켰다. 각 항공단은 전투기, 대지 공격기, 폭격기를 보유했는데, 그것들은 무선으로 중앙 통제소에 연결되었으며, 무선과 연락장교를 통해 지상의 군대에도 연결되었다. 1942년에 그들은 각각 항공기 800~900대를 동원했으며, 1945년에는 그 수가 2500~3000대에 달했다. 소련은 미국의 원조(American Lend-Lease)를 통해 거의 100만 마일에 이르는 전화선과 기지국 3만 5000곳을 공급받았다. 1941년에 독일 항공기들이 누리고 있던 기술적 이점은 개발 및 생산을 위한 비상계획을 통해 순식간에 잠식되고 말았다. 소련 조종사들의 전술적 미숙함은 독일을 자세히 관찰함으로써 감소했다. 항공력은 소련의 군사적 운명이 부활하는 데 주요한 요소가 되었으며, 그것이 없었다면 독일에 대한 기나긴 투쟁은 좀 더 느려졌거나 위험해졌을 것이다.

영국과 미국 또한 독일의 성공으로부터 상당한 영향을 받았다. 전술 항공력에 대한 영국 공군의 초보적인 생각은 1941~1942년 북아프리카에서 있었던 투쟁 가운데 다듬어졌다. 바로 그곳에서 서방 국가들은 모든 폭격이나 대지공격 전략을 위한 최우선적인 필요조건이 공중우세의 획득이라는 것을 배웠다. 테더(Arthur Tedder) 원수의 휘하에서 중동의 영국 공군은 대지공격 항공기나 중급 폭격 항공기를 통해 정확하고 신속한 작전을 수행함으로써 지상병력을 지원하기 위한 서곡으로서의 대(對)전력공격(counter-force attack)에 집중했다. 이러한 공격을 조율하기 위해 지상의 군대에 연락 장교들이 배치되었으며, 1916년 서부전선에서 최초로 사용되었던 특수한 '탐지(spotter)' 항공기들은 전장의 상공을 맴돌면서 포격을 지휘하거나 문제의 지점으로 항공기를 인도했다. 영국 공군, 나중에는 미국 육군 항공군도 전선의 후방에서 적의 교통로, 보급물자, 상륙항, 증원전력에 대규모 폭격을 가하는 것을 선호했

---

1  1942년 5월부터 11월까지 항공단 17개가 창설되었다.

다. 노르망디 상륙작전을 개시하는 시점에 서부 연합군에게는 유연하고도 수적으로 많은 전술공군이 가용했으며, 이는 다른 어떤 단일한 요인보다 노르망디 침공의 성공에 크게 기여했다.

항공기는 바다에서의 전쟁을 변형시키는 데도 중요한 역할을 수행했다. 공중공격에 대한 전함의 취약성은 일찍이 1923년, 미국의 미첼 장군이 복엽기 몇 대로 몇 분 만에 전함 2대를 격침시키는 시연을 선보였을 때 드러났다. 강력한 미국 해군은 이러한 객관적 교훈을 좋아하지 않았지만, 1920년대 동안 해군 항공대와 거대한 항공모함 2대가 함대에 추가되었다. 일본은 항공모함을 해군전략의 필수적 일부로 채택한 미국 이외의 유일한 해군국가였다. 일본에서는 항공기가 해상에서 무엇을 할 수 있는가에 대한 교리적 논쟁이 별로 없었다. 항공기의 목적은 적 공격으로부터 함선을 보호하고 폭탄과 어뢰를 이용해 상대 함대를 공격하는 것이었다. 바다에서 항공력의 효과성은 1941년 12월 7일 일본이 진주만에서 미국의 태평양 함대를 공격했을 때 극적으로 드러났다. 태평양에서 일본의 팽창은 산호해 전투(Battle of Coral Sea)와 미드웨이 해전에 투입된 항공모함 4대 전부를 불과 폭탄 10개로 격침시키는 데 성공했던 미국의 해군 조종사들에 의해 종지부가 찍히고 말았다. 그 어떤 전투에서도 해군의 포는 단 한 발도 사격을 가하지 못했으며, 결과는 항공기에 의해 결정되었다.

추가 위협은 연안에 기지를 둔 항공기들이 가하는 공격에 의한 것이었다. 해군선박은 육지로부터의 공중공격이 가능한 거리 내에서는 어디서나 극도로 취약했다. 지중해와 대서양에서의 전투에서는 항공기가 해전을 지배했다. 연합국 해운에 가해진 잠수함의 위협은 결국 대양 전체를 초계할 수 있는, 항속거리가 매우 긴 항공기[개조된 B-24 리버레이터(Liberator) 폭격기]와 효과적인 공중 레이더의 도입으로 제거되었다. 지상 기반 항공기의 영향에 대응할 수 있는 유일한 길은 모든 해군선박에 레이더와 대공포를 도입하고 함대의 상공에서 공중우세를 확립할 수 있도록 전투기 방어를 제공하는 것이었다. 제2차 세계대전이 종결될 즈음에 이르면 해군력은 공세적·방어적 항공력과 결합되어서만 기능했다.

이 전쟁 동안 전술항공에 의해 만들어진 진전은 1944년 6월 프랑스 침공 때 상당한 효과를 발휘했다. 오버로드 작전은 제병협동 전투의 모델이었다. 해군작전도, 프랑스에서의 상륙이나 돌파도, 항공기의 역할이 없었다면 감행할 수 없었을 것이다. 항공기 1만 2000여 대가 이 작전에 할당되었다. 일부는 공중이나 잠수함 공격으로부터 함대를 보호했으며, 나머지는 적의 요새와 전초진지를 폭격했다. 전투기들은 적 항공기들이 전장으로 근접하지 못하도록 했으며, 전폭기들은 병력, 보급물자, 교통로를 가차 없이 공격했다. 활공기들은 보급물자와 병력을 싣고 비행했으며, 디데이에는 연합군 3개 사단이 낙하산으로 강하했다. 이 작전은 항공기의 유연성과 다재다능성, 항공력을 운용하는 데 필요한 통일성을 보여주었다. 공군의 각 제대는 다른 제대의 활동을 보완했으며, 표면전력의 요구와 결합되어 운용되었다. 연합작전에 활용되었던 통일된 항공력에 대한 개념이 결국 전후 공군 교리의 발전을 지배하게 되었다.

### 전략폭격

전술항공의 성공적 발전은 전략폭격에 관한 이슈 전체를 급격히 부각시켰다. 전략폭격은 항공기가 표면전력과는 독립적으로 작전을 수행하는 형태의 공중전투로서, 많은 항공인들의 시각에는 항공기가 그 자체만으로도 전쟁을 종식시키는 형태의 항공력 운용으로 보였다. 이러한 시각이 이 전쟁의 초기 동안에는 유지되기 힘들었다. 전간기 동안 항공력에 관한 저술로 유발되었던 대재앙의 두려움에도 불구하고 폭격은 이 전쟁의 초기단계 동안에는 거의 아무런 영향도 미치지 못했다.

부분적으로 이는 억제효과의 결과였다. 어느 측도 적 도시에 대한 공격의 대가로 자신의 주민들에게 보복이 가해지는 위험을 기꺼이 감수하려 하지 않았다. 독일의 산업을 공격하기 위해 영국의 폭격기를 투입하고자 하는 1940년 5월의 결정은 독일이 프랑스로 침공하는 과정에서 로테르담(Rotterdam)에 취했던 공중공격의 결과였다. 베를린에 가해진 두 차례의 소규모 공격에 격노한 히틀러가 독일 공군으로 하여금 런던을 공격하도록 명령했던 가을 이전에는 독일의 폭격기조차 영국의 도시들에 보복을 가하지 않았다. 그러나 폭격전에서 진정한 장벽은 기술적인 것이었다. 독일 공군은 전략적인 전역에 대해 준비되어 있지 않았다. 1940년 여름에 그들의 역할은 전술적인 것으로서, 1940년 9월로 계획된 침공에 앞서 남부 잉글랜드에서 영국 공군을 격파하는 것이었다. 영국 전투에서 독일의 실패는 침공을 불가능하게 만들었다. 영국으로 하여금 공포에 사로잡혀 항복하게 만들 수 있을지도 모른다는 희망을 품고 영국의 런던과 다른 도심지에 공격을 가하는 것이 침공의 대안이 되었다. 그러나 소량의 폭탄을 탑재한 중급 폭격기들에 의해 수행된 1940~1941년 겨울의 공세는 영국인들의 결의를 꺾는 데 실패했다. 히틀러는 전략폭격이 노력 낭비라고 결론지었다. 항공인들도 동의했다. 독일 공군은 1940년의 전역들에서 풍족한 배당금을 가져왔던 전술적인 역할로 회귀했다.

영국은 대안전략이 없는 관계로 독일에 대한 폭격을 지속했다. 그러나 이와 같은 전역은 대형 폭격기와 폭탄 탑재량의 부족, 항법과 폭격조준 불량, 1943년 가을에 이르면 폭격전역을 사실상 중단시키기에 충분할 정도로 효과적이 되는 독일 방어체계의 신속한 발전 때문에 어려움을 당했다. 1942년에 이르러서야 엔진 4개를 가진 중폭격기들이 다량으로 도착했다. 1943년에는 개선된 항법 보조장치가 더 많은 폭격기들로 하여금 표적지역 상공에 도달할 수 있게 해주었다. 독일의 방어망을 피하기 위해 영국 공군은 야간에 임무비행을 실시했으며, 이는 훨씬 더 정확성을 달성하기 어렵게 만들었다. 1942년에 폭격기 사령부에는 고성능 중형 폭격기, 발전된 노르덴(Norden) 폭격 조준기, 독일의 전쟁 노력에 긴요한 것으로 여겨졌던 산업표적의 망(網)을 공격하는 전략으로 무장한 미국의 폭격전력이 합세했다. 1943년에 두 전력은 독일의 훨씬 더 깊숙한 곳에 위치한 표적에 대해 대규모 공습을 감행할 수 있었다. 영국 공군에게 지시된 사항은 교통과 용역에 지장을 주고 산업지역을 타격하며 노동자들을 '소개(疏開)'시키기 위해 도심지역을 공격하는 것이었다. 미국 제8공군은 주간에 특정 산업표적에 대해 노력을 집중했다. 양 전력의 핵심 목표는 독일이 싸울 수 있는 능력이나 의지가 결정적으로 감소되는 지점까지 경제력을 잠식시키는 것이었다.

이러한 목표는 독일 공군이 독일의 공역(空域)을 방어할 수 있는 한 실현될 수 없었다. 폭격임무는 공중우세가 있을 때만 가능했다. 1944년 봄에 항속거리가 긴 전투 항공기들이 이 전쟁에 소개되어 폭격기들을 표적까지 호위했다. 독일의 전투기 전력은 몇 달 만에 격파되었으며, 항공기 산업과 항공연료 생산에 대한 폭격기들의 뒤이은 공격은 독일 공군으로 하여금 다시 공중우세를 놓고 경합하는 게 불가능하도록 만들었다. 전쟁의 마지막 해 동안 연합군의 폭격기 전력은 자유롭게 독일의 경제와 독일인들의 사기를 공격했다. 독일의 탱크와 트럭, 항공기 생산은 대략 1/3이, 폭발물 생산은 2/3가 감소했다. 산업경제는 작은 지역으로 분산되었으며, 교통망은 치명적으로 약화되었다. 독일의 전선에는 무기와 보급물자가 매우 부족했다. 폭격은 그 자체가 항복을 강요한 것은 아니었지만 독일의 전쟁 노력이 유지되거나 팽창하는 것을 불가능하게 만들었다. 항복은 연합군 군대에 의해 독일이 물리적으로 점령을 당하면서 이루어졌다.

이 전쟁 동안 연합군 공군은 유럽의 표적에 거의 200만 톤에 달하는 폭탄을 투하했다. 독일인 40만여 명이 죽었다. 폭격은 전시 중 민간인과 군인의 구별을 전적으로 잠식해버렸다. 미국 제8공군에 의해 실행된 정밀폭격 전략은 높은 수준의 민간인 사상을 포함하기도 했다. 폭탄으로 인한 파괴가 독일 사회에 끼친 영향은 광범위했다. 가옥 400만여 채가 파괴되었으며, 독일인 800만 명이 소개되어 새로운 삶을 살아야 했고, 필수 생활편의 시설이 가동되게 하고 폭격 회생자들에게 먹을 것을 제공하기 위해 복지 프로그램이 도입되었다. 지속적인 폭격은 광범위한 결근을 초래해, 루르지역에서는 그 수준이 20~25%에 달했다. 폭격에 의해 사기 저하가 초래된 것 – 이는 병사들이 중폭격기 공격에 노출되어본 적이 전혀 없는 전장에서도 명백히 드러났다 – 은 의심의 여지가 없지만, 그것이 전쟁 전의 전략가들이 시사했던 것처럼 사회적인 분노나 정치적 불안의 모습으로 표현된 적은 전혀 없었다. 폭격은 혁명이 아니라 반감과 절망, 공포를 낳았다.

## 폭격기의 시대

폭격이 연합군 전략의 본격적인 구성요소가 되었던 1943~1944년부터 미국 폭격기들이 캄보디아에서 공산주의 전력을 공격했던 1970년대까지 항공전은 중형 폭격기와 전략 항공력에 관한 교리와 동일시되었다. 그러나 폭격전략 전반은 애매한 것들로 점철되어 있었다. 폭격이 달성한 것의 본질에 대한 논쟁이 전쟁이 종결되기 이전부터 발전되었다. 폭격에 대해 미국 정보기관이 전후에 수행한 조사는 폭격이 독일의 생산을 중단시키지도 못했으며, 그것이 감당할 수 없을 만큼의 사기 저하도 발생시키지 않았음을 보여주었다. 폭격전략을 비판하는 이들은 그러한 전역이 노력의 사치스러운 낭비였다는 점과 항공력은 그 자체로 전쟁을 종결지을 수 있다는 기대가 이제는 의도적인 과장으로 드러났음을 보여주기 위해 이와 같은 주장을 붙잡았다. 폭격은 전후에 심각한 도덕적 염려 또한 발생시켰다. 1945년 전에는 민간인을 폭격하는 것에 대한 반대의 목소리가 묻혀버리고 말았지만, 민간인 사상(독일과 일본을 통틀어 100만 명 이상에 달했다)에 대한 증거와 영국 공군이 공장뿐 아니라 도심표적 전체에 대한 공격을 의도적으로 추진했다는 인식의 증가는 서방 국가들 내에서 폭격에 대한 반발을 유발했다.

폭격전략을 지지하는 이들은 도시를 공격함으로써 일본 본토에 대해 고비용적인 공격을 가하지 않고도 일본을 항복의 지점까지 몰고 갔던 태평양 전쟁에서 폭격의 성공을 지적할 수 있었다. 그러나 폭격전략을 지속적으로 추구했던 데는 더 중요한 근거가 있었다. 전쟁이 종결된 직후 서방에서는 군사표적뿐 아니라 본국 주민과 경제적 자원까지도 대상으로 하는 총력전이 이제는 현대 분쟁의 특징적인 형태라는 가정이 만들어졌다. 폭격기는 원자무기를 개입시키지 않는 모든 분쟁에서 적 후방전선을 공격하는 주요한 도구로 간주되었다. 1940년대에 이르러 폭격기 기술은 새로운 단계로 넘어갔다. 제2차 세계대전기의 폭격기보다 몇 배나 많은 폭탄을 운송하는 거대한 제트동력의 대륙 간 항공기가 1945년의 그것을 뛰어넘는 기술적 역량을 제공했다.

폭격은 공군에게 육군이나 해군의 포위로부터 독립할 수 있는 전망 또한 제공했다. 미국에서는 1948년에 폭격기 장군 르메이(Curtis LeMay)의 지휘 아래 새로운 전략공군사령부(Strategic Air Command)가 창설되었다. 다음 해에 대통령 직속 항공정책 위원회(Presidential Air Policy Commission)는 미국이 공중타격 전력을 미래 군사전략에서 중심 항목으로 만들 것을 권장했다. 그러한 전력은 재래식과 핵병기 모두를 사용할 수 있었으며, 다른 군종과는 꽤 독립적으로 작전을 수행할 수 있었다. 미국 공군의 폭격에 대한 몰입은 한국전쟁과 베트남전에서 시험을 당했다. 한국전쟁 시 폭격을 위한 출격은 국제연합 항공기들의 공중활동 중 거의 절반을 차지했다. 폭격기들은 북한의 산업과 교통을 목표로 했지만, 상당한 피해를 가했음에도 불구하고 그러한 공격으로 북한 전력의 병력과 보급물자의 흐름을 막지는 못했다. 그것은 도로나 철도보다는 개활지를 통해 이동했으며, 북한 자체의 산업이 아니라 중국과 소련의 원조를 받았다. 북한 전력은 처음보다는 집중적인 폭격기간의 말미에 오히려 상당 정도 무장을 더 잘 갖추고 있었다.

폭격은 베트남전에서도 마찬가지로 엇갈린 운명을 경험했다. 미국이 전쟁에 개입한 기간을 통틀어 폭탄 800만여 톤이 북베트남과 베트콩(Vietcong) 게릴라 전력을 향해 투하되었으며, 이는 제2차 세계대전기에 모든 교전국이 투하했던 양과 비교하면 2배나 많았다. 다시 한 번 그 효과는 상당했다. 1972년 개시된 라인베커(Linebacker) I과 II 공격은 북베트남의 전쟁 노력을 결정적인 지점까지 몰고 갔다. 그러나 폭격전역은 분명한 목적이 없는 가운데 수행되었다. 전쟁의 단계에 따라 사기를 공격하는 것에 대해 서로 다른 우선순위가 부여되었다. 다른 단계에서는 강조점이 북베트남의 산업 및 교통 체계에 놓였다. 공격은 명백히 군사적인 표적에 한정되어야 한다는 미국 정치인들과 대중여론의 압력도 상당했다. 폭격은 기대되었던 것보다 대가 또한 컸다. 북베트남을 공격하며 발생한 B-52 폭격기의 지속적인 손실은 병력과 장비 면에서 큰 대가를 치르게 했을 뿐 아니라 폭격전역의 신뢰성 전반에 대해서도 의문을 제기했다. 1973년 닉슨(Richard Nixon) 대통령이 마침내 폭탄공격을 중지시켰을 때 항공력은 어떤 결정적인 것도 얻지 못한 상태였다. 그리고 2년 뒤에는 북베트남이 승리하고 말았다.

두 전역 모두에서 폭격의 상대적인 실패는 전략 전체를 다시 한 번 심각한 비판에 노출시켰다. 사실 대규모 폭격은 너무나 고비용적이어서 1950년대에 이르면 미국만이 그것의 활용을 진지하게 숙고할 수 있었다. 게다가 중폭격기는 무딘 도구로 드러나고 말았다. 그것은 도심지역을 없애버릴 수는 있었지만 좀 더 작은 군사표적은 신뢰성 있게 타격할 수 없었으며, 1960년대에는 그 자체가 대공무기, 특히 공산주의 동맹국들로부터 지원받은 북베트남군의 지대공 미사일에 훨씬 취약해지고 말았다. 한국과 베트남 모두에서, 1967년과 1973년의 아랍-이스라엘 전쟁에서 전술 항공력이 비용 대비 효과가 더 크며 항공기를 전개시키는 유용한 군사방식임이 입증되었다.

베트남전 기간에 항공력 기술의 균형은 폭격기에서 전투기와 대공 방어망으로 이동했다. 이는 제트 항공기, 지대공 미사일, 로켓 발사 항공기, 첨단 레이더 유도 대공포의 발전으로 제2차 세계대전 말기에 이미 명백해진 과정이었다. 대공무기는 비교적 적은 자원을 가진 국가에서도 개발이 가능했다. 빠르고 중무장을 한 전투기의 발전은 표면의 표적을 공중 공격하는 데 화력과 정확성 모두를 제공해야 하는 문제를 해결할 수 있도록 도움을 주었다. 1960년대에 이르면 항공기술의 변경은 중폭격기가 아니라 정찰, 적 항공기와의 교전, 지상표적에 대한 정확하고도 집중적인 화력 제공이라는 다수의 역할을 수행할 수 있는 전폭기에 놓였다. 첨단 레이더와 전자 유도장치를 갖추었으며 초음속의 속도로 비행할 수 있고 역할과 무장 면에서 매우 유연했던 1960~1970년대에 등장한 전술 항공기 세대는 항공력 이론에서 혁명을 유발했다. 전술적 임무는 더 이상 보조적인 것이 아니라 항공력 전략에 관한 모든 개념에서 핵심이 되었다.

## 폭격기 이후

베트남에서의 실패 이후 전략적인 폭격기의 쇠퇴는 폭격이 현대 전쟁을 변형시킬 것이라는 대중적 믿음이 확산되었던 오랜 기간 ─ 그 시점은 제1차 세계대전 이전까지 거슬러 올라간다 ─ 에 종지부를 찍었다. 총력전에 대한 고려는 도시를 폭격한다는 생각과 연관되었으며, 이 둘은 함께 부침(浮沈)을 경험했다. 제2차 세계대전 이후 폭격은 핵무기와 그것을 운송하기 위한 미사일의 발전에 의해 위태로워졌다. 냉전 기간 내내 그랬던 것처럼 적의 도시와 산업 중심지에 대한 대규모 파괴가 전략적으로 가능한 일로 남아 있는 한 재래식 폭격보다는 핵무기가 이러한 목적을 달성하는 값싸고 치명적인 수단이었다. 그와 동시에 민간인이 표적으로 노출되는 데 대한 대중적인 적대감과 현대 무기체계의 성격과 비용을 고려할 때 총력전을 다름 아닌 군사적 환상으로 여기는 거부감이 전략폭격의 신뢰성을 손상시켰다.

전략적으로 바람직하며 (또한 감당할 수 있으며) 도덕적으로도 받아들여질 수 있는 것이 무엇인가에 대한 서양의 대중적 인식에서 이와 같은 전이는, 1968년에서 1973년까지 미국의 베트남 폭격에 대한 광범위한 항의와 포클랜드 전쟁과 1991년에 페르시아 만에서 있었던 분쟁 시 항공표적에 대한 심대한 대중적 관심에서 명백하게 드러났다. 수용 가능한 전쟁도구로서 대규모 폭격을 거부하는 것과 민간인이 합법적 표적이라는 생각에 대한 거부는 공군 내에서 교리적 선호가 변화하는 과정과 부합했다. 현대의 고비용적 기술로 인해 미국이나 소련이 아닌 다른 국가의 공군은 대규모 폭격전력을 감당할 수 없게 되었기 때문에 대규모 폭격은 더 이상 진지한 전략적 선택지가 되지 못했다. 그래서 해군이나 지상전력과 결합된, 질적으로 우수하고 다양한 역할을 하는 소수의 항공기를 운용하는 전술항공으로 강조점이 이동했다. 걸프전에서 영국은 불과 76대의 전투 항공기를 배치했다. 제2차 세계대전 종결기에 영국 공군은 비행기 8000여 대를 전력으로 갖추고 있었다. 적은 수의 기술적으로 정교하고 고비용적인 항공기를 운용함에 따라 목표의 선택이 더 중요해졌다. 1918년에 그랬던 것처럼 항공력은 다시 한 번 전장의 방위거점, 적 공군, 전투지대를 먹여 살리는 보급물자와 통신망을 목표로 삼았다. 현대의 항공기는 한 치의 오차도 없는 정확도와 높은 수준의 기동성, 가공할 만한 화력을 가지고 그러한 기능을 수행하지만 군사전투의 원칙을 혁명적으로 변화시키지는 못하고 있다. 1990년대에 이르러 항공전은 군사적으로 더 효과적이 되었지만 항공력 이론에 대해 선구자들이 기대했던 것보다는 전략적 영향이 덜 급격했다.

## 제15장

# 전쟁과 대중
## 총력전의 사회적 영향

──────────────────── 마크 로즈먼 Mark Roseman

금세기에 유럽 사회는 두 차례에 걸친 총력전의 해일에 휩싸였다. 모든 지역과 사회집단이 전례가 없는 혼란과 산업화된 전쟁의 파괴성으로부터 영향을 받았다. 그러나 일단 폭우가 지나갔다. 그렇다면 그것이 남긴 사회적 풍경은 얼마나 달라졌을까? 당대 사람들에게는 전쟁이 모든 것을 변화시켜버린 듯이 보였다. 우선 첫째, 전시의 기억이 평시에 대한 회고로서는 대적할 수 없을 만큼의 생생함과 격렬함을 가지고 살아남아 있었다. 게다가 그러한 전쟁들은 비단 강력한 개인적 경험의 원천일 뿐 아니라 그것을 수행했던 사회의 집단적 삶에서 주요한 전환점이 되는 것으로 보였다. 나중에 한 관찰자는 "우유부단한 20년을 보내고 1940년 여름에 영국인들은 다시 한 번 자아를 발견했다. 그들은 과거에 대한 후회로부터 등을 돌리고 담대하게 미래에 직면했다"고 썼다. 프랑스에서도 1940~1944년은 제3공화정의 정적인 프랑스가 전후의 역동적인 사회에 길을 내어준 시기로서, 긴요한 방향 전환의 시기로 보였다.

그러나 최근 역사가들이 변화보다는 전전(戰前) 사회와 전후(戰後) 사회의 일정 정도 유사성에 더 강렬한 인상을 받기 시작했다는 점을 발견하게 되는 것은 놀라운 일이 아니다. 그리고 그들은 전쟁의 산물이 아니라 궁극적으로는 평시 사회에서 유래된 장기적 과정의 일부로서 중대한 사회적 변화가 발생했다고 주장한다. 그렇다면 두 차례의 세계대전 동안 거기에 참여한 사회는 얼마나 변화했으며, 그러한 변화는 어떤 메커니즘을 통해서 발생했을까? 장기적으로 보았을 때 그것은 얼마나 중대했을까? 마지막으로, 전쟁을 전환점이나 참된 사회적 발전을 위한 시련으로 보는 인식이 증거에 의해 거짓으로 판명난다면 우리는 이러한 인식(또는 잘못된 인식)을 어찌해야 할까? 그것은 어떻게 해서 생기며 어떤 역사적 중요성을 갖고 있을까?

### 전쟁 속의 사회

• **사회의 동원** 두 차례의 세계대전 동안 유럽 열강의 인적·물리적 자원은 전례가 없는 강도와 포괄적인 범위로 동원되었다. 그 가장 명백한 표상은 군사적 소집의 규모였다. 1914~1918년 동안 영국 육군에는 525만 명이 복무했는데, 이는 1911년에 15~49세였던 영국 남성 전체의 50%와 같은 수치였다. 프랑스에서는 거의 800만 명이 동원되었는데, 1911년에 15~49세였던 프랑스 남성 전체의 79%였다. 제2차 세계대전 동안 군대로 소집된 소련인은 (믿기 어려울 정도인) 3000만 명이었다. 이러한 규모의 입대에는 대규모의 직업 이동이 뒤따랐다. 어제의 의류 노동자를 내일의 군수 생산자로 준비시키기 위해 거대한 재훈련 프로그램이 시행되었다. 새로운 예비 노동력이 사용되어야 할 필요가 있었으며, 이는 무엇보다도 이전에는 남성의 보루로 간주되었던 경제부문에 여성 노동력이 통합되는 것을 의미했다. 당대인들은 그것이 전쟁이 유발한 가장 극적인 사회변화임을 발견했다. 1914년에 영국 여성은 산업 및 교통 분야 노동력의 23%, 무역 및 금융의 27%를 감당했으나, 이 비율이 1918년에는 34%와 53%로 증가했다. 제2차 세계대전 동안 영국에서

여성의 고용은 625만 명에서 775만 명으로 150만 명이 증가했다. 1943년에 이르면 영국 내에서 정부에 의해 고용된 이들 중 거의 절반은 여성이었다. 제2차 세계대전의 주요 교전국 중에는 독일만이 이데올로기적 이유 때문에 추가적인 여성 노동자나(어쨌든 1939년에 여성의 참여율은 꽤 높다), 어쨌든 종족적으로 순수하지 못하다고 분류된 이들을 동원하려는 노력을 삼갔다. 그 대신 나치는 외국인 노동력 사용을 선호했다. 1944년에 이르면 독일에 존재하는 외국인 노동자는 710만 명에 달했다.

제2차 세계대전 동안의 이와 같은 직업적 변화는 실로 대규모적인 인구이동을 불러온 요소 중 하나에 불과했다. 공습에 노출된 도시에서 수백만 가정이 피난했다. 그리고 전선이 이동함에 따라 동유럽에서 엄청난 수의 사람들이 피난을 가야 했다. 무려 250만 명에 달하는 소련 노동자들이 서부의 영토에서 우랄(Ural) 산맥과 그 너머를 향해 동쪽으로 이동했다. 전쟁의 흐름이 뒤바뀌면서 사람들의 흐름도 바뀌었다. 이제는 독일 난민 수백만 명이 독일 영토로 돌아온 소련군을 피해 달아났다. 어떤 이는 1945년 봄에 독일 인구의 2/5가 어떤 방향으로든지 이동하고 있었다고 어림잡는다. 그리고 그와 같이 전쟁에 직접적으로 연관된 이동은 차치하고서라도 추가로 수백만 명이 동유럽에서 있었던 민족 재정착 프로그램에 포함되어 있었다. 나치가 독일 민족의 길을 열기 위해 슬라브인을 추방하고 살해하고 있을 때, 예를 들어 소련인은 볼가지역의 모든 독일 주민을 추방하고 그들을 시베리아와 중앙 아시아에 재정착시키고 있었다.

이러한 대규모 동원과정에 ― 도시와 시골 간, 경제부문과 다른 부문 간, 사회계급 간, 숙련공과 비숙련공 간, 남성과 여성 간에 존재하는 ― 사회적·경제적 생활의 참호와 경계는 옮겨지거나 파헤쳐지거나 때로는 한꺼번에 지워지고 말았다. 기존 직종별 패턴에 혼란이 오고 새로운 국가적 우선순위가 설정되는 것은, 몇몇 산업은 노동력과 원료를 박탈당하는 반면 다른 부문은 급속히 팽창함을 의미했다. 이전에는 숙련공의 직업이었던 것이 다급히 훈련된 비숙련공이나 반숙련공에게 제공되면서 관행적인 작업절차와 경계선에 변화가 필요해졌다. 성적(性的) 장벽이 허물어졌으며, 남성 육체 노동력에 공백이 발생하여 여성이 연장을 들게 됨에 따라 역할도 다시 정의되었다. 피난을 나온 노동계급 어린이들은 중간계급 엄마들과 함께 놓이게 되었으며, 군에 입대한 상류계급 출신 자원병들은 하층민과 함께 있는 자신들을 발견했다. 그리고 거의 모든 곳에서 국가와 사회 간 경계선이 다시 그려졌다. 결국 전시 동원은 수백만 명에 이르는 사람들의 삶에 혼란과 변화뿐 아니라, 이전에는 사회 내의 개인이나 사적 집단에게 남겨졌던 권한과 책임을 국가가 맡게 되는 일도 유발했다.

이러한 규모의 동원에서 긴요한 전제조건은 현대 관료제의 능력, 규모, 권한이었다. 예를 들어 필요한 규모에 맞춰 군 예비병력을 파악하고 입대시키는 것과 그들을 전선으로 수송하는 일, 군사적 요구가 산업 및 농업의 요구와 균형을 맞추게 하는 일은 쉽지 않았다. 실제로 제1차 세계대전 초기에 대부분의 국가가 그러한 일을 효율적으로 수행하는 데 실패했다. 프랑스에서는 산업생산이 거의 정지되었다. 특히 제1차 세계대전 동안 국가는 인적·물적 자원을 활용할 수 있는 자신의 경탄할 만한 잠재력을 과시하고 개선하면서 '발견의 항해'에 임하고 있는 스스로를 발견했다. 예를 들어 프랑스 정부는 처음에는 전시 요구를 충족시키기 위해 시장에 의존하는 것을 선호했다. 정부가 원료와 수입품을 통제하기 위해 사업체들을 조합으로 조직하기 시작한 것은 1916년이었으며, (임차료는 1914년 이래 고정되어 있었지만) 가격을 통제하기 시작한 것은 1917년, 기본 식량에 대한 배급제를 도입한 것은 전쟁의 마지막 해였다. 국가는 총력전이 요구하는 것에 대해 훨씬 더 깊은 이해를 가지고 제2차 세계대전으로 치달았지만 그곳에서도 점진적인 진화가 있었으며, 1942년에 이르러서야 전시 경제가 완전히 확립되었다. 그해에 영국은 생산부(Ministry of Production)를 설립했으며, 독일은 스피어의 군비부(Speer's Armament Ministry)에 경제에 대한 통제권을 넘겨주었으며, 미국은 전시생산국(War Production Board)과 전시인력위원회(War Manpower Commission)를 창설했다.

군사적 소집을 조직화하고 부족한 노동력을 분배해야 할 필요성을 차치하자면 초기에 국가로 하여금 경제에 대한 권한을 확장시키게 강제한 것은 전쟁이 해외무역에 가져온 혼란이었다. 정부는 수입 및 수출에 대한 통제를 행사하고 부족한 물자를 배분하며 가격과 임금을 통제하는 데 개입되어 있는 자신을 발견했다. 그들은 원료의 사용을 억제하고, 소비재 산업과 기타 필수적이지 않은 민간부문으로부터 노동력을 차출했으며, 이러한 자원을 전쟁을 위한 노력으로 전환시켰다. 또한 그들은 부족한 자원의 효과적 사용을 달성하기 위해, 손실된 원료에 대한 대체물을 찾기 위해, 적의 무기기술을 능가하기 위해, 혁신을 촉진하는 일에도 진지하게 개입했다. 레이더, 수중음파 탐지기, 제트엔진, 장거리 중항공기, 핵무기, 합성 오일 및 고무, 페니실린, 합성 퀴닌(synthetic quinine), 디디티(dichloro-diphenyl-trichloroethane: DDT)[1]와 같은 모든 것이 제2차 세계대전 와중에 개발되었다.

처음에 머뭇거리기는 했지만 이렇게 해서 두 차례의 전쟁은 '국가의 과열(exuberance of the state)'로의 전이를 보여주었다. 전시 국가행정부뿐 아니라 기타 출처로부터도 평시 국가의 개입을 확대시키기 위한 매우 다양한 제안이 제기되었다. 예를 들어 1917년과 1918년에 프랑스 통상부는 전쟁이 끝나면 강력한 국가경제부(Ministry of National Economy)와, 사실상 신생 기획기관인 생산청(Production Office)을 설립하자고 제안했다. 그와 마찬가지로 제2차 세계대전 동안 프랑스는 전후 기획을 위한 일련의 제안을 입안했다. 비록 전시 경험 자체로부터 배우는 것보다 독일이 유럽에서 헤게모니를 장악하기 위한 경제구조를 확립하는 데 강조점이 놓이기는 했지만, 나치독일에서도

---

1   유기염소 계열의 살충제이자 농약이다. 1874년에 처음 합성되었으며, 제2차 세계대전기에는 민간인과 장병 들 사이에서 말라리아와 티푸스를 통제하기 위해 처음 쓰였다.

제2차 세계대전 초기단계에 독일의 통제 아래 수립되는 유럽의 새로운 경제질서를 위한 모종의 야심찬 기획을 볼 수 있었다. 그러나 전쟁이 그 끝에 가까워지면서 ― 영국이나 프랑스의 그것과는 달리 ― 독일과 이탈리아의 경제는 전시 경험에 반하는 방향으로 대응하며 전시 통제뿐 아니라 전쟁 발발 전 시기의 협동조합주의적 규칙으로부터도 자유로운 경제를 제안하기 시작했다.

•**분쟁과 협동조합주의**  총력전의 규모는 현대 국가의 새로운 역량에 기초한 것이었지만, 사실 교전국가의 행정조직은 자력으로 사회와 경제를 운영할 수 있는 입장이 아니었다. 제1차 세계대전 동안 수많은 국가에서 군 자체가 기능적인 행정조직을 대신해 많은 민간행정의 직접적인 책임을 떠맡았다. 실무를 하지 않는 황제가 명목상으로만 통치를 하던 독일과 러시아에서는 군이 인력과 물자를 징발하고 점점 더 전반적인 정치적 힘까지도 행사하는, 사실상 강력한 독립기관으로 발전했다. 그러나 제2차 세계대전 동안 모든 주요 교전국은 훨씬 더 강력한 정부를 보유하여 군의 실질적인 자치 역할을 부인하기에 이르렀다.

경제를 운영하는 국가의 능력은 대부분 사업계와의 긴밀한 관계에 의존했다. 소련을 제외한 모든 곳에서 두 차례의 전쟁, 특히 제2차 세계대전은 공무원과 사업가 간의 새로운 형태의 협동조합주의적 협력을 낳았다. 일부 국가, 특히 제2차 세계대전기 미국과 캐나다에서는 산업가들이 전시기관을 운영하게 함으로써 국가와 사업계 간 의제가 조화를 이루게 했다. 다른 곳에서는 행정조직이 그 차별성을 보존하기는 했지만 배당된 중요 과업 ― 국가와 사업계 간 관계를 강화시킬 뿐 아니라 산업 내에서 조합의 힘을 증가시켜줄 수 있는 것들이었다 ― 을 수행할 수 있도록 동업조합에 허가를 내주었다. 심지어 나치독일에서도 독일군, 4개년 계획(Four Year Plan) 실행 조직, 스피어의 군비부 모두가 고위 사업가를 선임하여 전시 경제 운영을 돕게 했다.

사업계와의 협력이 경제적인 목표를 충족시키기 위해 매우 중요한 것으로 간주되었는가 하면 국가 행정조직은 노동자 시위를 막아야 할 필요성에 대해서도 매우 잘 알고 있었다. 한편에서 전쟁은 완전고용을 가져왔으며, 그것은 다시 노동자들에게 더 큰 힘을 제공했다. 예를 들어 제1차 세계대전기 영국에서는 노조 가입자가 400만 명에서 800만 명으로 배가(倍加)되었다. 그래서 국가는 통합, 양보, 통제를 결합시켜 혼란의 위험을 최소화하고자 했다. 1915년에 노동당이 애스퀴스(Herbert Henry Asquith)의 연립정부에 포함되었으며, 같은 해에 해협 너머에서는 사회주의자인 토머스(Albert Thomas)가 프랑스 군수부 장관이 되었다. 영국에서는 징집법의 부재와 잘 조직화된 노동운동 덕택에 노동계가 생산규칙을 면밀히 검토하고 감독할 수 있는, 전례 없이 막대한 권한을 획득했다. 심지어 숙련공들을 군사적으로 소집하는 것도 노조의 협상주제가 되었다. 노동계가 그러한 체제로부터 격하게 배제되었던 독일에서는 1916년 보조병역법(Auxiliary Service Law)이 고용주들로 하여금 처음 노조를 인정하게 강제했다. 불균등하기는 하지만 제2차 세계대전기의 패턴도 어떤 점에서는 유사했다. 특히 전체주의 국가의 경우에는 더 이상 조직화된 집단으로 나타나지 못할 만큼 노동계가 이미 강력히 탄압된 상태였다. 그러나 우리가 보게 되듯이 나치조차도 노동계에 중대한 양보를 제공하라는 압력을 느꼈다.

• **전쟁과 복지**  제1차 세계대전은 많은 교전국가에서 전쟁과 사회정책 분야에 광범위한 새로운 조치를 이행하고 기획하는 국가들을 찾아볼 수 있게 했다. 전장과 후방전선에서 주민들의 희생은 국가에게 자원의 정당한 분배를 보장하라는 도덕적 압력을 가했다. 민간 소비에 가용한 케이크의 몫이 전반적으로 줄어들었음을 고려했을 때 더욱 그랬다. 전투원들의 도덕적인 요구는 차치하고서라도 경제 관리에 대한 국가의 책임 증가는 이제 모든 물질적 곤경에 대한 비난을 받게 되는 자리가 바로 정부임을 의미했다. 그것은 또한 사회정책의 문제에 대한 공식적인 관심을 자극했다. 이는 조직화된 노

동계가 정책 토론에 접근할 수 있는 권한을 획득한 상태였다는 사실 때문에 그랬다. 마지막으로, 전시(戰時)는 또한 국가로 하여금 가족의 요구에 직면하게 만들었다. 이는 부분적으로는 남성이 전장을 향해 멀리 떠나 있을 때 여성으로 하여금 일을 하거나 지원을 제공하는 게 가능하게 하고, 또 매력적이게 만들기 위해서는 새로운 형태의 가족 지원이 요청되었기 때문이다. 두 차례의 전쟁은 그토록 많은 젊은 남성을 죽음으로 내몰아 출산율을 개선하기 위한 조치를 권장하기도 했다.

그래서 국가는 일하는 엄마와 떨어진 어린이들에게 책임을 다하기 위해 놀이방을 도입했다. 또한 노동자와 학교 어린이를 위한 무료 점심식사를 제공했다. 인지된 필요성에 기초하여 발행된 배급카드에는 — 만약 그것이 기능적인 분배체계 아래 지원을 받는다면 — 재분배적인 요소가 담겨 있었다. 많은 국가에서 병사의 가족이 겪는 곤경을 감소시키기 위해 전쟁 동안 집세 통제 (rent controls) 제도가 도입되었다. 병사들의 손실된 임금을 보상해주기 위해 출산수당과 가족 수입 보조금이 제공되었다. 제1차 세계대전 말기에 영국재무성은 가족수당에만 한 해 1억 파운드를 소비하고 있었다. 재분배적인 영향은 1917년 당시 아이 4명이 있는 여성을 위한 가족수당이 농업 노동자의 평균수입보다 더 많았다는 사실에서 측정해볼 수 있다. 게다가 전문적 조언이 대량으로 제공되었다. 예를 들어 전시 벨기에에서는 젊은 엄마들에게 건강한 수유에 대해 조언해주고 그들에게 먹을 것을 제공하기 위해 작은 촌락에까지도 상담소가 설립되었다. 공중위생에 대한 국가의 관심도 증가했다. 소집기간에 이루어지는 건강진단은 많은 소수 주민집단을 검진하고 필요한 경우에는 치료할 수 있는 우선적 수단을 제공했다.

그와 같은 실질적인 조치가 이행되는 것과 동시에 전시는 또한 미래 사회 정책의 방향에 대한 야심찬 계획이나 정책 방침서가 공식화되는 것도 목도했다. 가장 유명한 것은 영국 내 사회보험과 관련된 서비스를 검토하기 위해 1941년 6월 임명된 정부부처 간 위원회의 결과였던 1942년 베버리지 보고서

(Beveridge Report)였다. 복지국가에 대한 청사진을 제시했던 이 보고서는 육아수당과 질병 및 사고 보험을 포괄했고, 국민보건서비스(1944년 2월), 완전고용(1944년 5월), 국민보험(1944년 9월), 주택(1945년 3월)에 관한 일련의 백서가 그 뒤를 이어 등장했다. 1944년에는 국민교육법(National Education Act)도 등장했다. 점령당한 국가들에서도 마찬가지로 야심찬 계획들이 저항세력 지도자와 망명정부, 기타 관심 있는 정당 들에 의해 탄생하고 있었다. 나치독일도 복지국가를 위한 주요 개혁의 약속을 선보여야 할 의무감을 느꼈다는 점은 아마도 덜 알려진 일일 것이다. 1940년 독일노동전선(German Labour Front)은 베버리지 보고서와 상당 정도 유사한, 포괄적 사회보험에 대한 청사진을 만들어냈다. 그러나 이런 복지계획은 광범위한 인종공학(racial engineering) 프로그램의 일부에 불과했다는 점을 기억해야 한다. 나치는 전쟁에서 자신들의 인종적 프로그램을 급진화할 수 있는 기회를 발견했는데, 그것은 유대인과 슬라브인 수백만 명에 대한 대규모 살인에서 절정을 이루었다.

• 전쟁, 이데올로기, 그리고 반추하는 사회　전시의 제도적·정책적 변화를 위해 지금까지 제시된 주된 설명은 동원의 필요성이었다. 그러나 전쟁에 의해 제기된 충성심과 정체성의 문제 ― 이것들은 개인이나 집단으로 하여금 한 진영을 선택하도록 강제하는, 타의 추종을 불허하는 전쟁의 역량이다 ― 도 변화의 원천으로서 동일하게 강력한 힘을 발휘했다. 제1차 세계대전기 대륙의 노동운동에서는 국제주의를 고수하며 국가를 배신했다는 비방을 감내할 것인지, 아니면 국제적 형제애를 버리고 조국을 지원할 것인지 결정해야 하는 '1914년의 선택'이 뒤이은 그 어떤 새로운 전시위원회보다 발전에 가장 큰 영향을 미쳤다. 노동운동은 애국적인 다수와 국제주의적인 소수 사이에서 분열되고 말았다. 이러한 분열은 1917년 후반부에 가서 사회주의자와 공산주의자 간의 분열로 제도화될 것이었다. 애국적인 다수에게 국제주의적인 수사(修辭)와의 결별은 새로운 전망 ― 예를 들면 국가와 함께하는 개혁주의적 협력의 새로

운 가능성 – 을 열어주었는데, 이는 노동력을 전쟁 노력으로 끌어들이고자 하는 국가의 열망을 지원했을 뿐 아니라 그것에 의해 강화된 과정이기도 했다.

제2차 세계대전은 국가 간 투쟁이 아니라 철학 간 투쟁에 훨씬 더 가까웠다. 그 결과 전쟁은 사회 내의 이데올로기 차이를 양극화하거나 대체했으며, 예를 들자면 파쇼체제의 전체주의적 집단주의에 모종의 지지를 보냈던 영국 우익의 상당한 일부를 결국 제거해버리고 말았다. 그러나 전쟁이 이데올로기와 의제에 미친 영향이 가장 컸던 곳은 서유럽의 점령국들이었다. 좌익의 투쟁은 때로는 강화되기도 하고 부역 협력자들과 저항자들 간의 분쟁으로 때로는 혼란에 빠지기도 했다. 이런 혼란은 본국에서 정치적 정체성의 발전에 심대한 결과를 초래했다. 게다가 몇몇 사회 – 무엇보다도 비시(Vichy)정부 아래 프랑스 – 에서 나치의 점령은 이데올로기적 힘의 균형이 크게 이동하게 만들었다. 부분적으로 비시정부의 사회적·경제적 정책은 분명 이데올로기보다는 환경 – 부족한 자원을 절약하고 독일의 전시 요구에 대응해야 할 필요성 – 의 지배를 받았다. 그러나 또한 1930년대의 인지된 문제를 해결하고 새로운 프랑스를 창조하기 위해 권위주의적이고 반(反)자유주의적인 시도가 독특하게 합성되는 모습을 보여주기도 했다. 유권자는 절대로 정부가 그러한 정체(政體)를 가진 권력이 되게 표를 주지 않았을 것이다. 그 대신 독일의 힘과 내전의 위협은 타협, 유화, 반자유주의적인 갱신을 주창하는 이들에게로 권력을 이동시켰다.

전쟁이 진행되면서 모든 이들은 명백히 알게 되었다. 미래가 발코니에서 흔들거리는 나치의 십자 표지를 취하지는 않으리라는 것을. 이제 프랑스와 기타 국가들에서 그 입지를 재고해야 할 이유를 갖게 된 이들은 우익이었다. 부역이라는 오점 앞에 고용주들은 노동력과 합의를 이루어야 하는 도덕적·정치적 압력을 느꼈다. 1943년 8월 자신의 모든 매니저들에게 소련 헌법을 복사하여 배포했던 – 배포서에는 소련 헌법에 동의하는 말들로 주석이 달려 있었다! – 이탈리아의 상무이사 로카(Agostino Rocca)처럼 했던 이는 거의 없었다. 그러나 벨기에에서도 고용주들은 점령된 상태 아래 사회협약(Social Pact)을 정교화하면서 노조주의자들과 가교를 만드느라 분주했다. 그러므로 제2차 세계대전 동안 국가, 자본, 노동 간의 관계를 재구조화하도록 권면했던 것은 동원의 필요성 자체만큼이나 파시즘과의 조우에 따른 이데올로기적 낙진(落塵)이었다.

• **불균등한 전쟁의 부담**  물론 전쟁의 사회적 영향이 비단 사회적·경제적 정책에서 제도적 변화나 새로운 방향의 문제만은 아니었다. 그것은 경제적 곤궁과 파괴, 사망의 문제이기도 했다. 전쟁의 결과로서 생활수준에 발생했던 고통의 정도는 엄청나게 달랐다. 한 극단에서는 소련인 수백만 명 이상이 제2차 세계대전 동안 직접적인 적의 행위보다는 배고픔과 추위, 질병에 무릎을 꿇었다. 저울의 다른 끝에서는 미국 경제가 제2차 세계대전 동안 순식간에 성장하여, 세계에서 가장 거대한 병기 제조업자가 되었음에도 불구하고 생산라인에서는 여전히 대량의 허시(Hershey) 초코바와 냉장고가 쏟아져 나왔다. 그 중간에는 제1차 세계대전 동안 영국과 프랑스, 제2차 세계대전 동안 영국과 같은 국가가 존재했는데, 그곳에서는 봉쇄에 상대적으로 영향을 받지 않은 점, 국가배급제의 효율성과 공평성, 생산현장과 국가적 수준에서 노조의 영향력과 같은 모든 것이 실질임금, 생활수준, 공중보건의 개선과 노동계급 내 생활수준의 상대적 상승에 기여했다. 영국과 프랑스에서 제1차 세계대전은 여성과 노령자의 사망수준 감소와 실질적인 관련이 있었다.

특히 심하게 고통을 당한 국민집단 중 하나는 독일군 점령지의 사람들이었다. 제2차 세계대전 동안 노동력과 물자자원의 착취가 가장 잔혹했던 곳은 동부였다. 1941년 폴란드의 국민소득은 전전(戰前) 수준의 1/3로 떨어졌다. 전쟁이 진행되는 동안은 훨씬 더 떨어질 터였다. 체계적인 말살을 피해 살아남은 폴란드 남성들은 독일의 전시 경제를 위해 일할 노예 노동자로 충원되었다. 서유럽 국가들도 독일의 공장에 인력을 배치하고 독일인들의 식탁에

빵과 소시지를 제공하도록 요구받았다. 이른바 자우켈 조치(Sauckel Actions)에 의해 1942년부터 1944년까지 노동자 약 65만 명이 프랑스에서 차출되었다. 이들과 더불어 프랑스 포로 150만 명은 프랑스의 경제, 특히 프랑스 농업에 심각한 손실이었다. 1943년에 프랑스는 1938년 국민소득의 1/3 이상에 필적하는 자원을 독일로 넘겨주고 있었다.

배급량이 감소했을 때 암시장에서 물건을 구입하여 균형을 맞출 수 있는 능력이 가장 미약한 이들은 사회 최빈곤층이다. 그러나 우리가 보았듯이 제1차 세계대전 동안 연합국은 노동계급의 생활수준을 보호하거나, 더 나아가 향상시키는 데 대체로 성공했다. 그와는 대조적으로 독일과 러시아에서는 배급체제 ─ 러시아의 경우에는 군, 독일의 경우에는 군산 복합체가 이를 지배하고 있었다 ─ 가 식량과 기본 필수품의 공정하거나 효율적인 분배를 보장할 수 없었다. 독일에서는 군수 노동자와 같이 긴요한 집단조차도 전쟁 중 실질소득의 25%를 삭감당했다. 전쟁의 이와 같은 유산을 이해하는 데 매우 중요한 것은 생활수준이 50% 저하되는 것을 목도했던 사무직 노동자에 비해 군수 노동자는 생활수준을 더 잘 보호할 수 있었다는 점이다. 군수공장이 아닌 곳에서 일하는 육체 노동자도 유사한 감소를 경험했다는 사실이 사무원, 교사, 소상인, 기타 독일의 중·하급 중간계급으로 하여금 자신들이 거대 노조와 거대 산업 간 합의의 제단에 오른 희생물이라고 느끼지 않게 해주지는 못했다. 제1차 세계대전 동안 다른 지역에서는 전시 협동조합주의가 대부분 중간계급의 소외감과 분노를 유발했다.

결핍으로부터 상대적으로 잘 보호되었던 집단은 농민이었다. 공식적 형태의 보상에 대한 농촌의 불신이나 농민으로 하여금 그런 보상에 따르도록 강제하는 데 당국이 실패함으로써 배급체제가 식량의 공정한 분배를 보장하지 못했던 곳에서 도시와 농촌 간의 새로운 불균등이 가장 잘 나타났다. 러시아와 독일에서 도시의 사기가 무너졌던 것은 도시에 먹을 것을 충분히 제공하도록 농민을 강제하는 데 실패했던 것과 밀접한 연관이 있었다. 그와는 대조적으로 제2차 세계대전기에는 나치독일이나 스탈린의 러시아나 할 것 없이 농민이 잉여식량으로부터 폭리를 취할 수 있는 기회를 거부당했을 정도로 압력과 통제가 상당했다. 스탈린 치하의 러시아에서 농촌은 도시가 생산을 할 수 있게 하고 병사들이 싸울 수 있도록 하기 위해 때때로 굶주렸다. 그러나 조직화되어 있는 정도가 덜했던 파쇼정권 아래 이탈리아에서조차 농민은 자신들이 생산하는 식량의 점점 더 많은 몫을 포기하도록 강제되었다.

유럽인들의 정신을 마비시킨 것은 배고픔이나 가난보다는 전쟁의 파괴성 그 자체였다. 제1차 세계대전의 주요 전장 중 하나였던 프랑스에서는 북부와 동부의 약 10개 도(道)가 초토화되었으며, 랭스(Reims)와 같은 자랑스러운 지역 중심지에서는 전전(戰前) 인구 11만 7000명이 전쟁 종결기에 이르면 1만 7000명으로 감소되어 있었다. 제2차 세계대전은 제1차 세계대전보다 훨씬 더 파괴적이었다. 공중폭격과 사거리가 긴 포와 로켓, 탱크와 병력의 이동에 대한 습격, 퇴각하는 군대의 초토화 정책이 집단적으로 작용하여 대규모 면적의 경작지, 유럽 도시의 상당 부분, 철로와 교통로, 선박과 항구가 파괴되는 모습이 목격되었다. 1945년까지 영국 가옥 약 400만 채가 모종의 피해를 입었다. 독일군에 의해 점령되었던 소련 영토와 나아가 독일에서는 도시 생활공간 전체의 거의 절반이 파괴되거나 심각하게 손상되었다. 1945년 베를린에 입성하던 미국 장병들은 자신들이 발견한 것을 달의 풍경으로 비유했다. 히로시마와 나가사키에 대해서는 비유 자체가 없었다.

두 차례의 전쟁 모두에서 당대인들에게 가장 충격적이었던 것은 사람들의 생명에 가해진 희생이었다. 1914년에 전쟁 중 병사 3000만 명이 사망하거나 불구가 될 것이라고 상상했던 사람은 아무도 없었다. 그런 끔찍한 총계조차도 제2차 세계대전의 결과로 사망한 5500만 명에 의해 무색해지고 말았다. 이들 전쟁에서 좀 더 규모가 큰 군대를 보유하고 있던 대륙의 열강은 전쟁에서 승리하기 위해 해군이나 경제적 수단을 사용하던 해양국가보다 더 많은 손실을 당했다. 그래서 영국의 사상자는 인구 대비 비율로 보았을 때 대륙의 이웃 국가들에 비해 적었다. 제1차 세계대전에서 사망한 장병 총 1000만 명 중 독일만 해도 그 숫자가 200만 명에 달했다. 제2차 세계대전 동안 영국과 미국이 각각 잃은 장병은 약 30만 명씩이었는 데 반해, 독일의 장병 손실은 약 450만 명이었고, 소련은 그 2배였다. 이러한 수치가 시사하듯이 제2차 세계대전은 제1차 세계대전보다 잔혹성에서 전구(戰區) 간 차이가 훨씬 더 심했음을 보여준다. 아프리카와 프랑스에 형성된 서부전선은 가차 없는 살육이 발생했던 동부의 창백한 그림자에 다름 아니었다. 복무 중 독일군의 전체 사망건수 가운데 2/3는 동부전선에서 발생한 것이었다. 미국 — 미국의 자원 투입이 전쟁을 종결짓는 데 가장 결정적인 역할을 했다 — 에서는 제2차 세계대전 동안의 장병 손실이 본국에서의 교통사고로 인한 사망자보다 훨씬 더 적었다는 것을 고려해보면 전시 경험이 얼마나 다양한 측면을 가지고 있는지를 알 수 있다.

난폭운전을 차치한다면 미국에서는 민간인과 장병의 목숨 간에 안전의 격차가 좁았던 또 하나의 불길한 이유가 있었다. 그것은 적의 눈에 민간인이 병사처럼 보였다는 점이다. 소련은 제2차 세계대전에서 최소 병사 900만 명을 잃었던 데 반해 민간인 사망자는 어림으로도 1000만~1900만 명에 이른다. 공식통계에 따르면 소련의 촌락 7만 개와 도시 1710개가 흔적도 없이 사라졌다. 점점 강화되는 연합군의 공중제패는 추축국의 민간인 손실도 엄청나게 증가함을 의미했다. 독일의 민간인 손실은 약 150만 명에 달했다. 그러나 서부 연합국들의 경우에도 영국의 손실 중 1/4은 민간인이었으며, 전쟁의 결과 사망한 프랑스 남녀 60만 명 중 2/3는 보복과 공습, 추방으로 희생당한 민간인이었다. 그러나 대규모 민간인 사상이 발생했던 가장 사악한 이유는 나치가 체계적인 집단 살인 프로그램을 이행하는 데 전시라는 상황을 활용했던 것이다. 이 전쟁 동안 죽은 폴란드 시민 600만 명 — 유대인 300만 명과 집시 수십만 명, 기타 집단이 여기에 추가된다 — 중 압도적 다수는 인종적 동기에서 실행된 살육의 희생자였다. 홀로코스트(Holocaust)의 완전한 실체가 전후

세대에게 명백해지면서, 이 같은 살육의 규모와 그것의 이행에서 체계와 비합리성의 결합은 전투가 보여준 격렬함과 악의적 파괴보다 훨씬 더 격한 후유증을 남기게 될 것이었다.

## 전쟁과 장기적 사회변화

• **단기(短期) 세계대전**　이러한 혼란, 동원, 파괴, 죽음이라는 극적인 이야기 다음으로는 장기적 맥락에서 보았을 때 전쟁에 의해 유발된 얼마나 많은 변화가 기존의 추세를 역전시키거나 그것에 흡수되었는가 하는 문제가 부각된다. 현대의 경제는 엄청난 회복력을 갖고 있는 것으로 드러났다. 전간기 동안의 경제적 성과는 그야말로 고르지 못했지만, 전쟁에 의해 가장 심각한 타격을 입은 경제는 1920년대에 가장 빠르게 성장한 경제이기도 했다. 그리고 적어도 서유럽에서는 제2차 세계대전에 의해 유발된 큰 피해가 신속하게 복구되었다. 예를 들어 독일은 산업생산의 분산, 야간공습의 부정확성, 전쟁 동안 피해를 당한 공장의 신속한 재건에 힘입어 1945년에는 거의 전쟁 초기만큼의 산업적 역량을 보유한 모습으로 등장했다. 독일 경제의 기본적인 생산역량은 동부에서 유입된 인적자본과 결합하면서 놀라울 정도로 개선되었다. 두 차례의 전쟁으로 영국은 의심의 여지없이 국부의 상당 비율이 파괴되거나 고갈되었다. 해외자산의 전반적인 상실, 외채의 발생, 국내 자본의 감소로 인해 1945년 영국의 상태는 1914년보다 부유하지 못하게 되었다는 주장이 제기되었다. 그러나 생산역량의 맥락에서 영국은 분쟁이 진행되는 동안이나 그 이후나 할 것 없이 전시의 파괴를 신속하게 역전시킬 수 있는 현대 경제의 능력에 대한 상(像)을 재확인시켜준다. 1945년 영국의 생산량은 전전(戰前) 수준보다 13% 높았으며, 그 이후로도 계속 증가했다.

전시에 발생한 구조적 변화의 상당 부분 또한 순식간에 미완으로 남겨지고 말았다. 소비재로부터 중공업 생산으로의 일시적인 전이는 전후 시기에 역전되고 말았다. 일부 중공업에는 전쟁으로 인해 생성되었던 잉여능력이 전간기 동안 경제에 부담이 되는 것으로 드러났다. 그러나 이러한 역량을 전환시키거나 노동력을 재배치하는 데서의 실패는 — 제2차 세계대전 후에 달성된 매우 신속한 구조적 변화가 시사하듯이 — 영국이나 유럽이 전간기에 직면했던 경제문제의 근본적 원인이기보다는 낮은 성장의 '결과'였다. 그와 반대로 제2차 세계대전기의 혁신과 구조적 변화가 1945년 이후 시대의 성공에 열쇠를 쥐고 있었다는 증거는 거의 없다. 그렇지만 해외무역으로 주의를 돌려보면 좀 더 항구적인 구조적 영향을 보여주는 일부 증거가 존재한다. 특히 제1차 세계대전 동안 영국의 수출에 발생했던 차질은 미국으로 하여금 라틴 아메리카의 시장에 진입할 수 있게 해주고, 일본이 아시아에서 발판을 확장할 수 있게 해주었다. 이전에 수입재였던 것들은 인도의 제조업자들에 의해 대체되었다. 1920년대 초 영국의 빈약한 수출 성장은 적어도 부분적으로는 해외시장을 상실한 결과였다. 그러나 전반적으로 보았을 때 세계시장에서 산업구조의 변화는 장기적인 추세에 좌우되었다.

심지어 엄청난 인구 손실도 생각했던 것보다는 덜 영향을 미쳤다. 물론 사랑하는 이들이나 가족들에게 죽은 사람은 대체될 수 없었다. 정치적·심리적 맥락에서 전간기 유럽은 실로 전몰한 영웅들에 사로잡혀 있었다. 게다가 그토록 좁은 연배의 젊은이들에게 집중되었던 제1차 세계대전의 엄청난 병력 손실은 의심의 여지없이 모종의 경제적 영향을 유발했다. 예를 들어 15~49세 모든 남성의 1/7이 사망했던 프랑스에서 적어도 한쪽 수족을 잃은 생존자의 수는 중간 크기 도시의 주민 수에 필적했으며, 다른 소도시는 전쟁으로 맹인이 된 남성들로 채워질 수도 있었다. 이들과 전쟁 미망인 60만 명, 고아 75만 명은 전후 국가에 중대한 재정적 부담을 가했다. 그와 마찬가지로 경제적으로 중요했던 점은 전쟁의 결과 1938년에는 다른 인구에 비해 19~21세 인구가 통상적인 수의 절반 정도만 존재했다는 사실이다. 그러나 이러한 발전의 경제적 영향은 정량화하기 힘든데, 이것은 특히 전간기의 가장 큰 문제가 가용 노동역량이 충분히 활용되지 못했다는 점이었기 때문이다.

　그러나 1945년 이후 서유럽에 전쟁의 인구학적 영향은 놀라울 정도로 제한적이었다. 프랑스의 경우 이번에는 전쟁으로 인한 손실이 전후 시기의 인구 폭발로 인해 보상되었다. 반세기 동안 4000만 명가량에 머물러 있던 프랑스의 인구는 40년 만에 5500만 명으로 40% 증가했다. 독일의 경험은 훨씬 더 주목할 만하다. 1939~1946년 이전에 독일 제국의 영토였던 곳에서는 전쟁, 이민, 독일계 유대인 학살 등으로 약 600만 명의 시민이 줄었다. 그러나 사망률을 상회하는 출생률(150만 명), 30만 명에 이르는 난민의 유입으로 이와 같은 손실은 통계적 맥락에서 보상되었다. 이전에 독일 제국이었던 곳 중 서독에 해당하는 지역에서는 같은 시기에 인구가 실질적으로 9% 증가했다. 전쟁의 인구학적 영향이 항구적인 경제결과를 낳은 곳은 동유럽과 소련에 지나지 않았다.

　전시에 발생했던 변화의 일시성에 대한 우리의 생각은 전시의 새로운 정책과 개혁계획이 평시에 어떤 운명이 되는지 돌아보았을 때 강화된다. 예를 들어 1920년에 이르러 영국 정부는 국내 경제에 대한 개입으로부터 대부분 물러선 상태였으며, 1922년까지는 통제기구 전체가 해체되었다. 제1차 세계대전에 채택되었던 혁신적인 정책의 대부분은 그 후 포기되었다. 사회개혁을 위한 야심찬 계획들은 쓰레기 더미로 내던져졌다. 파쇼체제 이후의 이탈리아와 독일에서 여러 좌파집단에 의해 견지되었던, 공산주의와 자본주의 간의 '제3의 길'을 만들어내고자 하는 열망이 그랬던 것처럼, 제2차 세계대전 후의 새로운 협동조합주의적 질서에 대한 희망은 전후 경험의 실제 모습에 그다지 부합되지 않았다. 이러한 나라들에서 전시 국가 개입이라는 파시즘적인 특성은 국가의 역할이 확대되는 것에 반대하는 강력한 대응을 낳았다. 신자유주의적인 경제 이데올로기가 지배적이 되었다. 다른 곳에서는 ― 영국 국민보건서비스(British National Health Service)처럼 ― 전후 시대의 의심할 여지가 없는 혁신조차도 전시의 꿈과 희망에는 미치지 못했다.

제1차 세계대전 동안 노동력이 영향력을 확보했던 곳에서는 그것이 단명하고 말았다. 특히 제1차 세계대전 이후의 전환점은 전후 호황의 종식과 실업으로의 회귀였다. 고용주들은 전시 또는 전쟁 직후의 협상 합의안을 저버리기 시작했고, 노조의 힘은 줄어들었으며, 국가는 공명정대한 중재자로서 기능하려는 의지와 능력을 잃어버렸다. 1920년대의 산업 합리화와 1930년대의 대규모 실업은 노동력의 불안정한 위치를 여실히 보여주었을 뿐이다. 국가와 협력하여 정치체제의 성격을 변화시킬 수 있을지 모른다는 노동 개혁가들의 희망은 영국, 프랑스, 독일에서 일자리와 노조의 힘을 보존하려는 훨씬 더 편협하고 방어적인 시도에 의해 대체되었다. 불황이 타격을 입히면서 대부분의 국가에서는 급진적인 대안이 서민들 사이에서 점점 더 인기를 얻어갔다. 1945년 이후에는 전쟁 기간에 노동력이 가졌던 희망과 소득의 다수도 무효화되었다. 프랑스에서나 이탈리아에서나 할 것 없이 노동계급 정당은 저항운동과 전쟁 직후 시기 동안 연정(聯政)의 주요 참가자였지만 1947년 이후 점점 보수화되어가는 연정에서는 덜 중요하게 취급받았다. 저항활동으로서 국민적 호소력을 상당 정도 강화했던 공산주의자들은 정치적으로 소외되었다. 미국에서는 노동계가 전쟁 동안 국가의 정책 결정으로부터 이미 축출되고 있었다. 물론 독일에서는 전시에 노동계가 얻은 것이라고는 아무것도 없었다.

　　두 차례 전쟁 후 여성들에게는 그들이 전시에 고용되었던 직장을 떠나 가정으로 돌아가도록 하는 강력한 이데올로기적·사회적 압력이 가해졌다. 모든 곳에서 놀이방과 공동식당이 문을 닫았다. 영국에서는 두 세계대전, 특히 첫 전쟁 동안 노조의 힘과 여성의 취약성이 여성 고용으로 하여금 전후에 여성 제거를 분명히 상정하는 방식으로 팽창되게 만들었다. 프랑스에서는 입대했던 남성들이 복귀함으로써 1918년 종전 후 2년 만에 공장에서 일하는 여성들의 비율이 1914년의 수준으로 떨어졌다. 역설적이게도 전쟁은 프랑스에서 사회활동 참여율이 증가하던 추세를 종식시켰다. 그리고 제2차 세계대전기 영국에서도 1939~1943년간 150만 명 증가했던 여성 고용이 1943~1947년에는 175만 명 감소했다. 1951년에 성인여성의 35%가 유급으로 고용되어 있던 것은 20년 전 34%였던 것과 사실상 동일했다. 물론 몇몇 항구적인 변화가 있었다. 제2차 세계대전 후 영국에서는 이전보다 훨씬 더 고령의 기혼 여성들이 일했다. 반면에 더 젊은 기혼 여성들은 산업장에서 쫓겨나와 아이를 가졌다. 고용구조가 변화하고 있었다. 여성은 1939년에 기술 노동력의 10%를 차지했지만 1950년에는 34%를 차지했다. 대부분의 국가에서 전쟁, 특히 제1차 세계대전은 분명 가내 서비스의 감소를 가속시킨 것으로 보인다.

• **혼란과 안정: 두 전후 시대 간 비교**　전쟁이 아무런 중대하고도 영속적인 사회·경제 변화를 유발하지 않았다고 주장하는 것은 어리석은 일일 것이다. 예를 들어 대부분의 논객은 제1차 세계대전이 전간기 경제를 불안정하게 만드는 효과를 발생시켰다는 점에 동의한다. 이는 특히 전쟁 기간에 정부가 취한 통화 및 재정 정책에 기인했던 것이다. 처음에는 전쟁이 몇 달 가지 않을 것으로 믿었던 대부분의 정부가 단기대부를 통해 전쟁에 돈을 댔다. 그 결과, 예를 들어 프랑스는 전쟁 동안 정부의 빚이 5배나 증가하고 물가도 4배나 오르는 것을 목도했다. 영국에서는 정부의 빚이 1914~1919년간 7억 파운드에서 75억 파운드로 증가했다. 단기대부는 1600만 파운드에서 14억 파운드로 증가했다. 유럽에서 가장 거대한 두 경제인 영국과 독일이 그러한 빚의 유산에 시달리면서 이는 유럽의 회복이 더뎌지는 중대한 원인으로 작용했다. 독일은 인플레이션이 전후 시기까지 지속되도록 방치하여 결국 초(超)인플레이션을 야기했으며, 이러한 상황은 러시아, 폴란드, 오스트리아, 헝가리에서도 연출되었다. 영국은 인플레이션을 잡고 빚을 통제할 수 있었지만, 이는 전후 초기에 극심한 경기후퇴의 대가를 치르고서야 가능해진 것이었다.

전쟁의 파괴적인 유산은 경제에만 국한된 것이 아니었다. 유럽 전역에 사회적·정치적 불안의 징후가 존재했다. 러시아와 독일에서는 전쟁과 혁명 간에 확실히 밀접한 연관성이 존재했다. 먹을 것을 공정하고 충분히 보급할 수 없었던 전시배급 체제는 전장의 실패(독일의 경우에는 패배)와 맞물려 1917년과 1918년 혁명에서 결정적 원인이 되었다. 주지하듯이 러시아에서 혁명은 정치체제의 영원한 변형을 야기했다. 독일에서 혁명은 진행되고 있던 입헌적 개혁과정에 아무것도 보태지 못했지만, 그것은 독일 사회 내에 공포와 분열뿐 아니라 기회만 노리는 준군사적 집단 또한 남겨놓았다. 이 두 가지는 바이마르 공화국을 위험에 빠뜨릴 것이었다.

제2차 세계대전 후의 회복이 훨씬 더 원만하고, 사회도 좀 더 안정적이었다면, 그렇게 된 한 가지 이유는 유럽 열강이 제1차 세계대전으로부터 어떻게 전쟁을 수행하고 동원을 실행하면 안 되는지 많은 것을 배웠기 때문이다. 소련과 나치독일은 선조들이 경험했던 전시의 실패에서 독립적인 노동계급을 가혹하게 탄압하고 봉기를 억제해야 할 필요성을 깨달았다. 한편 제2차 세계대전 동안 대부분의 정부는 전쟁을 적절히 재정적으로 뒷받침하고 인플레이션을 통제해야 할 필요성을 인식했다. 1945년 이후 시기에 정부들은 또한 금전적 가치와 실물경제의 상황 간 불균형을 수정하려는 조치를 좀 더 신속하게 취했다. 그래서 서부 독일의 점령지대(Zone of Occupation)는 화폐개혁을 위해 불과 3년을 기다려야 했던 것에 비해, 그에 앞선 바이마르 공화국의 경우에는 6년을 기다려야 했다. 그리고 1945년 이후 영국재무성은 1949년 9월에 파운드화를 평가 절하하는 정책을 밀어붙였지만, 1920년대에는 전전(戰前)의 균형을 복원시키고자 해(害)가 될 정도까지 안간힘을 썼다. 마지막으로 승전국들은 패전국들이 제멋대로 하게 두는 실수를 범하지 않았다. 오히려 패배한 열강은 장기간 점령을 당했으며, 그들의 전후 변화는 엄격히 통제되었다.

두 세계대전이 제2차 세계대전 후 성공 스토리의 중요한 일부가 되는 새로운 유형의 통치와 경제적·사회적 정책을 발전시키는 데도 적어도 일정 부분 역할을 수행했다는 점 또한 논쟁의 여지가 없다. 프랑스에서는 전시에 레지스탕스 집단과 자유 프랑스 인민들 간에 있었던 논의로부터 경제 현대화와 유도기획 정책[2]에 대한 몰입이 그 형태를 갖추었다. 영국에서는 전후 복지국가의 토대를 놓은 것이 전시의 백서(white papers)였다. 벨기에에서 고용주와 노동계 간의 사회협약과 보편적 형평위원회(General Parity Commission)의 설립은 두 진영 간에 있었던 전시의 발의에 따른 것이었다. 그와 유사하게 ─ 비록 그 과정에서 많은 희망과 야망이 좌절을 맛보기는 했지만 ─ 전쟁은 분명 노동운동을 정치적 삶의 중심부로 옮겨놓는 데 도움을 주었다. 영국에서 노동당의 힘과 정부에 대한 그들의 태도는 전시의 연정에 참여함으로써 만들어진 것이었다. 전쟁 동안 풀뿌리 노조들이 확보했던 힘은 전후 시기의 완전고용 덕분에 유지되었다. 자유화된 국가들과 이탈리아에서는 ─ 비록 그것이 전후에 추구했던 것보다는 훨씬 덜 이루어졌지만 ─ 저항운동에서 노동운동의 역할이 그들의 위신을 엄청나게 강화시켜주었다. 잠재적 지지자나 많은 지도자들의 눈에는 노동운동이 이제 국가와 다투는 것이 아니라 그 핵심적 일부가 된 것처럼 보였다. 물론 제2차 세계대전 동안 발전한 각종 경제적·사회적 정책은 제1차 세계대전 동안 선보였던 것들이었다. 실로 가장 혁신적이었던 것은 1914~1918년의 분쟁이라 할 수 있었다. 한 가지만 예를 들자면, 모네(Jean Monne, 1945년 이후의 프랑스를 기획한 인물)가 제1차 세계대전 동안 클레망텔(Étienne Clémentel) 아래 상무성을 선도했던 팀의 일원이었다는 점은 분명 우연이 아니었다.

그러나 두 전후 시대의 광범위한 맥락에 대한 피상적인 관찰조차도 우리로 하여금 전쟁의 사회적·경제적 결과는 장기적인 사회발전의 흐름에서 사소한 지류에 지나지 않음을 떠올리게 만든다. 미래를 내다볼 줄 아는 유럽의 엘리트들은 자본주의 사회를 정당화하고 그 격한 변동과 다듬어지지 않은

---

2  유도기획(indicative planning)은 국가가 일정한 계획목표를 설정하고, 이를 강제로 통제하는 대신, 민간부문에 보조금 지급, 금융 지원 또는 조세 감면 등의 조치를 통해 목표 달성을 유도하는 경제기획 방식이다. 강제기획(imperative planning)과 대조된다.

점을 길들일 수 있는 방법을 놓고 19세기 말부터 씨름해오고 있었다. 현대 복지국가의 장기적인 진화는 제1차 세계대전 훨씬 전에 시작되었으며, 많은 면에서 현저하게 일관된 장기적 추세를 보여주었다. 국내총생산(GDP)에서 국가가 맡는 몫이 점진적으로 증가하는 데서 그와 유사한 일관성이 선보였다. 영국에서는 1914년 이전에 12%였던 것이, 전간기에는 평균 25%, 1963년에는 36%, 1975년에는 49%로 증가했다. 주요한 전환점이 존재했음을 인정하는 한에서 말하자면, 경제와 노동관계 등에서 정부 역할에 대한 신사고의 등장에 도가니가 되었던 것은 전쟁보다는 불황이었다. 케인스(John Maynard Keynes), 모네, 피아트(Fiat SpA)와 독일의 신자유주의자들, 유럽의 자본주의를 안정시키는 20세기 드라마의 다른 주역들은 전쟁보다는 전간기의 인지된 정책 실패에 대응해 각기 주요한 제안을 제시했었다. 사회정책에서도 1920년대 말과 1930년대는 불모지였다. 그래서 제2차 세계대전은 불황이 가져온 충격의 결과로 자본주의를 안정시키고 정당화하기 위한 여러 사회적 전략이 변화의 문턱에 들어섰을 무렵 발생한 것이었다. 한편 제1차 세계대전은 '너무 이른' 시점에 발생했다. 그것은 정부정책의 상당한 혁신을 야기했지만, 이러한 변화는 심리적·사회적으로 일련의 전면 개조를 요구했다. 그러나 그것은 발생하지 않았다. 게다가 전쟁 자체의 격변적인 성격은 많은 국가들로 하여금 추가적으로 변화하지 못하게 만들었으며, 오래된 낯익은 방식으로 전환하려는 강력한 욕구를 만들어냈다. 1940년대에 사회적 변화를 위한 폭넓은 합의를 이끌어내기 위해 1920년대와 1930년대의 경험이 활용되었다.

두 전후 시기의 또 다른 긴요한 차이는 지정학적인 맥락이었다. 실제로 우리는 전쟁이 사회변화에 가장 중요하게 기여하는 방식은 간접적인 것으로서, 재건이 이루어지는 국제적 환경을 변화시키는 것이라고 결론지을 수 있다. 요점은 1945년 이후 미국과 소련의 군사적 우산이 유럽 하위체제 2개가 한편에서는 사회적 안정과 번영을, 다른 한편에서는 무난한 성장을 이루어가는 안정된 환경을 만들어냈다는 점에 국한된 것이 아니었다. 그것은 전간기의 경제적 안정이 안정적인 국제무역 체제의 부재와 영국의 헤게모니 상실이 가져온 부식효과(corrosive effects)와 상당한 관계가 있다는 점 또한 말해주었다. 그 결과는 유럽의 여러 국가에서 긴장상태, 보호무역주의, 빈약한 경제적 성과, 민족주의적인 정치적 의제가 강화된 것이었다. 그러나 1945년 이후 미국의 보호와 대부(貸付)는 보호무역주의로부터 자유로운 다자간 무역체제로의 전이에 대해 자신감을 만들어내는 데 도움을 주었다.

요약하자면, 특히 제2차 세계대전을 그토록 분수령처럼 보이게 만든 것은 ① 1930년대로부터 도출된 교훈의 구체화, ② 경쟁, 헤게모니, 구조조정에 대한 시급한 지정학적 문제의 해결, '그리고' ③ 전쟁 자체의 부인할 수 없는 심리적 영향과 같은 모든 것이 유럽 사회에 동시적으로 영향을 주었다는 사실이다. 1945년이 유럽 사회의 진화에서 그토록 결정적인 순간이었던 것처럼 보이게 만든 것은 이와 같은 개별적 과정들이 보여준 동시성이었다.

### 장기(長期) 세계대전

두 전후 시대 중 하나 또는 둘 모두를 살았던 이들은 이러한 설명이 제1·2차 세계대전이 두 전후 시대에 드리웠던 그림자를 아우르지 못하고 있다고 느낄 수 있다. 앞서 과감히 내려진 결론과 전쟁의 압도적인 중요성에 대한 당대인들의 인식 간에 존재하는 불일치를 어떻게 해소할 수 있을까?

전간기 독일의 정치에서 결정적 사상이 되었던 '전선세대(Front Generation)'의 예를 들어보자. 표면적으로 전선세대는 평시 사회를 침범하는 전시 경험을 보여주는 명백한 예였다. 준군사적 정치의 지속과 철모단(Stahlhelm)[3]과 같은 집단이나 융거(Ernst Jünger)와 같은 작가의 스타일과 이데올로기, 나

---

3  1918년 말에 창설된 준군사적 민족주의 집단으로서 1920년대 중반에는 40만 명에 달하는 단원을 확보했던 것으로 전해진다.

치 지도자들의 관점이나 배경과 같은 모든 것이 전쟁으로 인해 새로워진 세대가 존재한다는 대중적 의식을 만들어내는 데 도움을 주었다. 그들은 전후 부르주아지 사회에 수용될 수 없었으며, 그들의 군사적 가치는 히틀러를 위한 길을 닦아주었다. 그러나 준군사적 정치를 옹호하고 스스로 혹은 남에게 전선세대의 회원으로 인식되었던 이들을 살펴보면 우리는 그들 대부분이 전선에서 복무하기에는 너무 젊었음을 발견하게 된다. 게다가 복무했던 이들의 대다수는 이러한 종류의 정치를 지지하지 않았다. 심지어 융거와 같은 인물의 전시 기억은 처음에는 전쟁에 매우 비판적이었다. 융거의 특징적인 '전선세대'의 분위기가 등장한 것은 훗날 전후 사건들의 영향 아래에서였다[유사한 패턴이 프랑스에서도 관찰되었는데, 프랑스에서는 엄청난 수의 퇴역 군인들이 가입한 연맹이 초기에는 대개 반전적(反戰的)이었다. 불의 십자가(Croix de feu)[4]가 좀 더 군사적인 분위기를 띠게 된 것은 훨씬 더 나중의 일이었다]. '전선세대'가 전쟁의 산물이 아니었음을 보여주는 추가적인 지표는 그 추정된 특성들이 사실은 미래의 사회를 형성하는 데 젊은이들이 할 수 있는 역할에 대해 전쟁 전 독일에서 보편적으로 견지되었던 꿈들이 약간씩 진화한 것에 불과했다는 점이다. 어쨌든 제1차 세계대전의 경험을 빼고 영속적인 준군사식 정치를 상상하기는 어렵다.

일반적인 역사가들이 사회사에 대한 기계적 인식의 폐기법을 배워감에 따라 전쟁과 전후 시기 간의 대화라는 맥락에서 생각하는 것이 도전거리가 되고 있다. 이는 전후 사회의 필요성과 수요에 따라 기억과 경험이 정렬되고 다시금 무리를 짓게 되기 때문이다. 1945년 이후 영국의 모습 ─ 나아가 독일의 그것 ─ 은 전쟁을 관통했던 감각과, 전후 집단들이 전쟁 경험에 적합하며 그것과 통함을 발견했던 서술과 설명에 의해 결정적으로 갖추어졌다. 이는

---

4   파시즘 성향의 프랑스 우익 정치단체로서 제1차 세계대전 당시 십자훈장(Croix de Guerre) 을 받았던 재향 군인들이 1927년에 조직했다.

독일의 경우에도 마찬가지였다. 전쟁의 충격과 그것이 가한 시험은 너무 거대하고, 승패에 대한 단순한 공유 사실은 너무 강력해서 전쟁이 전후 정치를 지배하여 그것이 정치적 주장과 사회적 정체성으로 설명되고 거기에 통합될 것을 요구했다. 그러나 그것을 의미 있게 만든 것은 전후 사회였으며, 전쟁 그 자체는 결정적 변화의 매개자가 아니었다.

1945년에 등장했던 서술 중 희생을 의미 있게 만든 한 가지는 전쟁을 사회적 수평 교정기(social leveller)로 말하는 것이었다. 예를 들어 전쟁을 복지국가의 산파로 제시함으로써 영국의 엘리트들은 승리를 위해 치러야 했던 값비싼 대가 – 이는 영국의 힘이 잠식되었다는 점과 제국이 손상되었음을 보여주는 것이었다 – 까지도 정당화할 수 있었다. 그러므로 역사가들에게 이제 남아 있는 과업은 전쟁을 심문하고 재평가한 전후 사회의 방식을 분석하는 것이다. 그렇게 함으로써만 우리는 전쟁의 경험이 적어도 3개 세대 동안 사회발전의 광범위한 흐름에 이렇다 할 영향을 미치지 않으면서도 유럽의 사회와 문화를 지배했던 역설을 해결할 수 있다.

## 제16장

# 여성과 전쟁

———————————————— 진 베스키 엘시테인 Jean Bethke Elshtain

여성은 역사의 지정된 비전투원이었다. 그래서 싸우는 사람이라기보다는 비통해 하거나 기뻐하거나 용감하게 스스로를 지킨 이들로서의 지위에도 불구하고, 여성과 전쟁에 대한 이야기는 어떻게 여성이 직접 또는 간접적으로 전쟁의 희생자가 되어왔는지에 대한 이야기인 것처럼 보인다. 그러나 모든 역사적 공리(公理)가 그렇듯이 여성 비전투원에 대한 이야기는 단순하지 않다. 법칙에는 불가피한 예외가 존재한다. 아마존[1] 여전사에 의한 공포(Amazonian terrors)와 후광을 가진 잔 다르크 성인의 예가 그것이다. 여기에 제2차 세계대전기의 파르티잔과 레지스탕스 투사, 소련의 여성 전술전투 조종사, 반식민 게릴라, 병기를 싣는 미국 여성, 그리고 이제는 해군 전투 항공기를 조종하는 이들이 가장 즉각적으로 마음에 떠오른다. 그러나 이러한 예외는 예외로 '남아 있으며',[2] 이것이 우리가 그것들에 주목하는 이유이다. 그럼에

---

1 그리스 신화에 나오는 여전사들의 나라이다.
2 지은이는 그러한 사례들이 부당하게도 여전히 예외로만 치부되고 있음을 지적하고자 하는 의도에서 이 부분을 강조하고 있다.

도 불구하고 여성과 현대 전쟁에 대해 언급되어야 하는 이야기가 있으며, 이는 비전투원이나 우리가 예외로서 주목하는 이들에 대한 이야기보다 오히려 더 복잡하다. 이야기에 개념적인 명료함을 주기 위해 여성과 현대 전쟁에 선행했던 고대 및 중세로 되돌아가 간략하게 살펴볼 필요가 있다.

### 트로이의 여성, 스파르타의 어머니, 그리고 성모 마리아

신화는 차치하고서라도 여성은 고대 전쟁 이야기에서 매우 큰 부분을 차지했다. 그리스인들에게 전쟁은 자연상태였으며 사회의 기초였다. 그리스의 도시국가는 전사들의 공동체였다. 페리클레스(Pericles)가 추도연설에서 칭송하는 바에 따르면 전사는 도시를 지키기 위해 죽은 진정한 아테네인이다. 그리스 시민군은 '폴리스(polis)'의 표상이었다. 실제로 그와 같은 군대의 창설은 폴리스를 도시형태로서 창조하고 유지하는 데 촉매로 기능했다. 전쟁에 대한 고대 이야기에서 여성은 어떻게 나타났을까? 비전투원, 확실히 말하자면 여성 비전투원은 몇 가지 종류로 나타난다. '병사(soldier)'만큼이나 그녀는 포괄적인 상(像)이다. 비전투원으로서의 역할과 정체성은 꽤 독특한 역사적 패턴과 힘으로부터 심대한 영향을 받아 형성된다. 고대 그리스에 등장하는 두 가지의 강력하고도 원형적인 집단 여성상이 이러한 점을 이해하는 데 도움을 줄 것이다. 전사가 되는 것은 남성의 일이라는 점이 핵심 테마임을 기억해야 한다. [예를 들어 클리템네스트라(Clytemnestra)[3]가 남편 아가멤논(Agamemnon)을 죽였을 때와 같이] 여성은 사적인 복수를 모색할 수 있지만, 여성과 전쟁에 대한 이어지는 이야기에서 주로 등장하는 것은 아들과 손자의 죽음을 비통해 하는 모성적인 헤카베(Hecuba)[4]이다. 그곳을 지배하는 것은 여성의

---

3 고대 그리스 전설에 등장하는 인물로서 그리스 고대 왕국인 미케네(Mycenae) 혹은 아르고스(Argos)의 통치자였던 아가멤논의 아내이다.

4 그리스 신화에 나오는 인물로 트로이의 왕 프리아모스(Príamus)의 아내이다. 트로이 전쟁

눈물과 비통함이다. 그들은 전쟁으로 고통받지만, 또한 전쟁을 불가피한 것이자 남성 간 전투와 명예의 경연장으로 간주하기도 한다.

좀 더 맹렬한 비전투원으로서의 대안은 스파르타의 어머니로 구현된다. 스파르타의 어머니는 눈물이나 애통함에 굴복하지 않는다. 그녀는 자신의 아들에게 방패를 들게 하거나 그것에 들려 돌아오기를 강권하는 인물이다. 플루타르크(Plutarch)가 『모랄리아(Moralia)』 제3권에서 일화, 경구 등을 통해 이야기하는 스파르타의 여성은 자신의 아들을 시민사회의 요구라는 제단에 희생시키고자 양육하는 어머니이다. 예를 들어 그런 용맹한 어머니는 자신의 아들이 '평생을 비겁자로 사느니 자신, 자신의 나라, 자신의 선조에게 가치 있는 방식으로' 죽었다고 평가받기를 더 원한다. 그에 부합하는 데 실패한 아들은 매도되었다. 플루타르크의 설명에 따르면 한 여성은 재앙과도 같은 전투에서 자신의 아들이 유일한 생존자가 되었을 때 기왓장으로 아들을 죽여버렸다. 이는 아들의 명백한 비겁함에 대한 적절한 처벌이었다. 스파르타의 여성은 흔들림 없는 시민으로서 정체성을 보여주는 말을 함에 있어 연민에 대한 표현은 내팽개쳐 버렸다. 플루타르크는 땅에 아들을 묻는 자신을 동정하려는 이들에게 자신은 불운한 것이 아니라 '운이 좋은 것'이라 말하는 여성에 대해 이야기한다. 그녀는 "'나는 아들이 스파르타를 위해 죽을 수 있을텐데' 하는 마음을 품었다. 바로 그 일이 내게 닥친 것이다"라고 말했다. 무엇보다도 '폴리스' 또는 '조국'에 헌신했던 민간전사였던 결연한 스파르타의 어머니에 대한 이 이야기는 여성과 전쟁에 대한 서양의 이야기에 나타나는 항속적인 면모이다.

그러나 서양에서 기독교가 승리함에 따라 지배적이 된 또 다른 인물이 존재한다. 적어도 신학적·이론적으로는 전사의 과업이 보다 양면적인 것이 된다. 여성의 임무는 영예를 향해 아들을 독려하기보다는 아들을 잃고 고통스

---

으로 남편과 자식들을 잃자 분노와 슬픔으로 개가 되었다는 전설이 전해진다.

러워하는 성모 마리아(Madonna, mater dolorosa)의 이미지에 의해 더 강력하게 형성된다. 완고한 스파르타의 어머니와는 달리 고통스러워하는 어머니는 전쟁의 희생자로서의 역할을 맡는다. 그녀는 자신의 조국이 수행하는 전쟁을 지지할지는 모르지만, 아들의 죽음에 대해 기뻐 어쩔 줄 모르기보다는 애통해 한다. 이런 어머니는 서양사의 긴 범위에 걸쳐 그 나름의 방식으로 전투에 동원될 수 있었다. 근대 초에 그들은 민간 공화주의자 어머니(civic republican mother)로서 활용될 수 있었으며, 그런 어머니의 부름은 군을 위한 동원을 뒷받침하고 유지시켰다.

그러나 오늘날 이러한 스파르타 어머니의 상은 전쟁의 아우성과 살육에 맞서 진리(verities)와 덕(virtues)을 구현하는 '아름다운 영혼(Beautiful Soul)'으로서의 어머니라는 좀 더 평화주의적인 모습에 의해 도전받고 있다. 이는 애통해 하고 보호하며 후회하고 비통해 하는 어머니이다. 그녀는 평화로운 길에서 가장 바람직한 존재방식을 발견하며 평화주의적 대안을 칭송한다. 물론 역설적이게도 그녀는 역사적으로는 시민으로서 인정받지 못하는 처지에서 그렇게 한다. 전사나 리더로서의 계급이 결여되어 있는 그녀의 영향력은 다른 방식과 다른 형태, 많은 경우 종교적이고 때로는 감성적인 형태를 통해 행사되어야 했다. 의심의 여지없이 인류학자들은 출산이 가능한 사람들을 보호해야 할 지엄한 필요성이 인류의 절박한 사안이라는 사실 또한 우리에게 상기시켜줄 것이다. 즉, 여성을 사태의 흐름으로부터 떨어져 있게 만든 그럴듯한 ─ 그리고 진화하는 ─ 이유가 존재한다. 그러나 현대 전쟁에 이르러 이러한 것의 상당 부분이 변화되었다. 분명 여성은 압도적으로 비전투원으로 남아 있지만, 그들은 이제 약탈을 일삼는 무리와 점령군에 의해서뿐 아니라 포위전의 장거리 무기와, 우리의 세기에는 도시에 투하된 폭탄에 의해서도 공격받을 수 있었다. 심지어는 전쟁이 점점 더 총력적이게 되면서 전쟁에 대한 여성의 개입은 다수의 가능성으로 분화되었다. 그러나 그 모든 것은 어떻게든 고대와 중세의 모델을 바탕으로 행해진 전형(典型)과 연관된 것이었다.

## 르네상스와 근대 초의 전쟁

　'스파르타의 어머니'와 '아름다운 영혼'이 이야기의 틀을 만들어가면서 르네상스와 근대 초 전쟁의 역사적 발전에는 아무런 특이사항도 없었다. 여성은 다양한 역할을 수행했다. 그러나 그녀들은 여전히 상당 정도 주된 줄거리의 주변부에 머물러 있었다. 예를 들어 역사가 헤일(J. R. Hale)의 『르네상스기 예술가와 전쟁(Artists and Warfare in the Renaissance)』의 색인을 살짝 살펴보면 '여성'에 대해 다음과 같이 쓰고 있다. "잔학행위, 짐마차, 종군 민간인, 숙영현장, 섹스, 아내를 참조할 것." 이러한 힌트들을 따라가다 보면 오래된 이야기의 다음과 같은 몇몇 구체적인 모습과 마주하게 된다. 전쟁의 희생자로서의 여성(잔학행위), 남성들의 전쟁으로 고통받는 이들(아내), 물질적인 보급물자와 성적 가능성을 공급해주는, 평판은 좋지 않지만 언제나 존재하는 이들(짐마차, 종군 민간인, 숙영현장, 섹스). 이 중에서 짐마차, 종군 민간인, 숙영현장, 섹스는 서구의 전쟁수행 방식에 대한 도해법(圖解法)과 주류 서술에서 명예로운 자리를 차지하지 못한다. 사비니 여성에 대한 강간[5]으로부터 발칸에서처럼 전쟁의 무기로서 강간의 사용에 이르기까지 여성과 전쟁의 어두운 밑면은 끈질긴 대조를 이루지만, 희소한 여성 전투원처럼 그것은 대부분의 군사사가에 의해 규칙이 아니라 예외로 간주된다. 물론 이는 논쟁의 여지가 있는 사안이다. 일부 저자는 강간이 전쟁 수행의 통상적인 전략이자 심지어는 주요한 개전 이유(casus belli)가 되기도 한다고 주장한다. 이 문제를 분석하는 좀 더 믿을 수 있는 방법은 명백한 전쟁수행 전략으로서의 강간과 승리의 부산물로서 총체적인 약탈 및 강탈의 일부로서 행해지는 강간, 임의적

---

5　로물루스(Romulus)가 로마를 건국한 직후 로마의 제1세대는 이웃한 사비니(Sabini) 부족으로부터 아내를 얻어 인구를 증식시키고자 했다. 그러나 경쟁적인 사회가 등장하는 것을 두려워했던 사비니는 사비니 여성들이 로마인과 결혼하는 것을 거부했다. 그 결과 기원전 750년경에 사비니 여성들을 유괴하는 사건이 발생했다.

이고 기회주의적인 강간을 구별하는 것이다. 어쨌든 군사법 통일법전(Uniform Code of Military Justice)[6]뿐 아니라 제네바 의정서도 강간을 그 처벌조항에 포함시키고 군사법 통일법전의 기준 아래 사형으로 처벌할 수 있게 된다. 분명이 모든 것은 전쟁 속, 또는 적어도 전쟁이라는 드라마가 상영되는 전 범위에서 여성의 보편적 존재성을 보여준다.

르네상스기 예술가들은 짐마차를 묘사하면서 그 속의 여성을 술, 약품, 먹을 것을 공급하는 이들이자 모성적·성적 본성에 위안이 되는 존재로 특징짓는다. 아내는 전역을 수행하는 남편을 뒤따랐으며, 병사가 있는 곳마다 종군민간인이 존재했다. 국가가 주도하며 징집제에 기초하는, 기율이 선 상비군이 등장하면서 근대 이전 전쟁을 특징지었던 느슨한 집단 ─ 전투원, 투기꾼, 급식업자, 아내, 성매매여성, 동물 들이 어중이떠중이로 모인 집단, 즉 일종의 독특한 부랑자적 사회체제 ─ 은 훨씬 더 구속적인 사업에 길을 내어주게 되었다. 아내들은 그것과 격리되었다. 물론 섹스는 결코 그럴 수 없는 것이었지만, '교제(fraternization)'를 제한하고 국내든 외국에서든 기지 밖 여성들과 오랜 시간을 보내거나 그들과 장기적인 관계를 갖는 것을 단념시키고자 하는 시도가 이루어졌다. 전쟁 속의 여성은 이런저런 방식으로 남성에게 봉사하기 위해 그곳에 존재하는 것이었지만, 그들은 필자가 이미 언급한 전형적 인물들에 의해 가려지고 말았다.

### 근대국가, 여성, 전쟁

근대적 형태의 국민국가에 이르면 그 안에 응결되어 있는, 집단적 비전투원으로서 여성을 바라보는 인식을 발견하게 된다. 그리고 18세기 말에 이르

---

6  미국 군사법의 토대가 되는 법전으로서 미국 의회에서 1950년 5월 5일에 통과되어 트루먼 (Harry Truman) 대통령이 다음 날 서명했고, 1951년 5월 31일에 발효되었다.

면 폭력에 관해서는 남성과 여성 간 강력한 구별이 지배적인 규범이 되었다. 남성의 폭력은 전쟁 수행 - 교전규칙 - 만으로 한정된 채 교화되었지만, 여성의 폭력은 통상적 기대의 경계 밖에 놓였다. 전시 남성의 폭력은 질서가 있고 규칙으로 지배할 수 있었던 것에 비해 여성의 폭력이 발생했을 때에는 혼돈스럽고 사적인 모습을 보였다. 그와 동시에 사적 생활과 공적 생활, 즉 가족과 국가 간의 매우 날카로운 구분이 등장했다. 여성은 가족의 수호자였던 반면 남성은 국가의 보호자였다. 이러한 구성요소의 렌즈를 통해 보면 남성은 보호와 방위, 대담성을 요구하는 행위 - 즉, 영웅적 행동 - 에 개입하기 때문에 용기, 의무, 명예, 영예에 대한 이야기가 고양되는 것을 목도했다. 여성은 보호의 방어적 행동, 즉 비영웅적인 돌봄에 개입하기 때문에 고결함, 희생, 의무, 조용한 불멸에 대한 이야기가 고양되는 것을 지켜봤다. 분명 현대 초 총력전의 등장은 이러한 그림을 수정하도록 자극을 가해 편평해져 버린 도시와 고속도로를 꽉 막고 있는 피난민, 기아, 질병의 그림을 그리게 했다. 그러나 일반적으로 인정되는 이해의 힘은 결코 그 울림을 잃어버리지 않았다. 오늘날까지도 '무고한 여성과 아동의 죽음'이라는 표현은 전시 파괴와 관련된 진정한 끔찍함을 이야기하고자 할 때 관찰자의 입에서 줄곧 튀어나오고는 한다. 그래서 20세기의 역사가 여성을 전쟁이 유발하는 파괴 - 제2차 세계대전기 독일의 도시들에 대한 대규모 폭격이나 히로시마와 나가사키에 대한 원자폭탄 투하의 경우에는 실로 파괴적이었다 - 의 중심점에 위치시켰음에도 불구하고 그들은 집단적 폭력의 원 밖에 존재하는 원형적인 비전투원으로 남아 있다. 그리고 또한 여성은 근대 이전 시대에 그랬던 것과는 달리 비정규군이나 파르티잔으로서, 폭탄 투척자나 암살자로서, 선동가와 간첩으로서, 마지막으로는 군사적 요구와 기율에 구속되는 군복을 입은 전투원으로서 점점 더 격렬하게 자신들을 그려가고 있다.

## 여성과 현대 전쟁

현대 전쟁을 위해 동원된 여성들에 대한 이야기는 제1차 세계대전 이전으로 거슬러 올라간다. 미국 남북전쟁 — 특히 남부 아메리카 연합의 여성들 — 에 대한 이야기의 상당 정도는 고통에 대한 무감각과 지칠 줄 모르는 애국심 — 이 모든 것은 전쟁 노력을 추구하는 데 필요한 것이다 — 에 대한 이야기이다. 실제로 셔먼(William T. Sherman) 장군은 악명 높게도 미국 남북전쟁을 연방군의 승리로 끝내기 위해서는 '조지아의 여성들이 울부짖게' 만들 필요가 있다고 주장했다. 요점은 남부의 의지를 깨뜨리는 것이었으며, 전쟁 노력 전반을 손상시키기 위해서는 당시대의 스파르타의 어머니들이었던 남부 여성들의 사기를 꺾을 필요가 있었다. 이 여성들은 적을 저주했으며, 후방전선을 강력히 주창하고, '집 밖으로 달려 나가' 입대를 자극함으로써(한 역사가는 "비겁자들은 두 가지 포화 사이에 놓여 있었다. 하나는 전선의 연방군에 의한 것이었고 나머지 하나는 후방의 여성들에 의한 것이었다"고 적었다) 연합 측의 명분을 옹호하고, 구제 및 병사지원 모임을 조직하며, 군사적 열정과 남부의 명분에 대한 종교적 신념의 개인적·집단적 예를 제공하고, '적'을 증오와 욕설로 맞았다. 북부에서 스파르타의 어머니상(像)을 구현한 가장 유명한 예는 링컨 대통령으로부터 편지를 받은 빅스비 여사(Mrs. Byxby)였다. 링컨은 5명의 아들을 전쟁터에서 잃은 이 어머니에게 "귀하는 자유의 제단에 그토록 값비싼 희생을 바쳤기 때문에 근엄한 자긍심을 가져야 한다"고 썼다.

제1차 세계대전의 시작을 알리는 포문이 열렸을 때 여성들은 남성들 못지않게 애국적인 열정에 사로잡혔다. 영국에서는 여성들이 여성응급단(Women's Emergency Corps)[7]에 입단하는 데 서명하기 위해 길게 줄을 서서 기다렸다.

---

7  국가의 전쟁 노력에 기여하기 위해 여성참정권 운동가인 헤이버필드(Evelina Haverfield) 등에 의해 1914년에 설립된 조직으로서 훗날 여성의용예비대(Women's Volunteer Reserve) 로 변모되었다.

전국에 걸쳐 구제위원회가 설립되었다. 젊은 여성들은 군복을 입지 않은 남성들에게 비겁함의 상징으로서 하얀 깃털을 나눠주어 그들을 수치스럽게 만들었다. 불굴의 스파르타의 어머니들이 평화주의와 무기력함을 완파하면서 갑자기 도처에서 등장했다. 1918년에 발간된 책 『남성과 군사주의의 어머니들(Mothers of Men and Militarism)』에서 핼러위스 여사(Mrs. F. S. Hallowes)는 (남성과 마찬가지로) 여성의 '열성적인 모국 사랑'을 언급하며, "여성들은 살육을 혐오하지만, 남성들이 죽이고 부상을 입히는 데 최선을 다한 뒤에는 우리 여성들이 부서진 신체를 고치고, 죽어가는 이들에게 위안을 주며, 이름 없는 무덤을 보고 울 준비가 되어 있음을 발견하게 된다"고 썼다. 영국과 미국에서 있었던 여성참정권 운동 ― 이를 위한 노력은 바로 이들 국가에서 가장 가시적이고 높은 수준으로 발전되어 있었다 ― 의 명분 자체도 전쟁 노력에 의해 중단되고 말았다(눈에 띄는 소수의 예외는 있었다). 영국의 '사회적·정치적 여성연합(Women's Social and Political Union)'에서 발간하는 신문은 ≪브리타니아(Britannia)≫로 개명되었으며 왕과 국가에 헌정되었다. 미국의 전미여성참정권운동협회(National American Woman Suffrage Association)는 일찍이 1914년에 만약 전쟁이 발생한다면 그 회원들은 다양한 종류의 구체적인 역량을 발휘해 봉사할 준비가 되어 있음을 공언함으로써 미국의 참전을 준비했다. 이 협회가 기꺼이 수행할 의사가 있음을 선언했던 일의 분야에는 여성의 전시 노동을 위한 고용 상담소, 식량 공급의 증대, 적십자, '800만 명에 달하는 거주 외국인'을 미국식 생활방식으로 통합시키는 것을 목표로 하는 미국화가 포함되어 있었다. 정치적 활동이 활발했던 삼국협상(Triple Entente) 해당국의 여성들은 자유주의적 국제주의의 토대 위에서 전쟁을 정당화했다. 즉, 민주주의가 전제정치를 격파했을 때에만 세계는 안전해질 것이라는 게 그들의 주장이었으며, 이 특별한 투쟁에서 로마노프 왕조의 러시아가 서구 민주국가와 동맹을 맺고 있음을 고려했을 때 이는 다소 곤란한 가정이었다.

여성은 전투로부터는 격리되었지만, 다양한 지위, 가장 두드러지게는 19

세기에 명예스럽고 필수적인 일로서 창출된 직업인 야전 간호사로 봉사했다. 이는 많은 여성의 위치를 실제 전쟁이 수행되는 지점에 좀 더 가깝게 만들었지만, 동시에 전사가 아니라 치료자로서 여성에 대한 원형적인 시각을 재확인시켜 주기도 했다. 여성은 통신원으로도 복무했으며, 때로는 악명 높은 스파이로 등장하기도 했다[마타 하리(Mata-Hari)[8]가 가장 악명 높고 매혹적인 스파이였다]. 또한 전쟁은 여성에 의한 반전활동의 분출을 야기했다. 반전운동 활동가들에게 전쟁에 반대하는 것은 참정권 운동 — 그들이 생각하는 참정권 운동은 여성에게 투표권을 확대함으로써 정부를 인도주의화하는 것이었다 — 의 논리적 지속이었다. 예를 들어 미국에서는 여성평화당(Women's Peace Party)이 창당되었다. 최고 전성기에는 여성 4만여 명이 이 당에 가입했다. 여성평화당은 훗날 '평화와 자유를 위한 국제여성연맹(Women's International League for Peace and Freedom)'이 되는 '항구적 평화를 위한 여성국제위원회(Women's International Committee for Permanent Peace)의 지부였다. 전쟁 후 여성들은 1928년 켈로그-브리앙 조약(Kellogg-Briand Pact)으로서 전쟁이 불법적인 것임을 선언하도록 압력을 가하는 데 영향력을 발휘했으며, 1932년 무장해제 탄원서에 1000만 명의 서명을 모아냈던 '전쟁의 원인과 치유에 대한 전국위원회(National Committee on the Cause and Cure of War)'의 회원으로 일했다.

여성의 전면 진출은 제2차 세계대전기에 훨씬 더 극적인 방식으로 이루어졌다. 나치가 점령한 유럽에서 얼마나 많은 여성이 저항운동에 활발하게 참여했는지는 아무도 모른다. 일부는 프랑스 레지스탕스에만 하더라도 '수만

---

8   제1차 세계대전 직전 파리에서 활동한 무희(舞姬)로서 여성 스파이의 대명사로 알려져 있다. 네덜란드 출생이며 '마타 하리'는 무대명이고 본명은 마가레타 거트루이다 젤러(Margaretha Geertruida Zelle)이다. 마타 하리는 제1차 세계대전이 시작되자 독일에 포섭되어 스파이로 활동했다고 알려졌고, 1917년 2월 프랑스 당국에 체포되어 그해 10월 총살되었다. 1999년 비밀 해제된 영국정보부(MI5)의 제1차 세계대전 관련 문서에 따르면 마타 하리는 그 어떤 군사정보도 독일에 넘긴 증거가 없다.

명의' 여성이 참여해 '통신원, 스파이, 파괴 공작원, 무장투사'로 작전을 수행했다고 추산하기도 한다. 제2차 세계대전기 프랑스에서는 "잔 다르크의 전통에 따라 여성들은 파르티잔을 이끌고 전투를 수행했으며 … 파리가 해방되는 동안에는 여성들이 남성들과 함께 길거리에서 싸웠다". 군에서 복무했던 일부 여성 – 예를 들어 영국공수보조대(Air Transport Auxiliary)의 여성 조종사들 – 은 많은 시간이 흐른 뒤 사건을 회고하면서 자신들이 할 수 있는 것과 할 수 없는 것에 대한 제약 때문에 여전히 속을 태웠으며, 다른 이들은 전시 남성과의 전우애와 평등에 대해 이야기했다. 프랑스 레지스탕스 투사나 소련의 여성 정규군이나 할 것 없이 그들은 스스로를 '그들(남성)과 똑같은 전우 … 병사 … '로 생각했다.

제2차 세계대전에서 가장 덜 알려진 역사 중 하나는 전투에 임한 소련 여성들에 대한 것이다. 소련 여성들은 전쟁 동안 유일하게 정규 전투전력을 형성했고, 저격수, 기관총 사수, 포병, 전차병으로 복무했다. 그 전력이 최고조에 달한 1943년에는 80만 명에서 100만 명, 또는 전체 군사요원의 약 8%였던 것으로 어림잡는다. 소련 여성들은 또한 3개의 항공연대도 구성했으며, 지뢰제거 활동에도 참가했다. 최근 한 역사가에 의하면 여성의 "교육, 장비, 궁극적인 배치는 남성과 동일했다. 나중에 122전대(여성 항공전대)로부터 구성된 연대 – 제586전투기연대, 제587폭격기연대, 제588항공연대 – 가 여성 부대임을 알리는 어떤 지정도 없었다". 이 연대에 배속된 지상 승무원 중에는 여성도 많이 포함되어 있었다. 전쟁 직후 여성 전투원 92명이 '소련의 영웅(Hero of the Soviet Union)'이라는 칭호를 받았는데 그중 1/3은 항공 여성이었다. 이러한 자리에서 복무했던 여성은 자원자들이었지만, 미국의 그런 이들 – 항공대 복무 여성조종사단(Women Airforce Service Pilots: WASPs)[9] – 과는 달

---

[9] 1942년 9월에 창설된 여성비행훈련대(WFTD)와 여성보조수송대대(WAFS)를 모체로 탄생한 조직으로서 미국 육군 항공대가 지휘했다. 미국의 경우 공군은 1947년에 독립했다.

리 소련의 항공 여성들은 비전투 행위에 국한되지 않았음을 유의해야 한다. 이 소련 폭격기 조종사들 중 한 명은 자신의 전시 경험을 진술하도록 요구받았을 때 모든 전쟁의 모든 병사에게 낯익은, 다음과 같은 무력에 대한 고전적 언어를 사용했다. "그들은 우리를 파괴하고 있었고 우리는 그들을 파괴하고 있었습니다. … 그것이 전쟁의 논리이지요. … 나는 많은 이들을 죽였지만 살아 있었습니다. 전쟁에는 여러 기술 중에서도 죽이는 능력이 필요합니다. 그러나 당신은 죽이는 것과 잔학행위를 동질시해서는 안 됩니다. 나는 우리가 맞닥뜨렸던 위험과 우리가 서로를 위해 했던 희생이 우리를 잔혹하게 하기보다는 더 친절하게 만들었다고 생각합니다." 이와 같은 꽤 드문 실험 — 개입된 여성의 수와 그들에게 할당되었던 과업을 고려했을 때 그렇다 — 에도 불구하고 전후에 소련은 여성이 비전투원으로 지정되는 표준적 모델로 회귀했다. 지정학적인 존재로서 소련이 사망했을 때, 여성은 군에서 주변적인 역할 — 주로 비서직에 — 을 수행했다.

제2차 세계대전기에 훨씬 더 중요했던 이들은 후방전선을 유지하기 위해 소집된 여성들이었다. 일부 여성 — 폭격이 휩쓸고 간 독일과 점령된 프랑스와 동유럽의 여성들처럼 — 이 전쟁의 직접적인 희생자가 되었지만, 교전국의 여성 대다수가 모든 현대 전쟁 중 가장 대규모적인 이 전쟁에 의해 영향을 받고 있는 자신들의 삶을 발견했다. 여성들은 그토록 많은 남성들이 전장으로 유출됨으로써 발생한 '인력 부족'을 벌충하기 위해, 전시 노동을 위해 공장으로 향했다. 여성들은 온갖 종류의 부족과 박탈을 견뎌야 했다. 후방전선 협조자들에게 요구되는 것은 역경에 정면으로 직면하는 것 그 자체였다. 모든 교전국에서는 전쟁터에서 아들을 잃은 어머니가 명예시되었다. 예를 들어 미국에서는 아들 한 명을 잃은 여성이 정부로부터 '금성' 휘장을 받고 공식적으로 금성 어머니(gold-star mothers)로 지정받았다. 오래된 신화와 기억이 현대적인 실제와 뒤섞이면서 '어머니-가정-고국'의 극적인 이미지는 모든 국가에서 수사(修辭)와 선전을 위한 무기의 일부가 되었다. 그중 가장 극적인 예는 스탈린이 인민에게 공산주의가 아니라 '성모(聖母) 러시아'를 위해 '파시스트 침략자'들과 싸우라고 외쳤던 것이 될 것이다. 스탈린은 어떤 상(像)이 가장 애국적인 영향력을 가져올지 잘 알고 있었던 것으로 보인다.

## 제2차 세계대전 이후의 여성과 전쟁

지난 50년간 여성과 전쟁에 대한 이야기는 단일하지 않으며 다수이다. 지나친 호전주의로 쇠진해진 유럽은 미국의 핵우산 아래 이루어지는 무역과 냉전정치로 관심을 전환시켰다. 전쟁을 위한 열정을 만들어내는 것은 어려웠고, 전투에서 여성의 역할이라는 문제는 시급한 것이 아니었다. 많은 여성에게 좀 더 위급한 것은 핵전쟁에 대한 공포였다. 페미니스트적인 형태의 시위와 뒤섞이면서 많은 여성이 ─ 예를 들어 영국과 미국에서 '여성평화캠프(Women's Peace Camps)'를 창설했던 것과 같이 ─ 대담하고 극적인 방식으로 핵의 위험에 반대했다. 이미 살펴보았듯이 소련에서 여성은 동원 해제되었으며, 정치적 상황은 전쟁을 지지하든 그것에 반대하든지 간에 그들이 정치적으로 동원되는 것을 허락하지 않았다. 미국에서는 페미니즘이 여러 갈래의 길을 차단하고 말았다. 이는 전쟁과 그것에 여성이 참여하는 데 대한 찬반 여부를 막론하고 마찬가지였다. 반식민지 투쟁과, 좀 더 최근에는 민족주의적 격변에 대한 참가와 더불어 후자의 이야기는 분명 여성과 전쟁에 대한 대하소설의 가장 중요하고도 흥미로운 일부이다.

세계의 초강대국으로 남아 있는 미국의 군에 점점 더 깊숙이 개입하는 여성들의 이야기는 상호 경쟁하는 형태의 페미니즘적[반(反)페미니즘적] 정치 이야기와 얽혀 있다. 오늘날 미국은 다른 어떤 산업국가보다 높은 비율의 여성 병사를 보유하고 있는데, 200만 명에 이르는 전체 전력 중 12%가량이 이에 해당한다. 이러한 수적 증가는 이례적이다. 1948년 중반에 여성의 수는 전후 무장해제에 따라 대략 8000명 ─ 전체의 약 0.25% ─ 으로 하락했다. 1991

년 걸프전은 미국 역사에서 전에 없이 많은 군복 입은 여성이 전투에 더 가까워질 수 있게 했을 뿐 아니라, 미국이 다른 어떤 주요 산업국보다 훨씬 적극적으로 여성을 전쟁 위험지대에 공식적으로 투입하려 하고 있음을 알려주는 결정적 신호를 보여주었다.

예를 들어 이스라엘은 '여성 병사(women soldiers)'를 보유한 국가로 간주되지만, 모든 기혼여성은 군과 예비군에서 면제되며, 이스라엘 방위군(Israel Defence Forces) 내 여성은 지상이나 해상에서 전투의 의무를 지지 않는다. 세기말이 거의 가까워졌을 때 미국 사회가 이 문제를 놓고 분열되었음에 주목해야 한다. 걸프전 당시 여성 74%와 남성 71%가 여성에게 전투 임무를 부여하여 파견하는 데는 호의적이었으나, 전체의 64%가 어린아이를 둔 어머니를 전쟁지대로 보내는 것은 거부했다. 그러나 6주밖에 되지 않은 갓난아이의 어머니들이 소집되어 걸프로 배치되었다. 이는 어린이, 특히 유아의 복지와 그들이 직계부모로부터 분리되었을 때 어떤 유해한 효과가 야기될 수 있는지에 관한 논쟁을 불러일으켰다(걸프전 동안 어린이 약 1만 7500명이 그들을 보호할 부모가 없는 채로 남겨졌다). 그러나 '걸프지역에서 싸우고 있는 우리의 남성 및 여성'에 관한 미국인들의 전반적인 열의 속에서 이러한 논쟁은 대부분 짧게 끝나고 말았다.

여성의 실제 참가율 수치를 보면 전력 참가가 남성에 치우쳐 이루어졌음을 알 수 있다. 사막의 폭풍 작전(Operation Desert Storm)에서 전체 전력 중 여성은 6%, 즉 54만 명가량에 달하는 총 전력에서 약 3만 2350명이었다. 여성은 수송기 조종사, 정비사, 헌병장교, 군수 담당자, 비서, 간호, 지원 서비스와 같은 통상적인 일군의 업무를 수행했다. 몇몇 여성이 포로가 되었다가 살아남아 전쟁을 공부하는 학생들에게 낯익은 언어로 그 이야기를 전했다. 예를 들어 외과 군의관이자 헬리콥터 조종사였던 코넘(Rhonda Cornum) 소령은 전쟁에 참가하는 것에 대한 자신의 시각을 다음과 같이 논했다. "내 조국을 지키는 것과 같은 명예로운 일을 하다가 죽는 것은 내가 상상할 수 있는 가장 나쁜 종말이 아니었다." 그녀는 비겁자가 되는 것을 원치 않았다고 말했으며, "만약 내가 집에 있었다면 내 딸이 나를 약골로 생각할까 봐 두려웠다"고 했다. 베트남에서의 낭패가 야기한 치욕과 고통을 경험하고 난 뒤에야 미국인들은 비로소, 감당할 수 없는 상황에서 심하게 훼손되거나 부러진 신체를 고치고 있는 게 아니라 적과 싸우고 있는 여성으로부터 영웅적 행위에 대한 낙관적 이야기를 들을 준비를 갖추게 된 것 같다. 그러한 이야기와 함께 베트남전 시기 간호사들에 대한 이야기도 복원되었다.

걸프전에 대한 여성의 참여는 제한적이었으며, 실제 수로 보면 전개된 남성에 비해 소수에 지나지 않았고 잘못 운용되기도 했다. 그러나 현존하던 거의 모든 '전투 배제(combat exclusion)' 법칙을 제거하기 위한 열성은 1992년과 1993년에 증대되었다. 그 결과 미국 해군은 1994년 3월 전투함대에 여성을 포함시키기 시작했다. 항공모함 아이젠하워(USS *Eisenhower*) 호의 승무원 5500여 명 중 여성은 10%도 채 안 되었지만, 그들은 여성이 장차 추가적으로 전투함대에 투입될 수 있는 길을 닦아놓았다. 공군과 해군도 1994년에 여성에게 전투 조종사가 될 수 있는 문호를 개방했다. 이는 또 하나의 최초 사례였다. 현재까지는 여성이 지상 전투병력이나 특수전력에서 복무할 수 있도록 허용되지 않은 상태이다.[10] 임무에 대한 철학과 필요한 육체적 능력 – 특히 상체의 힘 – 에 기초했던 그와 같은 최종적 제한은 모든 전투 역할에 여성이 참여하는 모습을 보고자 했던 이들에게는 받아들여질 수 없는 것이다.

현대 국가들이 전쟁을 만들었던 방식과 강하게 뒤섞여 있고, 세대를 거치면서 그토록 진지하게 모습을 바꾸어 다시금 등장했으며, 그처럼 분명하게 국가의 법전과 사람들의 윤리적 규범에 아로새겨 있는 남성/여성, 전투원/비전투원의 구분이 다음 세기에는 사라지는 것을 볼 수 있을까? 그렇게 되지는 않을 것 같다. 이러한 측면에서 거의 전례가 없는 실험에 착수해 있는 미국

---

10  미국 국방부는 2016년 1월 1일부터 군내 모든 병과와 직책을 여성에게 개방했다.

에서조차도 양면성이 깊게 흐르고 있다. 일부 군복무 여성은 전투직에 할당된 자리를 진급할 수 있는 하나의 방법으로 보고 있지만, 군복무 중인 전체 여성의 불과 10%만이 전투 역할에는 부적격함을 '매우 중요한' 이슈로 간주하고 있으며, '9명 중 한 명만이 그러한 책무를 위해 자원할 것'이라고 밝히고 있다. 미국자원병전문군(American All Volunteer Force)에 속한 대다수 여성에게 전투의 위험은 어떤 잠재적 혜택보다 훨씬 크다. 역사적으로 보았을 때 젊은 남성의 압도적 다수에게도 이는 마찬가지였음을 의심할 나위가 없다. 다만 차이는 그들에게는 그러한 문제에 관한 선택지가 거의 없거나 전혀 없었다는 점이다.

부분적으로는 전쟁이 남기게 되는 파괴를 인간이 감당할 수 있는 상황이 끝날 것이기 때문에 어느 날엔가는 ─ 아마도 조만간에 ─ 전쟁이 더 이상 쓸모가 없어질 것이라고 선언하는 이들이 늘 존재해왔다. 그러나 그것은 인류를 억제하는 데 성공하지 못했던 것으로 보이며, 21세기에 그렇게 될 가능성도 거의 없다. 오히려 이제는 전투원과 비전투원 간에 장벽을 세움으로써 전쟁의 피해를 제한하기 위해 사회가 취했던 전통적 방법을 없애버리게 될 젠더(gender) 정치학을 만들어내는 교리가 존재한다. 더 이상 여성이 비전투원으로 지정되지 않는다면 ─ 이러한 지정은 그들을 전혀 배려해주지는 않았지만 전쟁의 격렬함을 완화시키는 데는 가시적인 효과를 가져왔다 ─ 어떤 새로운 장벽이 대두될 수 있을까? 아마도 '민간인'과 성(性)을 불문하고 '전쟁 수행자(war fighters)' 간에 장벽이 등장하게 될 것이다. 물론 이와 같은 구분에는 성(性)에 의해 만들어졌던 몇 세기나 묵은 구분의 질감과 깊이가 결여되어 있다. 그것은 아마 그와 동일한 정도의 도상학(iconography), 신화, 이야기, 노래를 만들어내지는 않겠지만, 어느 날 오래된 성 구분(gender divide)처럼 작동할 수도 있다. 이는 실로 어림하기 힘든 일이다.

좀 더 쉽게 상상할 수 있는 것은 여성과 전쟁의 문제에 대해서는 거대한 무리의 선택지 ─ 그것들 중 많은 수는 매력적이지 않다 ─ 가 계속해서 스스로를 드러낼 것이라는 사실이다. 르완다에서 자행된 머셰티(machete)[11]를 이용한 대량살육으로부터 여성은 면제되지 못했다. 발칸을 뒤흔들었던 전쟁에서 여성은 남성처럼 많은 수가 죽임을 당하지는 않았지만, 도시에서 폭격을 맞는 비전투원으로서든 잔학행위를 위해 차출된 희생자로서든 간에 전쟁은 그들에게 가장 참혹한 방식으로 폭력을 가했다. 오랫동안 그래 왔듯이 오늘날 팔레스타인의 여성은 팔레스타인이 그 국민을 위한 온전한 국가로서의 지위를 쟁취하기 위한 싸움의 선봉에 서 있다. 한 가지 말할 수 있는 것은, 소련 제국을 뒤이은 소(小)국가들 내에서 여성은 방어적 명목에서든지 공세적 명목에서든지 남성 못지않게 민족주의적이고 광신적일 정도로 애국주의적이다. 역설적이게도 종교적인 여성들에 의해 생성된 고도로 발전된 '평화정치(peace politics)'와 페미니즘의 한 지류가 또 다른 페미니즘의 한 지류가 견지하는 현실정치(realpolitik)와 동시에 충돌하고 있는 곳은 탈산업화 단계에 있는 서양 민주주의 국가들이다. 어떤 시점에서는 서양사 속에서 시민과 병사가 긴밀히 결합되었지만, 더 이상은 그렇지 않다. 그러나 우리는 계속해서 명예롭게 행동한 병사들을 예우하고 있다. 차이점은 과거에는 기대할 수 없었을 정도로 많은 여성이 그들 중에 포함되어 있을 것으로 생각된다는 점이다. 이것이 진보인지 아닌지는 판단하고 싶지 않다. 그러나 그것이 변화라는 데는 의심의 여지가 없다. 그러나 이 변화가 얼마나 중대한지는 지켜봐야 한다. 이 기나긴 역사를 돌아보면 상징과 테마가 반복되는 방식과, 국민국가의 군대에 공식 전투원으로서 참가했던 여성의 수는 여성과 늘 연관되어왔던 부양, 보살핌, 인고의 일상적 과업을 계속 수행하는 여성의 수와 비교했을 때 극소수에 지나지 않는다는 사실에 강한 인상을 받게 된다.

---

11  날이 넓고 무거운 칼로서 통상적으로 날의 길이는 32.5~45cm, 두께는 3mm 이하이다. 농사용으로 쓰지만 무기로도 사용된다.

## 제17장

# 반전(反戰)

―――――――――――――――――――――――――――― 애덤 로버츠 Adam Roberts

전쟁은 어떻게 예방 또는 반대되거나, 적어도 제약될 수 있을까? 전쟁의 기능을 대신할 수 있는 것은 무엇일까? 유럽의 르네상스 시대 이래 이 문제를 다루기 위한 제안은 계속되어왔다. 세대마다 사상가와 정치적 운동 들은 전쟁이라는 변화무쌍한 현상에 대한 각 사회의 특수한 경험을 반영하면서 각기 고유한 방식으로 이 문제에 접근했다. 19세기와 20세기에 전쟁을 제한 또는 폐지하거나 대체하는 것에 대한 생각은 수적으로 더 많아졌으며, 이전 시대에 비해 정치적 영향력을 발휘하기도 했다. 그러나 모든 경우에 성공적이지는 않았다.

전쟁을 다루기 위한 제안은 당혹스러울 정도로 폭넓고도 다양한 접근법에 기초했으며, 그것은 다음과 같이 분류될 수 있다.

① 전쟁에 호소하거나 그것을 수행하는 것에 대한 법적 제약
② 국제 조직 및 집단안보 체제
③ 양자 또는 다자간 군비통제 및 무장해제 조치

④ 평화주의(개인이나 집단이 전쟁에 참여하는 것에 대한 거부) 및 일방적 군축(한 국가에 의한 무장해제 제안)

⑤ 외국의 통치나 독재적 통치에 저항함에 있어 전쟁을 대체하는 방안으로 활용되는 평화적인 압력 및 투쟁의 방법(경제 제재 및 비폭력적 형태의 저항을 포함함)

이러한 접근법들 간에는 분명한 양립성의 요소가 존재한다. 그리고 어떤 한 명의 사상가, 정치인, 또는 기관의 일에는 그것들 중 몇 가지가 포함되어 있을 수 있다. 그러나 그것들에는 차별화되는 요소가 있다. 각 접근법은 전쟁의 원인과 특성에 관한 특유의 시각을 기초로 했으며, 각각은 전쟁이 통제되거나 제거될 수 있을지도 모르는 국제 사회에 대한 특유의 상(像)을 만들어 냈다.

앞서 열거된 접근법들은 지난 몇 세기 동안 전쟁의 문제를 처리하기 위해 이루어졌던 가장 직접적인 시도에 속하지만 그것이 전부는 아니다. 다른 여러 집단 — 여성, 노동계급, 교회, 심리학자, 학계 등이 포함된다 — 이 자신들에게는 그 문제를 해결할 수 있는 독특한 관점이 있다고 믿었다. 전쟁을 특정 유형의 사회가 낳은 결과물로 보았던 이들에게는 전쟁의 원인을 제거하기 위한 근본적 사회개혁이 전쟁에 반대하는 가장 효과적인 방법을 구성했다. 철학적 무정부주의자들은 국가가 현대 정치에서 중심적 문제이자 전쟁의 주된 원인이라 믿으며, 국가의 폐지가 전쟁을 방지하는 수단이라고 본다. 몇몇 민주주의 이론은 전쟁이 독재적이거나 권위주의적인 체제에 의해 야기된다는 생각에 기초하여 그러한 체제를 제거하기 위한 적극적 조치를 평화로 가는 가장 확실한 길로 제안한다. 그와 흡사하게, 공산주의 운동과 공산주의 국가는 헤아릴 수 없는 전쟁들을 만들어냈던 계급 구분과 제국주의 체제를 제거할 것이라는 그들의 약속으로부터 도덕적 힘과 정치적 호소력을 이끌어냈다. 자신이 어마어마한 중요성을 가진 이상의 담지자라고 여기는 세계관을 취하는 국가들은 전쟁의 통제와 제한에 대한 훨씬 더 제한적이며 일상적인 — 어떤 경우에는 해묵은 — 접근법을 취함에 있어 다른 국가들에 비해 때로는 덜 적극적이다.

## 전쟁 수행에 대한 법적 제약

대부분의 문화와 시대에서 전쟁의 조직화된 폭력은 각별한 정당화를 필요로 하는 것으로 간주되어왔다. 전쟁의 개시에는 특별한 승인이 필요하며, 그 수행은 특정의 원칙과 관행에 부합해야 했다. 예를 들어 그와 같은 생각은 고대 로마에서 발견되는데, 당시 그것은 신관회의(the college of priests)와 관련 있는 신법(神法, jus sacrum)의 일부로 시작되어[1] 그 뒤에는 자연법(natural law) — 이는 자연 그 자체로부터 나오는 '법'이며, 이성을 사용함으로써 사람이 인지하거나 연역할 수 있었다 — 에 대한 생각과도 추가로 관련을 맺게 되었다. 그것은 성 아우구스티누스(St Augustine)와 성 토마스 아퀴나스(St Thomas Aquinas)의 저작과 같은 기독교 전통에서도 발견된다. 또한 시와 드라마에서도 자리매김했는데, 그 좋은 예는 1600년경 첫 출간된 셰익스피어의 『헨리 5세(Henry V)』이다.

전쟁과 관련된 광범위한 원칙, 규칙, 의식이 담고 있는 정확한 내용은 시대와 문화에 따라 상당히 달랐다. 그러나 보편적 관심이 모아지는 3개 부문이 존재하는데, 이것들은 여러 방식으로 서로 중첩되고 연관된다.

① 전쟁을 벌일 수 있는 합법적 권한을 가진 이에 관한 규칙
② 전쟁에 호소하는 것을 정당화하는 것에 관한 규칙(jus ad bellum)

---

1  고대 로마의 공화정 시기에는 주요한 사제회의 4개가 존재했다. 이들의 주된 책무 중 하나는 이른바 '신법'의 집행을 관리하는 것이었다.

③ 전쟁 수행에 관한 규칙(jus in bello)

16세기와 17세기에 근대적인 체계의 주권국가가 시작되었을 때부터 이러한 부문들은 국제법에 대한 주요 저술가들 — 데 비토리아(Francisco de Vitoria), 젠틸리(Alberico Gentili), 흐로티위스(Hugo Grotius) — 의 주된 관심사였다. 제일 먼저 발전될 국제법의 분야가 전쟁과 관련된 분야였다는 점은 이상한 역설이다. 그 부분적인 이유는 평화적 관계가 대부분 특별한 기초 위에서(예를 들어 상업적·외교적이거나 또는 기타 문제에 대한 양자 간 조약에 의해) 조절될 수 있었다는 점이다. 그와는 대조적으로 이 기간의 전쟁들은 당시 상대와의 협정으로는 해결할 수 없는 일반적 성격을 가진 복잡한 문제를 던져주었다. 다음과 같은 물음이 그 전형적인 예이다. ① 교전국은 적과 거래하는 비전투원들의 선박과 재산을 몰수할 자격이 있는가?, ② 포로는 어떻게 다루어져야 하는가?, ③ 이교도를 기독교의 통치 아래 두기 위해 전쟁을 벌이는 것이 합법적인가?

19세기 이전의 저술가들이 자세히 설명했던 '국가공법(law of nations)'은 대부분 조약법(treaty law)이 아니었다. 오히려 그것은 법(jus)과 법에 깔려 있는 원칙에 대한 생각에 기초했으며, 도덕적 철학과 고전적인 고대의 역사를 포함하는, 풍부하고도 비공식적인 범위의 원천에 의지했다. 그것들 중 어떤 것은 자연법의 맥락에서 설명되었으며, 어떤 것은 성스러운 법(신의 법), 어떤 것은 인간의 자유의지에 의해 창조된 법으로 설명되었다.

벤덤(Jeremy Bentham)이 국가공법에 오늘날과 같은 '국제법(international law)'이라는 이름을 부여한 것은 1789년이었다. 그리고 19세기 후반기에 가서야 다자간 조약에 대한 생각이 어느 국가에서나 수용되게 되고 국제법을 만드는 데 중심적인 역할을 하게 되었다. 다시 한 번 전쟁에 대한 법이 그 과정에서 선구적인 역할을 했다. 크림 전쟁이 종결되면서 체결된 '해양법에 대한 1856년 파리 선언(The 1856 Paris Declaration on Maritime Law)'은 전시에 교전국과 중립국의 해운 간 관계에 대한 일반 규칙을 규정했다. 1년 내에 49개 국이 여기에 참여했다. 1864년에는 제네바 협약(Geneva Convention)을 향한 장기적 흐름의 첫 번째인 '야전군대의 부상병 상황 개선' 협약이 체결되었다. 이는 전장이나 전장 밖의 부상자를 돕는 이들은 중립적인 이로 인정하고 공격으로부터 보호한다는 원칙을 상술(詳述)했다. 이에 따라 적십자가 인도주의적 업무의 상징으로 사용되고, 공격으로부터 자유를 확보하게 되었다.

전쟁법의 목적에 관한 가장 분명한 진술 중 하나는 폭발성 탄환을 금지시킨 1868년 상트페테르부르크 선언문(St. Petersburg Declaration)의 서문에 있다. 서문의 "전쟁 동안 국가가 달성하고자 힘써 노력해야 하는 유일한 합법적 목적은 적의 군사력을 약화시키는 것이다"라는 진술에는 전쟁을 사람 간이 아니라 국가 간의 투쟁으로 보는 분명한 생각이 존재하는데, 이는 뒤이은 법률 제정에 상당한 영향을 주었다. 몇몇 경우에 이런 생각은 다분히 사실이지만, 수많은 전쟁에서 민간인이 민간적으로나 국제적으로 개입되는 현상의 복잡성은 충분히 파악하지 못하고 있다. 전쟁 수행에 관한 법은 1899년과 1907년에 헤이그에서 열렸던 대규모 국제 회의에서 더욱 발전되었다. '지상에서의 전쟁에 관한 법률과 관행에 대한 협정(Convention on the Laws and Customs of War on Land)'의 체결은 특히 주목할 만했는데, 이 협정은 전쟁 포로에 대한 처우, 병원 보호, 휴전협상, 점령지에서 군대의 행동과 같은 문제를 다루었다. 1907년 버전은 오늘날까지도 공식적으로 유효하게 남아 있다.

제1차 세계대전은 전쟁 수행에 대한 법을 만드는 이러한 과정에 그림자를 드리우고 말았다. 많은 위법행위는 그것의 취약성을 보여주었으며, 잔학행위에 대한 선전전은 상황에 따라서는 어떻게 법이 상호 간 적대행위를 악화시킬 수 있는지 보여주었다. 좀 더 근본적으로는, 전쟁 동안 참호에서 이루어진 끔찍한 살육의 상당 부분이 (엄밀히 따지자면) 헤이그의 규정에는 부합했기 때문에 법은 전쟁을 제한하는 수단으로서 불충분함을 노출하고 말았다. 전쟁 종반에 이르면 정부들은 전쟁 수행에 관한 규칙을 더 정교화하는 데 별

관심을 보이지 않았다. 오히려 무장해제나 집단안보를 포함하여 국제연맹의 메커니즘 아래 전쟁을 전반적으로 예방하고자 했다.

전간기 동안 무력의 사용을 제한하기 위해 국제적인 사법협정을 사용하려는 몇몇 다른 노력이 존재했다. 전쟁에서 가스와 세균학적 무기의 사용을 금지한 1925년 제네바 의정서는 동일한 것으로 보복을 당할지 모른다는 위협감과 더불어 제2차 세계대전을 포함하는 주요 국제 분쟁에서 그러한 무기에 의존하는 것을 제한하는 데 모종의 역할을 했을 수 있다. 그리고 그것은 그 이후로도 효력을 발휘했다. 그러나 값비싼 실패 또한 여럿 존재했다. 켈로그-브리앙 조약으로도 알려진 1928년 '국가정책의 도구로서 전쟁 포기를 위한 일반 조약(General Treaty for the Renunciation of War as Instrument of National Policy)'에서 당시 주요 열강은 자신들이 "상호 간 관계에서 국가정책의 도구로서" 전쟁을 포기한다고 진술했다. 그러나 뒤이은 경험은 그와 같은 지면상의 약속이 가진 제한된 가치를 보여주었다. 1939년에 독일은 분명 전쟁을 국가정책의 도구로서 정확하게 간주하고 있었다.

제2차 세계대전에서는 전쟁법의 많은 원칙이 위반되었다. 특히 도시에 대한 폭격, 전쟁 포로에 대한 무자비한 처우, 추축국의 점령지에서 발생한 유대인과 집시 학살이 그랬다. 전쟁 직후 뉘른베르크와 도쿄에서 열린 국제군사재판(International Military Tribunal)과 다른 법정들도 관련된 추축국 인사들을 처벌하려 했다. 그러나 추축국 열강의 그것에 비해서는 훨씬 덜 끔찍하긴 했지만, 연합군의 전쟁 관행은 대부분 검토되지 않은 채로 남겨지고 말았다.

1945년에 체결된 국제연합헌장(United Nations Charter)은 개인적 또는 집단적 자기방어나 안전보장이사회가 승인한 행동인 경우를 제외하고는 국가가 무력 사용을 자제하도록 공식적으로 법적 구속을 가하는 것을 포함해 다면적 접근법으로써 전쟁 예방을 추구했다. 그러나 국제연합 시대의 국가들은 자기방어의 의미를 실제 공격으로부터 국토를 방어한다는 핵심적 사상 이상으로 확장시킴으로써 자신들의 무력 사용을 정당화하는 경향을 보였다.

무력 사용이 효과적으로 금지되었다면 전쟁 수행에 관한 규칙은 필요하지 않을 것이었다. 그러나 실상은 제2차 세계대전 이후 크고 작은 전쟁들이 이어졌다. 그 결과 정부들은 법률로 하여금 전쟁의 변화된 면모에 주의를 기울이게 해야 할 필요성을 느꼈다. 국제연합의 시대 동안 전쟁법에 관한 주요한 협정 10개가 체결되었다. 그중 가장 잘 알려진 것은 적의 권한 아래 있는 4개 범주의 전쟁 희생자 – 지상의 부상자나 질환자, 해상의 부상자나 질환자 또는 난파된 자, 전쟁 포로, 민간인 – 를 보호하고자 한 1949년 제네바 협정서 4개이다. 사실상 세계의 모든 국가가 이 4개 협정서에 동의했다. 여기에 지지를 표명한 국가의 수는 1995년 1월에 185개국이었는데, 국가목록이 동일하지는 않지만 국제연합 회원국의 수와 동일했다. 1977년 체결된 추가 의정서(Additional Protocols) 2개는 1949년 협정서들의 조항을 보완했다. 그것은 전쟁법이 게릴라전의 일부 측면을 더 직접적으로 다룰 수 있게 했으며, 전쟁 수행에 관한 중대한 제한사항을 명시했다. 1945년 이후의 다른 협정서들은 집단학살의 방지, 문화재 보호, 지뢰를 포함한 일부 재래식 무기의 사용 제한, 국제연합 평화유지 전력에 대한 보호를 다루었다.

1945년 이후 마련된 분쟁에 관한 일단(一團)의 규칙은 불균등하게 준수되었다. 어느 일방은 교전국으로서 상대의 존재와 지위가 가지는 합법성을 인정하려 하지 않았다. 많은 투쟁이 적어도 부분적으로는 내전이었는데, 이에 대해서는 국제적인 전쟁을 지배하는 그것보다 국가 간 합의에 도달할 수 있는 규칙이 훨씬 더 적었다. 현대 전쟁법의 기초인 병사와 민간인 간의 구별은 실제로는 이론만큼 명확하지 못했다. 극단적 민족주의와 이데올로기적 열정은 절제의 규칙이 준수되는 것을 방해했다. 기본 규칙에 대한 여러 위반 사례가 처벌되지 않고 방치되었다. 1993년 구유고슬라비아 국제범죄재판소(International Criminal Tribunals for the Former Yugoslavia)의 설립은 그러한 법을 초국가적으로 적용하고자 시도하는 것의 어려움을 드러냈다.

그러나 많은 제한이 준수되었다는 점도 사실이다. 대부분의 전쟁에서 군인 포로는 합당한 처우를 받았으며, 살아남아 이야기를 전해주기도 했다. 1982년 포클랜드 전쟁과 1991년 걸프전에서도 완벽하지는 않았지만 그러한 규칙이 상당 정도 지켜졌다. 전반적으로 보았을 때 이것이 그 규칙을 준수했던 이들을 곤란에 빠뜨리지는 않았으며, 오히려 그들을 긍정적으로 도와주었을 수 있다. 이는 그러한 법이 결코 군사작전의 효율적인 수행과 양립 불가하지 않다는 증거이다. 분명한 것은 군사력의 사용을 제약하고자 하는 소극적인 법적 노력은 제한적인 영향만을 가져왔을 뿐이며, 다른 접근법에 의해 보완되어야 할 필요가 있다는 점이다.

일반적으로 전쟁과 법률의 관계는 심히 모호하다. 현대에 상대방의 이른바 불법적 행동에 대한 불가피한 대응으로서 — 심지어는 양측 모두에 의해 — 정당화되지 않았던 전쟁은 거의 없다. 결국 무력 사용을 제한하는 데 법률이 가장 기여한 부분은 그것이 전쟁과 평화를 직접적으로 다루는 데 있지 않고 무역, 교통, 국경 구분, 많은 기타 문제에 관한 다수의 협정에 있을 수 있다. 일반적이거나 쌍무적인 조약의 이러한 망(網)은 몸에 배인 협력의 습관을 낳았다. 금세기의 대부분 기간에 라틴 아메리카의 국가들이 그 대륙에서 전쟁이 발발하는 것을 피하는 데 상대적으로 성공했던 것은 국제법에 관심을 보여온 그들의 강력한 전통 때문일 수 있다.

### 국제기구와 집단안보

국가 간의 공식적이고 지속적인 커뮤니케이션과 의사결정을 위한 구조라는 의미의 '국제기구'는 많은 목적에 기여할 수 있다. 그중 하나는 전쟁의 발발이나 위협에 가능한 협조된 대응을 만들어낼 수 있다는 것이다. 전쟁에 호소하는 것을 단념시키고 무장해제 조치를 위한 상황을 조성하는 수단으로서 국제기구를 만들기 위한 계획이 적어도 16세기 이래 정기적으로 개진되어왔다. 예를 들어 1693년에 펜(William Penn)은 『유럽의 현재 및 미래 평화에 대한 에세이(An Essay towards the Present and Future Peace of Europe)』에서 '유럽의 왕국 또는 제국의회나 정부(Sovereign or Imperial Diet, Parliament, or State of Europe)'를 제안했다.

'집단안보'라는 용어는 통상적으로 각 참여국가가 한 국가의 안보는 모든 참여국가의 관심사이기도 하다는 점을 받아들이고 침략에 집단적으로 대응하는 데 동의하는 지역적 또는 세계적 체제를 지칭한다. 1629년에 프랑스의 리슐리외(Richelieu) 추기경이 그와 같은 체제를 제안했으며, 그의 제안은 30년 전쟁이 종결되면서 1648년에 체결된 베스트팔렌 평화조약에 엷게 반영되어 생명력을 유지했다.

18세기와 19세기에 집단안보에 대한 생각은 주기적으로 되살아났다. 1713년에 프랑스의 법률과 사회에 관한 여러 저술을 남겼던 작가인 생 피에르(the abbé de Saint Pierre)는 『항구적 평화안(Projet de paix perpetuelle)』을 발간하고, 유럽 내의 모든 정치적 계약의 완전한 동결과 군주 간 연대의 창립, 국가 간 중재체제, 새로운 체제의 규칙을 준수하지 않는 국가에 대한 군사적 공동행동을 제안했다.

군사적 공동행동에 대한 생각은 열강의 동맹에 의해 나폴레옹이 패배한 뒤인 1815년에 다시 제기되었다. 영국을 포함한 그들 중 몇몇 국가는, 그것이 유럽의 기존 정치적·영토적 배열에 동의하는 것을 의미한다면 합동적인 행동체제에 가담하지 않겠다는 입장을 보였다. 국가들은 여전히 집단안보의 일반적 체제와 같은 것을 만들어내는 데 소극적이었지만, 19세기 내내 유럽 협조 체제(Concert of Europe) — 주요 열강이 모여서 평화를 위협하는 것에 대해 공동행동을 만들어내는 것을 의미했다 — 에 대한 생각은 정부들로 하여금 자신들의 정책을 조율하도록 반복적으로 자극을 가했다. 게다가 1868년 국제전신국(International Telegraph Bureau)으로부터 시작된 기능적 국제기구의 수와 중요도가 급격히 증가하면서 전쟁문제도 국제기구를 통해 다루어져야 한다는 생각이 고무되었다.

제1차 세계대전은 특유한 방식으로 집단안보에 대한 사고를 부활시켰다. 평화가 국가 간의 자연적인 '힘의 균형'에 기초할 수 있다는 생각은 1914년에 처참히 손상되고 말았다. 두 진영의 거친 균형에 의해 전쟁이 악화되고 말았다는 사실은 도움이 되지 않았다. 국제 안보를 위한 대안적인 기초가 필요했다. 그러나 끔찍한 전쟁에 대한 동일한 경험은 정부들로 하여금 자국민을 다시 한 번 전쟁으로 내몰아야 할 가능성 ― 그것이 얼마나 요원하든지 간에 ― 에 대해 숙고하기를 주저하게 만들었다. 그 결과는 국제연맹규약(League of Nations Covenant)이었다. 이 규약은 집단안보 체제가 발전될 것임을 시사했지만, 침략행위에 저항하기 위해 국가들이 투입되는 절차 면에서는 불만족스러운 상태였다(연맹이사회의 만장일치를 필요로 했다). 그리고 취할 행동의 유형도 명시되지 않았다. 실제로 국제연맹이 존재했던 기간(1920~1946년)을 통틀어 보편적 회원 가입(universal membership)과 같은 것은 결코 달성되지 않았으며, 그 회원국들은 일본, 이탈리아, 독일, 또는 기타 국가의 군사적 팽창주의 행위에 대한 군사행동에 동의해본 적이 없었다. 1935년 아비시니아를 침공한 이탈리아에 경제 제재를 조직하려 했던 노력은 실패로 끝나고 말았다. 그러나 그것은 국제노동기구(International Labour Organization)와 같은 국제적 기능조직의 추가적인 발전을 고무시켰다. 1920년에는 헤이그에 상설국제사법재판소[(Permanent Court of International Justice, 1945년 이후로는 국제사법재판소(International Court of Justice)]가 설립되었다.

국제연합헌장의 채택과 함께 1945년 설립된 국제연합은 사회적 진보와 인권을 증진하고, 국제적 기능조직의 네트워크와 범위를 확대하며, 분쟁의 평화적 해결을 위한 협의를 강화함으로써 전쟁의 원인을 제거하고자 했다. 평화 위협에 대한 예방행위와 관련해 헌장은 집단안보 체제와 국가적·지역적 방위협정의 지속적 역할을 수용하는 것 간의 절충안을 반영했다.

안전보장이사회에 관한 국제연합헌장의 조항(원래는 11개였지만 1965년에 15개로 확대되었다)은 국제연맹규약보다 결론에 도달할 수 있는 훨씬 더 현실적인 구조를 제공했다. 안전보장이사회에서는 영국, 중국, 프랑스, 소련, 미국이 상임회원권과 결의안을 거부할 수 있는 권한을 가졌으나, 다른 결의안은 3/5의 다수결 득표로 통과되었다. 이것은 때때로 결론에 도달할 수 있음을 의미한다. 한편 거부권 때문에 '5개 상임이사국(Permanent Five)' 중 한 국가에 의한 군사행위는 국제연합 자체에 의해서는 효과적으로 반대될 수 없다. 그렇기 때문에 냉전은 대부분 국제연합의 틀 밖에서 수행되었다.

1945년 이후 반세기 내에 국제연합은 어느 특정 시점에 존재하는 것으로 인정되던 모든 국가를 회원국으로 가입시키고 ― 이는 국제연맹이 달성할 수 없었던 범위였다 ― 이를 유지했다. 그것은 군사적 위협에 대한 공동 대응을 숙고하기 위한 하나의, 하지만 결코 유일하지는 않은 포럼을 제공했다. 그것은 1950년의 한국과 1990~1991년의 이라크-쿠웨이트 위기, 1992년의 소말리아처럼 중요한 국제적 명분으로 인지된 일에는 미국이 주도하는 국가 간 동맹에 의해 특정적으로 무력이 사용되는 것을 승인했다. 그것은 또한 새로운 유형의 군사활동인 국제연합 평화유지 임무를 도입하게 만들었다. 이는 분쟁 당사국들이 휴전과 평화협상을 이행하도록 돕고 인도주의적 업무를 지원하기 위해 공정한 다국적군이 주둔하는 것이다. 1938~1995년 동안 서른여덟 차례 그러한 작전이 주로 탈식민지 국가(나중에는 탈공산주의 국가에서도)에서 이루어졌다. 작전의 성과는 엇갈렸지만, 그중 다수는 취약한 휴전상태를 강화시키고 정치적 해결을 지원했으며, 분쟁을 강대국이나 인접한 열강 간의 경쟁관계로부터 고립시키는 데 도움을 주었다.

냉전기 동안 국제연합은 많은 경우 안전보장이사회의 거부권 때문에 행동할 수 없었다. 그리고 국가들은 행동보다는 수사(修辭)를 원하는 이슈를 그곳으로 가지고 왔다. 거부권 사용이 중단되었던 1990년에서 1995년에는 국제연합이 마침내 탈냉전적 집단안보 및 국제평화 체제의 중심으로 등장할 수 있을지 모른다는 희망이 생겨났다. 1991년에 국제연합이 주도하는 다국적군이 쿠웨이트로부터 이라크를 축출하는 데 성공한 것은 그러한 희망을 강화시켰다. 그러나 집단안보 제안이 갖고 있는 특정의 핵심적인 취약점이 다시금 드러났다. 구유고슬라비아, 구소련, 아프리카, 기타 지역에서 복잡한 위기가 발생했을 때는 어떤 위기를 다루어야 하고 어떤 행동을 취해야 하는지에 대한 국가 간 충분한 협의가 존재하지 않았다. 안전보장이사회가 행동을 제안했을 때 국가들은 필요한 전력과 자원을 제공하거나 병사들의 생명에 위험이 가해지는 것을 감수하려 하지 않았다.

국제연합은 집단안보를 위한 일반적 체제와 같은 것을 달성해내지는 못했지만 적어도 몇몇 문제에 대해서는 대응을 조율할 수 있는 포럼을 제공했으며, 국가와 사람 간의 평등에 대한 생각에 중요한 상징적 공인(公認)을 부여하기도 했다. 그것이 전쟁을 폐지하지는 못했다 할지라도 때로는 일부 교전국에 의해서까지도 무력 사용을 제약하는 - 점점 더 강화되어가는 - 가정으로 인정되었다.

몇몇 국제기구는 침략에 대한 공동행동을 제공함으로써가 아니라 오히려 전쟁에 호소하지 않게 하거나 그렇게 하는 게 불가능하도록 국가 간, 그리고 국민 간 상호작용의 패턴을 발전시킴으로써 전쟁을 제거하려 했다. 제2차 세계대전 후 서유럽에서 1940~1950년대에 유럽인들의 조직을 창설하려 시도하는 데까지 이르렀던 사고의 상당 부분은 엄밀히 말해 이러한 노선의 것들이었다. 국제연합이 성공하지 못할 수도 있음을 인지한 유럽의 지도자들은 고도의 상호 협력과 상호 의존이 또 다른 파멸적인 유럽 전쟁의 가능성을 감소시켜줄 것이라는 생각을 품고 결국 유럽연합(European Union)을 창설하기에 이르렀다. 그러나 수십 년 동안 유럽공동체(European Community)와 같은 유럽의 조직은 직접적인 안보기능을 갖고 있지 못했으며, 아직 전쟁의 폐지는 그들의 궁극적인 존재 이유가 아니었다. 유럽인들의 경험은, 국경을 넘나드는 상호작용의 수적 증대와 복잡성에 기초를 두며 정치적·경제적 자유주의의 확산이 특징인 초국가적 사회가 세계적 수준에서 등장하기 시작하고 있다고 주장하는 이들의 영향력을 강화시켰다. 이는 매력적인 시각이지만,

편협한 민족주의로의 회귀 — 이는 근대성으로의 성급한 돌진에 대한 공통된 반응이다 — 는 일시적 일탈에 지나지 않는다는 가정에 기초하는 것으로 보인다. 그와 같은 통합주의적인 시각은 또한 때때로 내전이라는 현상을 무시해버린다. 내전의 발발은 평화를 위해서는 더 많은 상호작용이 필수라는 생각이 일반적으로 틀렸음을 입증한다.

## 군비 축소와 군비 통제를 위한 합의

국가 간의 군비 축소에 관한 협의조치를 통해 전쟁이 폐지될 수 있다는 생각은 오랜 역사를 가지고 있다. 나폴레옹의 제국이 종국적으로 패배를 당한 직후인 1816년에 러시아 황제 알렉산드르 1세(Aleksandr I)는 "인민의 안전과 독립성을 보존하기 위해 열강이 투입했던 모든 종류의 군사력을 동시적으로 삭감할 것"을 제안했다. 영국 외무장관 캐슬레이 경(Lord Castlereagh)은 그 야심찬 안에 대해 현실주의적인 비평으로서 다음과 같이 품격 있는 표현을 던졌다. "재무장을 위한 상대적인 수단, 한계, 입장, 능력을 감안할 때, 그토록 상이한 환경 아래 있는 수많은 국가가 무력의 규모에 대해 합의하는 것은 너무 복잡한 문제이다."

1899년 헤이그 평화회의(Hague Peace Conference)가 소집되었을 때 차르 니콜라이 2세(Nicholas II)는 군비 경쟁의 비용과 위험성뿐 아니라 러시아의 기술적 열세에 대해서도 염려했다. 그는 무장의 중대한 감축을 원했고 두 차례의 헤이그 평화회의는 몇몇 다른 문제에 대해서는 합의에 도달했지만 군비 감축에 대해서는 아무런 중요한 결과도 달성하지 못했다.

제1차 세계대전 이후 국제연맹규약은 '국가의 안전에 부합되는 최저의 지점까지 국가의 무장을 감축하고 공동행동으로 국제적 의무를 강제할 것'을 요구했다. 전간기 동안 몇몇 군비제한 조치가 달성되었는데, 여기에는 1922년 워싱턴 해군조약(Washington Naval Treaty)과 1930년 런던 해군조약(London Naval Treaty)이 포함되었다. 그러나 연맹의 야심적인 군비축소 목표는 현실화되지 못했다. 제네바에서 열린 연맹 군비축소 위원회의 소련 대표단 단장이었던 리트비노프(Maxim Litvinov)는 1927년 11월에 '완전하고도 전반적인 군비 축소' – '완전'한이라 함은 모든 무장을 지칭하고, '전반적'이라 함은 모든 국가를 지칭했다 – 를 위한 최초의 공식적인 외교 제안을 내놓았다. 그런 제안을 개진하는 데 그와 그의 정부가 얼마나 진지했는지는 의문이다. 어쨌든 그 것은 거의 지지를 얻지 못했다. 결국 연맹은 상당 정도 예고되었던 '군비 축소와 제한을 위한 회의(Conference for the Reduction and Limitation of Armaments)'를 소집했다. 일본과 독일의 도전이 거세지던 시점인 1932~1934년에 제네바에서 열렸던 이 회의는 아무런 중대한 결과도 달성하지 못했다. 전반적으로 보았을 때, 군비축소 분야에서 연맹이 가졌던 높은 열망에 비해 빈약한 성과는 그 조직이 절망적일 정도로 비현실적이라는 인식의 형성에 기여했다.

다른 문제들처럼 군비 축소에 대해서도 국제연합은 국제연맹보다 현실적인 가정에 기초했다. 헌장의 제11조와 제26조는 군비 축소와 무장 규제에 관해 조심스러운 언급만 하고 있을 뿐이다. 냉전이 발전되고 동·서 간 군비 경쟁이 심화되면서 특히 국제연합 회원국의 과반수를 형성하게 된 비동맹 국가들이 점점 더 군비 축소를 위한 목소리를 높였다. 소련과 미국은 1959~1960년에 전반적이고 완전한 군비 축소 안들을 내놓았으며, 그들은 결코 그러한 접근법을 공식적으로 포기한 적이 없다. 1978년과 1982년, 1988년에 국제연합 총회는 군비 축소에 관한 특별 회기를 열었지만, 수사(修辭)는 길었고 성과는 짧았다.

국제연합 시대에는 전반적이고 완전한 군비 축소와 군비 제한 간 차이가 점점 더 첨예해졌다. 전자는 달성될 수 없는 것으로 널리 비판받았다. 일부 사람들은 모든 국가가 동시에 군비 축소에 동의할 것이라는 생각은 신뢰할 수 없는 것이며, 한 사회가 외부의 적을 방어하는 데 군비가 여전히 기능을 가지고 있다고 주장했다. 그와 동시에 그들은 특히 그 효과가 매우 지대한 핵무기는 비교적 은폐하기 쉽기 때문에 군비 축소에 대한 사찰은 매우 어렵다고 주장했다. 이러한 비관주의적 주장을 배경으로 좀 더 온건한 군비제한 조치를 옹호하는 목소리가 특히 1960년경부터 상당한 입지를 확보하게 되었다. 1945년 이후 체결된 주요한 군비제한 국제 협정은 다음과 같다.

① 1963년 부분적 핵실험금지조약(PTBT)
② 1967년 라틴 아메리카 비핵화지대조약[틀라텔롤코(Tlatelolco) 조약]
③ 1969년 핵확산금지조약(NPT)
④ 1972년 생물학무기조약(BW 회의)
⑤ 1972년 장거리 핵운송수단과 요격용 탄도미사일 체계에 제한을 가했던 미소 전략무기제한협정(US-Soviet Strategic Arms Limitation Talks: SALT I)으로부터 도출된 합의들
⑥ 1985년 남태평양 비핵화지대조약[라로통가(Rarotonga) 조약]
⑦ 1987년 중거리 핵전력을 제거하기 위한 미소 조약(INF 조약)
⑧ 1990년 유럽의 재래식 군사력에 대한 조약(CFE 조약)
⑨ 1991년 미소 전략무기감축조약(START 조약)
⑩ 1993년 화학무기의 개발, 생산, 사용에 대한 금지와 그것의 파괴에 대한 협상(CW 회의)

이러한, 그리고 다른 협상의 목적은 전쟁의 모든 가능성을 제거하는 것이 아니라 오히려 무장 대립의 비용을 감소시키고, 협상이 좀 더 예견 가능해지도록 만들며, 그 특성이 각별히 공세적이거나 도발적인 무기 체계나 활동을 제한하는 것이었다. 군비통제 논의에 깔려 있는 추가 목적은 쌍방 간에 일정 정도의 상호 이해를 만들어내는 것이었다. 그러나 이것이 항상 효과를 발휘하지는 않았다. 군비통제 회의는 줄곧 상대의 빈약한 이행성과에 대한 불평을 포함하는, 격론장이 되고는 했다. 때로는 군비제한 협상이 질적 군비 경쟁

을 다루는 데 실패하고 있다거나, 일반적으로는 좀 더 근본적인 변화가 필요할 때에 너무 온건 개혁주의적이라는 점 때문에 비판을 받았다. 미국과 소련의 군비통제 협정이 동시 체결되었음에도 불구하고 베트남에서 있었던 전쟁을 포함해 동·서 차원의 지역적 전쟁은 계속되었다. 그러나 상호 이해의 습관과, 전략적 문제에 대한 공동의 이해를 야기한 일부 요소의 등장은, 1989~1991년 냉전의 종결과 소련의 몰락을 초래한 소련 내부의 변화과정에 기여했을 수 있다.

### 평화주의와 일방주의(unilateralism)

기록된 역사 내내 조직적인 대규모 폭력에 대한 거부는 불교를 포함한 많은 종교 체계와 분파의 특징이었다. 종교개혁 시대 이래 재세례파(Anabaptists), 메노파(Mennonites), 퀘이커교도를 포함하는 좀 더 작은 다수의 기독교 분파는 평화주의적이었다. 많은 저술가들이 각별히 평화주의적인 입장을 개진했다. 에라스무스(Erasmus)는 『전 세계에 의해 일축되고 거부된 평화에 대한 고소(A Complaint of Peace Spurned and Rejected by the Whole World)』(1517)에서 다음과 같이 썼다. "여러분은 지금까지 조약에 의해 달성된 것은 아무것도 없으며, 폭력이나 보복으로 달성된 것 또한 아무것도 없음을 알고 있다. 그 대신 이제는 화해와 친절함이 이룰 수 있는 것을 시도해보자. 전쟁은 전쟁에서 나오며 보복은 추가적인 보복을 가져온다. 관대함이 관대함을 낳게 만들고 친절한 행동이 추가적인 친절함을 불러오도록 하며 진정한 충성심은 통치권을 인정하고자 하는 의지에 의해 측정되게 하자." 『전쟁과 평화(War and Peace)』의 저자인 톨스토이는 3세기 뒤에 그와 비슷한 태도를 가지고 저술하면서 전쟁을 인도적이게 하거나 제한하고자 하는 모든 시도에 대해 의심했다. 그것은 즉각적으로, 그리고 아래로부터 반대되어야 하는 것이었다.

19세기에는 자유주의적이거나 사회주의적이거나 할 것 없이 많은 운동이 국가가 군사력을 사용하는 것에 매우 비판적이었다. 많은 이들이 중재와 국제재판소의 설립, 무장 감축을 지지했다. 현대적 의미에서 그들은 완벽한 평화주의자(pacifist)는 아니었으며, 평화의 모든 가능성에 대해 탐구하지만 반드시 모든 상황에서 모든 폭력의 사용을 거부하지는 않는다는 뜻의 '평화 애호주의자(pacificism)'라는 용어를 통해 더 잘 묘사되었다. 유럽의 국가 간에는 공통의 문명이 존재한다거나 다른 국가의 노동계급 간에는 공통의 이해관계가 존재한다는 인식이 그러한 운동을 강화시켰다. 제1차 세계대전기에는 그와 같은 국제주의적 생각보다는 공격적인 민족주의가 더 강력한 것으로 판명되었으며, 전쟁에 반대하는 총체적 파업 계획은 붕괴되고 말았다.

제1차 세계대전 이후 '평화주의'라는 용어는 주로 모든 전쟁 수행과 개인에 의한 전쟁 참여는 옳지 않은 것이라는 신념을 지칭하기 위해 쓰이게 되었다. 20세기 평화주의는 세 가지의 주요한 방식으로 이전의 종교적 평화주의와는 차별화되었다. 첫째, 그것은 강력한 이성주의의 요소를 포함했는데, 그 자체가 절대적으로 종교적인 처방보다는 이른바 전쟁의 무용성에 대한 실용주의적인 주장에 기초를 두었다. 둘째, 몇몇 국가에서 그것은 정부정책에 급격한 변화를 발생시키려는 정치적 운동의 기초가 되었다. 셋째, 그것은 양심적 병역 거부(즉, 군복무를 위해 입대하는 것에 대한 지조 있는 거절을 말한다)를 위한 운동과 연관되었다. 국가가 군사적 준비를 포기한다면 그럼으로써 전쟁의 위험이 감소할 것이라는 낙관적인 주장을 펼쳤던 정책 지향적 평화주의자들과, 자신들의 역할을 좀 더 제한된 맥락에서 온전성(integrity)을 유지하고 국가로부터 스스로 거리를 두는 것으로 보았던 비관적인 평화주의자들 간에 지속적으로 구별이 존재했다.

1930년대에는 많은 국가에서 평화주의 운동이 생겨났으며, 영국과 미국에서 특히 강력했다. 그것은 잃어버린 생명의 수가 달성된 결과와 비례하지 않는 것으로 보였던 제1차 세계대전의 끔찍한 경험에 대한 대응이었다. 여러 국가에서 전면적인 공중공격에 대한 깊은 두려움이 군비 경쟁과 전쟁의 악순환으로부터의 단절을 만들어낼 때가 되었다는 평화주의적 주장을 더욱 강화시켰다. '남성들이 싸우기를 거부할 때 전쟁은 중단될 것'이라는 평화서약연합(Peace Pledge Union)[2]의 슬로건 ─ 지나치게 단순했지만 논리적이기는 했다 ─ 이 평화주의적 주장의 귀감이 되었다.

최근에도 그렇듯이, 1930년대 평화주의자들은 어떻게 그들이 자신의 가족, 국가, 또는 정치체제를 지키고자 하는지에 대한 질문을 받곤 했다. 이탈리아와 스페인, 독일에서 대두되고 있던 파시즘의 위협은 그러한 질문에 무게를 더해주었다. 이에 대응하여 평화주의자들은 때때로 전쟁에 대한 대안으로서 협상의 가치를 역설했다. 그러나 이러한 대답은 유화정책(특히 프랑스와 영국에 의한)이 나치즘을 억누르는 데 완전히 실패함에 따라 순식간에 신뢰성을 잃고 말았다. 때때로 그들은 폭력에 대응하는 수단으로서 비폭력 저항의 가치를 강조했지만, 그들의 모호하고도 일반적인 접근법은 신뢰감을 증진시키지 못했다. 1939년 제2차 세계대전이 발발한 뒤에는, 몇몇 국가가 군사적 준비가 결여된 상태로 있게 하는 데 기여했으며 히틀러로 하여금 자신이 특정 국가를 아무 문제없이 공격할 수 있다고 믿도록 도왔다는 점에서 평화주의자들을 비난하는(이는 옳을 수도 있고 그릇된 것일 수도 있다) 경향이 존재했다. 전쟁 동안 이전에는 평화주의자였던 일부가 전쟁 노력을 지지하기로 결정했지만, 영국과 미국뿐 아니라 다른 몇몇 국가에서도 수많은 남성이 징집을 거부했다.

평화주의 운동과 그들이 신봉하던, 군역에 대한 양심적 병역 거부의 명분은 제2차 세계대전을 경험하며 상당 정도 약화되었다. 1939~1945년의 사건

---

2    영국의 평화운동 조직으로서, '나는 전쟁을 포기하며 어떤 종류의 전쟁도 지지하지 않을 것을 다짐한다. 또한 전쟁의 모든 명분을 제거하기 위해 일할 것을 다짐한다'는 이 조직의 서약에 서명하는 이들은 모두 회원이 될 수 있다. 1934년에 셰파드(Dick Sheppard)의 제안으로 결성되었으며, 2003년에는 이라크 침공에 반대하는 시위에 참가하기도 했다.

은 군사적 방법이 결국 전적으로 시대에 뒤떨어지거나 비효과적이지는 않음을 보여주었다. 침략과 독일이 취한 정책의 중심부에 있는 비인간성은 많은 이들로 하여금 추축국과 같이 사악한 열강에 대한 무력 사용은 합법적인 것이라고 결론 내리도록 강제했다. 평화주의적인 의견은 계속 존재했지만, 그 일부의 중요성과 도덕적 힘은 상실되고 말았다. 게다가 일부 사람들은 국제연합의 보호 아래 무력이 사용될 가능성이 대두하는 것[3]을, 평화주의의 관점에서 무력 사용에 절대적으로 반대하는 것의 타당성에 의문을 제기하는 것으로 보았다.

1945년경부터 이루어진 핵무기의 발전은 결국 새로운 종류의 평화주의가 등장하게 자극했다. 소련과 미국이 열핵무기(H-폭탄)와 그것의 투발수단을 개발해냈던 1950년대 말과 1960년대 초에 많은 국가에서는 전쟁과 무기에 대한 혐오감의 물결이 일었다. 그것은 대부분 '핵평화주의' – 즉, 핵무기에 대한 모든 준비와 그것을 사용하고자 하는 위협에 대한 거부로서, 이는 필연적으로 일방적인 핵군축에 대한 요구를 야기했다 – 의 형태를 취했다. 영국에서는 철학자 러셀(Bertrand Russell)이 평화주의에서 핵평화주의로의 변화를 상징적으로 보여주었다. 그는 제1차 세계대전기에 양심적 병역 거부자였고, 나중에는 완전한 평화주의를 지지하지는 않았지만 1958년부터 1970년에 사망하기까지는 핵무기에 반대하는 영국의 캠페인에서 주도적인 인물이 되었다. 1960년대 말과 1970년대에 동·서 간의 긴장이 줄어들면서 평화운동도 그 절박성과 임무의식을 잃어버리고 말았다.

1979년 12월에 북대서양조약기구는 몇몇 회원국가에 지상 기반의 핵무장 중거리 미사일을 배치하기로 했다. 이 결정은 많은 국가, 특히 서유럽에서 핵평화주의의 부활을 이끌었다. 미사일 배치에 반대하는 캠페인은 국제적으로

---

3  특정 분쟁이나 인도주의적 위기에 국제연합의 이름으로 군사 대응해야 할 가능성이 증가하는 것을 의미한다.

강력한 영향력을 행사했다. 이를 주도했던 일부 인물들은 동유럽 바르샤바 조약기구의 국가들에서도 그와 유사한 운동을 발전시키려 했다. 소련과 동맹국들은 서방에서 발생하는 운동은 지원했던 반면, 당연하게도 동방에서는 그런 운동이 등장하는 데 반대했다. 서방의 국가들에서 발생한 시위는 몇몇 정부에 상당한 염려를 유발했지만, 1983년에 미사일이 배치되는 것을 막지는 못했다.

핵평화주의는 중요한 이슈를 다루긴 했지만 비판에 취약했다. 서유럽 국가들에 의한 일방적 핵감축을 지지했던 많은 이들은 자신들이 미국에 의해 이루어지는 그에 견줄 수 있는 감축행위 또한 지지하는지에 대해서는 동의할 수 없었다. 많은 이들은 공개적으로나 사적으로나 핵무기는 모종의 억제 가치를 가지고 있으며, 한꺼번에 총체적으로 포기될 수는 없다는 점을 인정했다. 일방적 핵감축을 지지하는 이들이 무엇을 반대하는지에 대해서는 모든 이들이 생각하는 바가 있었다. 그러나 그들이 선호하는 국방정책 ─ 만약 있다면 ─ 이 무엇인지는 결코 늘 명확하지는 않았다.

이런 약점을 치유하고자 하는 노력은 1980년대 말에 주로 재래식의 '비공세적 방어' 체계를 위한 일련의 제안 ─ 북대서양조약기구의 유럽 회원국가들 내에서 특히 강하게 개진되었다 ─ 을 야기했다. 그것은 상대가 위협을 당한다고 느끼게 만드는 일이 없이도 공격을 억제해줄 분명히 방어적인 군사체계였다. 이와 같은 접근법은 군비 경쟁과 전쟁의 원인으로 보였던 행동-대응의 악순환을 극복하게 해줄 것으로 기대되었다. 이는 국제적 평화의 열쇠가 군주의 군대를 인민의 군대 ─ 그 특성상 본질적으로 방어적이게 될 ─ 로 대체하는 것이라는, 19세기 말과 20세기 사회주의 운동에서 중요했던 오래된 생각을 부활시켰다.

20세기의 다양한 평화주의적·핵평화주의적 운동의 대차 대조표는 고무적이지 않다. 긍정적인 면에서 보았을 때 그와 같은 운동은 많은 전쟁의 무용성과 핵무기의 위험에 대한 각성을 가져오는 데 부분적인 역할을 감당했다.

그것은 1963년의 부분적 핵실험금지조약과 같은 주요한 군비통제 조치가 체결되는 데 기여했던 압력 중 하나였다. 특정 전쟁에 참가하는 데 반대하는 몇몇 효과적인 캠페인도 존재했다. 프랑스에서는 1954~1961년의 알제리 전쟁에 대해, 미국에서는 남베트남과 인도차이나의 다른 지역에 개입(1973년까지 10여 년간 지속되었다)하는 데 대해 캠페인이 일었다. 다른 한편, 그들의 핵심 관심사항이었던 '국가에 의한 군사적 준비의 포기'라는 측면에서 보면 평화운동은 성공적이지 못했다. 주요 국가 어디에서도 완전한 일방적 군축에 호의적이도록 주류 여론을 설득하지는 못했다. 스웨덴, 스위스, 일본을 포함한 국가들은 핵무기를 개발할 수 있는 기술적 역량을 갖추었음에도 불구하고 실용적 이유나 법적 구속 때문에 비핵화 접근법을 따랐다. 그들은 대규모의 재래식 전력을 유지하거나 핵국가와 연합했으며, 양자 모두를 선택하기도 했다.

서방 반핵운동의 가장 항구적인 효과는 매우 역설적이었다. 그것은 소비에트 블록에서 일반적으로 예견되지 못했던 두 가지 효과를 발생시킴으로써 냉전을 끝내는 일련의 대규모 과정에 기여했다. 첫째, 그것이 중거리 미사일에 대한 북대서양조약기구의 1979년 결정 이행을 중지시키는 데 실패한 것은 고르바초프 — 1985년에 총서기(General Secretary)가 되었다 — 아래 새로운 소련 지도부로 하여금 소련과 서방의 관계를 근본적으로 재평가하도록 강제했다. 둘째, 그들이 북대서양조약기구의 재래식 무기 및 핵 관련 입장을 근본적으로 비판하는 데 썼던 '방어적 방위(defensive defence)'에 대한 생각은 고르바초프와 가까운 '신사고인(new thinkers)'들이 소련의 군사적 입장을 비판하고 변화시켜가기 시작하는 실질적인 틀이 되었다. 이전에 소련이 방위정책의 기초로 삼았던 재래식 무기와 핵무기의 과잉살상력에 대한 생각이 점진적으로 바뀐 데는 여러 이유가 있었다. 그러나 그것은 적어도 어느 정도는 서방에서 일어난 반핵 움직임의 발전에 대한 반향이었다.

## 평화적 압력과 투쟁의 방법

군사력 사용이 평화적인 투쟁방법으로 대체될 수 있다는 생각은 오랜 역사를 가지고 있다. 이러한 접근법은 군사력이 무장 공격에 대항해 사회를 방어하는 것을 포함하는 중요한 기능을 수행하는 것으로 인정한다. 그러나 평화적인 투쟁수단은 부분적이거나 완전한 대체물을 제공할 수 있으며, 파괴력에 의존하는 것의 끔찍한 비용을 부분적으로 극복할 수 있는 것으로 본다.

평화적 압력의 주요한 두 가지 유형은 경제 제재와 시민적 저항이다. 제재는 주로 정부와 국제 조직의 도구이다. 그러나 그들만 독점적으로 이를 활용하는 것은 아니다. 반면 시민적 저항(대개 또는 전적으로 비폭력적 수단에 의해 수행되는 대중적 저항)은 대부분 아래로부터 대두되지만, 때로는 정부에 의해 사용되거나 고무되기도 한다.

경제 제재는 오래전부터 전쟁의 대안으로 간주되어왔다. 1793년에 제퍼슨(Thomas Jefferson)은 미국이 다음과 같이 하기를 원한다고 말했다.

무기에 호소할 뿐 아니라 그들의 이해관계에 호소함으로써 국가가 정의를 행할 수 있다는 점을 보여주어 세계에 또 하나의 소중한 본을 보여주기를 희망한다. 나는 의회가 … 우리의 항구로부터 그러한 침략을 자행하는 국가의 제조품, 산물, 선박, 신민을 즉각적으로 제거해줄 것을 희망한다. … 이는 많은 방식으로 모두 안전하게 잘 가동될 것이며, 국가 간에 군비가 아닌 다른 심판을 도입하는 것이다. 그것은 또한 목을 자르는 위험과 끔찍함으로부터 우리를 구제해줄 것이다.

그와 유사하게, 1919년에 윌슨(Woodrow Wilson) 대통령은 미국이 국제연맹에 가입할 것을 주장하면서 다음과 같이 말했다.

만약 연맹의 한 회원국이 중재와 토의에 관한 이러한 약속을 깨뜨리거나 무시하면 무슨 일이 발생하겠는가? 전쟁? 아니다. 전쟁이 아니라 전쟁보다 더 엄청난 것이다. 이와 같은 경제적이고 평화적이며 조용하고도 완전한 치료법을 적용하면 무력의 필요성이 없어질 것이다.

선행했던 연맹규약처럼 국제연합헌장도 침략으로 죄가 있다고 여겨진 국가에는 경제 제재를 가하는 것에 관해 규정했다. 그러나 국제연합헌장은 현실적으로 그런 조치는 충분하지 않을 수 있다는 점을 인정했다. 안전보장이사회는 일방적으로 독립을 선언한 로디지아(1966~1979년), 쿠웨이트를 침공한 이라크(1990년~ ), 세르비아와 몬테네그로(1992년~ )에 전반적인 경제 제재를 적용했다.[4] 국제연합은 특히 1990년대 동안에 무기 운송 및 항공교통 금지 조치와 같은 제한적인 제재도 가했다.

국가에 의해서든 국가들의 모임에 의해서든 간에 국제적인 경제 제재를 사용하는 것은 언제나 논쟁거리가 되어왔다. 그것의 정확한 목적과 결과 및 효과성이 염려의 대상이었던 것이다. 국제연합 시대의 여러 경우에서 알 수 있듯이 제재에는 상징적 기능이 있으며, 국제적 가치를 전파하는 형태로도 자주 사용된다. 그것은 상대방에게 특정 문제가 심각하게 간주되고 있다는 점과 강압적인 행동이 취해질 수 있는 전망을 경고하는 수단이 될 수 있다. 그러나 1991년의 쿠웨이트처럼 그 사용이 군사력에 대한 호소를 동반하는 경우에는 제재가 엄격하게 또는 장기간에 걸쳐 시도되었어야 했다는 주장이 제기될 수밖에 없다. 제재는 또한 군사행동이나 다른 불쾌한 선택지를 회피하기 위한 의도와 함께 참여국가 내의 여론을 진정시킨다는 다소 상이한 목적 아래 사용될 수도 있다. 게다가 제재는 완전히 효과적일 수도 있고 총체적 실패가 될 수도 있다. 그것은 표적이 된 국가의 국제 무역을 중단시키고

---

4  이라크에 대한 경제 제재는 공식적으로는 2003년 5월까지 이어졌으나 비공식적으로는 부분적으로 오늘날까지도 이어지고 있다. 세르비아와 몬테네그로에 대한 제재는 이 책이 발간된 해인 2005년 7월 1일 부로 해제되었다.

그 시민들에게 상처를 안겨줄 수 있지만 그들의 정책을 변화시킨다는 의도를 달성하는 데는 실패할 수 있다. 어떤 경우에는 그것이 표적이 된 국가 주민들의 인권과 양립 가능한지에 관한 심각한 질문을 불러일으킬 수 있다. 1995년 1월에 국제연합 사무총장에 의해 제출된 한 보고서는 그러한 염려들 중 일부를 다음과 같이 표현했다. "일반적으로 인정되듯이 제재는 무딘 도구이다. 그것은 표적이 된 국가의 취약한 집단에 가해지는 고통이, 그들의 신민이 경험하는 역경으로 인해 그 행실에 영향을 받지 않을 것 같은 정치 지도자들에게 압력을 행사하는 합법적 수단이 될 수 있는지에 대한 윤리적 물음을 제기한다." 제재의 또 다른 문제는, 그것이 어떤 식으로든 효과적이게 되기 위해서는 거의 보편적인 지지(그래서 지역적인 틀보다는 국제연합으로 조직화되는 것)를 필요로 하는 것처럼 보인다는 점이다. 그러나 모든 국가가 기꺼이 행동을 취하고자 하는 지점까지 동의하는 안보이슈란 상대적으로 거의 존재하지 않는다. 요약하자면, 실행에 옮길 집단적 행동으로서 제재는 결코 충분하지 않다. 그러므로 군사적 수단이 필요한 것으로 보일 수 있다.

시민적 저항이라는 현상은 20세기 훨씬 이전부터 있어왔다. 파업과 다양한 유형의 소극적 저항은 거의 모든 시대와 국가의 역사에서 발견된다. 그러나 근대적 형태로서의 시민적 저항은 19세기에 등장한다. '파업'(19세기 초 미국에서 유래된 것 같다)과 '보이콧'(1880년 여름 아일랜드에서 유래되었다)과 같은 용어와 '소극적 저항'이 당시 그 모습을 드러냈다. 19세기 중반 이후 시민적 저항의 성장은 게릴라전의 성장과 견줄 수 있는 것이었으며, 몇몇 원인은 동일하다. 그것은 정치적 의식과 민족적 열망의 증가였으며, 군사적 힘의 불균형은 파괴성의 증가와 결합하여 여러 정치운동으로 하여금 직접적인 군사 대립을 회피하게 만들었다.

많은 경우 시민적 저항은 그 대안이 전쟁을 감수하는 방법인 것처럼 보이던 상황에서 사용되었다. 예를 들어 19세기에 몇몇 민족주의 운동은 외국의 제국적 통치에 대항해 협력을 거부하는 방법을 썼다. 그와 같은 예의 하나는 합스부르크의 통치에 대항해 1849~1867년 헝가리인들이 펼쳤던 투쟁이다. 시민적 저항이 이루어진 것은 헝가리가 1848년 혁명으로 얻었던 것을 1849년의 군사행동으로 지켜내는 데 실패한 뒤의 상황에 따른 필요성 때문이었다. 납세 거부와 경제적·정치적 협조 거부, 징집에 대한 저항이 있었다. 그 결과 결국 1867년에 헝가리의 헌정이 복원되었다. 그러나 헝가리인들의 투쟁이 비폭력으로 남았음에도 불구하고, 전쟁은 여전히 역사의 산파로 기능했을 수 있다. 적어도 그것은 1866년 프로이센군의 손에 합스부르크가 패배하지 않았어도 1867년의 결과가 있을 수 있었을까를 묻는 것이다. 그와 유사한 경우로서, 1898~1905년 핀란드에서 러시아의 통치에 대항하는 강력한 대중적 저항이 있었으며 이로써 러시아는 1905년과 1907년에 주요한 양보를 했다. 이번에도 이러한 결과는 러시아가 각각 일본과 독일에 맞서는 전쟁에 임하고 있었던 데 기인했을 수 있다.

20세기에 시민적 저항은 여러 반식민지 투쟁에서 중요한 역할을 수행했다. 인도에서 그것은 1907년경부터 영국의 통치에 대항하는 주요한 투쟁수단이었다. 1919년경부터 있었던 인도국민회의(Indian National Congress)의 캠페인들에서 간디가 보여주었던 리더십은 비폭력의 일반적 교리를 발전시키고 영국이 부과하는 특정 법률과 세금에 도전하는 것과 같은 대중적 행동을 수행했다. 집단적 폭력의 문제 – 간디는 이에 맞서 영웅적으로 행동했다 – 는 그로 하여금 그러한 몇몇 캠페인을 중단시키게 했다. 그는 영국의 통치가 의존하고 있던 모든 협력을 완전히 중단시킴으로써 그들의 통치가 물리적으로 불가능해지게 만든다는 자신의 공언된 목표를 달성하는 데는 성공하지 못했다. 그러나 그가 주도했던 캠페인들은 자치를 허용하기 위한 영국의 계획을 재촉했으며, 이는 1947년 인도의 독립으로 이어졌다.

이집트(1919~1922년), 중국(일본에 대항하는 보이콧, 1906~1919년), 골드코스트(Gold Coast, '긍정적 행동' 캠페인,5 1950년)를 포함해 다른 국가들에서는 독립운동 속에 비폭력적 투쟁(때때로 폭력적인 사건이나 위협이 동반되기도 했다)

의 요소가 존재했다. 유럽에서는 1923~1925년에 프랑스와 벨기에가 분할 점령한 독일의 루르지역에서 '소극적 저항' 운동이 일어났지만 이 저항은 8개월 뒤에 소멸되고 말았다.

　제2차 세계대전기의 나치 점령지에서는 시민적 저항의 중요한 사례들을 발견할 수 있다. 예를 들어 1942년 노르웨이에서는 교사들이 완고한 협조 거부에 나서, 학교들에 나치의 교육사상을 주입하려는 계획을 무너뜨렸다. 1943년 덴마크에서는 유대인 거주자 7000명 중 약 6500명이 재빨리 덴마크를 떠나 중립국인 스웨덴으로 갔다. 그러한 저항은 전쟁 전반에 대한 교리적 접근법이나 특히 연합군의 전쟁 노력에 기초한 것이 아니었으며, 오히려 그것은 특정 상황에서 취할 수 있는 가장 적절한 형태의 행동으로 보였다. 영국인들에게 '무기를 들지 않고 나치와 싸우도록' 했던 1940년 간디의 강력한 권고는 영국이나 유럽에 아무런 영향도 남기지 못했으며, 실제로 1942년에 이르면 간디 스스로도 그러한 극단적 시각에서 물러섰다.

　핵시대에는 시민적 저항이 광범위하게 발전했다. 미국에서는 킹(Martin Luther King) 목사가 주도한 1960년대의 민권운동이 어떻게 지조 있는 비폭력의 대중적 행동이 인종을 차별하지 않는 동등한 권리를 지지하는 방향으로 연방의 입법적 변화가 진행되는 과정을 뒷받침하거나 자극할 수 있는지를 보여주었다. 1950~1980년대의 시민적 저항은 동독, 헝가리, 체코슬로바키아, 폴란드에서 공산주의 체제와 소련의 지배에 대항하는 연속적 투쟁의 중요한 구성요소였다. 1989년에 이들 모든 국가에서 있었던 저항은 공산주의 지배의 종식을 가져온 평화적 혁명에서 긴요한 역할을 했다. 파업, 대규모 이민, 길거리에서의 대중시위와 같은 것이 진지한 외적 지지가 결여되어 있던 허약한 공산주의 체제를 손상시키고 개방된 정체체제를 가져오는 데 일조했

---

5　독립을 쟁취하기 위한 운동으로서 가나에서 발생했던 일련의 정치적 항거 및 파업이다. 가나 독립 후 수상이 되는 은크루마(Kwame Nkrumah)에 의해 시작되었으며, 비폭력과 민중에 대한 교육을 통해 제국주의에 항거하고자 했다.

다. 필리핀에서는 1986년 2월 '인민의 힘(people power)' 운동이 마르코스(Ferdinand Marcos) 대통령의 통치를 종식시키고, 아키노(Corazon Aquino) 여사의 시대를 열게 했다.

시민적 저항의 사용이 세계적으로 증가한 것은 그것이 전쟁을 대체하는 완전물과 같은 것임을 밝혀주는 것은 아니었다. 이는 몇몇 시민적 저항운동이 군사력에 의해 심각한 격파를 당했기 때문(1988년의 버마, 1989년의 중국에서 권위주의 체제에 저항하는 운동이 경험했던 것과 같은 사례들을 가르킨다)이 아니라, 시민적 저항이 폭력적인 상대에게 압력을 가하는 독립된 수단으로서 전적으로 독자적인 기능을 할 수는 없다는 점이 드러났기 때문이다. 예를 들어 동유럽에서 시민적 저항에 개입하고 있던 이들은, 존재 자체로 공산주의 체제를 손상시키는 데 도움을 주었던 서유럽의 강력하고도 튼튼한 방위력에 대해 감사를 표했다.

## 결론

전쟁이라는 현상은 이례적일 정도로 탄성이 있고 다양한 면을 갖고 있는 것으로 입증되었다. 르네상스 이후 세기 내내 반복적으로 발생한 전쟁은 대중적 삶과 정치 이론에 매우 중요한 역할을 했던 이성주의적 정신에 도전을 가했다. 전쟁을 통제하고자 하는 인류의 노력은 기대보다 효과가 덜했다. 전쟁을 제거하려는 운동, 국가, 이데올로기는 스스로 그러한 문제의 일부가 되고 말았다. 1945년 이래 거대 열강 간의 주요한 전쟁은 회피되어왔지만, 그 공은 부분적으로 군사기술을 귀류법(歸謬法, reductio ad absurdum)[6]으로 이끌었던 핵무기에 돌릴 수 있다.

---

6    어떤 명제가 참임을 증명하려 할 때 그 명제의 결론을 부정함으로써 가정(假定) 또는 공리(公理) 등이 모순됨을 보여 간접적으로 그 결론이 성립한다는 것을 증명하는 방법이다. 배리법(背理法)이라고도 한다.

그러나 전쟁에 반대하거나 적어도 그것을 통제하고자 하는 다양한 노력에 대한 이야기는 완전한 실패의 이야기가 결코 아니다. 그것이 세계로부터 전쟁을 전적으로 제거하지는 못했고 그 효과도 때로는 의도되었던 것과 정반대였지만, 그럼에도 불구하고 그것은 실질적인 영향을 주었다. 그것은 몇몇 국가와 대륙에서 전쟁을 피하게 하고, 알제리에서는 프랑스의 전쟁을, 인도차이나에서는 미국의 참전을 종식시키는 데 기여했다. 동유럽에서는 공산당의 통치를 종식시킨 봉기에서 핵심적인 역할을 했다. 또한 전쟁이 합법적인 것으로 받아들여지는 상황을 효과적으로 제한하면서 전쟁에 대한 대중적 시각을 형성하는 데도 모종의 역할을 했다. 그리고 다양한 제도뿐 아니라 전쟁을 전적으로 제거하지는 못했지만 어떻게 그것이 방지되거나 제한되거나, 적어도 부분적이나마 대체될 수 있는지(어떻게 하면 그렇게 될 수 없는지)에 대해서 유용한 경험을 제공한 행동양식의 발전을 자극했다.

## 제18장

# 기술과 전쟁 II
### 핵 교착상태로부터 테러리즘까지

──────── 마틴 반 크레벨드 Martin van Creveld

1944년 제2차 세계대전이 절정에 달했을 때 군사사는 이전 3세기 동안 그것을 위해 만들어졌던 선로 위에 확실하게 자리를 잡은 듯 보였다. 단연 가장 중요한 행위자는 독자적이거나 혹은 꽤 느슨한 동맹을 이루어 움직이는 강력한 주권 국가들이었다. 이런 국가들에 의해 야전에 배치된 군사력은 꾸준히 증가해 4000만~4500만 명에 달했다. 무수한 자동화된 중무기로 무장한 그들은 그 이전뿐 아니라 그 이후 역사상에 존재했던 모든 것까지도 왜소해 보이게 만들었다. ─ 인구와 산업 모두가 전례가 없을 정도로 성장했음에도 불구하고 그랬다. 정복되었거나 정복되어가는 과정에 있던 국가의 수로 판단해보자면 그런 군사력에 저항할 수 있는 유일한 조직은 그 군사력과 대강 유사한 다른 조직들이었다. 그럼에도 불구하고 21세기 초의 관점에서 되돌아보면 현대 기술을 총동원하여 무장했던 군사력이 역사적 생(生)의 막바지를 향해 근접해가고 있었음을 발견할 수 있다. 그들이 생명의 종식에 다가가고 있는 한 가지 이유는, 엄밀히 말해 현대 기술에 대한 그들의 무제한적인 신뢰 또는 그것에 대한 의존 때문이었다.

## 핵무기의 등장

앞 장에서 언급했듯이, 최초의 원자폭탄은 1945년 8월 6일 히로시마에서 폭발했다. TNT 1만 4000톤의 폭발량을 가졌던 그 폭탄은 이전의 어떤 무기보다도 1000배나 강했다. 그러나 기술의 진보는 10년도 채 되지 않아 유사 이래 모든 전쟁에서 한 번이라도 사용된 적이 있는 그 어떤 무기보다 강력한 무기를 만들어냈다. 훨씬 더 강한 파괴력을 향한 경쟁은 1953년에 수소폭탄을 탄생시켰다. 이것은 소련이 TNT 580만 톤의 폭발량 ─ 이는 히로시마에 떨어진 유형의 폭탄 4000여 개에 필적한다 ─ 을 가진 장치를 폭발시켰던 1961년에 절정에 달했다. 이 시점에 이르러 더 거대한 무기의 개발 연구는 사실상 중지되었다. 할 수 없었기 때문이 아니라, 처칠의 말을 빌리자면 그러한 무기가 하게 될 일이라고는 파편이 튀게 하는 것밖에 없었기 때문이다.

핵무기를 만든 첫 국가는 미국이었다. 권력 말기에 비용이나 노력을 아끼지 않았던 스탈린 치하의 소련이 미국을 따라잡는 데는 불과 4년밖에 걸리지 않았다. 이 지점부터 이른바 두 '초강대국'은 누가 더 나은 무기를 설계하고, 누가 그것을 대규모로 제작해내며, 누가 그것을 점점 더 정교해지던 운송수단에 탑재할 수 있는지를 확인하기 위해 막상막하의 경쟁에 빠져들었다. 문서 기록이 더 잘 되어 있는 미국에 초점을 맞추어 말하자면, 처음에는 폭탄의 수가 너무 적어 나가사키에 원폭을 투하한 이후에도 항복을 거부하는 일본에 대해 더 많은 폭탄의 투하로 즉각 대응할 수 없었다. 그러나 폭탄은 재빠르게 늘어났다. 1940년대 말에 이르면 수백 개에 달했으며, 1950년대 말에는 수천 개에 이르렀다. 그리고 1960년대 말에는 1만 개가량이었다. 1985년에는 아마 3만 개쯤이 존재했을 것이다. 이는 5메가톤(megaton)으로부터 500킬로톤(kiloton)까지 이르는 모든 규모의 장치를 포함한 수치이다.

원래 그러한 폭탄은 너무 거대하고 다루기 힘들어서 최중량급의 가용한 폭격기에 의해서만 표적으로 운송될 수 있었다. 그러나 뒤이은 기술적 발전은 훨씬 더 작고 가벼운 장치를 만들어내는 데 성공했다. 이는 폭탄들이 이례적일 정도로 다양한 운송수단에 의해 운송되거나 발사되거나 또는 투하될 수 있게 해주었다. 꾸준히 개발되던 중폭격기는 차치하고서라도 핵무기는 대륙간탄도미사일 - 각 미사일은 지구의 한쪽 측면에서 다른 측면까지 도달할 수 있었으며, 상이한 표적에 대해 몇 개의 탄두를 장착할 수도 있었다 - 의 탄두에 장착되었다. 다른 폭탄들은 수면으로 올라오지 않고도 미사일의 탄두에 장착된 채 발사될 수 있는 잠수함에 탑재되었다. 또는 중급의 중·단거리 탄도미사일이나 순항미사일, 지상이나 공중 또는 바다에서 발사될 수 있었던 공기 흡입식 아음속 장치, 1950년경부터 사용된 새로운 제트엔진 전폭기, 또는 중포에 의해 투하·발사되었다. 일부는 병사 3명에 의해 운용되며 '원자 바주카 포(atomic bazooka)'라고 다소 경박한 이름으로 알려진 장치에 장착된 채 지프차에서도 발사될 수 있었다.

1945년 직후에는 정치인, 군인, 핵무기를 연구하며 그것에 대한 아이디어를 만들어내던 과학자들이 장차의 전쟁은 이전의 전쟁 - 핵무기로 몇몇 도시를 폐허로 만들거나 그 반대로 폐허가 되는 것 - 과 같을 것이라며 스스로를 착각에 빠뜨릴 수 있었다. 그러나 1995년 이후에는 이른바 '핵 풍요(nuclear plenty)'가 도래하면서 그러한 믿음이 서서히 사라지게 되었다. 이제는 모든 요망된 목표를 즉각 파괴하기에 충분하고도 남는 힘이 가용해진 것이었다. 1950년대 말에 미국 공군은 히로시마 규모의 소련 각 도시를 무려 '3개'의 메가톤급 무기로 표적화하고 있었다. 그와 같은 수는 핵 방사선과 낙진의 효과에 대한 인식의 증가와 결합되며 설득력을 갖게 되었다. 그것은 만약 전면적인 핵전쟁이 발발한다면 승자도, 혹은 그러한 단어가 의미하는 경제적·인구학적 회복조차 없을 것이라는 사실을 대부분의 사람들이 알아듣게 만들었다. 장차 세대를 포함하는 인류가 살 세계조차 없어질 수 있는 것이었다.

이렇게 되자 핵무기의 사용을 가지고 어느 일방이 위협을 가하는 경우의 수가 점진적으로 줄어들었다. 이것은 그와 같은 위협이 세계가 인내하기에는 너무나 위험한 것이라는 의식의 증대를 반영했다. 1948년의 베를린 봉쇄, 1949년의 이란 위기, 1950~1953년의 한국전쟁, 1954년의 대만 위기, 1956년의 수에즈 위기, 1958년의 금문(金門) 위기, 1958~1961년의 베를린 위기, 1962년의 쿠바 미사일 위기, 1973년 10월 전쟁, 1979년의 아프가니스탄 위기는 가용한 가장 강력한 무기들이 사용되는 일 없이 시작되고 끝났다. 실제로 어떤 이들은 핵무기가 사용될 뻔했던 적도 전혀 없었고, 사용될 뻔했다 할지라도 실제로는 엄포를 놓는 것에 불과했다고 주장했다.

모든 것의 무용성에 대한 자각의 증가는 마련 중이던 작전계획의 수가 감소하는 현상에도 반영되었다. 한 출처에 따르면, 1945~1949년 미국에서는 핀처(Pincher), 브로일러(Broiler), 부시왜커(Bushwacker), 드롭샷(Dropshot)과 같은 이름이 붙은 계획이 9개 있었고, 1950~1957년에는 4개 있었다. 1960~1980년에는 4개가 있었는데, 이는 첫 시기에 비해 80%가 감소한 것이었다. 그 수가 정확하다고 가정한다면 펜타곤의 스트레인지러브 박사(Dr. Strange-loves)[1]들조차 포기한 것처럼 보인다. 가장 중요한 표적들에 대해서는 여러 번에 걸쳐 파악이 끝난 상태였기 때문에 전략적 통합작전 계획(Strategic Integrated Operations Plans: SIOPs)을 추가적으로 발전시키는 일은 대부분 이전 조사가 있고 난 뒤 등장한 표적을 발견할 수 있을까 하는 생각으로 위성사진들을 열심히 연구하는 문제로 전락하고 말았다.

핵무기가 '우리가 아는 문명'의 종말을 야기할 수도 있다는 인식이 국제적으로 증가했음을 마찬가지로 잘 보여준 것은 핵무기와 그것의 투발수단을 제한하기 위해 초강대국들이 체결한 다양한 협정들이었다. 방사능 낙진 때문에 일본 어부들이 죽은 몇몇 극적인 경우가 발생함에 따라 대기권 내에서

---

1  큐브릭(Stanley Kubrick) 감독이 1964년에 제작한 코미디 영화를 의미한다. 이 영화는 소련과 미국 간 핵분쟁에 대한 냉전기의 공포를 풍자했다. 이 영화에서 스트레인지러브 박사는 대통령의 과학 보좌관으로 등장하며, 전직 나치당원인 대통령은 핵전쟁 전문가인 박사에게 핵문제에 대해 자문을 구한다.

실시되는 핵실험 금지를 목표로 하는 회담이 1958년 제네바에서 열렸다. 1963년에 그것은 성공적인 결론을 이끌어냈다. 원래 미국, 소련, 영국에 한정되었던 금지가 1970년경 이후로는 원래 조약에 서명하지 않았던 핵국가들 대부분에 의해서까지도 비공식적으로 준수되었다. 프랑스가 눈에 띄는 예외였다. 다음의 진일보는 많은 국가들에 의해 서명된 1969년 핵확산금지조약이었다. 이것은 이른바 1977년의 런던 체제(London Regime)와 더불어 추가적인 국가들로 핵무기가 확산되는 것을 제한하거나 늦추는 데 실질적으로 유용했을 수 있다. 1972년에는 초강대국들이 유지하는 대륙 간 투발수단의 수에 상한치를 둔 전략무기제한협정(SALT I)이 성공적으로 체결되었다. 그런가 하면 1977년에는 제2단계 협정(SALT II)이 체결되어 비공식적으로 준수되었다. 부시 행정부가 전략무기제한협정을 철폐했음은 사실이다. 그러나 그렇게 한 목적은 새로운 투발장치를 만들기 위해서가 아니라 그것에 대응할 수 있는 장치의 개발을 허용하기 위해서였다. 그 사이에 미국 핵 병기고의 규모는 6000개 정도까지 지속적으로 감소했다. 오늘날 미국의 국가안보 교리는 미국이 좋아하지 않는 국가에 전술 핵무기를 '선제 사용'하는 것에 관한 언급을 포함하고 있지만, 교리가 실행되는 데 이르기까지는 갈 길이 멀다. 한편 해가 지나면서 투발수단의 수는 계속해서 줄어들고 있다. 낡고 운용비가 많이 드는 일부는 대체되지 않고 퇴역되고 있다. 다른 것들은 재래식 병기들을 운송하기 위해 전환되고 있다.

이렇게 해서 히로시마 이후 60년은 지금까지 고안되었던 가장 강력한 무기가 전쟁에서 사용되는 것을 보지 못했다. 그와는 대조적으로, 초강대국들에 한정하여 말하자면, 그러한 무기는 매우 급속한 기술적 진보와 셀 수 없는 국제적 위기에도 불구하고 현저하게 안정적이고 영구적인 것으로 입증된 공포의 균형을 만들어내는 데 도움을 주었다. 늦어도 1950년대 중반에 이르면 두 초강대국은 서로를 멸절하고자 하는 모든 시도로부터 자신들이 얻을 것이라고는 아무것도 없으며 잃어버릴 것뿐이라는 점을 충분히 인지하고 있었다. 그 시점으로부터 그들 간에 발생하는 대립은 어떤 것이든지 점점 더 워싱턴과 모스크바로부터 멀리 떨어진 공간에서 발생하는 비교적 중요하지 않은 사안들에 국한되었다. 그러한 공간을 누가 지배하게 될 것인가를 둘러싼 경쟁이 또 다른 35년간 지속되었음은 사실이다. 그러나 그렇다 하더라도 양자 모두의 지속적인 존재에 위험을 가져다주는 무기들을 통제하고 제한하는 것을 목표로 하는 노력은 증가되었다. 결과적으로 그러한 노력은 느지막이 1985년에 기대할 수 있었던 것보다도 더 성공적이었다. 냉전이 종식되고 소련이 붕괴하면서 미국은 나머지 어떤 국가보다도 더 거대한 핵병기를 갖춘 유일한 초강대국으로 남겨졌다. 바르샤바조약기구는 사라졌다. 북대서양조약기구가 동유럽으로 팽창해가면서 그들의 남아 있는 주된 기능은 그 동맹국들이 이라크와 같은 장소에서 경찰활동을 해야 하는지 여부에 대해 언쟁하는 논쟁포럼을 제공하는 것이 되었다. 다른 요소들도 개입되긴 했지만 이러한 행복한 결과를 가져오는 데 가장 핵심적인 역할을 한 것은 핵무기와 그것이 만들어낸 공포의 균형이었다. 1945년 이후 세계여 평안히 쉬소서!

## 핵확산의 영향

일단 핵무기가 제2차 세계대전기에 시달렸던 모종의 전면공격으로부터 미국과 소련 양국을 안전하게 해주자 마치 잉크 얼룩처럼 그것의 효과가 확산되기 시작했다. 그러한 영향을 가장 먼저 느낀 것은 북대서양조약기구와 바르샤바조약기구에 속해 있는, 초강대국에 가까운 동맹국들이었다. 이러한 국가들은 핵보장을 받았으며, 이러한 보장은 인계철선(tripwire)으로 기능한다는 근거 아래 지상에 병력이 물리적으로 주둔하는 방식으로 강화되었다. 그러나 그러한 보장은 결코 전적으로 신뢰할 수 있는 게 아니었다. ─ 미국이 뮌헨과 함부르크를 구하기 위해 '진짜로' 워싱턴과 뉴욕을 희생시킬까? 그럼에도 불구하고 실제로는 어느 누구도 감히 그들을 시험하지 못했으며, 이는 강대국들만큼이나 그 동맹국들도 전면적인 공격으로부터 안전할 수 있게 만들었다. 다음으로, 냉전의 종식은 그러한 이슈 전체가 다소간 시의적절하지 않게 만들었다. 예를 들어 그것은, 프랑스 대통령이 자신의 나라는 천 마일 내에 더 이상 적을 갖고 있지 않다고 선언할 수 있으며 북대서양조약기구의 몇몇 다른 회원국들도 왜 자신이 여전히 군사력 자체를 보유하고 있어야 하는지에 대해 의아해 하게 되는 상황을 만들어놓았다.

철의 장막 동쪽에서는 동독, 폴란드, 체코슬로바키아, 헝가리와 같은 국가가 1960년대 중반 무렵부터 핵무기를 만들어낼 수 있었다. 그러나 그들이 이러한 방향으로 품었을 법한 모든 생각은 위성국들이 독립하는 것과 같은 쇼(show)를 탐탁지 않게 여겼던 소련에 의해 질식당하고 말았다. 이제 소련이 사라져버린 상태에서도 그들은 여전히 핵무기를 만들기 위해 노력해야 할 정도의 위협감을 느끼지 못하는 것 같다. 그 대신 그들은 북대서양조약기구에 합류한 것에 만족하고 있다. 마찬가지로 서방에서는 북대서양조약기구의 모든 '구'회원국(그리고 지구 반대편의 일본, 호주, 뉴질랜드도)들이 1960년경부터 핵무기를 만들 수 있었지만, 또다시 대다수는 그렇게 하기를 자제했다. 독일과 일본의 경우, 이는 동맹국들로 하여금 그들을 의심하게 만든 제2차 세계대전의 결과뿐 아니라 강력한 내부적 반대도 고려한 것이었다. 캐나다, 스페인, 네덜란드, 벨기에와 같은 국가는 과묵했는데, 이는 핵무기가 그들의 안보에는 거의 보탬이 되지 않는 엄청나게 고비용적인 일이라는 인식을 반영하는 것이었다. 그럼에도 불구하고 이런 국가들 대부분이 몇 주는 아니라 할지라도 몇 달 만에 핵무기를 만들어내는 데 필요한 모든 것을 갖추고 있었다는 사실 자체가 중요하다. 미래에 어떤 일이 벌어질지는 모르지만, 그들에게 보호를 제공했던 동맹이 해체된다 하더라도 ― 그리고 그렇게 되었을 때에도 ― 그들은 계속해서 전면적인 외부의 공격으로부터 안전할 것이라는 게 거의 확실하다.

마지막으로, 두 중요한 북대서양조약기구 회원국이 앞장서서 핵무기를 만들었다. 영국이 1953년에, 프랑스는 1960년에 그렇게 했다. 그 이후 양국은 기술적으로 발전된 병기들을 제작했다. 그러나 두 국가는 처음에는 미국의 병기에 의해, 다음에는 소련/러시아의 병기에 의해 자신들의 병기가 전적으로 빛을 보지 못하게 되었음을 발견했다. 미국이 그 의무에 부응하는 데 실패하여 영국과 프랑스의 핵무기가 모종의 의심스러운 보호를 제공하는 경우를 제외한다면, 북대서양조약기구가 바르샤바조약기구와 대결하는 데 영국과 프랑스의 핵병기 보유는 동·서 간의 전반적인 균형에 아주 작은 차이만을 만들어냈을 뿐이다. 이제 냉전은 끝났으므로 수십 억의 유지비용이 드는 이러한 병기들은 훨씬 덜 중요해질 것이다. 그러한 무기의 존재가 영국과 프랑스가 독일이나 일본과 같은 이른바 비핵국가들보다 더 '안전'하거나 정치적으로 영향력이 있음을 의미하는지는 논쟁의 여지가 있다. 그렇다 해도 1945년 이후 전 시기를 통틀어 그처럼 잠재적으로 매우 강력한 국가 중 어느 한 국가도 조금이라도 강력한 다른 국가와 대규모의 전쟁을 벌인 적이 없다는 사실은 남는다. 이러한 상황은 예견 가능한 미래에도 변할 것 같지 않다.

북대서양조약기구와 바르샤바조약기구가 관할하는 지역 밖에서의 핵발전은 훨씬 더 흥미로웠다. 그럼에도 불구하고 그들은 대체로 같은 방향으로 움직였다. 당면한 대유행에 대한 두려움 가운데 핵무기를 가장 먼저 확보한 개발 도상국은 공산화된 중국이었다. 당시 중국의 지도자는 마오쩌둥이었다. 그는 세계혁명에 헌신한 사람이었는데, 핵전쟁을 불사하고서라도(그리고 수억 명이 사망한다 할지라도) 제국주의를 파괴해야 할 필요성에 관한 그의 선언은 역대 가장 소름끼치는 선언이었다. 그러나 실제로는 중국의 핵무기 보유가 실용주의적인 그의 후계자들은 고사하고 마오쩌둥에게도 그 이(teeth)를 덜 드러내게 만들었던 것 같다. 1949년 혁명으로부터 그러한 폭탄을 확보하게 되기까지 15년간 중국은 불과 네 차례의 무력분쟁 ─ 한국(1950~1953년), 대만(1954년), 금문(1958년), 인도(1962년) ─ 에 개입했을 뿐이며, 그중 두 차례만 대규모적이었다. 그 이후로는 베트남(1979년)에 개입한 것뿐이었다. 그 전역조차도 한 주가량만 지속되었다. 중국군은 작고 허약한 국가를 골라 종심 20km를 침투했다가 철수했다.

21세기 초에 이르러 중국의 핵병기는 세계에서 세 번째로 거대한 것이 되었다. 그것에 대한 자세한 정보는 여전히 희박하다. 그런 이유 중 하나는 핵 위협을 만들어가는 데 있어 중국이 다른 어떤 국가보다 거대한 통제 속에서 행동했기 때문이다. 아직까지도 중국은 전략적인 것에서 전술적인 것까지 이르는 전 범위의 핵탄두를 보유하고 있으며, 그것을 만들어낼 수도 있다. 그리고 중국에는 미국 대륙에 도달할 수 있는 소수의 대륙간탄도미사일을 포함하는 서로 다른 지대지 미사일의 무리가 존재한다. 최소 한 척의 미사일 발사 잠수함을 보유하고 있고, 일부 전폭기는 정도의 차이는 있지만 최첨단이며, 핵능력을 갖춘 포 또한 존재한다. 그와 같은 병기들에 맞서, 1937~1945년에 일본이 중국에 감행한 것과 같은 또 다른 대규모 공격을 가하는 것은 미친 짓으로 여겨질 뿐이다. 그러나 그와 동시에 동아시아에서 대규모의 국가 간 전쟁이 사라짐에 따라 이웃한 국가들 대부분 – 분리 독립적인 섬 대만까지도 포함된다 – 과 중국과의 관계는 우호적이지는 않을지라도 적어도 전에 없이 평화로워졌다. 1990년대부터 중국은 이전의 입장을 포기하면서 핵확산금지조약에 대한 지지를 표명했다. 그리하여 그 문화가 어떻게 다르든지 간에 핵과 관련된 삶의 현실은 다른 핵국가들이 이미 그랬던 것과 상당 정도 같은 방향으로 중국을 움직이게 하고 있다.

중국의 남서쪽에서는 1960년대 말부터 인도가 핵무기를 건설할 수 있게 되었다. 1974년 인도는 이른바 '평화적 핵폭발'²을 감행했다. 1985년에 인도는 정교한 증식로형 원자로를 가동하기 시작함으로써 폭탄 제작 원료인 플루토늄에 대한 무제한 접근권을 확보하게 되었다. 1998년에는 점증하는 중

---

2  원래 '평화적 핵폭발'은 운하의 건설, 항구나 지하 개발과 같이 경제 개발과 관련된 활동의 일환으로 이루어지는 비군사적 핵폭발을 의미한다.

국의 위협으로부터 균형을 유지하기 위해 세 차례의 핵실험을 실시했다. 그러나 중국의 경우처럼, 그 전반적 효과는 인도를 덜 공격적으로 만들었다. 그 반대가 아니었다. 그래서 1947년에서 1971년까지는 네 차례의 전쟁(1947~1948년·1965년·1971년의 인도-파키스탄 전쟁, 1962년의 인도-중국 전쟁)이 있었으며, 그 뒤 인도의 가장 큰 군사적 노력은 1999년 '카길 전쟁(Cargill War)' — 이때에는 파키스탄이 투입한 대규모의 반(半)정규 보병군이 인도 영토로 수백 마일 진격해 왔기 때문에 격퇴되어야 했다 — 에서 이루어졌다. 중국과 마찬가지로 인도도 오늘날 전략적인 것부터 전술적인 것까지 이르는 모든 유형의 핵무기를 보유하고 있다. 중국과 달리 인도는 대륙간탄도미사일은 개발하지 않은 것으로 알려져 있다. 인도가 보유한 미사일의 일부는 중국 영토의 모든 주요 표적에 도달할 수 있는 사거리를 가지고 있으며, 다른 것들은 위성을 궤도에 올리기 위해 사용되었다. 지금까지의 모든 다른 경우와 마찬가지로 남아시아에서 핵확산의 결과는 평화였다. 그렇지 않더라도 최소한 1971년까지는 아대륙에서 발생하곤 했던 모종의 대규모 군사작전이 사라졌다.

인도의 실험을 따라 파키스탄도 핵폭탄 3개를 폭발시켰다. 인도의 갈비뼈에서 찢겨져 나온 파키스탄의 존재 이유는 인도에 균형추를 제공하는 것이다. 파키스탄 총리들 중 한 명이었던 부토(Zulfikar Ali Bhutto)는 세계의 어떤 분쟁도 무슬림과 힌두교도 간의 것만큼 오래되고 격렬한 것은 없다고 언급한 바 있다. 그러나 막 이야기한 것처럼, 이 경우에도 핵무기의 도입이 차이를 가져왔다. 1971년에 마지막으로 전면적 규모의 전쟁이 발생한 이래 교전 행위는 그 규모 면에서 상당 정도 감소되었을 뿐 아니라 양측 모두는 — 하지만 마지못해서 — 서로 수용 가능한 핵체제를 만들기 위한 발걸음을 내딛었다. 그리하여 1990년에 그들은 서로 핵설비 공격을 자제하도록 하는 협정에 서명했다. 나중에는 공동국경에 가까운 곳에서 이루어지는 대규모 군사기동에 사전통보를 제공하는 일에 착수했으며, 이 글이 쓰이고 있던 2004년 봄에도 그들은 수십 년에 걸친 가장 포괄적인 평화회담에 임하고 있었다.

아시아의 서쪽에서는 이스라엘이 핵무기뿐 아니라 그것을 표적에 가하기 위한 매우 정교한 투발수단까지 보유하고 있는 것으로 알려졌다. 다른 국가들과는 달리 이스라엘은 군비 경쟁을 촉발시키고(또는 촉발시키거나) 미국을 화나게 만들 수 있다는 두려움 때문에 폭탄의 존재를 시인하지 않았을 뿐 아니라, 그것이 처음 조립되었을 때(1967년으로 짐작된다) 실험도 실시하지 않았다. 어떤 이들은 그러한 '모호성(ambiguity)' 정책이 이집트와 시리아로 하여금 마치 그들의 상대가 핵무기를 가지고 있지 않다고 생각하게 만들고 1973년 10월 전쟁을 감행하게 함으로써 이스라엘에 엄청난 해악을 입혔다고 주장했다. 물론 그럴 수도 있지만, 그 이후로는 같은 종류의 전쟁이 더 이상 없었다는 사실이 여전히 남아 있다. 1982년의 레바논 침공조차 이전의 전쟁들에는 미치지 못했다. 이스라엘에 이웃한 이집트와 요르단은 이제 공식적으로 이스라엘과 평화상태에 있다. 세 번째 국가인 시리아는 그 군사적 영향력의 상당 부분을 상실한 상태이며, 이는 시리아와 이스라엘의 또 다른 전쟁 발생 가능성을 극히 희박해 보이게 하고 있다. 그리고 2004년 초에 아사드(Bashir Assad) 대통령은 회담 재개를 구걸하고 있었다. 점령지(Occupied Territories)[3]에서 발생하고 있는 일들을 감안한다면 아무도 중동을 평화롭다고 말하지 않을 것이다. 그럼에도 불구하고 주요한 교전행위가 몇 년마다 발생하여 사망자 수천, 수만 명이 발생하고 어떤 시점에는 세계대전이 발생할지도 모른다는 불안이 대두되게 했던 1973년 이전보다는 훨씬 나아졌다.

마지막으로, 아시아의 다른 곳에서는 북한이 이미 핵무기를 확보했다고 언급되고 있으며, 이란은 가능한 한 빨리 그것을 확보하기 위해 할 수 있는 일을 하고 있음이 거의 확실하다. 이들 중 누구도 '친절하지도' 민주적이지도 않으며, 자신들의 핵프로그램 추진 배경의 이유를 제대로 공개하지 않는다.

---

3  이스라엘이 1967년의 6일 전쟁 동안에 이집트, 요르단, 시리아로부터 점령한 영토를 의미한다. 동예루살렘을 포함하는 서안, 골란 고원의 상당 부분, 가자(Gaza)지구, 그리고 1982년까지는 시나이(Sinai) 반도도 이에 포함되었다.

그러나 북한은, 실제 존재하는 것으로 가정되고 있는 소수의 핵폭탄으로 한반도의 평화를 방해하는 어떤 일도 하지 않았으며, 그것을 강화시켰을 수 있다. 2003년에 후세인(Saddam Hussein)에게 발생했던 일의 관점에서 보면 이란의 의도는 방어적인 것이며, 현명하게 억제되기만 하면 이란의 핵무기 보유는 그 지역의 안정을 약화시키는 게 아니라 강화시킬 것이라는 주장이 매우 그럴듯해 보인다. 물론 이는 추측이다. 한편, 그럼에도 불구하고 이 두 국가의 핵무기 보유가 가져올 수 있는 결과를 우리가 아직 알지 못한다는 사실이 60년간 세계가 경험했던 일들을 무시할 수 있는 이유가 되지는 못한다. 그러한 경험들은 문제가 되는 무기가 등장하는 곳마다 ― 심지어 그것이 소수일지라도, 또는 그것의 운송수단이 초보적일 때일지라도, 그리고 스탈린이 말년에 그랬던 것으로 회자되는 것처럼 그 소유자가 불안정할 때에도 ― 그 결과는 평화였음을 보여준다. 그게 아니라면, 평화는 아닐지라도 어쨌든 교착상태는 달성되었다.

## 첨단기술의 등장

최초의 핵무기가 소개되었을 때 세계의 모든 이들은 그것을 보유한 국가의 군이 전에 없이 더 강력해질 것이라고 생각했다. 그러나 실제로 결과는 그 반대였다. 그야말로 세계를 조각내어 날려버릴 수 있는 장치에 맞닥뜨린 모든 나라의 정치인들은, 전쟁이 장군들에게 맡겨두기에는 너무 중대한 일이라는 클레망소(Georges Clemenceau)의 금언을 새로운 눈으로 바라봤다. 우리가 알고 있는 한, 그런 폭탄을 만든 국가들에서 기존의 지휘 계통은 국가의 수반이 직접 통제하는 방향으로 우회하거나 수정되었다. 소련에서 그랬듯이 핵병기는 정치적으로 신뢰할 수 있는 것으로 간주된 별도의 조직에 위임되었다. 그렇지 않으면 군이 원한다 할지라도 그들의 주도 아래 그것을 발사하지 못하게 하는 기술적 준비가 이루어졌다. 어떤 길이 선택되든지 간에 군인들에게는 재래식 2류 무기로 전쟁을 하는, 책임이 덜한 과업이 남겨졌다.

군사기술은 초강대국들 간의 경쟁뿐 아니라 그것의 힘에 대한 무제한적인 신뢰 – 이것은 제2차 세계대전의 산물이었다 – 에 의해서도 자극을 받아 성장하고 꽃을 피웠다. 가장 중요한 국가들은 몇 세대에 걸친 함선, 항공기, 미사일, 지상전투 기계를 만들어냄으로써 서로 경쟁했다. 그 각각은 그 이전 것들보다 거대하고 강력하며, 당연히 훨씬 더 고비용적이었다. 예를 들어 1950년대 중반에 이르면 사라토가(Saratoga) 급 항공모함은 제2차 세계대전기에 가장 거대했던 것(대략 3만 톤에서 6만 톤에 채 미치지 못하는 것까지 있었다)보다 2배나 커졌다. 그리고 1980년대 중반부터 건조된 니미츠(Nimitz) 급 항공모함은 거기에서 절반이나 더 컸다. 신형 모델 스핏파이어(Spitfires), 메서슈미트(Messerschmidts), 머스탱(Mustangs)과 같은 발전된 제2차 세계대전기 전투 항공기는 최고 속도가 시간당 750km나 되었다. 그 후 채 20년이 되지 않아 그 뒤를 이은 항공기들은 음속보다 2배나 빠르게 날 수 있었으며, 일부는 그것들보다도 훨씬 더 빨리 날 수 있었다. 1980년의 전폭기 한 대는 1945년에 최중형 폭격기가 운송할 수 있었던 것과 거의 같은 양의 무기를 운송할 수 있었다. 그리고 20년 뒤에는 그것이 운송할 수 있는 거리 또한 그렇게 되었다. 마지막으로, 지상전투 기계에 장착되는 가장 강력한 엔진은 1945년에 350마력가량으로 발전했다. 1960년대 초에 이르면 그 수치가 600마력으로 상승했으며, 1985년에는 1500마력에 달했다.

기존의 무기가 점점 더 거대해졌는가 하면, 전적으로 새로운 무기가 이에 합류하기도 했다. 가장 초기의 것들 중에는 헬리콥터가 있었는데, 그 일부는 심지어 제2차 세계대전 이전에도 실험되었으며, 한국전쟁 무렵에는 무기목록에 들어가기 시작했다. 소형이면서 경량이었던 최초의 헬리콥터는 주로 관측, 연락, 사상자 후송 용도로 사용되었다. 더 크고 나은 것들이 취역하면서 그것들은 날아다니는 지휘소로서, 병력과 군수물품을 수송하기 위해서도 사용되었다. 1970년대 초에 이르러 헬리콥터는 미사일로 무장하기 시작했는

데, 이로써 엄청난 공대지 능력을 장착하게 되었다. 그 결과 지상전력 – 무엇보다도 기갑전력– 과 항공전력 간 균형이 이동하기 시작했다.

재래식 전쟁의 면면을 바꿔놓은 두 번째로 중요한 기술적 진보는 유도 미사일이었다. 대(對)항공기와 대(對)전차 용도로 의도되었던 최초의 유도 미사일은 제2차 세계대전이 끝났을 때 구상단계였다. 1950년대 중반에 이르러 그것들 중 일부가 취역했지만 작전적 영향은 제한적으로 남았다. 그러나 이는 1977년경부터 변화되었다. 지대지, 공대지, 지대공, 해대공, 해대해, 공대해의 부류 전체가 그 모습을 나타냈으며, 정확성은 100배나 개선되었고, 백발백중의 능력이 창출되곤 했으며, 전쟁은 전에 없이 훨씬 치명적이게 되었다. 원래 레이더 및 레이저 유도 미사일은 매우 고비용적이었는데, 1990년대 중반부터는 위성항법장치(Global Positioning System: GPS)가 도입되어 그것들이 훨씬 더 저렴해지게 만들었다. 공중과 해상, 그보다는 덜하지만 지상에서도 그것들은 이제 최소형 비(非)유도(즉, 탄도) 발사체를 제외한 모든 것들을 대체해가고 있다.

군사기술에서 세 번째로 중요한 1945년 이후의 발전은 무인 항공기(Unmanned Airborne Vehicles: UAVs)였다. 베트남전 동안 처음 소개되었으며, 크기와 무게의 상응하는 증가 없이도 능력이 개선되도록 해주었던 초소형 전자장치의 등장에 의해 도움을 받았던 무인 항공기는 엄청난 발전을 경험했다. 지상과 해상 모두에서 무인기는 통신, 전자전, 감시, 정찰, 표적 획득, 피해 평가, 방공망 제압, 그와 유사한 여러 기능을 위해 사용되고 있다. 이 글을 쓰는 동안 그것을 공대지 및 공대공 미사일로 무장시키는 첫 번째 실험이 이루어지고 있다. 조만간 그렇게 될 것 같지만, 이러한 실험이 성공의 면류관을 쓰게 된다면 분명 유인 항공기의 시대는 오래가지 못할 것이다.

그 모든 것과 더불어 1990년대에는 평론가들이 군사혁신이라 불렀던 것이 대두했다. 정밀유도무기(Precision Guidance Missile: PGM)의 확산을 차치한다면, 군사혁신의 중심부에는 엄청나게 개선된 지휘, 통신, 통제, 정보(즉, 지상

레이더로부터 적외선에 이르는 모든 종류의 센서) 체계와, 거대한 양의 데이터를 저장하고 처리하고 표시하는 데 기여하는 컴퓨터가 있다. 그러한 체계의 일부는 지상에, 다른 일부는 해상에, 또 다른 일부는 공중에 기반을 두고 있다. 다른 것들은 여전히 지구순환위성에 의해 운반된다. '네트워크 중심전'으로 알려진 발전을 포함한 이런저런 것들이 모두 제자리를 찾게 되면 감시, 정찰, 표적 획득, 피해 평가가 엄청나게 개선될 것이다. 또한 앞서 언급한 무기들에 의한 작전을 조율하고 표적에 타격을 가함에 있어 속도, 유연성, 치명성이 상당 정도 증대될 것이다.

그 10년간을 통틀어 군사혁신, 그것의 함의와 가능성보다 군내외 분석가들을 흥분시킨 주제는 없었다. 어떤 이들은 미래에는 '정보 지배력(information dominance)'이 '전쟁의 안개를 제거하여' 그것을 장악한 이들에게 엄청난 이점을 제공함으로써 무기의 실제적인 충돌을 거의 불필요하게 만들 것이라고 주장했다. 다른 이들은 전쟁은 쌍방 간 경합 ─ 달리 말하자면 적은 적응하게 된다는 것이다 ─ 이라는 점과, 클라우제비츠(Karl von Clausewitz)가 그 속에 존재하는 마찰에 대해 이야기했던 바를 우리에게 상기시키면서 이에 대한 의문을 제기한다. 그들이 전쟁을 바라보는 방식은, 진보는 진화적인 것이 될 것이라는 점이다. 이러한 논쟁이 한창일 때 2003년의 이라크 전쟁은 군사혁신이 실제로 그 주창자들이 주장했던 것과 일치하는지를 확인할 수 있는 기회였다. 다만 한 가지 유보조항은 미국 코끼리들이 이라크 개미들을 이전 20년간에 걸쳐 이미 짓뭉개버린 상태였기 때문에 다시 이라크 개미들을 짓뭉개버림으로써 배울 수 있는 것에는 분명 한계가 존재했다는 점이다.

기술적 발전의 속도와 범위를 고려했을 때, 21세기 초의 군대가 그 이전 군대를 격파할 수 있는 능력은, 말하자면 나폴레옹 시대의 군대가 프리드리히 대왕(Frederick the Great)의 군대를 격파할 수 있는 능력에 지나지 않다. 그와 동시에, 군사혁신의 전개가 우리로 하여금 재래식 전쟁의 가장 근본적인 특성은 변화하지 않았다는 사실에 대한 시각을 놓치게 하는 원인이 되어서는 안 된다. 아마도 변하지 않은 가장 중요한 요소는 지상, 해상, 공중에서 전개되고 그곳에서 사용된 군사력 간에 지속적으로 존재하는 분명한 차이였다. 그러한 매체들[4] 중 어느 하나로부터 다른 매체로 발사될 수 있는 무기의 사거리는 틀림없이 증가했다. 헬리콥터에 추가해 공중 부양정(hovercraft)[5]과 위성의 도입 또한 그것들 간의 경계에서 몇몇 제한적인 변화를 불러왔다. 그럼에도 불구하고 전반적으로는 물리학의 사실들이 우세했다. 얼마나 빠르고 강력하든지 간에 항공기는 항공기로, 선박은 선박으로, 지상에서 이동하기 위해 고안된 지상차량은 지상차량으로 남았다. 1914년 이전 전쟁에서 연속성은 보병, 기병, 포병 간의 수세기에 걸친 구별로 표현되었던 것처럼, 1945년 이후에도 사실상 모든 주요한 군사력은 각각 자체적인 조직, 장비, 임무를 갖춘 육군, 해군, 공군으로서의 근본적인 구분을 유지했다.

둘째, 지상에서 연속성을 보여주었던 또 다른 요소는 1945년 이후 육군이 자동차에 의존했다는 점이다. 그 이전의 전쟁과 달리 현대 전쟁에서 요구되는 군수물품 중 압도적인 것들은 유류(휘발유, 석유, 윤활유), 탄약, 예비부품들이었다. 공장에서 만들어지는 그 물품들은 전원(田園)에서 구할 수 있는 것이 아니라 후방의 보호기지에서 옮겨와야 했다. 그러한 목적을 위해 철도와 항공수송 모두가 사용되어 왔음에도 불구하고, 전자는 유동적이고 빠르게 이동하는 작전을 따라갈 만큼 유연하지 못하고, 후자는 전선에서 멀리 떨어져 있는 대규모의 안전한 기지에 의존한다(헬리콥터는 어떤 규모든지 보급물자를 운송하기에는 너무 고비용적이고 취약하다). 그러므로 현대 기계화전은 수천, 수만 대의 화물자동차에 의존한다. 화물자동차는 잘 발전된 도로망에서만 움직일 수 있으며, 1991년 걸프전 동안 몇몇 장소에서는 교통이 너무 혼잡해 교통간선을 횡단하고자 때때로 헬리콥터를 이용하기도 했다. 그 이전의 것

---

4   지상, 해상, 공중의 공간을 가르킨다.
5   아래로 분출하는 압축공기를 이용하여 수면이나 지면 바로 위를 나는 수송수단이다.

에 비하면 오늘날의 전력은 훨씬 더 화력이 크며, 엔진은 훨씬 더 강력하고 훨씬 더 많은 연료를 소비하기 때문에, 모든 가능성의 면에서 보았을 때 그러한 의존도는 계속 커질 것이다. 그 결과는 이라크에 대한 2003년 전역에서 명백하게 드러났다. 미국의 전력은 그들의 목표인 바그다드를 향해 신속하게 이동했지만, 1941년 바르바로사 작전(Operation Barbarossa)의 첫 몇 주간 구데리안(Heinz Guderian)에 비해 나은 게 없었다.

초기 군사혁신 주창자 가운데 몇몇은 군사혁신이 화력을 훨씬 더 정확하고 치명적이게 만들어줄 것이기 때문에 방어가 강화될 것이라고 믿었다. 그러나 실제로 ─ 이라크에 대한 2003년의 전쟁이 보여주었듯이 ─ 그러한 일은 발생하지 않았다. 군사혁신 유형의 기술 ─ 그것의 상당 부분은 위성과 무인 항공기에 의해 유도되었으며, 미사일을 발사하는 헬리콥터와 타격 항공기에 의해 공중으로부터 전개되었다 ─ 은 공세에도 마찬가지로 적용할 수 있음을 입증해냈다. 그 결과 전략의 성격에서 상당 부분은 이전과 같은 모습으로 그대로 남았다. 1991년과 1973년, 1967년, 그리고 그 사이에 대해서는 1939~1940년에도 그랬던 것처럼, 2003년에도 기본적으로 전략은 가급적 적의 공군, 방공망, 지휘 및 동원 센터와 같은 곳에 대해 선제공격을 가함으로써 공중우세를 획득하는 것으로 구성되었다. 다음으로, 그것은 되도록 적을 측면에서 공격하고, 그들의 후방으로 침투해 들어가 통신을 차단하고 그들의 본부를 제압하며, 그 전력을 각개 격파하는 것과 같은 방식으로, 기갑화된 선봉대를 동원해 타격을 가하는 문제였다.

그러므로 많은 면에서 '진보' ─ 만약 이 용어가 사용하기에 올바른 것이라면 ─ 는 피상적이었다. 실상은 마치 냉전이 여전히 진행 중인 양 여러 면에서 재래식 전쟁을 수행하기 위한 준비가 이루어졌다. 그러나 사실 그와 같은 전쟁은 이런저런 이유로 아직 핵무기를 획득하지 못한 더 작은 상대들 간에, 또는 그런 이들에 대해 발생했다. 모든 이들이 군사혁신에 대해 이야기했지만 실제로 그것은 상당 부분 미국과 이스라엘에 한정되었다. 미국은 다음 순위 10

개국을 다 합친 것보다도 많은 비용을 국방에 소비하고 있었으며, 그 결과 다른 모든 국가들에 비해 엄청난 간극이 발생함으로써, 심지어 가장 긴밀한 동맹국들과 협력하는 데도 어려움을 경험하기 시작했다. 이스라엘은 미국보다 비율상 2배나 많은 돈을 국방에 소비하고 있었다. 게다가 그들은 미국으로부터 연간 총액 20억 달러 이상의 군사원조를 받고 있었다. 그런 원조는 미국의 하드웨어를 수입하는 데만 사용하도록 허락된 것이었으며, 그래서 그렇게 하는 것이 군사적 이치에 맞는지 여부는 막론하고 무조건 소비되어야 했다. 이 양국이 경쟁에서 앞서간 데 반해 대부분의 다른 개발 도상국들은 21세기 초에 이르면 이전 모습의 흔적만 남게 될 정도로 군사력을 계속 감축했다. 많은 국가들, 특히 전에 동구권에 속했던 국가들의 상황은 훨씬 더 나빴다. 그들의 낡은 소련제 무기는 이제 폐품처리장에나 맞을 뿐이다. 적절히 개량될 수 없었던 그것들의 공세능력은 거의 전무한 수준까지 감소되고 말았다.

엄청난 돈을 소비했음에도 불구하고 미국조차 어떤 면에서는 자신에 맞서는 경주를 하며 패배해가고 있었다. 1991년 걸프전은 군사혁신에 선행되었던 1980년대의 레이건 증강사업까지 거슬러 올라가는 무기들을 가지고 치러졌다. 이는 사용되었던 병기의 80~90%가 정밀 유도식이기보다는 탄도식이었다는 사실에서 증거를 찾을 수 있다. 그 뒤로 미국 공군은 전투 항공기의 36%를 상실했다. 첨단 전술 항공기 프로젝트가 취소되는 것을 본 해군 장교들은 그들의 오래된 F-4, F-18, A-6를 대체할 새로운 전투기를 결코 획득하지 못할지도 모른다고 느꼈다. 이것이 문제의 끝은 아니었다. 2003~2004년만 해도 수십억 달러가 소요되는 육군의 두 가지 프로젝트 — 크루세이더 건(Crusader gun)과 코만치 헬리콥터(Comanche helicopters) — 가 취소되었다. 공군은 여전히 차세대 공중우세 전투기인 F-22 랩터(Raptor)로 앞서가고 있지만, 재정적인 제약은 예정된 생산일정이 단축되게 하고 있으며, 그마저도 취소하는 것을 이야기하고 있다. 결국, 그 운명은 B-1이나 B-2 폭격기와 같은, 다른 냉전기 무기체계와 유사해질 가능성이 크다. 처음에는 이러한 항공기들이 꽤 많이 생산될 것으로 가정되었다. 그러나 그 뒤 점진적인 삭감이 이루어지면서 작전기들의 수는 그것들을 하얀 코끼리[6]로 변화시켜버릴 만큼 줄어들었다. 그것들이 어쨌든 계속해서 비행을 하고 있는 이유 중 하나는 공군이 그러한 사실을 인정하려 하지 않기 때문이다. 이라크나, 그에 앞서 세르비아와 같은 4급의 비핵국가에 맞서 이루어지는 군사혁신은 필요하지 않다. 핵국가에 맞서 그렇게 하는 것은 쓸모없을 뿐이다. 이런 식으로, 오늘에 이르기까지 거의 유일한 수혜자는 국가 채무일 뿐이다.

가장 강력한 국가들의 군사력이 감축되면서 그들의 구성도 변화했다. 1914~1945년의 전쟁들은 역사상 가장 '총력적'인 것들로서, 이전에는 결코 일반 징집제에 의존한 적이 없던 영국과 미국과 같은 국가조차도 그것을 채택하게 만들었다. 그러나 이는 지속되지 못했다. 1960년대부터 몇몇 군대는 징집제를 폐지하기 시작했다. 부분적으로 이는 단기 복무자들을 첨단무기를 운용할 수 있게 훈련시킨 뒤에는 이내 제대시켜버리는 게 너무 낭비였기 때문이다. 부분적으로 그것은 군에 부여된 군사적 과업이 본국 방어가 아니라 '우리는 아무것도 모르는 멀리 떨어진 국가'에서 전역을 수행하는 것이라는 점이 점점 더 문제가 되었기 때문이기도 하다. 1970년대에 점점 더 많은 국가들이 같은 방향으로 움직여, 1996년에는 현대 국민총동원령의 발상지였던 프랑스에서도 시라크(Jacques Chirac) 대통령이 징집제를 폐지할 것임을 선언하기에 이르렀다. 21세기 초에 이르면 소수 국가들만이 징집제를 유지하고 있었다. 심지어는 그들 중 대부분도 그것을 다양한 형태의 선택적 복무로 대체하려는 중이다.

이제 강력한 군사력들 간의 대규모 재래식 전쟁은 희소한 형태가 되어가고 있으며, 일부 평론가들은 현대 군사력에 영향을 미치는 '권태효과(bore-

---

6    돈만 많이 들고 쓸모는 없는 존재를 의미한다.

dom effect)'에 대해 논하기 시작했다. 징집제의 종식이 병역을 책무에서 권리로 변형시켰다는 사실과 더불어, 그것은 일부 여성에게 그들이 '시민권의 개념을 강화하는' 길로서 그러한 권리를 행사할 수 있을지 모른다는 생각을 제공했다. 어쨌든 역사 전체를 통틀어 여성에게 병역을 강제했던 유일한 국가는 이스라엘이다. 1982년 미국에서는 이러한 일이 발생할 수 있다는 힌트만으로도 양성평등헌법 수정안(Equal Rights Amendment)이 실패하게 만드는 데 충분했다. 그 기간 내내 전력은 감소되고 있었기 때문에 당연히 여성이 군으로 더 많이 들어가면 갈수록 남성의 수는 점점 더 줄어들었다. 각국에서 이제 여성은 인구의 절반을 형성하고 있다. 인구 자체가 팽창하고 있기 때문에 21세기 초에 거의 모든 선진국은 가용한 총 인력 대비 최대로 많이 사용했던 군(軍)인력 규모의 3~5%만을 필요로 하게 되었다. 여전히 국가는 충분한 수의 남성을 확보할 수 없었으며, 이는 또 국가로 하여금 여성에게 눈을 돌리게 만들고 어느 특정 국가에서 복무하는 남성의 수가 계속 줄어들게 만드는 악순환을 강화시켰다.

요약하자면, 1945년 이후의 선진 세계와 1970년 또는 1980년 이후 대부분의 개발 도상국에서 재래식 전쟁의 역사는 균등하지는 않지만 꾸준히 위축되어온 역사이다. 이곳저곳에서 대규모로 그러한 전쟁이 여전히 발생하고 있다. 2003년에 미국이 이라크와 싸워 예상했던 대로 이라크를 격파했던 때처럼, 일부 경우에는 전력의 균형이 너무 편중되어 있어 그것으로부터 배울 수 있는 게 거의 없었다. 이란-이라크 전쟁은 현대 기술의 측면에서 보았을 때 양 교전국이 너무나 뒤처져 있어 제2차 세계대전이 아니라 제1차 세계대전과 닮았다(독가스와 고정 진지에나 맞는 무기가 사용되었다). 그러한 과정에는 다른 요소도 역할을 했지만, 결정적인 요소는 하나의 국가가 강력해지면 질수록 그들이 핵무기와 그것을 투발할 수 있는 수단을 확보하려 할 가능성이 컸다는 점이다. 가장 강력한 국가들의 군사력이 감축되면서(1944~1945년 규모에 비해 10%도 안 되었다) 그들의 구성도 변화되었다. 자원병이 징집병을 대체했으며, 여성이 남성을 대체했다. 군사혁신을 옹호하는 자들과 다른 이들이 주장하는 것처럼 진보를 나타내기는커녕, 특히 여성의 역할을 포함한 그것의 상당 부분은 기껏해야 퇴행으로 이해되었다. 선진국들의 기본적인 안보는 핵무기나 그것을 신속하게 만들어내는 능력에 의해 제공되었으며, 미국에서조차 비용은 국내총생산의 4%가량에 불과했기 때문에 그것은 문제가 되지 않았다. 그러한 과정은 특별히 누군가를 불안하게 만들지 않고도 무한하게 진행될 수 있었다. 그러나 이러한 일은 발생하지 않았다. 이 장의 다음 부분에서 어떻게 그렇게 되었는지를 알 수 있을 것이다.

### 아(亞)재래식 전쟁(sub-conventional war)에서 테러리즘까지

가장 중요한 국가들의 군사력, 그리고 점차 개발 도상국들의 군사력 또한 군사혁신에 대해 말하고, 첨단무기를 수입함으로써 군사혁신을 이행하려 했지만 전쟁은 가만히 있지 않았다. 그러한 전력의 점점 더 많은 수가 서로 싸우는 대신 전적으로 다른 종류의 타자에 대적하려 하고 있는 자신들을 발견했다. 1945년 이후 60년 동안의 전 세계를 대상으로 하는 통계조사는 무장분쟁 120가지 중 약 80%가 국가가 아닌 존재에 의해, 또는 그런 이들에 대항해 수행되었음을 확인시켜준다. 그러한 존재의 일부는 모종의 정치적 목표를 갖고 있었다. 그러나 사적인 조직이 점점 더 많아졌다. 그 좋은 예는 남부 필리핀을 들끓게 만들었던 아부 사야프(Abu Sayaf) 조직이다. 그들과 그들에 대적하는 이들은 범죄자 무리와 거의 구별되지 않는다. 군대라 불릴 만큼 충분히 대규모적이고 잘 조직화된 조직은 거의 없었다. 막 기술한 현대 무기체계를 많이 ─ 만일 있기라도 한다면 ─ 보유한 이들은 훨씬 더 적었다.

많은 에피소드[그중 가장 잘 알려진 것은 팔츠(Palatinate)에서 루이 14세(Louis XIV)에 대항해 발생한 봉기, 1793년의 방데 봉기, 나폴레옹에 대항해 이루어졌던 스페인의 게릴라 전역이다]가 우리에게 상기시켜주듯이 유럽에서조차도 국가 간

재래식 전쟁은 결코 한 가지 종류가 아니었다. 게다가 1600년부터 1939년까지는 유럽인들 스스로가 아메리카, 아시아, 아프리카에서 싸웠다. 그러나 그러한 전역에서 발생한 일은 규모나 (그것이 유럽 전력들이 서로 충돌하는 문제가 아닌 한은) 기술적인 정교함의 측면에서 유럽인들의 전쟁과 비교할 수 없는 것이었다. 매우 흔하게 문제는 마드리드, 암스테르담, 파리, 런던에서 결판이 났다. 19세기의 마지막 시기에 이르면 유럽(명목상으로는 미국과 일본도)의 군사적 우위는, 예를 들어 아프리카에서는 지역 주민들은 전혀 개의치 않고 통치자들에 의해 국경이 백지도(blank map) 위에서 그려지고 있을 지경까지 성장했다. 물론 이는 다른 방향으로도 작용했다. 1756~1763년의 7년 전쟁 시기부터 '식민지의(colonial)'라는 용어는 2급인 모든 것을 상징하게 되었다. 예를 들어 독일 콘도르 군단(Condor Legion)의 지휘관들이 스페인 내전 동안 경험한 바를 보고한 것에 따르면, 그들이 직면했던 것은 '유럽 전장이 아니라 식민지 전쟁에 더 흡사한' 것이었다.

자신들의 경쟁 상대가 없음을 깨달았던 20세기 첫 군대 중 하나인 독일군이 1918년에 자신들의 식민지를 잃어버렸다는 사실은 역설적이다. 히틀러의 분명한 명령에 따라 나치독일은 남동부 및 동부 유럽의 국가들로 옮겨 다니면서 300년간 민간인들을 보호하고자 했던 전쟁법을 뿌리째 파괴하는 일에 의도적으로 착수했다. 그런가 하면 민간인들은 그런 자신들의 운명을 묵인하지 않고 침략자들에 대항하는 게릴라 작전에 착수했다. 처음에는 유고슬라비아, 러시아, 그리스, 폴란드에서, 그 뒤에는 이탈리아, 프랑스, 심지어는 평화적이었던 네덜란드, 벨기에, 스칸디나비아와 같은 국가에서도 독일군에 무장 저항하는 세력이 생겨 독일은 통치에 지장을 겪었고, 자원 활용이 어려워졌으며, 사상을 당했다. 희생자의 수가 보여주듯이 독일군은 역사상 가장 무자비한 정복자였다. 그러나 친위대(SS), 보안방첩부(SD), 게슈타포(Gestapo), 특임부대(Einsatzgruppen)와 같은 조직의 작전이 잔혹해질수록 처음에는 점령을 용인하거나 심지어 지원할 준비가 되어 있던 사람들의 저항은 더 강력해지고 준비태세와 열의는 훨씬 커져 갔다.

전쟁이 6년이 아니라 30년 동안 지속되었다면 유럽을 이 끝에서 저 끝까지 '불태워야' 한다던 1940년 처칠의 요구[7]가 충족되었을 것인지, 그리고 유럽 대륙이 심지어 대규모 작전 없이도 해방되었을지는 전혀 알 수 없다. 개인적으로 나는 그랬을 것이라고 생각한다. 독일(그리고 일본)이 점령했던 영토의 대부분에서 저항은 단명했지만 그것은 다른 이들에게 가능성을 보여준 뒤에 그렇게 되었다. 식민지가 된 아시아와 아프리카 전역의 지도자들이 자신들도 불법적인 점령을 당하고 있으며 점령자들이 철수하지 않는 한 무장 저항에 의존할 것임을 주장하기 시작하면서 전쟁은 도무지 끝나지 않을 것처럼 보였다. 이러한 논리는 순식간에 팔레스타인(1946~1948년), 인도네시아(1947~1949년), 인도차이나(1947~1953년, 1964~1975년), 말레이시아(1948~1960년), 케냐(1953~1958년), 알제리(1955~1962년), 키프로스(1959~1960년), 아덴(1967~1969년)과 같은 장소에서 일련의 '민족해방 전쟁'을 이끌어냈다. 1960년에 이르면 유럽의 식민지들은 대부분 독립을 달성했거나 그러는 중에 있었고, 포르투갈이 마침내 앙골라와 모잠비크를 포기한 15년 뒤에는 하나도 남아 있지 않게 되었다.

처음에는 3세기에 걸친 식민지적 유산이 그런 종류의 전쟁 대부분을 서유럽 국가들이 야전에 배치한 군사력에 대항해 치르도록 만들었다. 그럼에도 불구하고 1975년 이후에는 이러한 상황이 변화되었다. 앙골라에서 쿠바인들, 아프가니스탄에서 소련인들, 에리트레아에서 에티오피아인들, 레바논과 점령지(16년 뒤 이곳에서 이스라엘인들이 보여주어야 했던 노력이라고는 가자에서

---

7   프랑스가 함락된 이후 영국에서는 히틀러의 군대에 대해 비밀스러운 전쟁을 수행할 새로운
    자원병 군대가 조직되었다. 그들은 '특수작전 실행대(Special Operations Executive: SOE)'
    로 불렸으며, 그들의 임무는 적 전선의 배후에서 사보타주와 전복을 도모하는 것이었다.
    1940년 7월 16일에 처칠 수상은 특수작전 실행대의 책임자로 돌턴(Hugh Dalton)을 임명하
    고 그에게 '유럽을 불태우도록(set Europe ablaze)' 명령했다.

철수한다는 결정뿐이었다)에서 이스라엘인들 모두가 대(對)분란작전(counter-in-surgency)을 시도했지만 실패했다. 그와 유사한 운명이 캄보디아에서 베트남인들, 나미비아에서 남아프리카공화국인들, 동티모르에서 인도네시아인들에게도 엄습했다. 이러한 전쟁들의 다수는 집단학살에 필적할 정도로 많은 죽음을 불러일으켰다. 그러므로 분명 그러한 실패는 흔히 주장되듯이 과잉양심에 기인한 것이 아니었다. 그와는 대조적으로, 모든 것들 가운데 가장 성공적이었던 북아일랜드의 영국 전역은 분명 제약이 제일 많고 법을 준수하는 전역 중 하나이기도 했다. 영국인들이 행한 일들 중 일부는 깔끔하지 못했지만, 적어도 그들은 중화기를 개입시키거나 무차별적으로 사격을 가하거나 인질을 잡거나 집단적인 처벌을 가하지는 않았다.

　너무 가난해서 제대로 된 신발조차 갖추지 못한 사람들이나 조직 ─ 그들은 산적, 테러리스트, 게릴라, 또는 자유의 전사라고 불린다 ─ 이 역사상 가장 강력한 군사력 중 일부를 상대로 승리를 쟁취한 것은 어떻게 설명할 수 있을까? 전구(戰區)마다 환경은 달랐지만 기저에 있는 대답은 늘 동일했다. 당연히 군대가 현대적일수록 그들이 마음대로 사용할 수 있는 군사기술은 더 발전되고, 덜 발전되어 있다 할지라도 유사한 장비로 적 전력과 싸워 그들을 신속하게 격파하는 기량도 훨씬 특화되었다. 그럼에도 하나의 영토국가를 대변하지 않으며 영구적인 기지나 병참선을 갖고 있지 않고, 그 '형상(signature)' 센서를 수집할 수 있는 중화기를 보유하고 있지 못하며, 가장 중요하게는 주위 주민들과 구분될 수 없는 적과 싸우는 데는 그러한 기술이 훨씬 덜 유용했다. 1941년에도 이러한 법칙은 티토(Josip Broz Tito)의 파르티잔에 맞서고자 했던 독일인들에게 적용되었다. 이는 2004년 초 아프가니스탄과 이라크에 있는 미국인들에게도 마찬가지로 적용되었다. 이러한 전역에 대한 평가는 아직 이루어지지 않고 있다. 그 결과가 어떻든지 간에 양국에서 점령 후의 저항을 처리하는 일은 상당 정도 더 힘들어졌으며, 처음 그들을 점령할 때 그랬던 것보다 더 많은 사상자를 유발했다.

근본적으로 현대 군사기술의 상당 부분이 이런 종류의 전쟁에 부적합한 데는 두 가지 이유가 있다. 첫째, 기억할 수도 없는 시대부터 문제가 되는 전역의 대부분은 도로와 보급창고, 통신 등의 광범위한 망이 가용하지 않던 전구에서 발생했다. 그러나 그와 같은 설비들은 현대의 군대가 수행하는 작전에 긴요하기 때문에 무(無)에서부터 건설되어야 하고, 일단 건설이 되면 방어되어야 했다. 예를 들어 베트남에서 미국의 경험과 남부 레바논에서 이스라엘의 경험이 보여주었듯이, 그 결과는 방어적인 임무에 구속되어 있는 많은 전력이 사기와 전투의지를 상실하게 되는 상황을 조성하거나 심지어 재정적인 블랙홀을 만들 수도 있다. 실제로 그들 중 대다수는 한 발도 쏘지 못했다. 그럼에도 각 단계마다 취약함을 느끼던 그들은 스스로의 무게 때문에 무너지는 경향이 있다.

많은 군사기술들이 당면한 목적에 부적합한 두 번째 이유는 첫 번째 이유와는 정반대의 것이다. 모든 아(亞)재래식 분쟁과 테러리즘 전역은 극도로 복잡한 환경에서 발생한다. 그 어느 것도 산, 수풀, 늪 등과 같은 자연에 의해 창조된 것이 아니다. 오히려 그것들은 사람들과 그들의 거주지, 도로, 차량, 통신수단, 그들의 생산수단으로 구성된 인공물이다. 그와 같은 어지러운 환경에서는 현대 무기의 전자센서가 개방된 공간에서만큼 잘 작동되지 않는 편이며, 이는 무기들의 사거리와 위력이 무차별적으로 변환되게 만드는 원인이다. 이스라엘이 점령지에서 수행해오고 있는 이른바 '표적화된 살육'의 예를 들어보자. 첫째, 거의 믿을 수 없을 만큼 좋은 정보 ─ 그것의 상당수는 기술적인 것이고, 나머지는 인적인 것이다 ─ 는 개별 테러리스트들이 자신의 차를 운전하고 다닐 때 그들을 추적할 수 있게 해준다. 다음으로, 매우 신속한 협력을 필요로 하는 작전이 진행되는 가운데 헬리콥터에서 발사된 미사일이 그 차를 타격하고, 심지어 인근의 무인 항공기는 피해 평가와 교훈 도출 및 훈련의 목적으로 그러한 절차를 촬영한다. 미국인들이 아군을 구하기 위해 마을 전체를 파괴했던 베트남전과 비교해보면, 어떤 상대, 어떤 시기, 어떤 장소를 막론하고 대(對)반군작전 전사들이 가한 타격이 이보다 성공적이지는 않았다. 그러나 그곳에서는 일부 실책이 있었을 뿐 아니라 종종 테러리스트들보다 더 많은 행인들이 죽거나 부상을 당했다. 장례식에 보복을 외치는 수천 명이 참석했던 데서 알 수 있듯이, 전반적으로 그 결과는 역효과를 낳은 것일 수 있다.

1945년 이후 첫 40년 동안 아(亞)재래식 전쟁으로부터 테러리즘까지 이르는, 민족해방 전쟁으로부터 일반적인 범죄까지 이르는, 모든 비국가적 분쟁은 개발 도상국들에서 발생했다. 그러나 그 뒤로 그것들은 발전된 국가들에도 확산되기 시작했다. 이는 모든 국가 중 가장 강력한 국가에서 약 3000명이 목숨을 잃었던 9/11 사건이 보여준 바와 같다. 그 결과는 누구든지 쉽게 확인할 수 있다. 심지어는 애국법(Patriotic Act)이 문명화된 사람들이 당연한 것으로 여겨오던 몇몇 자유를 앗아가 버린 것처럼, 워싱턴 D.C.는 하나의 요새로 변모하고 있다. 워싱턴에서는 야전에서 미국의 전력을 따라다니는 데 사용되었던 대공 미사일들이 이제는 백악관에 엄호를 제공하고 있다. 호주에서 영국까지 이르는 국가들이 유사한 조치를 취해가고 있다. 예를 들어 발생 가능한 테러리스트들의 행동으로부터 2004년 올림픽 게임을 지키기 위해 그리스 정부는 연간 국방비의 약 40%에 해당하는 15억 달러를 소비한 것으로 알려졌다. 분명, 그리고 얼마나 많은 사람들이 그러한 사실을 유감으로 생각할지를 막론하고, 무장분쟁은 실로 용감한 새로운 세계로 접어들었다.

### 결언

1945년 이후 세계에서 가장 강력한 전투전력은 북부 버지니아에 있는 펜타곤에 그 중심을 두었다. 2003년 10월, 자신을 도와줄 4000억 달러와 세계를 여러 번 폭파시켜 버리기에 충분한 폭발력을 가지고 있던 주된 책임자는 미국 국방장관 럼즈펠드(Donald Rumsfeld)였다. 포드(Gerald Rudolph Ford)

대통령 시절에도 같은 위치에서 일했던 적이 있는 럼즈펠드는 자신과 다른 시각을 가진 사람은 그의 가장 고위급 부하를 포함해 그 누구도 참지 못하는, 군사혁신의 열성주의자로 오래전부터 알려져 왔다. 그런 점에서 그의 최측근 보좌관에게 발송되었으나 언론에 유출된(이는 관료주의적 다툼의 일환이었던 것이 확실하다) 문서에서 럼즈펠드가 어떻게 자신이 수장으로 있는 조직에 관해 몇 가지 근본적인 문제점을 제기하기로 선택했는지 살펴보는 일은 흥미로웠다. 그는 펜타곤이 대략적으로 자신들과 유사한, 무장한 상대들에 대한 전쟁을 준비하고 필요하다면 그것을 수행하기 위해 1947~1948년에 설립되었음을 지적했다. 그러나 그러한 상대가 미국과 경합을 벌일 수 있던 시절은 대부분 지나가고 말았다. 결과적으로, 미국의 군대는 진정 전 세계적인 테러리즘과 싸우기에 가장 적합한 도구였을까? 그렇지 않다면, 그러한 과업은 좀 더 기민한 새 조직에게 맡겨져야 할까? 그러한 조직은 어떤 모양을 갖출 수 있을까? 그것은 미국의 국내 안보를 책임지는 다른 조직들과 어떤 관계를 맺어야 할까? 의심의 여지없이 9/11은 그러한 질문들이 얼마나 시급한 것인지를 입증해주었다. 그러나 이 글을 쓰는 동안에도 그것들에 대한 대답은 여전히 바람에 날리고 있다.

## 제1부 현대 전쟁의 진화

### 제1장 서문: 현대 전쟁의 형성

Bartov, Omer. 2004. *Hitler's Army*. Oxford.

Fuller, J. F. C. 1962. *The Conduct of War 1789-1961*. London.

Gat, Azar. 1989. *The Origins of Military Thought*. Oxford.

_____. 1992. *The Development of Military Thought: The Nineteenth Century*. Oxford.

Howard, Michael. 1984. *War in European History*. Oxford.

Kaldor, Mary. 1999. *New and Old Wars*. Stanford.

Keegan, John. 1993. *A History of Warfare*. New York.

McNeill, William H. 1983. *The Pursuit of Power: Technology, Armed Force and Society since AD 1000*. Oxford.

Paret, Peter. (ed.) 1986. *Makers of Modern Strategy*. Princeton.

_____. 1992. *Understanding War*. Princeton.

Parker, Geoffrey. 1988. *The Military Revolution: Military Innovation and the Rise of the West, 1500-1800*. Cambridge.

Strachan, Hew. 1983. *European Armies and the Conduct of War*. London.

Townshend, Charles. 2002. *Terrorism: A Very Short Introduction*. Oxford.

### 제2장 군사혁명 I: 현대 전쟁으로의 이행

Anderson, M. S. 1988. *War and Society in Europe of the Old Regime, 1618-1789*. London.

Black, Jeremy. 1994. *European Warfare, 1660-1815*. London.

Childs, John. 1982. *Armies and Warfare in Europe, 1648-1789*. Manchester.

Corvisier, André. 1979. *Armies and Societies in Europe, 1494-1789*. Bloomington, Ind.

Downing, Brian M. 1992. *The Military Revolution and Political Change*. Princeton.

Frost, Robert. 2000. *The Northern Wars 1558-1721*. Harlow.

Hale, J. R. 1985. *War and Society in Renaissance Europe, 1450-1620*. London.

Lynn, John A. 1990. *Tools of War: Instruments, Ideas, and Institutions of Warfare, 1445–1871*. Urbana, Ill.

Parker, Geoffrey. 1988. *The Military Revolution: Military Innovation and the Rise of the West, 1500–1800*. Cambridge.

———. 1984. *The Thirty Years War*. London.

Roberts, Michael. 1967. "The Military Revolution, 1560–1660." in *Essays in Swedish History*. London.

Tallett, Frank. 1992. *War and Society in Early Modern Europe, 1495–1715*. London.

## 제3장 군사혁명 II: 18세기의 전쟁

Black, Jeremy. 1990. *Culloden and the '45*. Stroud.

———. 1991. *War for America: The Fight for Independence 1775–1783*. Stroud.

———. 1996. *The Cambridge Illustrated Atlas of Warfare: Renaissance to Revolution 1492–1792*. Cambridge.

Glete, Jan. 1993. *Navies and Nations: Warships, Navies and State Building in Europe and America 1500–1860*. Stockholm.

Showalter, Dennis. 1996. *The Wars of Frederick the Great*. Harlow.

Weber, D. J. 1992. *The Spanish Frontier in North America*. New Haven.

Weigley, Russell F. 1991. *The Age of Decisive Battles: The Quest for Decisive Warfare from Breitenfeld to Waterloo*. Bloomington, Ind.

## 제4장 국민의 무장 I: 프랑스의 전쟁들

Bertaud, Jean-Paul. 1988. *The Army of the French Revolution: From Citizen-Soldiers to Instruments of Power*. Princeton.

Blanning, T. C. W. 1986. *The Origins of the French Revolutionary Wars*. London.

———. 1996. *The French Revolutionary Wars, 1787–1802*. London.

Broers, Michael. 1995. *Europe under Napoleon*. London.

Brown, Howard G. 1995. *War, Revolution and the Bureaucratic State: Politics and Army Administration in France, 1791–99*. Oxford.

Chandler, David. 1966. *The Campaigns of Napoleon*. London.

———. 1979. *Dictionary of the Napoleonic Wars*. London.

Esdaile, Charles J. 1995. *The Wars of Napoleon*. London.

Forrest, Alan. 1989. *Conscripts and Deserters: The Army and French Society during the French Revolution and Empire*. New York.

_____. 1990. *The Soldiers of the French Revolution*. Durham, N.C.

_____. 2002. *Napoleon's Men: The Soldiers of the French Revolution and Empire*. London.

Lynn, John A. 1984. *The Bayonets of the Republic: Motivation and Tactics in the Army of Revolutionary France*. Urbana.

Paret, Peter. 1976. *Clausewitz and the State*. Oxford.

Rothenberg, Gunther E. 1978. *The Art of Warfare in the Age of Napoleon*. Bloomington, Ind.

Schroeder, Paul W. 1994. *The Transformation of European Politics, 1763–1848*. Oxford.

Scott, Samuel F. 1978. *The Response of the Royal Army to the French Revolution: The Role of Development of the Line Army, 1787–1793*. Oxford.

Tulard, Jean. 1984. *Napoleon: The Myth of the Saviour*. London.

## 제5장 국민의 무장 II: 19세기

Boemeke, M., R. Chickering, and S. Forster. (eds.) 1999. *Anticipating Total War: The German and American Experience 1871-1914*. Cambridge.

Bond, Brian. 1984. *War and Society in Europe, 1870–1945*. London.

Challenger, R. D. 1955. *The French Theory of the Nation in Arms, 1866–1939*. New York.

Forster, S. and J. Nalder. (eds.) 1997. *On the Road to Total War 1861-1871*. Cambridge.

Fuller, W. C. 1984. *Civil-Military Conflict in Imperial Russia, 1881–1914*. Princeton.

Gooch, John. 1989. *Army, State and Society in Italy, 1870–1915*. Basingstoke.

Herman, D. G. 1996. *The Arming of Europe and the Making of the First World War*. Princeton.

Joll, James. 1984. *The Origins of the First World War*. London.

McPherson, J. M. 1988. *Battle Cry of Freedom: The Civil War Era*. Oxford.

Porch, Douglas. 1981. *The March to the Marne: The French Army, 1971–1914*. Cambridge.

Ritter, Gerhard. 1970. *The Sword and the Sceptre: The Problem of Militarism in Germany*. Coral Gables, Fla.

Rothenberg, G. E. 1976. *The Army of Franz Joseph*. West Lafayette.

Spiers, E. M. 1980. *The Army and Society, 1815–1914*. London.

Stevenson, David. 1996. *Armaments and the Coming of War: Europe 1904–1914*. Oxford.

Whittam, J. 1977. *The Politics of the Italian Army*. London.

## 제6장 제국주의 전쟁: 7년 전쟁에서 제1차 세계대전까지

Allen, W. E. and Paul Muratoff. 1953. *Caucasian Battlefields: A History of the Wars on the*

*Turco-Caucasian Border 1828–1921*. Cambridge.

→ 오래된 책이지만 중앙 아시아로의 러시아의 팽창에 대한 학습에 유용하다.

Baumann, Robert F. 1993. *Russian-Soviet Unconventional Wars in the Caucasus, Central Asia, and Afghanistan*. Washington, DC.

Bennigsen Broxup, Marie. (ed.) 1992. *The North Caucasus Barrier: The Russian Advance towards the Muslim World*. New York.

Bond, Brian. (ed.) 1967. *Victorian Military Campaigns*. New York.

Callwell, C. E. 1906. *Small Wars: Their Principles and Practice*. London.

Clayton, Anthony. 1988. *France, Soldiers, and Africa*. London and New York.

→ 프랑스 제국주의뿐 아니라 프랑스의 식민 연대들에 대해서도 간략한 역사를 제공한다.

Ditte, A.(Lt.-Col.) 1905. *Observations sur les guerres dans les colonies: organisation—éxecution: conférences faites à l'école supérieure de la guerre*. Paris.

Eccles, W. J. 1990. *France in America*. East Lansing, Mich.

→ 캐나다로의 프랑스의 팽창에 관해 유용하다.

Ewald, Johann. 1991. *Treatise on Partisan Warfare*. New York.

→ 아메리카 비정규 전력에 대처하는 데 있어서 실패에 대한 당시대적 시각을 훌륭하게 제공한다.

Geyer, Dietrich. 1987. *Russian Imperialism: The Interaction of Domestic and Foreign Policy 1860–1914*. New Haven, Conn.

Kanya-Forstner, A. S. 1969. *The Conquest of the Western Sudan: A Study in French Military Imperialism*. Cambridge.

→ 사하라 사막 이남 아프리카에서의 프랑스 군사적 제국주의에 대한 최상의 연구이다.

Khalfin, N. A. 1964. *Russia's Policy in Central Asia 1857–1868*. London.

Mackesy, Piers. 1992. *The War for America 1775–1783*. Lincoln, Neb.

Menning, Bruce W. 1990. "The Army and Frontier in Russia." in Carl W. Rediel. (ed.) *Transformation in Russian and Soviet Military History: Proceedings of the Twelfth Military History Symposium, US Air Force Academy, October 1986*. Washington, DC.

Pakenham, Thomas. 1979. *The Boer War*. London.

Porch, Douglas. 1982. *The Conquest of Morocco*. New York and London.

———. 1984. *The Conquest of the Sahara*. New York and London.

———. 1991. *The French Foreign Legion*. New York and London.

Utley, Robert. 1973. *Frontier Regulars: The United States Army and the Indian 1866–1891*. New York.

→ 타의 추종을 불허하는 양서이다.

Weller, Jac. 1972. *Wellington in India*. London.

## 제7장 총력전 I: 제1차 세계대전

Beckett, Ian. 2001. *The Great War 1914-1918*. Harlow.

Bourne, J. M. 1989. *Britain and the Great War 1914-1918*. London.

Cecil, Hugh and Peter H. Liddle. (eds) 1996. *Facing Armageddon: The First World War Experienced*. London.

Griffith, Paddy. 1944. *Battle Tactics of the Western Front*. London.

Hough, Richard .1983. *The Great War at Sea 1914-1918*. Oxford.

Millett, Alan R. and Williamson Murray. 1988. *Military Effectiveness*. London and Boston, Mass.

　→ 제1차 세계대전에 관한 부분을 볼 것.

Prior, Robin and Trevor Wilson. 1992. *Command on the Western Front*. Oxford.

Stevenson, David. 2004. *Cataclysm: The First World War as Political Tragedy*. New York.

Stone, Norman. 1975. *The War on the Eastern Front 1914-1917*. London.

Wilson, Trevor. 1986. *The Myriad Faces of War*. Oxford.

Winter, J. M. 1988. *The Experience of World War I*. Oxford.

Winter, J. M. and R. M. Wall. (eds.) 1988. *The Upheaval of War: Family, Work and Welfare in Europe*. Cambridge.


## 제8장 총력전 II: 제2차 세계대전

Harrison, M. and J. Barber. 1991. *The Soviet Home Front 1941-1945*. London.
　→ 소련의 전쟁 노력에 대한 최상의 최근 연구이다.

Heer, H. and K. Naumann. (eds.) 2000. *War of Extermination: The German Military in World War II*. New York.

Millett, A. and W. Murray. (eds.) 1988. *Military Effectiveness in World War II*. London.
　→ 각 교전국의 전투력 요소들에 대해 고찰한다.

Milward, A. S. 1987. *War, Economy and Society 1939-1945*. London.
　→ 후방전선에 관한 최상의 일반적 고찰이다.

Overy, R. J. 1980. *The Air War 1939-1945*. London.

Parker, R. A. C. 1989. *Struggle for Survival*. Oxford.
　→ 이 전쟁에 대한 최상의 간략한 고찰이다.

Rhodes, R. 1986. *The Making of the Atomic Bomb*. New York.
　→ 핵무기의 전시 발전에 대한 포괄적 고찰이다.

Wright, Gordon. 1986. *The Ordeal of Total War*. London.
　→ 간략하고 흥미로우며 폭넓다.

## 제9장 냉전

Adan, A. B. 1980. *On the Banks of Suez*. London.

Bobbitt, Philip, Lawrence Freedman, and Gregory Treverton. 1989. *US Nuclear Strategy: A Reader*. London.

Dayan, Moshe. 1976. *Story of My Life*. London.

Farrar-Hockley, Anthony. 1990. *The British Part in the Korean War*. London.

Freedman, Lawrence. 1981. *The Evolution of Nuclear Strategy*. London.

Freedman, Lawrence and Virginia Gamba Stonehouse. 1990. *Signals of War*. London.

Freedman, Lawrence and Efraim Karsh. 1993. *The Gulf Conflict 1990–1991*. London.

Herzog, Chaim. 1982. *The Arab-Israeli Wars*. London.

James, Alan. 1990. *Peacekeeping in International Politics*. London.

Kyle, Keith. 1991. *Suez*. London.

Lifton, Robert J. and Richard Falk. 1982. *Indefensible Weapons*. New York.

Lowe, Peter. 1986. *The Origins of the Korean War*. London.

MacKenzie, Lewis. 1993. *Peacekeeper*. Toronto.

Rees, David. 1964. *Korea: The Limited War*. London.

Woodward, Bob. 1991. *The Commanders*. London.

Woodward, Admiral Sandy. 1992. *One Hundred Days: The Memoirs of the Falklands Battle Group Commander*. London.

## 제10장 인민전쟁

Beckett, Ian. 2001. *Modern Insurgencies and Counter-insurgencies*. London.

Ellis, John. 1973. *Armies in Revolution*. London.

Esdaile, Charles. 2004. *Fighting Napoleon: Guerrillas, Bandits and Adventures in Spain, 1808-1814*. New Haven.

Fairbairn, Geoffrey. 1974. *Revolutionary Guerrilla Warfare*. Harmondsworth.

Fellman, Michael. 1989. *Inside War*. New York.

Hutchinson, Martha Crenshaw. 1978. *Revolutionary Terrorism*. Stanford.

Laqueur, Walter. 1977. *Guerrilla: A Historical and Critical Study*. London.

Paret, Peter and John W. Shy. 1962. *Guerrillas in the 1960s*. Princeton.

Sutherland, Daniel E. (ed.) 1999. *Guerrillas, Unionists and Violence on the Confederate Home Front*. Fayetteville.

Taber, Robert. 1970. *The War of the Flea*. London.

## 제2부 현대 전쟁의 요소들

### 제11장 기술과 전쟁 I: 1945년까지

Brodie, B. and F. Brodie. 1973. (edn.) *From Crossbow to H Bomb*. Bloomington, Ind.

Dupuy, T. N. 1980. *The Evolution of Weapons and Warfare*. New York.

Fuller, J. F. C. 1946. *Armaments and History*. New York.

Lynch, J. A. (ed.) 1990. *Tools of War: Instruments, Ideas and Institutions of Warfare, 1445-1871*. Urbana.

McNeill, W. H. 1982. *The Quest for Power: War, Technology and Society from 1000 A.D.*. London.

O'Connel, R. L. 1989. *Of Arms and Men: A History of War,Weapons and Aggression*. New York.

Preston, A. R. and S. F. Wise. 1979. (edn.) *Men in Arms: A History of Warfare and it Interrelationship with Western Society*. New York.

Showalter, Denis. 1976. *Railways and Rifles: Soldiers, Technology and the Unification of Germany*. Hamden, Conn.

van Creveld, Martin. 1989. *Technology and War, from 2000 B.C. to the Present Day*. New York.

Wheldon, J. 1968. *Machine-Age Armies*. London.

### 제12장 전투: 현대 전투의 경험

Bartov, Omar. 1985. *The Eastern Front 1941-1945: German Troops and the Barbarisation of Warfare*. London.

Carlton, Charles. 1992. *Going to the Wars*. London.
 → 1638~1641년간의 영국 내전(3개 왕국의 전쟁)에 대한 책이다.

Ellis, John. 1980. *The Sharp End of War*. Newton Abbot.
 → 제2차 세계대전에 관해 다루고 있다.

Gabriel, Richard A. 1987. *No More Heroes: Madness and Psychiatry in War*. New York.

Grinker, Roy R. and John P. Spiegel. 1963. *Men under Stress*. New York.

Grossman, David. 1995. *On Killing*. London.

Hanson, Victor Davis. 1989. *The Western Way of War*. London.
 → 고대 그리스의 보병 전투에 관해 다루고 있다.

Holmes, Richard. 1985. (published as Acts of War in the US) *Firing Line*. London.
 → 역사의 상당 기간에 걸쳐 전투 시 남성의 행동을 고찰한다.

Keegan, John. 1976. *The Face of Battle*. London.

Kellet, Anthony. 1982. *Combat Motivation*. The Hague.

McManners, Hugh. 1994. *The Scars of War*. London.
→ 포클랜드 전쟁에 참전한 병사가 썼다.
Marshall, S. L. A. 1947. *Men against Fire*. New York.
→ 미국의 중진 전투 분석가들이 전투의 어두운 구석을 고찰한다.
Moran, Lord. 1966. *The Anatomy of Courage*. London.
Shephard, Ben. 2000. *A War of Nerves: Soldiers and Psychiatrists 1914-1994*. London.
van Creveld, Martin. 1982. *Fighting Power*. Westport, Conn.
→ 1939~1945년의 독일과 미국 육군의 전쟁 수행에 대한 훌륭한 비교연구이다.


## 제13장 해전

Baer, George. 1994. *One Hundred Years of Sea Power*. Stanford.
Booth, Ken. 1977. *Navies and Foreign Policy*. London.
Corbett, Julian S. 1988. *Some Principles of Maritime Strategy*. ed. Eric Grove. Annapolis.
Hattendorf, John B. (ed.) 1994. *Ubi Sumus? The State of Naval and Maritime History*. Newport.
Hattendorf, John B. and Robert S. Jordan. (eds.) 1989. *Maritime Strategy and the Balance of Power*. London.
Hattendorf, John B. and R. J. B. Knight et al. (eds.) 1993. *British Naval Documents 1204-1960* . London.
Hill, Richard. (ed.) 1995. *The Oxford Illustrated History of the Royal Navy*. Oxford.
Hobson, Rolf and Tom Kristensen. (eds.) 2004. *Navies in Northern Waters 1720-2000*. London.
Hughes, Wayne. 1986. *Fleet Tactics*. Annapolis.
Jordan, Robert S. 1990. *Alliance Strategy and Navies*. London.
Rodger, N. A. M. 2004. *Command of the Ocean: A Naval History of Britain*. London.
Till, Geoffrey. 2003. *Sea Power: A Guide for the Twentieth-First Century*. London.
Uhlig, Frank. 1994. *How Navies Fight*. Annapolis.
Wylie, J. C. 1989. *Military Strategy: A General Theory of Power Control*. ed. with an Introduction by John B. Hattendorf. Annapolis.


## 제14장 항공전

Clodfelter, Mark. 1989. *The Limits of Air Power: The American Bombing of North Vietnam*. New York.
→ 베트남에서의 전략폭격 실패에 대한 구체적인 연구이다.

Hallion, R. 1989. *Strike from the Sky: The History of Battlefield Air Attack 1911-1945*. Washington, DC.

→ 전술 항공력의 기원과 발전에 대한 최상의 서술이다.

Higham, Robin. 1972. *Air Power: A Concise History*. London.

→ 항공력의 첫 50년을 전반적으로 개관한다.

Mason, R. A. 1994. *Air Power: A Centennial Appraisal*. London.

→ 항공력의 성격과 미래에 관한 도전적인 평가이다.

Morrow, J. 1993. *The Great War in the Air: Military Aviation from 1912-1921*. Washington, DC.

→ 항공력의 기원에 관한 포괄적 연구이다.

Overy, R. J. 1980. *The Air War 1939-1945*. London.

→ 항공력을 경제적·기술적·사회적 이슈의 좀 더 폭넓은 맥락에 위치시킨다.

Stephens, A. (ed.) 1994. *The War in the Air, 1914-1994*. Canberra.

→ 항공전사(史)의 주요 시기에 대한 흥미로운 에세이를 모아놓았다.

## 제15장 전쟁과 대중: 총력전의 사회적 영향

Bessel, Richard. 1993. *Germany after the First World War*. Oxford.

Brivati, Brian. (ed.) 1993. *What Difference Did the War Make?* Leicester.

Fussell, Paul. 1975. *The Great War and Modern Memory*. Oxford.

Maier, Charles. 1991. "The Two Post-War Eras and the Conditions for Stability in 20th-Century Western Europe." *American Historical Review*, April.

Marwick, Arthur. (ed.) 1988. *Total War and Social Change*. London.

Milward, Alan. 1987. *War, Economy, and Society 1939-1945*. Harmondsworth.

Wohl, Robert. 1980. *The Generation of 1914*. London.

## 제16장 여성과 전쟁

Cornum, Rhonda. (as told to Peter Copeland) 1992. *She Went to War: The Rhonda Cornum Story*. Novata, Calif.

Cottam, K. Jean. 1980. "Soviet Women in Combat in World War II: The Ground Forces and the Navy." *International Journal of Women's Studies*, xiv, pp.345~357.

Elshtain, Jean Bethke. 1995. *Women and War*, 2nd edn. Chicago.

Hale, J. R. 1990. *Artists and Warfare in the Renaissance*. New Haven.

Hallowes, F. S. (Mrs) 1918. *Mothers of Men and Militarism*.

Noggle, Anne. 1994. *A Dance with Death. Soviet Airwomen in World War II*. Texas A&M

University Press.

Plutarch. 1931. *Moralia*, III. trans. Frank Cole Babbitt. Cambridge.

Saywell, Shelley. 1985. *Women in War*. New York.

Simkins, Francis Butler and James Welch Patton. 1936. *The Women of the Confederacy*.


제17장 반전(反戰)

Best, Geoffrey. 1994. *War and Law since 1945*. Oxford.

Brock, Peter. 1970. *Twentieth-Century Pacifism*. New York.

Brown, Judith. 1989. *Gandhi: Prisoner of Hope*. New Haven and London.

Brown, Seyom. 1994. *The Causes and Prevention of War*, 2nd edn. New York.

Ceadel, Martin. 1987. *Thinking About Peace and War*. Oxford.

Janis, Mark W. 1988. *An Introduction to International Law*. Boston, Mass.

Roberts, Adam and Benedict Kingsbury. (eds) 1993. *United Nations, Divided World: The UN's Roles in International Relations*, 2nd edn. Oxford.

Schell, Jonathan. 2004. *The Conquerable World: Power, Nonviolence and the Will of the People*. London.

Sharp, Gene. 1973. *The Politics of Nonviolent Action*. Boston, Mass.


제18장 기술과 전쟁 II: 핵 교착상태로부터 테러리즘까지

Alberts, D. S. and S. David. 1999. *Network-Centric Warfare: Developing and Leveraging Information Superiority*. Washington DC.

Blank S. J. et al. 1993. *Conflict, Culture and History: Regional Dimensions*. Maxwell Air Force Base, Ala.

Carver, Michael. 1986. *War since 1945*. London.

Defourneaux, Marcelin. 1994. *Guerre des armes, Guerre des hommes*. Chateau Chinon.

Deitchman, S. J. 1983. *Military Power and the Advance of Technology: General Purpose Military Forces for the 1980s and Beyond*. Boulder, Col.

Dunnigan, J. 1996. *A Dirty Guide to War*. New York.

Kaldor, M. 1999. *New and Old Wars*. Stanford.

Lard, R. E. and H. H. Mey. (eds.) 1999. *The Revolution in Military Affairs*. Washington DC.

Magyar, K. P. and C. P. Danopoulos. 1994. *Prolonged Wars: A Post-Nuclear Challenge*. Maxwell Air Force Base, Ala.

Mazarr, M. J. et al. 1993. *The Military Technical Revolution: A Structural Framework*. Washington, DC.

Own, B. 2000. *Lifting the Fog of War*. New York.

Paul, T. V. et al. (eds.) 1998. *The Absolute Weapon Revisited*. Ann Arbor.

Schwartau, Winn. 1994. *Information Warfare: Chaos on the Electronic Superhighway*. New York.

Toffler, A. and H. Toffler. 1993. *War and Anti-War: Survival at the Dawn of the 21st Century*. Boston, Mass.

Tsipis, Kosta. 1983. *Arsenal: Understanding Weapons in the Nuclear Age*. New York.

van Creveld, Martin. 1991. *The Transformation of War*. New York.

추가 권장도서

450

## 지은이 (수록순)

**찰스 톤젠드 Charles Townshend**
킬 대학교(Keele University) 국제사 교수
저서: Political Violence in Ireland: Government and Resistance since 1848(1983), Britain's Civil Wars: Counterinsurgency in the Twentieth Century(1986), Making the Peace: Public Order and Public Security in Modern Britain(1993), Ireland: The Twentieth Century(1999), Terrorism. A Very Short Introduction(2002)

**존 차일즈 John Childs**
리즈 대학교(University of Leeds) 군사사 교수
저서: The Army of Charles II(1976), Armies and Warfare in Europe 1648-1789(1982), The Nine Years War and the British Army 1688-1697: The Operations in the Low Countries(1991), The Military Use of Land: A History of the Defence Estate(1998), Warfare in the Seventeenth Century(2004)

**제러미 블랙 Jeremy Black**
엑세터 대학교(University of Exeter) 역사학 교수
저서: Warfare in the Eighteenth Century(1999), War-Past, Present and Future(2000), Western Warfare 1775-1882(2001), Warfare in the Western World, 1882-1975(2002), World War II: A Military History(2003), Rethinking Military History(2004)

**앨런 포러스트 Alan Forrest**
요크 대학교(University of York) 현대사 교수
저서: Conscripts and Deserters: The Army and French Society during the Revolution and Empire(1989), Soldiers of the French Revolution(1990), Napoleon's Men(2002), Napoleon, le Monde et les Anglais(2004, with Jean Paul Bertaud & Annie Jourdan)

**데이비드 프렌치 David French**
런던 대학교(University College London) 역사학 교수
저서: British Economics and Strategic Planning, 1905-1915(1982), British Strategy and

War Aims, 1914-1916(1986), The British Way in Warfare 1688-2000(1990), Raising Churchill's Army: The British Army and the War Against Germany, 1919-1945(2000), Military Identities: The British Army, and the British People and the Regimental System, 1870-2000(2005)


## 더글러스 포치 Douglas Porch
미국 해군대학원(US Naval Postgraduate School, Monterey) 국가안보 교수
저서: Army and Revolution: France 1815-1848(1974), The Conquest of the Sahara (1984), The French Foreign Kegion(1991), The French Secret Service: From the Dreyfus Affair to Desert Storm(1995), Wars of Empire(2000), Hitler's Mediterranean Gamble(2004)(미국에서는 The Path to Victory: The Mediterranean Theater in World War II으로 출간되었다)


## 존 번 John Bourne
버밍엄 대학교(University of Birmingham) 제1차 세계대전 연구센터(Centre for First World War Studies) 소장
저서: Britain and the Great War(1989, 2nd edition 1991), Who's Who in the First World War(2001), The Great World War 1914-45(2001, with Peter Liddle and Ian Whitehead), Douglas Haig: War Diaries and Letters 1914-1918(2005, with Gary Sheffield)


## 리처드 오버리 Richard Overy
엑세터 대학교(University of Exeter) 역사학 교수
저서: The Air War 1939-1945(1980), Why the Allies Won(1995), Russia's War(1998), The Battle of Britain(2000), Interrogations: The Nazi Elite in Allied Hands(2001), The Dictators: Hitler's Germany and Stalin's Russia(2004)


## 필립 토울 Philip Towle
캠브리지 대학교 국제학센터(Centre of International Studies) 국제관계학 강사
저서: Enforced Disarmament from the Napoleonic Campaigns to the Gulf War(1997), Democracy and Peacemaking: Negotiations and Debates 1815-1973(2000), Japanese Prisoners of War(2000, with Margaret Kosuge and Yoichi Kibata)

**마틴 반 크레벨드 Martin van Creveld**

예루살렘 히브류 대학교(Hebrew University of Jerusalem) 역사학 교수

저서: Hitler's Strategy 1940-1941: The Balkan Clue(1973), Supplying War: Logistics from Wallenstein to Patton(1977), Fighting Power(1982), Command in War(1985), Technology and War(1989), The Transformation of War(1991), The Rise and Decline of the State(1999)


**리처드 홈스 Richard Holmes**

크랜필드 대학교(Cranfield University) 군사 및 안보학 교수

저서: Firing Line(1985), Redcoat: The British Soldier in the Age of Horse and Musket(2002), Tommy: The British Soldier on the Western Front(2004)

편저: Oxford Companion to Military History(2002)

연출: 〈War Walks〉 et al.(1996~2005)


**존 하텐도프 John B. Hattendorf**

미국 해군대학(US Naval War College, Rhode Island) 해양사 교수(Ernest J. King Professor of Maritime History)

저서: England in the War of the Spanish Succession: A Study of the English View and Conduct of Grand Strategy, 1702-1712(1987), Naval History and Maritime History: Collected Essays(2000), The Evolution of the US Navy's Maritime Strategy, 1978-1986(2004)

편저: War at Sea in the Middle Ages and the Reconnaissance(2002)


**마크 로즈먼 Mark Roseman**

인디애나 대학교(Indiana University, Bloomington) 유대사 교수(Pat M. Glazer Chair for Jewish History)

저서: Recasting the Ruhr: Manpower, Economic Recovery and Labour Relations(1992), The Past in Hiding(2000), The Villa, the Lake, the Meeting: Wannsee and the Final Solution(2002)

편저: Generations in Conflict: Youth Rebellion and Generation Formation in Germany 1770-1968(1995, with Carl Levy, Three Post-war Eras in Comparison: Western Europe 1945-1989(2002)

**진 베스키 엘시테인 Jean Bethke Elshtain**

시카고 대학교(University of Chicago) 사회 정치 윤리학 교수(Laura Spelman Rockefeller Professor of Social and Political Ethics)

저서: Public Man, Private Woman: Women in Social and Political Thought(1981), Women and War(1987), Just War Theory(1990), Democracy on Trial(1995), Just War Against Terror: the Burden of American Power in a Violent World(2003)


**애덤 로버츠 Adam Roberts**

옥스퍼드 대학교(Oxford University) 국제관계학 교수(Montague Burton Professor of International Relations)

저서: Nation in Arms: The Theory and Practice of Territorial Defence(1986, 2nd edition), Hugo Grotius and International Relations(1990), United Nations, Divided World(1993, 2nd edition)

편저: The Strategy of Civilian Defence(1967), Documents on the Laws of War(2000, 3nd edition, with Richard Guelff)

# 옮긴이

**강창부**

공군사관학교를 졸업하고 서울대학교 서양사학과에서 학사·석사 과정을 마쳤다. 2007년 영국 버밍엄 대학교에서 역사학 박사학위를 취득했으며 현재는 공군사관학교에서 서양의 역사와 전쟁의 과거, 현재, 미래를 강의하고 있다.

주요 저·역서에 『다시 쓰는 전쟁론: 손자와 클라우제비츠를 넘어』(2018, 역서), 『항공전의 역사』(2017, 역서), 『근현대 전쟁사』(2016, 역서), 『서양사 강좌』(2016, 공저), 『현대전의 이해』(2014, 역서), 『항공우주시대 항공력 운용』(2010, 공저)이 있다.

한울아카데미 1868

# 근현대 전쟁사

지은이 | 찰스 톤젠드, 존 차일즈, 제러미 블랙, 앨런 포러스트, 데이비드 프렌치, 더글러스 포치,
    존 번, 리처드 오버리, 필립 토울, 마틴 반 크레벨드, 리처드 홈스, 존 하텐도프, 마크 로즈먼,
    진 베스키 엘시테인, 애덤 로버츠
옮긴이 | 강창부
펴낸이 | 김종수
펴낸곳 | 한울엠플러스(주)
편  집 | 배소영

초판 1쇄 발행 | 2016년 2월 1일
초판 4쇄 발행 | 2023년 9월 10일

주소 | 10881 경기도 파주시 광인사길 153 한울시소빌딩 3층
전화 | 031-955-0655
팩스 | 031-955-0656
홈페이지 | www.hanulmplus.kr
등록번호 | 제406-2015-000143호

Printed in Korea
ISBN 978-89-460-6113-2 93390

* 책값은 겉표지에 표시되어 있습니다.